U0303714

水

财富、权力和文明的史诗

[美] 斯蒂芬·所罗门/著
叶齐茂 倪晓晖/译

2018年·北京

Steven Solomon

WATER

The Epic Struggle For Wealth, Power, and Civilization

（中文版经授权，根据哈珀柯林斯出版社 2010 年平装本译出）

献给克劳迪·梅斯

水与种种自然现象交织在一起；正如我们所想象的，水还与人类的特殊命运紧密相连。

——法国历史学家费尔南·布罗代尔，《回忆和地中海》

井枯之时方知水之珍贵。

——美国总统本杰明·富兰克林，《穷理查德年鉴》

目　录

第一部分　上古时代的水

第二部分　水与西方世界的影响

第三部分　水与现代工业社会的形成

第四部分　淡水稀缺的时代

地图目录

序

1763年，27岁的仪表工詹姆斯·瓦特（James Watt）为格拉斯哥大学修理了一台纽科门式蒸汽机模型。当时英国正陷于令人恐惧的燃料危机，早期对英国乡村地区森林的乱砍滥伐导致了这场危机。在此前半个世纪，托马斯·纽科门（Thomas Newcomen）就发明了各式各样的原始蒸汽机，被用于抽取矿井中的水，从而挖掘更多作为替代燃料的能源煤。在修理纽科门蒸汽机时，瓦特惊讶地发现，这台机器的效率竟如此之低。曾受苏格兰启蒙思想运动影响的瓦特对科学充满了孜孜探索的精神，他决定尽力改进纽科门蒸汽机，进而最大限度地提高蒸汽能量的利用效率。通过两年的努力，瓦特设计出了更高效的蒸汽机。而这台堪称世界现代蒸汽机鼻祖的蒸汽机于1776年面世。

经詹姆斯·瓦特改进的这台蒸汽机的诞生，可谓人类发展史上的一个转折点，它开启了工业革命的新时代。随后的几十年间，瓦特蒸汽机帮助英国步入拥有汽轮机和钢铁海军的世界主要经济大国行列，这个承载着蒸汽—钢铁海军的殖民帝国跨越了地球四分之一的土地。由于从水轮动力到蒸汽动力的转变，原先只能在乡村河边地区选址的工厂可以迁徙到新的工业城镇。依托新工业城镇，英国工业先驱的纺织业靠最先进的技术，大大推动了生产力的解放，从而促使工业产出成倍增长。蒸汽机动力风箱使焦炉温度提升，实现了大批量生产工业时代早期作为可塑材料的铸铁。同时，在瓦特蒸汽机的帮助下，通过抽取矿井里过量的水来补充内陆河道里的水量，缩短了煤炭从煤矿到市场的出货时间，英国最终走出了当时正经历的燃料危机。此外，瓦特蒸汽机大大助推了大型城市都市区的兴起，改善了城市居民的生活质量，延长了他们的寿命。这些都缘于利用瓦特蒸汽机从河流里抽出淡水供居民饮用、煮饭、洗浴，甚至用于消防。瓦特蒸汽机一经诞生，一种新的工业社会就吸引人类文明步入全新的轨道，不仅重铸了世界和各国内部的均势，而且两个世纪内人类物质生活的提高、人口数量的增加和愿景的增多超过过去数千年。

当然，人类历史上有过许多重大转折，有些是以水的突破性进展为基础的。就像我们今天所面临的历史转折点一样，瓦特利用蒸汽动力的革新不过是这一系列水的突破性进展中的一个。水始终强有力地影响着大国的兴衰，影响着国与国之间的关系，主导着政治经济制度的性质，同时支配着百姓日常生活的基本条件。5 000 年前，在古埃及、美索不达米亚、印度河流域以及中国北部的那些国家，已经掌握了控制大河的水量来进行大规模农田灌溉的水利技术，这场农业革命为人类文明向更高级别发展奠定了经济和政治基础。而以蒸汽技术为代表开启的工业革命拥有与上述农业革命相同的影响力。古罗马在获得了对地中海的支配权后，才逐步成为强大的帝国，而在罗马帝国核心地产生的繁荣的城市文明正是由于帝国庞大的引水渠网，把丰富、清洁的淡水源源不断地带来供居民使用。开凿于春秋战国时代、里程 1 700 公里（1 100 英里）的京杭大运河是中华帝国腾飞的象征，它打通了中世纪中国水上交通大命脉，将气候湿润、适合稻米生长的南部长江流域与土壤肥沃、气候半干旱的北部黄河流域连接了起来。长途骆驼商队的财富贸易维系了伊斯兰文明的辉煌，他们从大西洋出发，横跨那个曾经难以通过的、无水的沙漠，到达印度洋，与此相伴的是伊斯兰世界的开放。然而西方跃居世界霸主地位是以航海为突破口，依靠的则是其掌握了蒸汽机、水轮机、水电站和工业时代其他与水相关的科学技术。19 世纪末 20 世纪初展开的公共环境卫生革命致力于消除淡水中的污物和携带病菌的有机物质，为居民提供清洁用水，也正是这场公共环境卫生革命支撑了人类前所未有的人口飞跃。至于美国的兴起，则可用征服、组合三种不同的水环境来解释：依托伊利运河，美国人在气候温和、雨量充沛的东部地区开发了常年水量丰沛河流的工业水力和交通运输的潜力；巴拿马运河史诗般的开凿，让美国人在大西洋和太平洋同时发展海军，遂跻身世界大国行列；在大萧条时期，美国人修建了以胡佛大坝为代表的一批具有技术创新意义的多功能巨型水坝，为战胜远西干旱地区奠定了基础。反过来，巨型水坝在世界范围内的修建支撑了绿色革命，最终促成了当今全球经济一体化。

贯穿整个人类历史，显而易见，对水的控制、操纵应该是权力和人类成就的关键。水一直是人类最不可缺少的自然资源，也正是由于水本身所特有的分子属性和它在地球地质和生物过程中的特殊作用，才让水具有了物理转换的神奇力量。若干个世纪里，人类社会自始至终设法从政治、军事和经济上控制世界水资源：围绕水资源建设城镇，依靠水资源运输物品，以多种形式开发水资源的潜能，利用水资源作为农业和工业的关键投入，通过水资源获取政治优势。现在，地球上没有一个不受影响的淡水资源，这种影响不是自然赋予的，而是非常人为的。

无论何时，先进的社会总是选择最有效的方式来开采水资源，为的是释放出更大的水供应量。便宜、丰富的淡水成为工业时代社会发展最大的推动力之一，当然，人们常常忽略这样一个事实：淡水资源使用量的增长比人口增长快了两倍。在 20 世纪，水资源的使用量较之前增加了 9 倍[①]，能源的使用量增加了 13 倍。与此相对比，不去维护水利工程设施，抑或不设法克服水障碍，一味急功近利地挥霍水资源，将会导致社会衰退和发

---

① Paul Kennedy，foreword to Mc-Neill，*Something New Under the Sun*，xvi.

展停滞。

每一个时代，人们都面临着水的挑战，其成果又必然影响着那个时代。当今人类亦是如史诗般地应对着水资源的巨大挑战。作为世界政治和人类文明的一个支点，全球淡水资源匮乏危机迫在眉睫。现代社会难以控制的干旱、工业技术能力和从60亿增至90亿规模的世界人口，不仅远远超出了淡水资源可持续供应的能力，而且超出了从自然界获取清洁水的实现条件和技术范围。起先，人类对生态系统的影响一直是局部的、适度的。流经人口稠密地区的大量河流、湖泊，以及社会需求日益增长的地表水，都因过度使用和污染而面临枯竭的危险。因此，从21世纪全球形势来看，水源富足的区域和国家与贫乏的区域和国家之间正显现出一种新的爆炸性政治裂痕：虽然区域和国家是国际性的，但是其本质如同国家内部不同利益群体之间的关系，长期争夺着可供使用的水资源。简而言之，水正在超越石油成为最稀缺的关键资源。正如20世纪发生的石油冲突，由于水资源稀缺而展开的争夺，构成世界秩序和文明取向的新转折点。

人道主义危机、流行病、造成社会动荡的暴力事件以及腐化，已成为水资源最贫乏区域国家内普遍出现的现象。这类区域大约有20%的人口缺少充足、清洁的饮用和烹饪水，40%的人口缺少基本的卫生设施。有人预言，21世纪人们将为水而战。而首当其冲的是极度缺水的中东地区，水的身影在每一次冲突与和平协商中都若隐若现；为了维持沙漠中的农业和现代城市，人类试图通过燃油泵开采日渐枯竭的含水层，并且利用科技手段把海水净化成淡水，以延迟水资源枯竭的时间。对快速发展的中国和印度来讲，淡水就是阿喀琉斯之踵，两国目前不可持续的用水方式将达到失衡点，而失衡与否将决定它们是否还具备养活庞大人口的能力，能否保持工业可持续发展。那些水资源贫乏的发展中国家，不得不依赖粮食进口来支撑迅猛增长的、难以控制的人口。这些国家的命运对全球的影响尤其深远。然而西方也有一些国家或地区水资源严重不足，只不过那些地区人口压力相对不大，又地处湿润温和的气候环境下，因为拥有重要水资源优势而让它们具备了强大的水力总功率。如果合理开发这一资源优势，可以帮助其重新发展经济从而占据世界领导地位。

历史经验表明，在应对未来必然发生的动荡中，谁能够找到最具革新性的途径解决水资源危机，谁就最有可能屹立于世界民族之林，而那些采取保守方式解决水资源危机的社会，势必落后挨打。水与能源、食品、气候变化不可分割地联系在一起，共同影响着人类文明。广义而言，在经济和环境可持续发展方式上，学会如何管理我们拥有的地球资源，是人类在 21 世纪会面临的最大挑战，而淡水资源危机则会出现在 21 世纪早期。水对生命具有举足轻重的作用，人类须充分认识历史上的经验教训，以便更好地着手准备，应对即将吞噬我们的水资源危机。

第一部分

上古时代的水

1. 不可或缺的资源

我们有理由把地球称之为“水球”。就像人体重量的 70% 是水一样，水覆盖了地球表面 70% 的面积。在太阳系那些没有生命存在的行星及其卫星中，地球是唯一拥有丰富地表水的星球，它们以 3 种自然状态——固态的冰、气态的水蒸气和流动的液态水（这一部分最重要）——呈现。水无处不在，水不可或缺，它可以转换形态，还可以利用它输运其他物品。在地球形成过程中，以及所有生命在地球上寻求生存的历史进程中，水的这种能力发挥了极其重要的作用。在地球物质中，水看似简单的 1 个氧原子和 2 个氢原子构成的分子结构，却潜藏着巨大的能量和功能。水是地球上的万能溶剂：水与其他分子饱和、溶解和混合的特殊能力，催化着地球上的基本化学反应，从而使水成为地球上最有效的变化剂。正是水，对抗着重力，把营养和矿物质运输给农作物、树梢和人体血管。也正是水，使最早期的生命得以进化，帮助创造了环绕地球的富氧大气层。当水结冰时，水的密度减小而体积膨胀，这种属性有助于让石头破碎，进而推进地质变化。湖泊和河流的表面偶然结冰，却保护了冰层下的水生生物。

液态水流和亿万年冰川的运动雕琢了地球上的许多地理地形，规定了地球栖息地和气候特征。水在加热时，能够吸收大量的热量，正是这种能力调整着季节性的地表温度，防止地球变成像金星那样常年潮湿的温室，或像火星那样寒冷的沙漠。正是由于土壤里没有水，因此才产生了沙漠白天极热而夜晚极冷的现象；是土壤里存在的水[①]把气温维持在一定舒适的范围内。水的流动形成并重新分布着地球表面的沃土，被水浇灌的良田生产了文明人所需要的日常食物——主要有中东和欧洲地区的小麦、南亚地区的稻谷、美洲地区的土豆以及非洲地区的根茎类农作物。

水是地球上唯一自我更新的资源，这是水最重要的属性之一。蒸发的水以脱盐和清洁的形式沉淀下来，通过地球连续的水循环，恢复了自然生态系统，进而产生了可持续的人类文明。尽管占地球水总量极小部分的自我更新淡水总量不变，但是这一部分水足以维持迄今为止全部人类历史进程中人们对水的需要。

大约在40亿年以前，地球处于初创时期[②]，但是地球上已经出现了水，它可能源于含冰彗星与地球的碰撞。随着时间的推移，水转而呈现为我们熟悉的形式，如地球表面的海洋、冰川、江河湖泊、湿地，雨、雪和水蒸气，以及不能用肉眼观察到的浅层地下水系统、土壤水分、含水层的深层储备。水在三种自然状态之间的转变推进了地球气候变化的循环[③]，包括寒冷干旱的冰河时代和温暖湿润的时代，如当前时代。

地球最近一次较大的冰河时代延续了9万年，冰川覆盖三分之一地球表面的时间长达1.8万年；现在，冰川仅覆盖十分之一的地球表面。随着如此大量的水处于冰的状态，全球海平面比现在要低390英尺，可以步行穿越分

---

① 水具有非常特殊的热容量，这种特性允许它在极大的温度范围和压力下保持液态。尽管过去的40亿年里，太阳的热量增长了33%，但是水的这一特性成为地球维持温和气候的基础。

② 现在，大部分科学家认为，42亿年以前，地球并非一个炼狱般的火球，其在地质上已经形成了陆地和海洋，由于年轻的太阳所发出的热量要比现在低30%，因此，冰覆盖着一部分地球表面。

③ 包括温暖、潮湿气候的短气候变化循环一般随着长期的寒冷、干燥和风而改变；有时，气候在一年中出现极端之间波动性不稳定状态。过去70万年，非常漫长的、严酷的、干燥的冰河时代和穿插着的温暖、潮湿的时代之间的剧烈波动，支配了这些温暖、潮湿气候的短气候变化循环。

离的陆地。在冰川融化和消退的几千年里，水充实了土壤，补充了地下水，形成了我们现在湖泊、河流、港湾林立的海岸线，并填充了浅海和海峡，例如英吉利海峡。距今 9000 年前，英格兰与欧洲大陆是陆路相通的。在冰川退却之后出现的新的温带地区，生长出了茂密的森林，尤其是冰川集中的北半球。大约在 1 万年以前，地球进入一个异常时期，气候变暖而且异常稳定。正是在这些非常有利的气候条件[①]下，人类文明首次在地球舞台登场。

干旱气候、湿润气候下基本的水环境，降水的季节性、降水变化的可预测模式，以及河流标志和可航行历程正规定着地球多样性栖息地的元素，以致占据栖息地的每种文明都试图在不长的几个历史时期来适应这些栖息地。通过大洋环流，热得以散开。在温暖的大气层环绕下，水蒸气[②]让地球成为人类宜居的家园，从赤道圈延伸到亚北极地区。在这一范围内，有 6 种主要区域，每一个区域都有其独特的水文特性：接近极地的特征是：严寒，降雨量少，永久冻结带多，还有排水不畅的冻土带。在北半球冻土带的南部，生长着大规模的针叶林。而针叶林南部的温带森林，却拥有肥沃的土壤、充足的降雨、丰富多样的动植物物种，这一特征向南一直延伸到赤道。接下来就是半干旱的草原地带，土壤贫瘠，降水不稳定，例如，勉强可耕作的北美大草原、非洲的热带稀树大草原和中亚草原。穿插在这些区域之间的是过渡带，其中的一个过渡带从地中海延伸到印度河流域；另一个则是中国的北部地区，属于干旱、半干旱气候，加之该地区的几条大河时常洪水泛滥，久而久之形成了宽阔的大平原，最终成为古代农耕文明的最初发源地。南北纬度 30 度之间有巨大的沙漠；围绕赤道的是辽阔的热带地区，降雨量大，高温炎热，水蒸气能够迅速蒸发。沙漠地

---

① 阿利（Richard B.Alley）根据他采集的 11 万年的冰核数据提出，目前稳定的温暖期是最长的。阿利指出，“在人类发展农业和工业的几千年里，地球过去发生过的波动正好现在还没有出现”。

② 水蒸气是地球上最丰富的吸热“温室气体”。

区和热带地区都是地球上水资源最为脆弱的栖息地，沙漠地区之所以水资源脆弱是因为干旱，而热带地区水资源脆弱则缘于它不断被水淹没，过度潮湿。水也控制着每个基本地带内的局部气候。大西洋上温暖的墨西哥暖流，使海洋发挥着动态的作用：尽管北欧与加拿大寒冷的哈德逊湾处于同一纬度，但是墨西哥暖流[①]从墨西哥湾出发向东北方向流动，保持了北欧气候的温暖湿润；太平洋东北方向的黑潮或日本洋流，则温暖了北美西北海岸线地区。反过来，墨西哥湾暖流也影响了非洲和亚洲显著的夏季风。现今的气候学家推测，全球深海和洋面环流带，犹如一把开启和关闭冰河时代的钥匙，通过改变海洋盐度和热量的混合，尤其是在北大西洋微妙的平衡点上，即可触发全球深海和洋面环流带[②]。同样地，人们认为，比较极端的降雨天气，更密集、频繁的不可预测的季节性暴风雪天气，冰川融化和干旱，恰恰都是全球变暖的早期迹象。简言之，水的普遍影响已经并且将会强有力地主导地球和居住者的过去、现在和未来。

虽然地球上水的总量极其丰富，但是自然给予人类的可获得淡水的数量却非常少，而淡水对地球生命和人类文明而言是必不可少的资源。淡水只占地球水资源总量的2.5%[③]。然而，在这2.5%的淡水中，三分之二的水在南北极的冰帽和冰川中，人类无法获得。剩下的三分之一藏在石头中、地下水层中，实际上，是孤立的地下湖泊。许多地下湖泊的深度超出

① 水温的变化也助推海洋风系，包括赤道附近下沉的、微弱的无风带。在靠风的航海时代，海员们最憎恨这种无风带了，此外还有大西洋有利的、湿润的信风系，成为欧洲探险家们大发现时代的海洋高速公路。

② 极地冰川的融化给北大西洋注入了太多极端寒冷的淡水，从全球变暖的维度讲，这种现象可能让大洋环流停止，导致形成冰河时代的条件突然降临。过去出现过的大洋环流停止和减缓都十分短暂，不过50年而已。一旦大洋环流停滞，再让它运动起来很不易。

③ 淡水存量的数据基本上来自俄国科学家希克洛马诺夫和瑞达（Shiklomanov and Rodda）:《世界的水（2000—2001）》，第19—37页。地球上水的总量是13.86亿立方千米，其中96.5%是海水，仅有2.5%（或3500万立方千米）是淡水。

0.5 英里，人类无法直接获得、不能获得或者开采成本非常昂贵。这些地下水的总量估计超出现存地表淡水的 100 倍。总之，在全部淡水的 1% 中，不足十分之三的是地表液态状的淡水。剩下的全部是以永久冻土和土壤中的水分、植物和动物体内的水分以及空气中的水蒸气形式而存在。

有关世界淡水最显著的事实之一就是，贯穿于整个历史进程，可以被社会最广泛获得的水资源——江河和溪流，仅仅持有这个 1% 淡水资源的 6‰ 而已。有些社会一直以湖泊为中心向外发展，湖泊所积累的淡水资源超出河流资源的 40 倍。湖水的可达周长远远小于河岸的长度，因此，湖水不是大文明兴起可资利用的直接资源。另外，许多湖泊坐落在荒凉的冰冻区域或山区高地，仅有四分之三集中在三大湖系统①：西伯利亚偏远的贝加尔湖、北美五大湖和东非裂谷的山区湖泊——主要是坦噶尼喀湖和尼亚萨湖。在整个历史进程中，社会一直在使用缓慢流动的浅层地下水，相对地表河流和湖泊而言浅层地下水属于另外一种淡水资源。

可是，在可获得的整个淡水资源中实际上还有部分的淡水是人类不能获得的，因为河流、湖泊和浅层地下水不断通过海水蒸发和降水的淡水化循环系统而被补充②，在任何时刻，1% 地球水中的 1‰ 是处在大气层的循环中。大部分蒸发的水来自海洋，然后又以降雨或降雪的方式回归大海。当然，确有一小部分淡化了的清洁水降到陆地上，更新了地球上的淡水生态系统，但最终还是流入了大海。对于这一部分水来说，其中三分之二迅速汇入洪水③、被蒸发或直接被土壤吸收，而剩下的大部分降水流过远离

---

① Shiklomanov and Rodda，8，9.

② 植物蒸发也增加水蒸气。因为降水在途中就会蒸发，所以，大部分降水不会到达陆地。按一定比例计算，与全世界大海里的总水量相等的水，要完成一次水循环的话，需要 3100 年。

③ 地球上大约 15% 的降雨发生在亚马逊热带雨林，而亚马逊热带雨林地区的人口不足世界总人口的 0.5%；水资源短缺的亚洲，集中在 5 个月的时间里（5—10 月）得到 80% 的降雨，而在这种雨季，是难以捕获淡水的。

人口集中地的热带区域或冰冻土地，不能被人类获得和使用。实际上，地球上有效淡水的分布明显不均衡。从全球来看，所有径流的三分之一出现在巴西、俄国、加拿大和美国，而这些地区的人口之和占全球总人口的十分之一。相对比而言，养活世界人口三分之一的半干旱地区，仅仅获得了可更新淡水的 8%。由于管理这种重液体极其困难（每加仑水的重量为 8.34 磅，或者说比油重 20%），因此，贯穿整个历史进程的社会的命运始终依赖于建立增加淡水供应和管理地方水资源的能力。

有些社会地处水资源相对富足、容易获得且来源可靠、变化不大的地区；而另外一些社会的发展更多地受到水和栖息地的限制，这些栖息地要么缺水、要么水量过剩，经常遭受始料不及的极端干旱和洪水的袭击，水利规划不堪重负。每一种独特的环境都是机会和约束并存，它们帮助改变着社会的组织模式和历史。

因为水环境在不断变化，所以，适应环境是必须的。正如历史学家阿里尔·杜兰特和威尔·杜兰特（Ariel Durant，Will Durant）所说的那样，“每一天，大海都在侵占某处陆地，或某处陆地侵占了大海；城市消失在水下……河流或泛滥造成洪水，或枯竭，或改变了河道；流域变成了沙漠，地峡变成了海峡……雨水日益罕见，文明折戟沙漠 ……雨下得太猛烈，文明将会因复杂的问题而受到阻碍。”① 自然界的长期气候变化对环境的改变是缓慢的，但是随着时间的推移，改变则是巨大的。5 000 年前，撒哈拉沙漠水草茵茵，河马、大象和牧民在此生息。随着人类和生物赖以生存的水资源因为蒸发或渗透到深深的矿物含水层中，那里变成了沙漠。如今，黄河以北的平原刮着干燥的风，谁会想到那里曾经是沼泽地，是中华文明的发祥地？几乎每一个文明的发祥地，都存在人为的森林砍伐、引水和灌溉工程，为此出现了比较干旱的气候环境，造成了大面积的水土流

---

① Durant and Durant，14.

失，摧毁了地球维持植物生存的自然肥力。

社会利用那个时代的技术和组织方式，改变生活环境的水力条件，推动历史向前发展的中心动力之一，恰恰是社会如何应对这类挑战。历史发展进程中的主要文明始终是那些能够超越天然的水障碍的文明，它们释放和利用了地球上这个最不可或缺的资源的潜在效益。

2. 水与文明的开端

英国历史学家阿诺德·汤因比（Arnold Toynbee）[1] 在《历史研究》（*A study of History*）中提出过一个颇具影响的判断：对环境挑战不断做出反应的动态过程推动着人类文明的历史。在处于上升阶段的社会里，对困难发起的挑战会激起人们做出独特的、开化的反应；而在处于衰退阶段的社会，对困难做出的不适当反应，会导致社会发展停滞，从而在世界文明之林中退居从属地位，甚至崩塌。在诸多环境挑战中，围绕水而展开的环境挑战居于突出地位。

纵观历史，无论哪里，只要水资源始终在增加，只要水资源得到有效管理，适于航行，水质达到饮用标准，那么那些社会一般都是繁盛且经久不衰。历史上，在增强水资源管理和有规律供应水资源方面获得成功的社会并不多；然而，只要社会做到了上述两点，它们就会从不变的历史规范条件中脱颖而出，摆脱最低水平的生活，享受迸发的繁荣、政治活力，甚至显赫一时。重大水利革新常常能提高经济水平，增加人口数量，扩大国家疆域，这些都在推动着世界历史向前发展。相比较而言，那些不能获得最好的水资源，无法克服水资源挑战的社会，必然居于贫困社会之列。

我们可以在自然和人造的水路中看到水在文明发展中的核心作用，这

---

① Toynbee，*Study of History*，chap. 5，“Challenge and Response，” 60—79.

些水路一直是探索、贸易、殖民定居点、军事征服、农业扩展和工业发展的历史方向标。在那些适宜航行的水路交汇点、重要河流的交汇地，或适宜建立港口的地方，重要的城市中心就成为文明发展的中心。无论哪个时代，谁控制了世界主要海上航道或大河流域，谁就控制了帝国权力的咽喉。如果我们可以在一张全球电子时间系列图上绘制文明的发展，那么，在这张图上我们将看到，早期的城邦都是沿河或海岸线建立，然后跨越相邻的海洋，最终向西扩展，把世界上的所有大洋和水路连接成为一个密集的、通行更快的网络，而这个网络已经发展成现在时断时续的一体化全球经济和世界文明。

加大水资源和其他资源的使用，推动着人口增长，而人口增长反过来又增加了对资源的消费，人口扩张最终消耗掉了这个社会尚存的资源基础，消耗掉了这个社会技术进一步提升的能力。资源枯竭给每一个社会都提出了新的挑战目标，需要不断创新来应对可持续增长的需求。每一个社会的人口规模和资源处在不断变化的平衡状态中，每一个社会懂得如何在其能力范围内生产出足够多的物品来维系它自己，这个人口—资源方程，加大了对资源的使用和资源枯竭的周期性循环，这也是人类和水的历史的核心发展机制之一。历史上充斥着衰退了的社会，这是由于这种社会不能走出与其最初成功相伴而生的地方资源枯竭和人口膨胀的困境。

水资源发起的挑战在一个个时代中展开。在一个时代通过新方式驾驭新的水资源，这类突破性的反应构成了下一轮水资源挑战和机会发生的新条件。在每一次循环中，水利益方程得以调整，改变了国家和利益集团之间的权力平衡。越来越大的生产力标志着每一个时代的成功响应，然而，每一个时代的成功响应总是显著的，即至少以人类历史上五个相互联系的基本用水方式之一来加强生产力。这五个基本用水方式为：（1）家庭生活用水，包括饮用水、烹饪用水和卫生用水；（2）农业、工业和采掘业等经济型行业生产用水；（3）发电用水，如水车、蒸汽、水力电气、热力发电厂的冷却水；（4）为了在军事、商业、管理上获得运输和战略优势的用水；（5）相对自然和人为的资源枯竭和环境退化，当前日益突出的环境可持续生态系统用水。无论何时，在这些基本用水方式上发生的任何一种重大突破，如瓦特对蒸汽机的改进，往往通过把昔日的一种水的障碍转变成一种动力，从而对历史产生巨大的和变革性的影响。历史一次次重演，一个趋于上升阶段的文明的扩展包括了两三个不同的水文环境与其最初栖息地的融合，如河流三角洲沼泽与上游河流流域的结合，生产小米和小麦的半干旱农业区域与另外一个受季风控制的适宜种植稻谷的青翠山坡农业区域的结合，或一个广阔的沙漠地区，或温和的靠雨水补给而形成的河流和低地农业区域与远海的结合。王朝的衰落和发展的文明的回落，也常常沿着相同的水文断层线发生。

水以特殊的纽带把人与地球联系在一起。婴儿在水中孕育。通过自然出汗、散热和蒸发的生物循环和饮水补充，人和环境相互交换水。一个健康正常的人，每天至少需要消耗 2—3 夸脱淡水，没有任何东西可作为淡水的替代物[①]。口渴不过是由于人体内亏损了 1% 的水；当人体内水的亏损达到 5% 时，人就会发烧；当体内水的亏损达到 10% 时，人就会行动不便；当水的亏损达 12%—15% 的状况延续一周时，人就会死亡[②]。

连接人类和水的特殊联系的纽带是水的最初作用，它在世界上各式各样的文化中创造着故事。神话学家约瑟夫・坎贝尔[③]（Joseph Campbell）提出，“几乎每一种神话都说水是生命之源。令人惊讶的是，生命的确来

---

① 在正常活动的一天时间内，人通过呼吸，散发掉 0.3 夸脱水；通过出汗，散发掉 0.5 夸脱水；剩余部分通过排泄器官排出。

② Swanson，9。当人的身体脱水时，血液变稠。随着血液循环效率变低，心脏必须加大泵血力度。

③ Campbell，*Hero's Journey*，10.

源于水。有趣的是，在神话中，生命源于水；在科学实践中，我们最终发现了同样的事实。”水是古希腊宇宙四大组成元素之一[①]，是中国五行之一，也是古美索不达米亚人的五元素之一。从印度教、神道教、伊斯兰教、基督教到犹太教，在一般宗教洗礼中，至今水依然还是中心角色。无论是部落巫师祈雨，还是古代国王为灌溉水渠举行开闸仪式，或20世纪某国总统宣布一个巨大水电大坝的落成，提供并控制充足的水在各种人类社会中已经成为统治者获得政治合法性的基础。

水所具有的独一无二的自然特性向文明人提出了双重挑战：水是人类生存的必需资源，需要控制水进而让社会获得不可估量的收益；但是，水也是人类最难以逾越的自然障碍，并限制着各种事物的生长。水承载着生命，但是通过干旱、洪水和泥石流这种破坏性灾害，水又以令人恐惧的规模摧毁生命。如2004年年末的印度洋海啸，2005年新奥尔良的洪水，造成了20多万人的死亡。人们需要用水来维持生命，然而，饮用被污染的水和携带患病有机体的死水，一直是历史上造成致残性疾病、婴儿死亡和寿命减少的主因。河流、海洋、成片沙海，既可能给人类以保护，也可能限制人类的发展，它们在社会之间形成一个防御性的缓冲区，或者是人们进行交流、贸易的桥梁，或者成为入侵和征服他者的通道。水可灌溉农田，却又造成农田的盐碱化，降低了土壤的肥力。水这种转变历史的非凡潜质的秘密就是，无论何时，当社会坚持不懈地想从自然中获取更多时，这个社会就能够通过革新，使水资源得到更好的管理，从而水资源更富足，适宜饮用或便于航行。如此一来，不仅摆脱了主要的水障碍和水约束，也释放和利用了水更多内在的、常常隐藏起来的增

① Ball，3.4，117—120. 古希腊人认为，宇宙万物是由水、土、火和气四个元素组成的；公元前350年，中国哲学家提出了宇宙万物的五元素说，前三个元素一样，但是去掉“气”，另外提出了“木”和“金”两个元素。美索不达米亚的宇宙学同意“水”和“土”，但是用“太阳”替代了“火”，用“天空”替代了“气”，增加了“暴风雨”。

长潜力。

在人类向定居型农耕社会转变之初，人与水关系的重大转变，曾经起了关键的作用。人类经过漫长的以狩猎—采集为生的岁月之后，大约在1万年以前，一些人类部落开始采用定居的经济生活方式，通过农业，人为地改造了自然。作为狩猎—采集者，先民们边找水边用水。作为定居下来的农民，管理水资源成为生存和发展的基础。

气候条件和水资源状况的变化最有可能解释这样一个谜团：为什么狩猎—采集者突然放弃他们相对技术要求不高的、健康的生活，转而挑战需要更多劳动力、相对不那么健康的农耕生活？当温暖时期开始时，全球气候变暖，降雨增多，冰河时代形成的冰川向北退去，与此同时，茂密的温带森林逐步替代了冻土带的苔原和草地。这就迫使大型动物向北迁徙，以寻找所需的食物。大约在12 900年前，曾经存在过一个长达1 300年的迷你冰河时期①，这个时期可能加速了大型动物的消失。有些部落放弃了过去那种追随大型动物的狩猎生产方式，改成捕获小型动物、鱼类，收集野生谷物和其他可食用的植物来生活，这些食用植物在开阔的土地上可以蓬勃生长。于是，定居下来从事农耕和驯养动物的实验接踵而来。在中东新月沃土（今西亚伊拉克两河流域连接叙利亚一带的地中海东岸的一片弧形地区）上，出现了在野生大麦和二粒小麦基础上人工培育种子的农业。随

---

① Alley，3，4，14；Kenneth Chang，“Scientists Link Diamonds to Quick Cooling Eons Ago，” *New York Times*，Janurary 2，2009. 有人把这个证据充分的长达千年的古气候事件称之为“新仙女木期”（Younger Dryas）（之后地球上个苔原繁茂）。这个古气候事件可能是，大规模冰川融化后，大量寒冷的淡水通过圣劳伦斯河排泄到北大西洋，从而减缓了大洋环流，临时逆转成冰河时代。究竟是什么引起这次河水暴涨，争议不少，一些人设想是因为一颗巨大的彗星撞击了北美地区引起的。这个事件比起欧洲的小冰河时代要极端得多，欧洲的小冰河时代是在19世纪中叶结束的，引起了欧洲大陆生活方式的重大适应性调整。

着气候变更，新月沃土从草地变成了半干旱地区。农民开始用雨水浇灌农田，保墒排滞；使用简单的石头和木头斧、锄头和镰刀开垦树林密布的河谷山坡那些易于耕作的土地。他们剥去树皮、让树木死去，便于有足够的阳光照射到树干周围因落叶而形成的腐质土上，因为他们在此播撒了自己培育的种子。在种植2—3茬谷物之后，他们往农田抛撒燃烧枯树而得到的灰烬，以恢复土壤的肥力，便于再次耕种。最后，由于杂草入侵迫使他们使用"刀耕火种"的方法，放弃这块土地，迁徙到干净的新土地上耕作。早期围起来的灌溉农田和交易定居点最终在人们青睐的地方兴起。耶利哥（Jericho）可能是世界上具有真正意义的最古老城市，它大约出现在公元前7000年，坐落在卡梅尔山脚的斜坡上，靠近一眼充沛的"甜"泉或淡水泉，在10英亩（4公顷）土地范围内，栖息了3 000人。他们有自己的蓄水池和一座城堡。"甜"泉是相对咸的"苦"泉而言的，"甜"泉在《圣经》中被称之为"以利沙泉"，它灌溉着不大的约旦河流域地区，那里曾经是茂密森林，土地肥沃。"以利沙泉"诱惑了《圣经》提到的乔舒亚及其离开埃及后的希伯来信徒们。耶利哥的位置也让这座城市获得了死海珍贵的盐和通向死海的贸易通道。① 人一旦以谷物为食，盐就成为维持体液所不可缺少的东西。

山坡下刀耕火种的农业存在一个重大缺陷——农业极易受到不规律降雨的影响。大规模灌溉农业的兴起正是对这种环境挑战做出的反应，这是历史上最具里程碑式的革新之一，与灌溉农业的兴起相伴而生的是文明的诞生。最早的灌溉农业文明是沿半干旱地区洪水泛滥的、夹带土壤的大

---

① Braudel, *Memory and the Mediterranean*, 40—45. 经历了好多世纪，直到当代，对贸易通道和这个产盐的水资源的控制，一直都是统治者权力和财富的来源。耶利哥的建城史可以追溯到公元前9500年。另外两座重要的原始城市是耶莫（Jarmo）和卡塔尔胡玉克（Catalhuyuk）。耶莫地处扎格罗斯山脉一个深深的河谷边缘，扎格罗斯山脉是底格里斯河的发源地；卡塔尔胡玉克地处土耳其中部安纳托利亚山区，它高度垄断了那里盛产的黑曜石——一种非常锋利的火山晶体。

型河流平原出现的，那里的降水量远远不够承载完全依靠雨水的农业。文明首先出现在美索不达米亚地区，一些山顶上的居民向下迁徙[①]，定居于没有石头的泥质冲积平原，进入苏美尔靠近波斯湾入海口的底格里斯河—幼发拉底河流域较低的沼泽地带。两河流域本来就缺少降水，存在水源性疾病的侵扰，易发巨大的洪水或引发干旱，是一个令人望而却步的、受瘴气侵扰的栖息地，农民迁徙到苏美尔地区似乎有悖直觉。但是，底格里斯河—幼发拉底河具有弥补所有缺陷的两大珍贵资源：一是底格里斯河—幼发拉底河有充沛、可靠、全年持续不断的淡水，二是底格里斯河—幼发拉底河的洪水漫过耕地，留下了肥沃的淤泥，进而更新了土壤。与依靠降雨的山坡地区的产出相比，假使千辛万苦建设和维护的灌溉水利工程能够有效地管理供水的话，充足的供水加之肥沃的淤泥能够使两河流域地区的产出高出数倍。通过专门化、大规模种植一两种农作物，如小麦、大麦或粟，加上掌握了灌溉技术，农耕社区最终有了粮食剩余。他们把这些粮食剩余储备起来，以应对洪水过度或不足的歉年。反过来，这些粮食剩余养活了更多的人口，形成了大城市和早期文明的所有符号——艺术、文字、课税，以及出现了第一批大城邦国家，即近代社会的先驱。当时还出现了由桨和帆作为推动力的苇排和木筏，水上运输工具的发展使河流成为贸易、通信和政治一体化的通道。随着政治力量的集中，有组织管理下种子类谷物的大规模生产，这些早期基于河流环境形成的灌溉文明，成为历史上第一批帝国的发祥地。

灌溉农耕社会也在其他一些水文栖息地上发展起来，这些水文栖息地是以基础农作物为主，而不是以小麦及其相关谷物为主的农田农业。大约在公元前3000年，在东南亚季风河谷地区的自然冲积平原上，出现了广泛栽插稻谷的稻田。这种园艺式的稻谷栽培也需要复杂的、强劳动力投入的

---

① 一些古气候学家认为，推动近东地区灌溉农业诞生的动力可能是，公元前6400—前6200年那个地区出现的200年寒冷干旱期，加剧了那个区域的干旱，迫使人类放弃横跨地中海东部地区和美索不达米亚北部的山顶定居点。

水管理，例如，储备强暴雨雨水，移栽稻株，按季节性变化把稻田的淹没和排水控制在合适的标准，以支撑人口密度大得多的文明社会。然而，这种季风季节性稻谷的园艺栽培方式，没有在半干旱小麦农耕农业地区达到像灌溉农业国家那样集中的规模。雨季送来的充足降水支撑着独立的、较小的社区[①]，它们不需要，甚至可以较好地抵制任何中央集权政府的指令。事实上，早期以水稻种植为生的社会案例支撑着这样一种状况，水资源所呈现的方式对社会政治制度的性质产生很大的影响。原则上讲，在那些普遍容易获得致富水资源的地方，以及不存在水上运输航道和灌溉工程的地方，人们相对倾向于形成较小的、分散的甚至不是很独断的政治制度。

大约在大规模灌溉农业社会兴起之后的 1 000 年里，依靠雨水种植农作物的农业得以维持文明的发展，而这种大规模灌溉农业社会成为了历史上最持久，抑或缓慢的扩张力量之一。在小麦种植区域，由畜力牵引木犁工具的广泛使用是农业发展的关键，这种工具承载的大规模耕种足够养活定居下来的村庄社会。但是，靠天吃饭的农业无论如何也不可能产生灌溉农业所拥有的粮食剩余、人口密度、伟大的文明和王朝；它们在世界舞台上的鼎盛依赖于其他以后发展起来的技术。因而对于几乎所有的历史而言，当财富来自于农业时，人类文明分界线其中的一条就介于水资源丰富的灌溉农业国和为水所困扰、人烟稀少、相对贫穷、靠天吃饭的农业国。

水的使用还是人类文明的另外两条历史分界线的标志。一条是在古代灌溉农业帝国的边缘地带，逐渐出现一种新的人类文明——航海文明，这些地处灌溉农业帝国边缘的土地具有微不足道的农业生产力，居住在那里的人们基本上通过与邻国进行贸易而致富。海洋贸易利用水的浮力，开发了水上运输快速、便宜的潜力。当时利用帆和桨驱动的木制货船适合于在相对平静、封闭的水里航行，因此，海洋贸易首先出现在地中海地区。及

① McNeill, *World History*, 46.

至公元前2000年，海洋贸易逐渐成为重要的历史力量。在地中海、红海和印度洋，海洋贸易承载了跨文化的商业交换，这种交换基于市场建立的价格。在过去的许多世纪里，这种依据市场建立的价格始终在帮助传播着一个小而活泼的不规范经济圈，那里孕育了现代市场经济的早期开端。

另一条历史分界线介于文明人与野蛮人之间，在社会组织和生活方式上，原始狩猎—采集的游牧民族的后代和日益扩大的、文明的农耕民族之间存在着冲突。中亚大草原上那些军事训练有素的野蛮部落、阿拉伯半岛上的沙漠贝都因人、善于在江河驾船的北欧维京人，他们人数少且处于地球上水环境脆弱、农田产出很稀少的地区。他们在水源间放牧，与文明的定居部落进行贸易，或者当他们强盛时，袭击或要求定居部落朝贡。这些野蛮部落有时会异常强大，在英明的武士领导下，周期性入侵世界上的文明帝国。这种入侵中断、颠覆了文明帝国，最终又给文明帝国注入了新的活力。从公元前1700—前1400年的青铜时代开始，到公元700年至14世纪的突厥—蒙古入侵为止，在火药时代和纯粹的人力资源优势决定定居文明问题时，历史记录了四次大的野蛮入侵风潮。[①]世界文明社会缓慢、间断性的扩张，总是与灌溉农业和靠天吃饭农业的技术突破和技术停滞相伴生，其中有些事件具有里程碑的意义。无论在哪里，只要有耕作农业，人口就会上升。公元前8000年，地球上大约有400万狩猎—采集者。公元前5000年以后，每隔1 000年，世界人口就会翻一番。到公元前1000年，世界人口已经达到5 000万。然后，在秩序井然的帝国繁荣的庇护下，人口总体加速增长。2世纪晚期，世界人口可能达到了2亿。甚至瓦特蒸

---

① 四次大的野蛮入侵风潮是：（1）大约发生在公元前1700—前1400年青铜时代能驾驭战车的野蛮部落的军事入侵；（2）大约发生在公元前1400—前1200年铁器时代的野蛮部落的军事入侵；（3）发生在公元前200年的匈奴军事入侵和发生在公元400年的蠕蠕族联盟的军事入侵；（4）公元700—453年君士坦丁堡陷落的大土耳其—蒙古军事入侵。

汽机的发明和工业革命也没有降低人类文明对农业的依赖。相反，瓦特蒸汽机和工业革命为提高农业创新生产提供了新的工具，以满足21世纪初世界65亿人口日益增长的需要。[①]尽管耕地总量、用水总量、农业技术都大幅度提高，但是，自古以来一直没有改变的一件事情是，人类越来越依靠灌溉农业来抚养自己。现在，依靠不足地球可灌溉耕地五分之一的农田，收获世界粮食总量五分之二的农作物。如今，所有人类社会都与古代文明摇篮共享着这份灌溉农业的遗产。

① Ponting，37.

3. 河流、灌溉与最早的帝国

古代人类四大文明所具有的一个明显的共同特征是，沿着洪水泛滥、适于航行的河流展开的四大农耕社会分别成为了人类文明的摇篮，它们均处于半干旱的气候环境下，种植小麦、大麦或黍，以河水灌溉农田。至于四大农耕社会之间的差别，即埃及文明沿着尼罗河形成，美索不达米亚文明沿着底格里斯河—幼发拉底河展开，印度文明围绕印度河成形，中华文明在黄河中游具有类似政治经济特征的地区开启。四大农耕社会都形成了等级分明、中央集权的国家，由君权神授的世袭专制君主以及神职人员和官僚精英阶层管理。通过对水资源的控制，自上而下的权力得以实施。水成为经济生产的基本要素，大规模的劳动力配置实现了对水资源的管理。

卡尔 · A. 魏特夫（Karl A. Wittfogel，1957）在其经典著作《东方专制制度》（*Oriental Despotism*）中提出了中央集权的专制国家与专门的大规模灌溉农业之间的因果联系。他认为，所谓用水推动社会发展所面临的首要挑战是，如何加大开采夹带泥沙的泛洪河流的潜在水资源。河流越大，潜在的生产性财富、人口多样性和控制水力的国家权力就越大。然而，只有在巨大规模上的集中规划和统一管理，才能把水资源的最大生产力开发出来。要想获得剩余产品，关键是在正确时间对正确地点进行适当供水，同时还要抵御灾难性的洪水。而做到这一点，就要求在农闲期间，调动成百上千有时甚至数百万劳动力建设和维护灌溉输水渠道、水闸、蓄水大坝、保护性堤坝、防洪堤以及其他水利工程。

魏特夫指出，流动的水本身固有的难以管理的自然属性，“创造了一项要么由大规模劳动力来完成，要么根本不能完成的技术任务”。[1]一旦国家为了开凿水利工程而征招、组织劳动力，那么它也能调动这些劳动力去建设水利文明的其他宏伟工程—— 金字塔、庙宇、宫殿、由牢固城墙围起来的城市以及其他防御性工事，如中国的长城。为了进一步支持他的水利理论，魏特夫提出，在“新大陆”，奥尔梅克-玛雅人、印加人及其先辈，在此后很长一段时间，再次经历了政教合一的、专制的、由巨大公共建设工程组成的农耕社会，该社会基于易于生长且生长周期短的玉米和土豆，[2]对其他劳动密集型水资源管理的挑战也做出了反应。奥尔梅克-玛雅人在中美洲热带低地栖息地耕作，而印加人及其先辈则在安第斯山脉的高原上修建了梯田和灌溉水渠。

魏特夫的水利社会理论引发了几十年的争论，包括灌溉合作的需求创造了大的中央集权的国家，反过来，大的中央集权的国家又满足了灌溉合作的需要。当然，这种争论常常忽略最明显的观点：两个社会构成是互补的；同时又相互促进。在这样的社会中，权力和社会组织绝对依赖对水供应的独断、集中的控制。不论自然原因还是政治原因引起水流中断，农业产量都会下降，不再有剩余；随之而来是王朝和帝国被推翻，饥荒和无政府状态威胁到整个社会秩序。古代水利社会一般会在满足以下两个基本条件的情况下繁荣起来：首先，国家高度控制了灌溉资源中最好的水资源；其次，对区域内一条重要的、可航行的河流进行统一管理，这个国家就能够在交通、商业、行政管理和军事部署方面行使权力。

---

① Wittfogel，15.

② Braudel，*Structures of Everyday Life*，161. 玉米具有的三种属性使其成为神奇的植物：（1）快速生长；（2）可以直接食用，甚至在它成熟之前；（3）投入劳动力少，整个耕作时间不足 50 天。在高海拔地区，土豆种植大面积展开。

在数千年的历史长河中，专制的灌溉农业社会产生了世界上最先进的文明。虽然新的社会结构补充并最终替代了这种水利社会模式，但水利社会模式毕竟还是产生了一种经受过历史考验的、可识别的社会原型。无论什么时代，需要广泛调动资源来建设的大型水利工程一般都与大型的、集中的国家活动相伴而生。20世纪，中央集权的自由民主国家、共产主义国家和极权主义国家所建设的巨型大坝[①]，就是这种水利建设倾向明显的遗迹，而这种水利开发常常出现在社会复兴时期的早期阶段。

埃及的尼罗河是一条完美的水道，因此，古埃及就是这种水利文明的原型。公元前460年，希腊历史学家希罗多德曾游览埃及，对埃及做出了极其贴切的描述——“尼罗河的瑰宝”。实际上，围绕尼罗河的自然现象以及尼罗河上所发生的事情，几乎完全决定了埃及的历史，过去如此，现在依然如此。

埃及实际上是一个雨水极少的国家，而尼罗河提供了它所需要的一切。尼罗河是埃及最大的农业灌溉水资源，每年洪水过后给农田带来一层厚厚的肥沃的黑色淤泥。不同于其他大河，每年尼罗河洪水季节的来临和退去是可以预测的，神奇的是，它与农业种植和收获的周期同步。尼罗河流域属于最容易实施灌溉管理的地形之一。埃及的农民仅仅需要建造堤岸口、水闸门、延长的渠道和一些简单的防护堤，来保留足够的洪水浸淹河流外用作耕地的低洼盆地，然后把剩余的水放到下游的另一个盆地。另外，尼罗河陡峭的坡度让这条河排水通畅，有助于冲洗出破坏土壤的盐，这种盐处处给人工灌溉系统带来不利影响。实际上，尼罗河是世界历史上唯一一条能进行自我维持的大型河流灌溉系统。

① 依靠美国新政，胡佛大坝、大古力大坝得以建成；随着第二次世界大战之后家园的重建，俄国人和欧洲人建成了一批大型水坝，中国以及许多新独立的发展中国家，都是以大型水坝作为新生政权的基础。

尼罗河的自然优势还赐予埃及第二大瑰宝——尼罗河是罕见的**双向**通航河流，其水流流向与河流表面的风向全年相反，因此，船只有可能顺着水流方向向下游航行，而选用宽底帆船向南部的上游河段航行。

最后，河流两岸之外广袤的沙漠形成了天然的防御屏障，把古埃及文明与大规模野蛮部落的入侵隔离开来几个世纪。由于埃及完全依赖唯一的一条大河，为此其政治权力集中是简单的、完全的、不变的。纵观历史，谁控制了尼罗河，谁就掌管了埃及。

然而，尼罗河的馈赠依赖于超出法老控制能力的一个不可预测的变量，即每年洪水的规模。过度的洪水淹没了整个村庄，摧毁了大量农田。更糟糕的是，遇到枯水年份，河水和淤泥不足导致饥荒、绝望和社会混乱。令人惊奇的是，在埃及历史的长河中，王朝的兴衰与尼罗河洪水的周期性变化相互关联。洪水适当的年份，人们丰衣足食，上埃及尼罗河流域和下埃及沼泽三角洲之间政治统一，水利工程不断扩大，象征埃及文明辉煌的寺庙、纪念物在兴建，王朝开始复兴。相较而言，洪水不足的年份，是困苦、分裂和王朝崩溃的黑暗时期的延续。没有尼罗河的河水，智慧和腐败均不能有效发挥作用。尼罗河流域和沼泽三角洲之间的法老王国分裂成由军阀控制的和受强盗威胁的割据地区。

三大王国[①]的兴起标志了古埃及时代——“古王国”（约公元前3150—前2200年）、“中王国”（公元前2040—前1674年）和“新王国”（公元前1552—前1069年）——它们分别对应第一、第二和第三“中间时期”。从决定国家农业税收收入和整个国家治理的视角看，尼罗河洪水的规模影响重大，埃及人很早就开始使用水位计，祭司使用这种水位计记录下尼罗河的洪水规模。这种水位计最初放置在沿河的寺庙，每当洪水来

---

① 不同资料对三个王国的断代有所不同。这里选用的是格里马尔（Grimal，389—395）的断代方法。

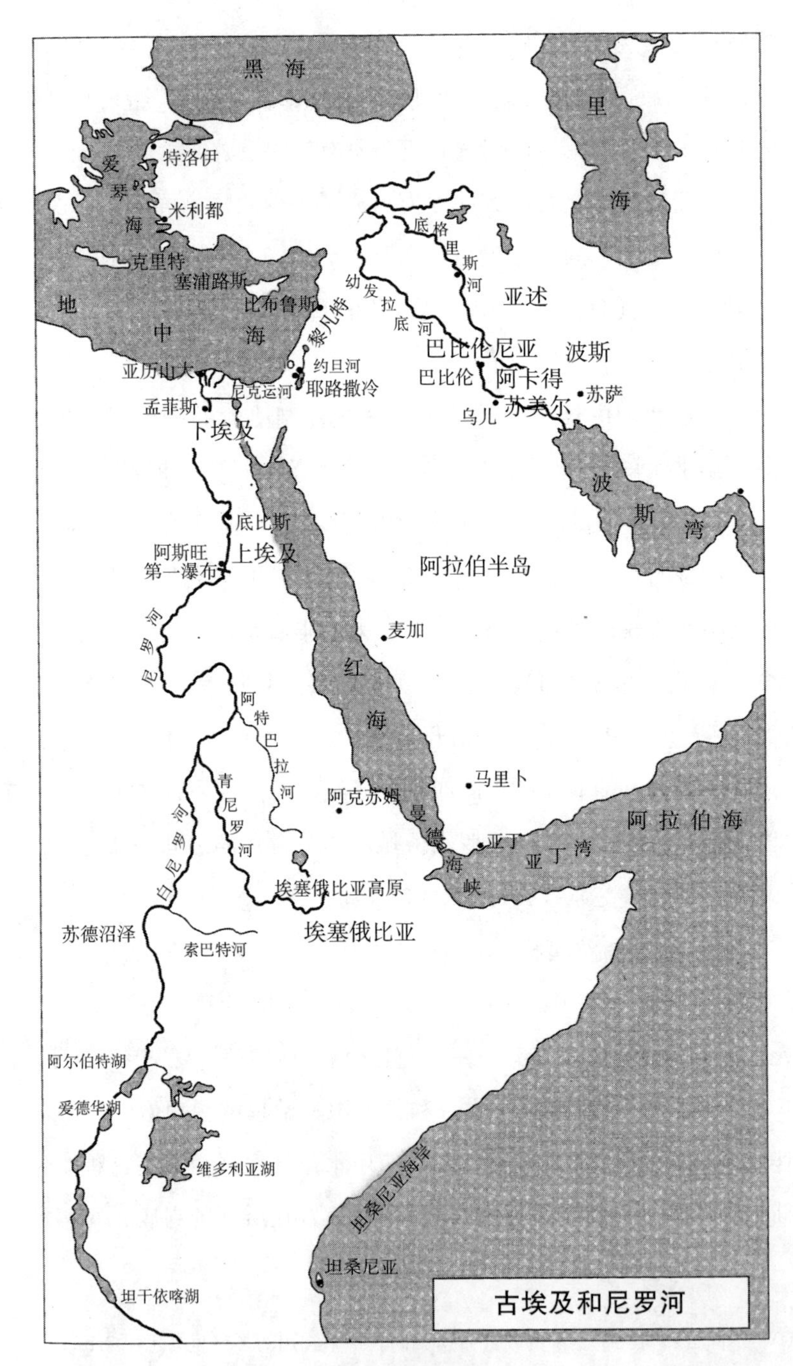
黑 海
里
海
爱
琴
海
特洛伊
米利都
克里特
塞浦路斯
地
中
海
比布鲁斯
黎凡特
幼发拉底河
底格里斯河
亚述
巴比伦尼亚
波斯
巴比伦
阿卡得
苏美尔
苏萨
乌儿
亚历山大
约旦河
耶路撒冷
尼克运河
孟菲斯
下埃及
波
斯
湾
底比斯
阿斯旺
第一瀑布
上埃及
阿拉伯半岛
尼罗河
麦加
红
海
阿特巴拉河
青尼罗河
马里卜
阿克苏姆
曼德海峡
亚丁
亚丁湾
阿 拉 伯 海
白尼罗河
埃塞俄比亚高原
埃塞俄比亚
苏德沼泽
索巴特河
阿尔伯特湖
爱德华湖
维多利亚湖
坦桑尼亚海岸
坦桑尼亚
坦干依喀湖
古埃及和尼罗河

地图 1. 古埃及和尼罗河

时，祭司们就在石头上刻水深尺度作为记录。根据水位计记录显示，尼罗河洪水规模的周期性振荡对埃及居民的命运有影响。[①]简而言之，尼罗河的节奏勾画了埃及历史和人们生活的所有基本要素，包括粮食生产、人口规模、王朝的疆域以及和平或冲突的条件。

接下来，尼罗河洪水的规模最终取决于青尼罗河源头夏季季风性降水的总量。而青尼罗河距离埃及边界十分遥远，其源头是埃塞俄比亚海拔 6 000 英尺（1 828 米）高的阿比西尼亚高原上的一眼泉水，这眼泉水被埃塞俄比亚近代的一个东正教会所崇拜。白尼罗河是尼罗河的另一个主要支流，其最南端在地处非洲赤道高原湖泊中的布隆迪，那里的一眼泉水被认为是白尼罗河的源头。青尼罗河和白尼罗河在进入埃及前，在努比亚沙漠的喀土穆以北汇合。尼罗河最终流入地中海，全长 4 168 英里（6 707 公里），是当时世界上最长的河流。但是，尼罗河水资源总量相对较小，仅占到亚马逊河水资源总量的 2%、刚果河水资源总量的 12%、长江水资源总量的 15%、密西西比河水资源总量的 30%，以及欧洲多瑙河、巴基斯坦印度河或北美地区的哥伦比亚河水资源总量的 70%。[②]实际上，尼罗河水在埃及境内没有得到任何补给。由于大约 50% 的白尼罗河水在进入埃及前就在苏丹境内蒸发了，维系埃及文明五分之四的尼罗河水及其全部淤泥，都源自埃塞俄比亚高原和深深的沟壑。

每年夏季的季风性降雨填满了埃塞俄比亚大大小小的尼罗河支流，引发了下游一年一度的洪水泛滥。一般在每年 5 月，尼罗河河水在苏丹北部上涨，在 6 月到达埃及南部的阿斯旺第一大瀑布附近。大约到了 9 月，埃及尼罗河流域冲积平原成为泽国，大片土地淹没在浑浊、红褐色的河水中，然后河水开始退回到主河道，但是会留下一层厚厚的、气味浓重的、

① Collins，13—14. 最早的水位计出现在古埃及的孟菲斯城，时间可追溯到公元前 2480 年；虽然水位计已经不复存在，但记录水位的数据仍保留在称为巴勒莫石的石碑残片上。

② Shiklomanovand Rodda，365. 基于每年的可更新水资源。

肥沃的黑色淤泥。[①] 通过利用简单的灌溉设施以及对水资源实施管理，（地图 1：古埃及和尼罗河）埃及农民创设了古代地中海地区最富裕的粮仓。洪水退后，埃及农民把农作物播种到洪水浸泡过的土壤中，等到来年 4 月下旬和 5 月开始收获庄稼；早夏时节，炎炎烈日烘烤着大地，泥土开裂，内层土得以暴露在空气中，土地肥力再次得到恢复。把种子撒到地里，再用木犁耙将其埋进土壤。这种木犁耙由牲畜牵引着，像把没有轮子的锄头。在成千上万年的时间里，每年洪水退后留下的淤泥逐步地自然形成了 10 英尺（3 米）高的河岸，绵延 600 英里（900 公里），穿过狭窄的尼罗河流域，而河两岸是人类定居的理想场所。恰恰就是在尼罗河堤岸下方，形成了适于农作物生长的地势低洼的盆地，总面积比现代瑞士的面积还小。农民开渠道引来尼罗河水及其淤泥，种植适合埃及环境生长的二粒小麦和大麦。

埃及的尼罗河由两个不同的水文和政治区域组成。上埃及就是尼罗河流域，源头是阿斯旺的第一瀑布。现代开罗以北为下埃及，在此形成了一个由芦苇沼泽和潟湖组成的富饶的扇形三角洲，绵延 100 英里（160 公里）长，下埃及地形和历史的形塑部分源于地中海海平面的起伏波动。当这个王国昌盛时，法老头戴红白两色的皇冠，象征着王国的统一，而红白双色则分别代表三角洲和河谷流域。

第一个戴上双色皇冠的是埃及统一后的第一任国王美尼斯（Menes）[②]，即所谓的“蝎子王”，原是上埃及的王子。美尼斯于公元前 3150 年占领了下埃及的三角洲，并在三角洲之首建立了埃及首都孟菲斯。在三角洲和河谷流域，群雄逐鹿，经过旷日持久的争夺，权力逐步集中起来。由于他们是狩猎—采集部落的后裔，当该区域气候干旱的时候，他们选择在河流附近住下来，以便得到所需要的水。究竟美尼斯是一个称号还是历史上真有其人，恐怕难以证实。但有关美尼斯的传说确切地反映了埃及文明的基本

① 古埃及人把由洪水带来的淤泥铺起的平原称之为“黑土地”，而黑土地也成了尼罗河流域埃及本身的名字。没有受洪水侵蚀的贫瘠土地叫作“红土地”。

② Grimal，37—38；Shaw，61.

起源，包括他确切的身份与灌溉工程，还有控制尼罗河的理想法老的根本职责。例如，美尼斯用于皇家仪式的饰物显示，他是一个征服者，头戴象征河谷流域的白色皇冠，身着短裙，束着一条用公牛尾巴制成的腰带，正用锄头开挖灌溉渠道，而其另一形象则是用筐子运走挖出的泥土。

美尼斯的皇家仪式饰物还记录了另一种水利社会：君主的日常事务就是开关水闸，分配灌溉农田的用水，指导水利工程的建设。苏美尔比较古老的水利文明，明显受到古埃及水利开发方式和工具发展轨迹的影响，因为埃及是最早与大海接触的地区。文献资料记录的世界上第一个大坝显示了古埃及的水利特性，这个石砌大坝高 49 英尺（14.9 米），据推测建于公元前 2900 年，用来保护美尼斯王国的首都孟菲斯免遭洪水侵扰。[①] 考古遗址证明了还有一个与石质大坝相似的土质水库坝，该坝表面由石头砌成，坝高 37 英尺（11 米），坝底宽 265 英尺（80 米），建于公元前 2950—前 2700 年，大约在现代开罗南部 20 英里（32 公里）的地方。在古埃及，更常见的是简单的、存续时间不长的土木分流坝，目的是在洪水季节导引灌溉水。

古埃及壁画中捕鱼的场景

① Smith, *History of Dams*, 1—4. 据说，这个大坝在建设后不久就因为洪水漫坝而倒塌了。

尼罗河水有益于农业的特性以及简朴的灌溉盆地农业明显影响了埃及文化、社会和日常生活的方方面面。法老居于埃及国家分层的顶端，具有绝对权威，在“古王国”，法老被当作活着的神，他拥有所有的土地，控制着尼罗河。支撑法老的是由精英祭司——管理者组成的行政管理机构，有“堤防检查官”、“渠道工主管”、“水位计观察官”的头衔。祭司的神圣权威是他们通过对那些重大深奥事件的掌控而建立起来的，如洪水何时泛滥、洪水何时回落、何时培育和播种农作物、如何建造经久耐用水利技术工程。通过集中收集、储存和分配丰年的剩余产品，巩固了国家极权的基础。实施水利工程和其他国家项目是世界史上人力调动最古老的形式之一——强制性的、季节性的劳役。农民对法老和国家的责任是绝对的，以致这种责任延续到来世；农民常常在死后被做成一尊土雕像，象征性地站在那里，以示永远承担他的义务。[①] 对水的控制也孕育了埃及许多早期的科学和艺术的发展。学识渊博的精英发明了历法，促进了农业的发展；创造了测量工具，重新划分被洪水侵蚀过的土地。古埃及人使用尼罗河三角洲盛产的纸草制成莎草纸，用文字的形式记录当时的行政管理。莎草纸是最古老形式的纸，象征着在制造业史上造纸是最早使用水的行业之一。削去纸草茎的外皮，把内茎切成薄薄的长条，然后放入水中浸泡，以激活纸草茎内固有的黏结性能。从水中取出这些薄长条，分层垒在一起，经挤压、干燥等工序，最终制成这种莎草纸。

法老的另一关键权力是，控制管辖区域内关键的水上运输通道，每个历史时代的社会都在重复着法老的这种权力。控制尼罗河上船只的航运允许法老管理有关人和货物的所有重要运输，这样，就提供了有效控制整个埃及的手段。满载粮食、油罐和其他物品的驳船通常往来于各港口之间，从孟菲斯到底比斯再到大象岛。公元前 2150 年之后，在阿斯旺瀑布的花

---

① 埃及的壁画和浮雕描绘了农民在田里从事农业生产、运粮食运入谷仓、拉渔网、从船上卸货、酿造啤酒等内容。无论从事何种劳作，背后都有武装的士兵在监视。

岗岩地带开凿了一条运河，至此，尼罗河运输延伸到了努比亚国（现代苏丹的位置）。尼罗河干流、尼罗河流域和三角洲的富足，可以预计的尼罗河洪水以及尼罗河周边防御性的沙漠，成就了埃及成为世界史上最封闭的、不变的、秩序死板且持续时间最长的文明之一。然而，埃及简单的盆地农业不过是单一作物的农业系统，它限制了农作物增产，尤其是在超出一定产量后。这就约束了埃及人口数量的增加，在尼罗河洪水长期不足期间，易使埃及发生饥荒，造成社会不稳定。

大约从公元前 2270 年开始，在领地头领、土匪的无序争斗中，伴随着饥荒灾害，“古王国”的中央政权和辉煌文化逐步解体。地中海区域进入干旱气候时期，这瓦解了美索不达米亚的文明，致使尼罗河步入洪水不足的年份，削弱了埃及社会的农业经济基础。

埃及文明的第一个黑暗时期持续了近两个世纪，那时，政权不统一，领地之间争霸不断。当尼罗河富水年份重新出现时，埃及农业繁荣复苏；大约到了公元前 2040 年，上埃及底比斯的统治者们赢得了征战和谈判，重新统一了埃及并建立了“中王国”。“中王国”的建立与新的大型水利工程和粮食增产相联系，包括把农田扩大到“法尤姆”这个地方，尼罗河的大洪水让那里成为一片大的沼泽。在某个干旱时期，巴勒斯坦的政治处于不稳定状态，也许正是“中王国”的繁荣吸引了《圣经》上的雅各家族抵达埃及三角洲地带。

一系列干旱天气削弱了“中王国”的国力，致使埃及无法抵御面临的第一次外敌入侵。公元前 1647 年，希克索斯军队几乎在没有任何抵抗的情况下，夺取了埃及三角洲地带。希克索斯人是古代西亚地区的一个混合民族，使用青铜时代的战车作战，他们通过西奈沙漠边境逐渐渗透进埃及。埃及在很长一段时间里处于孤立的、可预计河流汛期的环境中，而希克索斯人的征服，强迫埃及人结束了那种固定秩序和安全的文化，从而完全改变了埃及的历史。

一个世纪以后，希克索斯人最终被赶走，埃及在“新王国”的旗帜下重新统一，这个“新王国”延续了500年。这一时期，埃及人果断实施文化更新，扩大海洋贸易；在军事上，征战通往幼发拉底河地区的地中海东部地区和南部的努比亚地区，建筑了埃及原生文化纪念物，如卢克索和卡拉克大型庙宇，即现在的底比斯。“新王国”的复兴与尼罗河三个世纪丰沛的洪水不无关系。

大量使用橘槔这种古代的汲水工具，粮食产量得以增加。橘槔可能来源于美索不达米亚，早在几个世纪前美索不达尼亚地区的人就使用，之后逐渐传入埃及。当时，使用橘槔每天可以提起600加仑（2.27立方米）的水。这种汲水装置的构造是这样的：一根长杆立在支点上，杆的一端是水桶，另一端是一块大石头，以此来实现平衡。该装置由两人操作。一个人负责把桶装满水，站在石头一端的人负责把水倒进灌溉渠，水顺着渠道流进一块块农田。橘槔使埃及农民在主汛期之外能够灌溉追加的农作物。

在随后的岁月里，埃及人在尼罗河上使用了更大动力的汲水设备。希腊人阿基米德发明了阿基米德螺旋抽水机，在公元前332年亚历山大征战之后的那个世纪里，希腊统治者给埃及人带来了阿基米德螺旋抽水机。这种螺旋抽水机实际上是一个巨大的开塞钻，被包裹在长长的水密管中，通过手摇曲柄河水被从水密管的凹槽中提上来。最重要的提水工具当属戽水车——一种装上一组水漏斗的大转轮，牛以环圈行走的方式牵引转轮转动，实际上，公元前6世纪波斯入侵者就已经带来了这种设备。水漏斗沉入河中装满了水，当它们从圆弧顶点落下时，漏斗中的水就注入了管道或渠道。在公元前的最初千年里，一台戽水车大约能提升13英尺水，在非汛期能灌溉13英亩二季农作物。戽水车也被用来排渍，以便开垦沼泽地。通过提升水的容量以及改变水的流向，在希腊人和罗马帝国占领期间，汲水技术的提高促使埃及灌溉农田的面积大约增加了10%—15%。戽水车技术非常成功，直到20世纪电泵和油泵发明之前，人们一直都在使用它。戽水车是影响深远的水车汲水先驱，也是一项技术创新，人们利用水流产生的动力来磨面，从而推动了第一批工业的诞生。[1]

"新王国"也从全方位的对外海洋贸易中获得了巨大财富。埃及人曾经是东地中海海岸线有规律的航海者之一。对于少雨的埃及来讲，木材极为稀缺，因此，"古王国"的船只曾有规律地航行到比布鲁斯，获取据说来自黎巴嫩的珍贵的、高质量的雪松林木材，[2] 用以造船、犁和文明社会所需的其他重要工具。金字塔上绘刻的图像显示，早在公元前2540年，埃及人就用帆船把士兵运送到地中海东部的港口，当时，埃及人的帆船仅仅适用于在河流航行，依靠尼罗河上的清风和水流做动力。然而，随着"新王国"统一埃及，海洋贸易才得以大发展。哈特谢普苏特女王是这个时代的精神象征，她是埃及罕见的女君主，也是古代史上第一个重要的女王。在哈特谢普苏特女王20年统治之初的公元前1479年，在神阿蒙的启发下，哈特谢普苏特女王开启了一个海洋时代，开始探险红海，恢复与非洲之角朋特的贸易。非洲之角是古代世界两大异域奢侈品的来源地之一，如用于宗教仪式和木乃伊的乳香和没药。这次探险带回了活的乳香树，被种植到女王的花园里。从此以后开始了长达3个世纪的航运业繁荣，海洋贸易从朋特延伸到东地中海。黎巴嫩的雪松、塞浦路斯的铜、小亚细亚的银子以及精美的工艺品和亚洲的纺织品从北部到达。毫不例外，埃及在东地中海的军事行动随着经济利益的叠加而与日俱增。虽然埃及人从海洋贸易中获得了不少的利益，但它从未超越以尼罗河为中心的传统而形成一个真正的地中海海洋文明。埃及人当时建造的轻型大船仅仅适用在尼罗河航行，而不适合离开安全的、已探明的沿海岸线去做探险。为了穿过开放的水域，运输较多的货物，埃及人依赖于克里特岛的船只和水手，而克里特

---

① 世界上最早的水钟也可以追溯到"新王国"。

② Braudel, *Memory and the Mediterranean*, 59—60. 由于缺乏有用的树种，埃及和美索不达米亚都购买黎凡特人的木材，有时为了保障木材供应而发生战争。埃及只有梧桐和相思树之类的硬木树种。

岛的米诺斯人主宰了地中海第一个伟大的海上文明。

公元前13世纪末，地中海三次为入侵者提供了进犯埃及的通道。“海民”是海员的集合，由于“铁器时代”内陆山区的野蛮人入侵其家园而逃到海上，这些铁器时代内陆山区的野蛮人打乱了中东地区“青铜时代”的文明。一个世纪以后，埃及人和海民发生了一场战役（其中包括历史上早期的一场海战），赶走了最后的“海民”。而其盟友腓利士人定居在巴勒斯坦，很快便与希伯来人开战，而希伯来人在此之前，就已从埃及逃出，在摩西的领导下，寻找新的土地。当然，状态良好的尼罗河处于周期性的衰落期，从而标志了一个世纪国家内部的无序和瓦解，而区域帝国造成的历史上不断扩大的地理重叠，带来了新的外国入侵浪潮，使埃及进入最长、最荒凉的中间时期。外国人征服埃及大约4个世纪的时间。利比亚人、努比亚人以及用铁器武装起来的亚述人，都在尼罗河和埃及土地上留下了他们的印记。

公元前7世纪晚期，曾经出现过本土埃及人重掌控制权的短暂时期。在野心勃勃的法老尼克二世（公元前610—前595年）领导下，埃及建立了强大的海军。这支海军凭借战役的胜利，夺取了直至幼发拉底河流域的饱受战争蹂躏的地中海东部地区的土地。尼克遵循埃及向希腊世界和海洋贸易开放的政策。在水利史上尼克最著名的创举就是开凿了第一个文字记载的运河——“苏伊士运河”，[①] 他希望苏伊士运河能帮助埃及人在地中海地区获得竞争力。苏伊士运河与19世纪从红海到地中海的著名运河路径截然不同，尼克的做法是把红海与尼罗河的一条支流连接起来，这样一来，就能够把埃及的地中海舰队与用希腊风格的三层桨座战船组成的红海舰队统一起来。苏伊士运河的宽度足够两条船同时通过。按照希罗多德的说法，12万人为开凿这条运河付出了生命。[②] 据说，一条神谕警告尼克，其外国敌人会利用这

① 可能还可以追溯到尼克二世运河之前的运河工程，沙漠刮来的沙子把它们都填满了。

② Herodotus, *Histories*, 193.

个工程而获得优势，于是，尼克在运河完工前停止了这项工程。

实际上，波斯人入侵后，在国王大流士（公元前 521—前 486 统治埃及）一世领导下才建成这条运河，该运河推动了埃及与波斯的航运业。公元前 3 世纪早期，新的希腊人托勒密王朝加速疏通和扩展这条运河工程。在亚历山大大帝征战之后，亚历山大大帝麾下将军托勒密掌握了埃及的政权，创建了埃及的托勒密王朝。2 世纪早期，图拉真皇帝统治时期，罗马帝国正值鼎盛期，这条运河再次繁荣，而在拜占庭时期淤塞。这条运河可能被清理过淤塞，随后又被早期的穆斯林统治者填上。[①]16 世纪早期，威尼斯人和埃及人曾经讨论过重开红海到地中海的连接通道，作为对葡萄牙人创造的通往印度的全程水运香料贸易路线提议的回应，以打破长期以来威尼斯—亚历山大控制与东方进行区域贸易所获红利的局面。但是，什么也没有在这条运河上发生。奥斯曼人在 16 世纪考虑过这个项目；埃及的苏丹和西班牙的基督教国王签署协议，允许双方集中精力对付他们各自的异教徒。从那以后，红海和地中海之间的水上联系始终关闭着，直到 1896 年，世界地缘政治和现代苏伊士运河的工程奇迹才为世界商业和海军力量打开红海和地中海水上联系的大门。

控制尼罗河以及尼罗河反复无常的大汛小汛，依然对所有埃及占领者的命运至关重要。从公元前 332 年亚历山大出征埃及到 4 世纪，希腊人和罗马人对埃及的统治受惠于尼罗河良好的洪水，甚至降雨，这有利于耕地和灌溉面积的大规模扩展。公元前 30 年，罗马人控制了埃及，埃及成为罗马帝国出口粮食的粮仓，对于维持罗马军队和救济罗马大批处于饥饿中的穷人来说也是至关重要的。640 年，尼罗河进入了一个世纪的不良洪水期，使阿拉伯入侵者击败了拜占庭对埃及的控制。而后，尼罗河长达三个世纪的充沛水量滋养了穆斯林的鼎盛时期。然而，10 世纪至 11 世纪，尼

---

① Lewis，*Muslim Discovery of Europe*，34，38.

罗河再次处于水源不足的状态，最终削弱了开罗法蒂玛王朝的统治。

由于埃及处在世界商业和政治关键十字路口的地缘政治中心，埃及及其大动脉河流在古往今来的权力争斗中，始终是举足轻重的战场。这些权力争斗包括19世纪英国和法国争霸全球帝国时的较量；20世纪冷战期间，美国和苏联围绕阿斯旺大坝和石油储量丰富的阿拉伯中东地区的影响力所展开的争斗。

古代美索不达米亚要面对比尼罗河复杂得多的且不利得多的水文环境挑战。然而，美索不达米亚发展了一种比埃及还要早的水利模式文明，该文明反映了底格里斯河和幼发拉底河两河流域洪水、淤泥扩散的资源、周期和水流信号，底格里斯河和幼发拉底河流经现代土耳其、叙利亚和伊拉克“新月沃土”的核心。美索不达米亚在希腊语中的意思是“河流之间的土地”，美索不达米亚的河流却促进了古代世界最早成熟的伟大文明的产生，而文明又诞生了楔形文字——人类第一种书写文字、第一批大城市、经得起实践的提水灌溉技术、轮子、螺旋形通灵塔式寺庙，以及充满活力的、具有扩张性的帝国。

与尼罗河不同，底格里斯河和幼发拉底河的特征是，人们无法预测它们何时洪水泛滥、何时退去，两条河的行洪期与农业生产周期的节奏不合拍，而且洪水常常是摧毁性的。在秋天栽培和耕种最需要水时，河流却处于枯水期。在晚春季节，庄稼即将成熟的时候，雷电交加的暴雨会突然降临，河水暴涨，使得就要收获的粮食岌岌可危。由于两条河流都有许多支流，使洪水冲积平原的水文条件十分复杂。例如，从水位比较高、流速比较慢的幼发拉底河溢出的洪水，常常向东流入规模相对大的底格里斯河。由于两条河河床坡度减小，容易发生曲流，在大汛期间，易形成新的通往海洋的行洪道，使现存的农田和维持整个社区的生活补给水处于困境。

因此，美索不达米亚文明发展的关键在于依赖建设大规模水利工程，全年有效控制这两条河流。大型水库存蓄的水用来灌溉处于生长期的农作物。把河水抬升到需要的高程，以便于河水流过已犁过的田地。牢固的护堤的功能是，阻止不合农业生产时间发生的洪讯。由水闸和引水沟渠构建的排水网，用来防止平原以及排水不畅农田中的内涝。总之，如果说天然水力条件赐予埃及尼罗河这个瑰宝的话，那么美索不达米亚则是人工雕琢的文明，它通过独具匠心的水利工程和刻意的社区组织，使美索不达米亚文明得以成功。[①]

与埃及相比，美索不达米亚的物质社会及政治生活的方方面面较为动荡、不确定。背后没有无水的大沙漠做屏障，该区域天然就是人、观念、商品的中转站，近邻是潜在的入侵者和竞争对手，他们生活在多雨的山区，那些雨水滋养着两河平原。城邦之间广泛的商业交往和冲突，大帝国的不断入侵，构成了美索不达米亚的历史。当两河的水资源得到比较好的管理时，政治权力一般向两河流域的上游方向移动，那里农田未被破坏，在河流单向运输航行和区域供水方面可以使国家的战略性要求得以发挥。历史学家威廉·麦克尼尔（William H. McNeill）写道："人们可以在上游堵塞一条运河几英里长，因此，依赖这样一条运河的社会极易受到类似战争般的侵袭。在美索不达米亚的政治和战争中，上游总具有至上的战略重要性，而下游则总是不可避免地被控制河水供应的人所左右。"从公元前4000—前3000年的苏美尔，到公元前2334年萨阿贡（Sargon）领导下的阿卡德帝国、约公元前1792年汉谟拉比（Hammurabi）领导下的巴比伦帝国，再到公元前800年的亚述人和公元前500年的波斯人，美索不达米亚文明的中心总体向河流的上游方向移动，河流的灌溉区日渐扩大。

底格里斯河和幼发拉底河都发源于现代土耳其的安纳托利亚高原。幼发拉底河从发源地西南方向通过广袤的沙漠高原，突然改道东南方向之

---

① McNeill，*Rise of the West*，32. 不同于尼罗河，两河流域的上行运输需要划桨和拉纤，不能靠风推动。

前，就形成了漏斗状的平坦的冲积平原，在那里与南边的底格里斯河交汇，融化的雪水和伊朗西部扎格罗斯山脉流出的径流补给着底格里斯河。在底格里斯河上现代巴格达和幼发拉底河上古代巴比伦帝国区域，两条河流几乎融合在一起，然后，缓缓分开，形成没有石头、容易耕种的肥沃泥滩，与下美索不达米亚不断变道的河渠交叉，成为《圣经》所描绘的伊甸园所在地。在古代苏美尔人的城市乌尔和乌鲁克以南，两条河流涌入了一片富饶的湿地，那里生活着大量禽类、鱼类和水牛之类的动物，但是那里的沼泽无法作为耕地。最后，底格里斯河和幼发拉底河流入波斯湾。

下美索不达米亚地区气候炎热，河流纵横，然而，该地区降雨稀少，农业生产不能靠自然降水。因此，在那里，依赖大规模灌溉农业的永久性定居点，大约出现在公元前6000年。公元前4000年，在美尼斯建立古埃及之前几百年，苏美尔文明就出现了。依照美索不达米亚的神话，每一件事都有赖于对水的掌控，而水神恩基掌握着这些秘密，他善良、充满智慧。灌溉技术把苏美尔改造成了名副其实的花园，盛产粮食、坚果，还有品种繁多的水果树，其中包括多用途的椰枣树，人们随手就可以摘到椰枣。[①]

苏美尔人的起源至今仍是一个未解之谜。据说苏美尔人由海路过波斯湾到达这个地区，（地图2：美索不达米亚和新月沃土）他们的语言不像其他已知的语言，具有独特的语法和词汇。苏美尔是用城墙围起来的城邦文明，每一城邦之间大约相隔20英里（32公里），都有自己的粮食储备，用作商业交易的偿付金。大约有十几个城邦逐步发展成为主导城邦。公元前3400年，地处波斯湾入海口内陆沼泽上的乌鲁克，是我们迄今已知的世界上最大的城市，占地面积2平方英里（5.17平方公里）。乌尔建在幼发拉底河一条消失了的支流上，有护城河、运河和两个港湾、一座高耸通灵塔的庙宇，人口大约有2万—3万，是一座贸易港口城市，以后成为《圣经》上亚伯拉罕的家乡。

① Van De Mieroop，13.

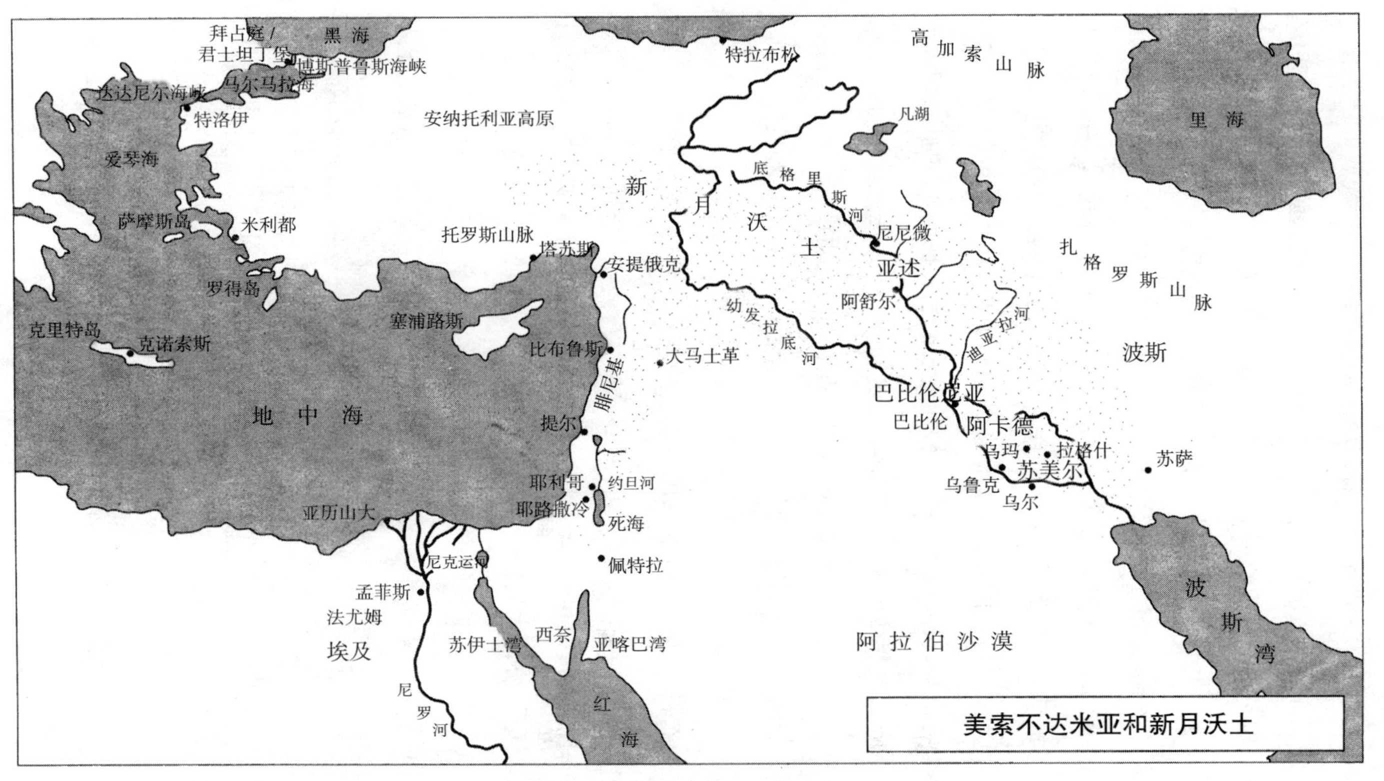

地图 2. 美索不达米亚和新月沃土

苏美尔开启了最初的城市革命和城市发展史的文明时代。每一个时代，城市都促进了商业和市场的发展，人们观念的交流、艺术的交流、劳动力分工、专业化以及用于投资的剩余积累，这在经济发展中具有核心作用，导致了大国的崛起。史上这些大城市本能地与人对水的使用联系在一起，如果不出差错的话，它们都坐落在河边、湖畔、绿洲和海边。城市史学家刘易斯·芒福德（Lewis Mumford）提出，"第一个最有效的大规模运输方式——水路"曾经是"城市最具活力的部分，没有水路，城市不可能持续增加其规模、地域和生产力"。[①] 对于古代的苏美尔城邦来讲，水路成为经济生命线，它送来了铜和锡用于青铜制造，运来矿石、木材和美索不达米亚所缺乏的其他重要原材料。苏美尔的船舶通过红海与埃及做长途贸易，并且往来于波斯湾和印度洋之间，在苏美尔人留下的文字记录中，古印度河文明被称之为"麦路哈"（Meluhha），苏美尔人从那里获得玛瑙珠、青金石、木材、黄金和象牙。

然而，苏美尔城邦最早期的重要经济活动是灌溉农业。每一个城邦都有自己的农耕团队，由成百农民组成，他们在大块的耕地上劳作，是神灵拥有、租赁和遗留下这些土地。如同埃及一样，劳动力被强制性地依据庙宇祭司安排的劳动事项和规则从事生产活动，这些祭司具有计算季节变化、设计渠道、协调大规模集体劳动的技能。祭司的宗教地位使他们合法地占有很大份额的储存在庙宇粮仓里的年度收获剩余。

强烈的不可预测的洪水是一个无处不在的、令人恐惧的威胁，它摧毁了水利工程和整座城市。实际上，在美索不达米亚的神话中，国王神圣的身份和国家的政治合法性本身来源于神送来的荡涤人类的大洪水，从水的混乱无序中，诞生新的世界秩序。这个区域的洪水神话以一个先知的家族为中心，他们通过建造方舟而生存下来。这个故事与印度神话和《创世记》中诺亚的故事具有明显的相似性。美索不达米亚的神话也反映了人们对水的双重属性的敏锐意识，水既是潜在的生命给予者，也是巨大的摧毁

① Mumford，71.

者；同时，国王的义务就是避免洪水发生，确保充足的灌溉用水。①

苏美尔的农耕围绕着幼发拉底河的主河道和支流展开，与底格里斯河相比，幼发拉底河的水流缓慢，易于控制，承载着丰富的淤泥，具有比较广阔的冲积平原。幼发拉底河的海拔比底格里斯河高，因此，利用底格里斯河作为溢流水道，通过一级、二级渠道网，把灌溉用水送入田间。一些宽阔的灌溉渠道可以行船和运货。农作物种在若干英里长的土堤上，土堤处于河流之间的冲积平原，由水坝、堤坝、堰、水闸和沟渠控制。②这种经过千辛万苦建造起来的人工灌溉系统的其中一个益处在于，可以全年耕作，多季收获；比起埃及单季收获的盆地耕作制度，苏美尔人生产了更多的剩余产品。但是，人工灌溉也引发了严重的副作用——土壤的盐碱化，这种副作用始终困扰着人类文明。

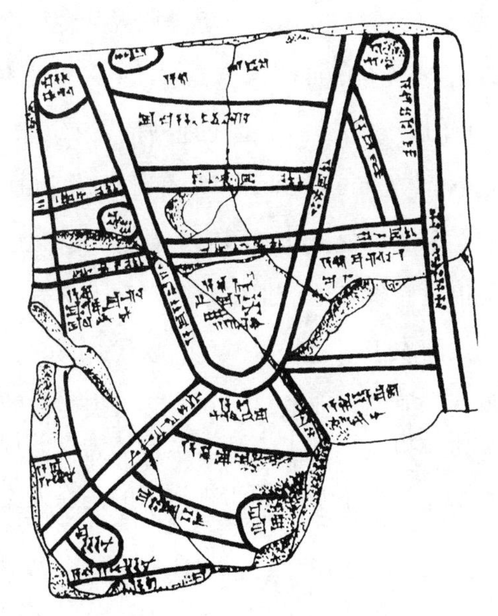

两河流域尼普地方的运河与灌溉农田（距今3000年前）示意图

① 考古学家已经发现了大量洪水频发的证据。公元前3100年被淹没的苏美尔城市苏鲁帕克可能启发了《圣经》上关于大洪水的故事。

② Campbell-Green.

凝视现代下美索不达米亚区域凄凉的、衰草连天的景象，20 世纪对乌尔展开挖掘的英国考古学家伦纳德·伍利（Leonard Woolley）苦苦思索这个原先灿烂的文明究竟发生了什么："如果苏美尔曾经是巨大的粮仓，为什么人口减少，甚至消失，难道是土壤丧失了它的特质？"[①] 伍利的后继者所做的回答是，越来越多的盐积累在排水不畅的土壤里，耗尽了土壤的肥力和美索不达米亚文明的生态系统基础。随着时间的推移，集约化的灌溉农业对环境产生了副作用，逐渐削弱了农业生产的可持续性。漫灌土壤一般会提高地下水位，而水的毛细管作用把致命的盐分吸附在植物的根系周围。对于干旱的美索不达米亚而言，炎热的气候使土壤中的水分迅速蒸发，曾经肥沃的土地表面出现了结壳的残留盐，农作物产量逐步下降，直至无法生长任何作物。公元前 1800 年，美索不达米亚的碑上做了这样的记录，"黑色的田野正在变成白色"。[②] 为了避免农田盐碱化，苏美尔人从种植小麦转为种植比较耐盐的大麦。大约在公元前 3500 年，苏美尔人把一半的农田种植大麦，另一半是小麦。1 000 年后，仅有 15% 的土地种植小麦。公元前 1700 年，苏美尔几乎不再种小麦。[③] 在 700 年的时间里，两种农作物的产量减少了 65%。

世界史中充满了因土壤盐碱化而引起的社会衰退和崩溃。因为尼罗河季节性洪水的优势以及倾斜谷地能把多余的水和大部分盐及时从土壤中排出，所以，古埃及人的农田幸免于盐碱化。砍伐森林，这种人为的环境破坏也加剧了美索不达米亚的农业危机。只要有人类居住的地方，树木就会遭受砍伐，用于燃烧、盖房、造船、制造工具以及清理农田，直至他们的栖息地土石裸露才肯罢手。现在，美索不达米亚许多荒芜的地方，如同与它相邻的地中海边缘地带，放眼望去，都曾经是草木郁葱。砍伐森林不但使土地干燥、肥力减少，还导致降雨减少，土壤的保墒能力降低。倾盆大

---

① Leonard Woolley, *Ur of the Chaldees* (1929).

② 引自 Pearce, 186。

③ Ponting, 71. See in McNeill, *Rise of the West*, 48.

雨冲走越来越多肥沃的表层土壤，我们不妨这样描述水的力量：水是历史上仅次于现代工业人的最伟大的土壤搬运工。

在苏美尔，人口增加和农业资源枯竭的交会最终产生了不稳定平衡，所有易于灌溉的农田都已耕种，城邦与城邦之间的边界处开始有了冲突。在因灌溉用水和农田引发边界冲突的日子里，即公元前2500—前2350年，间断性地发生过若干次经仲裁解决的临时战争，其中包括相邻城邦乌玛和拉格什之间的战争，这是世界历史上第一次记录为水而发生的战争。① 这场战争似乎由上游的乌玛挑起，它先夺取了有争议的耕地，然后从幼发拉底河的一条支流开凿引水渠。拉格什城邦最终赢得这场战争，被保留下来的碑文是这场战争唯一的历史见证。拉格什城邦所做的关键性突破是，他们单独开凿了一条灌溉渠道，直接从底格里斯河引出水源，从而绕开从乌玛过来的渠道而获取供水。

大约在公元前3000—前2800年，幼发拉底河突然改道，这次改道是灾难性的，南美索不达米亚文明因此显露出瓦解的迹象，考古学家不能确定幼发拉底河的改道是自然因素使然，还是缘于人造水利工程的建设而无意间造成的。幼发拉底河的改道改变了重要城邦的供水方式，加剧了它们为争夺水而引起的生死之争。苏美尔城邦间面临着诸多因水和农田引发的争议，位于上游阿卡德的萨阿贡闪米特王朝，最终以军事征服和统一城邦的途径，从苏美尔外部解决了这类挑战。

据说，萨阿贡的统治大约从公元前2334年开始，他的出生与水有渊源：作为一个弃婴，萨阿贡被装在一个篮子里沿河漂流，最后被一个园丁发现——在“摩西出埃及记”和古罗马双胞胎神罗穆卢斯（Romulus）和瑞摩斯（Remus）的故事中，都采纳了这种以水上育婴堂为主题的神话。萨阿贡篡取了城邦国王的权力，他曾经努力效力于这位国王，随后组建军

---

① Van De Mieroop，48—49. 参 见 Gleick，*World's Water*，*1998—1999*，125；Reade，40—41and Pearce，186。

队，横扫整个苏美尔，就像在他之前800年统一埃及的国王美尼斯一样，萨阿贡创建了苏美尔地区第一个大的、统一的国家。这个国家的中心就在阿卡德——下美索不达米亚北部的一座新城市，究竟地处如今的哪个地方，无人知晓，或许就埋在现代巴格达城下。[①] 萨阿贡帝国汲取了苏美尔的精华文化，积极采用集权的军事和政治制度，即原先城邦国家的统治者成为忠诚于他的地方长官，而萨阿贡本人被尊为诸王中的半神国王。小麦和大麦的耕种范围延伸到上游没有受到盐碱破坏的土地上，农业庄园被分给了忠诚的盟友。灌溉工程是萨阿贡政权统治的重要抓手。他实施了新的税收制度，通过该制度，地方农业收入流入了国库，以加强帝国的实力。纵观历史，税收制度的效率始终是国家权力一项不变的指标。为了获得美索不达米亚所缺乏的那些金属、木材和其他重要资源，萨阿贡与远方的城邦或国家做贸易，在地中海东部地区发动军事行动。已挖掘出来的一批大阿卡德城市符合水利国家的经典模式：农民用大车沿着铺好的道路，把大麦和小麦运到大粮仓；按照所做的工作和年龄，国家按照仔细计算的比例，统一分配粮食和食用油；还有一个把诸城邦与诸神联系起来的中心卫城。

像阿卡德帝国的成功一样，萨阿贡的阿卡德帝国仅维系了一个世纪，大约与埃及的“古王国”在同一时期崩溃。虽然古老的传说把阿卡德帝国的崩溃归因于“阿卡德魔咒”，萨阿贡一个令人憎恨的继承人冒犯了无与伦比的风雨神恩利尔，但现代科学对此有另外一种解释：区域气候变化——长期的干旱和寒冷期笼罩了地中海地区。区域气候变化也解释了埃及“古王国”为什么在同一时期也崩溃了。对阿卡德北部一座消失的大型城市的考古发掘，在公元前2200—前1900年间的土壤层中，发现了那个时期气候严重干旱的证据，甚至连蚯蚓都因干旱而大量死亡。[②]

---

① Van De Mieroop，64.

② Kolbert，95，97. 耶鲁大学的考古学家哈维·韦斯完成了最初的研究，他率领考古队挖掘了靠近伊拉克边境的如今属于叙利亚的古代恩利尔地区。

在一段混乱间歇期后，南部的乌尔帝国复苏。但是根据文献记录，尽管水利工程扩大了，但大麦收成欠佳、洪水和毗邻的敌人一直威胁着乌尔脆弱的复兴。当幼发拉底河改道，远离了它的屏障，以及海湾海岸线退缩，乌尔就完全被沙漠吞噬。

两个世纪之后，以巴比伦为中心的新王朝才重新统一了幼发拉底河上游地区，其面积比原先的帝国更大。最伟大的巴比伦王是汉谟拉比，在公元前1792年继承王位之后，他掌权长达42年。为了适应那个时代对王权的奢望，汉谟拉比自称是“为他的臣民提供充足水源”的神①，“臣民们的谷仓装满了粮食”，通过送水和粮食来验证他的法力。汉谟拉比在其执政早期，对王国内部的事务发展做到事无巨细，如开挖灌溉渠道和加固城市。

在他执政晚期，特别是公元前1766年完全控制了美索不达米亚之后，汉谟拉比也把水当作政治手段和军事武器。例如，为了赢得忠诚，恢复他所征服的老苏美尔核心地带的繁荣，汉谟拉比修建水渠，为那些重要城邦服务。为了降服他的大敌——位于底格里斯河一条支流上的城邦埃斯南纳（靠近现在的巴格达），汉谟拉比在这条支流上游筑坝，然后放出水库里蓄积的水，冲毁这个城邦。掌握幼发拉底河水是汉谟拉比的另一个武器，他的儿子使用这个致命武器降服了暴乱的城市，包括尼普尔、乌尔和拉尔萨，那些地处遥远南部的农田荒芜，再也没有恢复过来；这种转变证明是很难逆转的，致使那片土地上的大量居民向北部迁徙。

在历史上，汉谟拉比最著名的贡献是，世界上第一个用文字记载的有关公正的公共法典——简洁概述为“以眼还眼，以牙还牙”，这句话镌刻在巴比伦主庙一座7英尺高的石碑上。《汉谟拉比法典》282条法规阐明了古巴比伦的状况和基本关注点。重要的关注点之一就是水。许多法律涉及个人对灌溉水坝和水渠运行所担负的责任以及所承受的处罚，这一点反

---

① Harris，123.

映了灌溉水坝和水渠对巴比伦社会秩序的至关重要性。例如，第 53 条法律这样写道，“如果任何一个人偷懒，没有让他的水坝保持适当的状态，而且没有持续地让他的水坝保持适当的状态；如果大坝决堤，洪水淹没庄稼，那么，他将要为此缴纳赔偿金，而赔偿金将折算成因为他的失职而损失掉的粮食”。[①] 第 236 条、第 237 条和第 238 条法律都涉及疏忽的驾船人因丢失船上的货物或让船沉没而引起的对货物所有者的赔偿问题。《汉谟拉比法典》还包含了一些对私有财产权和商人合同提供政治保护的法条，商人的贸易活动给美索不达米亚带来了所需要的商品，此外，令人惊讶的是，法典包含了指定婚姻难以维系时有关妇女权利的法条。

汉谟拉比之后的五位继承者统治了中央美索不达米亚 155 年。然而，随后的几百年间，该地区充满着动荡和不安，特别是两次大的野蛮人的入侵。第一次与青铜时代的战车勇士有关；第二次与铁器时代野蛮人的军事入侵有关，这次入侵在公元前 1100 年之后才平息。铁——及其之后的堂兄弟钢，都是世界历史上最重要的转折性革新，可以与电或计算机芯片对现代的影响相提并论。就像这些现代发明和许多其他工业技术一样，当时，铁生产的关键点依赖于水的使用技巧。大约在公元前 1500 年，高加索山脉地区开始出现制铁技术，而制铁技术在叙利亚以北地区成熟。用铜与锡制成青铜合金时，一般的火温就可以熔化铜与锡，与此不同，铁矿石却需要燃烧炭、释放高得多的温度才能熔化。吸收碳后铁变成了“碳素钢”，即把用高温烧红的“钢”放进水里淬火，“钢”就变硬了。[②] 当然，淬火需要掌握火候，不然冷却太快，只能生产出无用的脆性金属。

---

① Hammurabi，Law 53.

② 在随后的几个世纪里，中国人和印度人生产出比较坚硬的铁，这种铁可磨生出锋利得多的边刃。西方的铁匠一直试图复制（波斯人知道的）“掺水的铁”或（欧洲人知道的）“大马士革”钢，直到 19 世纪初，在使用了水动力之后，才冶炼出钢，现代冶金从此诞生。

坚硬的铁制武器和工具极大地改变了军事和经济上的权力平衡。青铜时代的帝国都被颠覆。掌握并使用铁的国家成为新时代的伟大力量。在这些伟大力量中，出众的当属亚述帝国，公元前 744—前 612 年是其鼎盛时期，不仅统一了整个新月沃土，其权力的触角甚至伸到了埃及。追随美索不达米亚史上上游发展的轨迹，亚述人的核心地带在北方，在靠近现在摩苏尔的底格里斯河上，当时，这个地方是一片荒野，雨量充沛，还有狮子出没。亚述人以其残忍和无情的军事征服而声名狼藉，正如诗人拜伦（Byron）勋爵所言，他们的军队“闪耀着紫金色的光”，[①]“像一头奔向猎物的狼一样”向着敌人扑去。然而，他们的成功也是建立在高超的水利项目上，在实施这些水利项目的过程中，军纪、精确性和铁器都被用到，其中包括促使他们跻身历史上最伟大的水利推动者之列的创新和成就。亚述人建有很多大坝，不愧为具有专业素养的大坝建设者称号，他们习惯于增加农田灌溉和大城市的家庭用水量。亚述国王辛那赫里布所承担的艰苦卓绝的水利工程，就是最好的例证。辛那赫里布的统治大约在公元前 704—前 681 年，他扩大了奢侈的、双层城墙的首都尼尼微，而这座城市拥有 15 个大门，周边环绕着水果树和珍稀植物，其中包括耗水的棉花，亚述人将其称之为“出产羊毛的树”。为此，首都尼尼微需要增加供水量。

尼尼微坐落在霍斯河（Khosr）上，刚好与底格里斯河在此交汇。工程上遇到的挑战是，底格里斯河远低于这座城市，无法提供足够的水来满足这座城市的扩大。在公元前 703—前 690 年，辛那赫里布着手进行三个分开的项目，以通过霍斯河来获得更多的水。首先，辛那赫里布在尼尼微城北 10 英里的地方筑坝，通过一条明渠把水引到城内。其实，这项工程并没有给尼尼微带来充足的水；于是，辛那赫里布通过给 18 条小

---

① George Gordon, and Lord Byron, *The Life and Work of Lord Byron*, “The Destruction of Sennacherib”（1815）, http：//englishhistory.net/byron/poems/destruction.html.

溪流和泉水筑坝令其改道，最终增加了这条明渠的水量，而这 18 条小溪流和泉水来自尼尼微城东北方向 15 英里的山丘。然而，改道工程依然不能满足尼尼微水量增长的需求，于是辛那赫利布的工程师们于公元前 690 年，在一条深邃的峡谷里修筑了一座斜角砌石坝，迫使另一条河流改道，通过绕行 36 英里的渠道把水送入霍斯河。在这条渠道的一个结合处，他们修筑了 1 000 英尺（300 米）长、40 英尺（12 米）宽的石头渡槽，用 5 座拱式构造物支撑，让水跨越峡谷流进尼尼微。使用增压的 U 形倒虹吸管道，提水跨越低洼的地形，这是尼尼微精巧的集成水系统的另一复杂水利特征。①

在获得清洁的城市饮用水方面，亚述人还使世界历史上地标性突破的坎儿井习俗化。坎儿井最初出现在今天的土耳其东部和伊朗西北部的山区，是人工开凿的深藏地下的漫长且略带斜度的隧道，通过地下岩壁进入山里的地下水层，依靠重力把水引导到地势相对低的人口中心。因为是地下水，所以在输水过程中几乎没有多少被蒸发掉，蒸发现象是气候炎热地区明渠送水存在的一个主要问题。开凿坎儿井依赖铁器，需要有娴熟的采矿、工程技能，包括精确的斜度和开凿供维护通道和通风使用的竖井。中亚和地中海地区，从南西班牙和摩洛哥到印度北部、西部和东部，到处都有坎儿井的遗址，这一点足以证明坎儿井的成功开凿和使用。当罗马人占领这个区域时，也建造了坎儿井。伊斯兰文明所在地区一直也在使用坎儿井。西班牙殖民者后来把它介绍到墨西哥。20 世纪人们依然在积极使用坎儿井，直到 20 世纪 30 年代，德黑兰的大部分饮用水仍然依靠坎儿井来供应。②

由于坎儿井需要在一个封闭的空间里从深井中抽取大量的水，这就鼓

---

① Smith, *History of Dams*, 9—12; Smith, *Man and Water*, 76—78.

② Smith, *Man and Water*, 70—71.

励亚述人创新改进基于滑轮的提水技术。公元前 6 世纪，最早的希腊引水渠的开发与坎儿井的传播重迭。除直到 19 世纪使用水泵从河里提水外，古代中东人和希腊—罗马人一直在尝试开发供水技术。[①]

《圣经》上记述了公元前 701 年辛那赫里布长期围困希西家王统治下的耶路撒冷的故事，当时，亚述人正遭遇巴勒斯坦人反对“亚述霸权”的暴乱。耶路撒冷在古代历史上的重要性不仅因为其地处战略性贸易的十字路口，还因为其拥有充足的供水。该城市的主要水源是城墙外的“基训泉”。希伯来人之前的居住者耶布斯人通过 1 200 英尺长的秘密地下水道，已经把水引到城里，以备围城之需。然而，大约在公元前 1000 年，大卫国王发现了这条秘密水道，于是希伯来士兵通过地下水道突如其来夺取了耶路撒冷，而这条水道则成了城市毁灭的帮凶。[②]

大卫的继承人所罗门通过扩大耶路撒冷水源供应的工程，达到了巩固新王国的目的，这项工程把城外三座水库的水引到城内蓄水池和集雨水池网中。三个世纪之后，希西家王敏锐地了解了这段历史，他预计辛那赫里布会来围困耶路撒冷，因此，他巩固了耶路撒冷的防御，命令在耶路撒冷挖掘新的秘密地下水道，把“基训泉”水引到城内的一个水库。他们开凿陡峭的基岩，精确计算渠道的斜度，整条 S 形渠道长 1 800 英尺（546 米），持续送水长达 2 700 年之久。在这次事件中，辛那赫里布攻占了所有暴乱城市，唯独没有占领耶路撒冷。亚述人没有找到暗藏的“基训泉”或那条秘密水道，于是，在希西家王同意以大量贡品作为赔偿后，亚述人决定撤退。

没有逃出辛那赫里布复仇的暴乱城市是汉谟拉比传说中的巴比伦。公元前 689 年，在围困这座传说中的巴比伦城 15 个月之后，辛那赫里布的

---

① Smith，*Man and Water*，79.

② Johnson，56，72—73；Smith，*Man and Water*，77.

军队攻克了这座城市，进而抢劫财宝、屠杀或驱逐居民，并把主要建筑夷为平地。辛那赫里布打算通过渠道引来幼发拉底河水，冲走那里的一切，永远封存这座城市。可是，就在最后关头，辛那赫里布的儿子考虑到这座城市传奇的过去，废除了他父亲的计划；作为一个国王，辛那赫里布的儿子后来努力通过巴比伦人与亚述人通婚，重建了这座城市。但他的宽容行为被证明是一个严重的政治错误。在不到一个世纪的时间里，巴比伦再次兴起，领导了推翻亚述帝国的军事行动，洗劫了亚述人的许多大城市。

公元前605—前562年，在尼布甲尼撒二世（Nebuchadrezzar II）国王的领导下，巴比伦的复兴达到了巅峰。按照巴比伦城是混沌宇宙的组织和更新中心的观念，尼布甲尼撒重建了这个传说中的巴比伦城，10英里（16公里）长的城墙和宏伟城门的里里外外都装饰得金碧辉煌。这些建筑物中包括《圣经》中描述的螺旋上升的“通天塔”以及世界古代七大奇迹之一的“空中花园”。尼布甲尼撒建造这座以机械方式浇水的花园，以取悦于他的米迪亚族的妻子，她渴望有一座儿时居住过的那种绿树环绕的山边的房子，她小时候的家位于现在的伊朗。据说，“空间花园”是由一系列露台屋顶花园组成，在像山形的石头宫殿的凉台上种满了树木花草。人或动物拉动高大的戽水车，从幼发拉底河里把水提升起来，然后，一层一层向下流，灌溉整个花园。屋顶的石头经过防水处理，就像巴比伦城的墙，使用了粘性的焦油沥青作为防水层。

巴比伦帝国的复兴并不长久。这个区域兴起了一个新的超级力量，即波斯帝国的居鲁士大帝（Cyrus the Great），居鲁士在底格里斯河和迪亚拉河汇合处，大败巴比伦军队。公元前539年10月12日，这座城市最终遭到波斯军队的蹂躏。历史上，在战略河畔要地发生过许多战役，在底格里斯河和迪亚拉河合流处发生的那场战役也是其中之一。在无法得到考证的希罗多德所描述的历史中，巴比伦这座城市经受了长时间、毫无结果的围困，无奈之下，居鲁士使出了最后的杀手锏——操控幼发拉底河。幼发拉底河直穿巴比伦城的中心，在固若金汤的城池面前是唯一的软肋。居鲁士在河流入口和出口处分别驻扎了军队。其余的军队在上游开挖大型分流渠道，阻止河水流入城市。当巴比伦城内那段河水的水位下降到齐腰深时，波斯军队趁巴比伦守军还未明白发生了什么事情之前，就已成功到达了这座城市的水闸处。[1]

居鲁士及其继承者，包括大流士（Darius）和薛西斯（Xerxes），建立了世界上最大的帝国——波斯帝国，其跨度从利比亚沙漠一直延伸到药杀水（现在的锡尔河）和亚洲的印度河，面积相当于美国的陆地面积。波斯帝国的中心在美索不达米亚以东，苏萨的伊朗高原上。波斯帝国统治期间，吸收并发展了很多水利方法。统治者们通过使用新的网格状的渠道系统，扩宽了可灌溉的农田面积，其中有许多渠道甚至可以航行，以此来振兴美索不达米亚。大量奴隶疏浚河道里的淤泥。当土地处在较低水层的时候，他们通过种植杂草或尽量不漫灌等方式，缓解土地的盐碱化和内涝问题。如同经典水利社会一样，波斯帝国的统治者明显地监管大型水利工程的运作，包括合理配置灌溉用水；原则上讲，灌溉用水要分配给最需要水的地方。正是波斯人，把提水的戽水车介绍给了埃及人，也正是波斯人，第一次在底格里斯河和幼发拉底河的主河道上拦河筑坝，努力通过建造人工瀑布，从整体上防止上游敌人经由海上入侵。在居鲁士去世两个世纪之后，亚历山大大帝才全面清除掉许多上述类型的大坝。

希罗多德还有这样的记录，强大的波斯国王和他的军队无论走到其疆土内的什么地方，波斯国王只饮用苏萨附近的那条河的河水，而且是适当煮开后才喝。希罗多德写道，“没有一个波斯国王喝过其他河里的水，无

① Herodotus, *Histories*, 113—118.

论国王走到那里，银水罐都装载在四轮战车上，罐里装满了他喝的水”。[①]不管是真是假，希罗多德的记录强调的是，饮用未知来源的水，的确非常危险，古人相信特殊水源具有再生和净化的神秘力量。

在亚历山大征服波斯帝国之前，主要以陆地为基础的波斯帝国是所向披靡的。当然，导致波斯帝国最终崩溃的一系列事件，始于一个半世纪之前波斯帝国没有征服雅典这样一个不起眼的希腊城邦国家，它当时是海上力量的新贵。

在现代巴基斯坦境内的印度河流域，以及稍后在中国黄河沿线区域，先进的古代灌溉农业文明按照类似的水利模式发展，这些地区通常会有洪水及其携带来的肥沃淤泥，以及半干旱地区可以航行的河流，对于依靠雨水灌溉的农业而言，降水既稀疏又不可靠。公元前2600—前1700年，印度河流域曾有过繁荣的古青铜时代文明，在20世纪20年代之前，这段文明史无人知晓。当英国铁路建设者在印度殖民地挖掘出一些古代的砖头时，青铜时代文明才偶然被发现。这些发掘显示，一个人口规模大约3万—5万的巨大城市，被埋葬在印度河淤泥中几个世纪。印度河下游城市摩亨佐达罗（Mohenjo Daro），与同时代的美索不达米亚的任何一个城市相比，规模并不小，网格状的矩形城市布局经过仔细规划，还附有一个架高了的保护性避难所和一个较低的枯水期水位。随后，考古学家发掘了居民点和城市群遗址，属于沿印度河和阿拉伯海岸线整个被遗忘了的文明。考古学家还在旁遮普（“五条河的土地”）印度河上游一条枯竭了的支流上，发现了另一个设计近似的大城市哈拉帕，一个大型港口城市同时也被发现，该城市以1英里长的运河与大海衔接。总之，印度河文明所占据的面积比同时代的美索不达米亚或埃及都要大。

---

① Herodotus, *Histories*, 117.

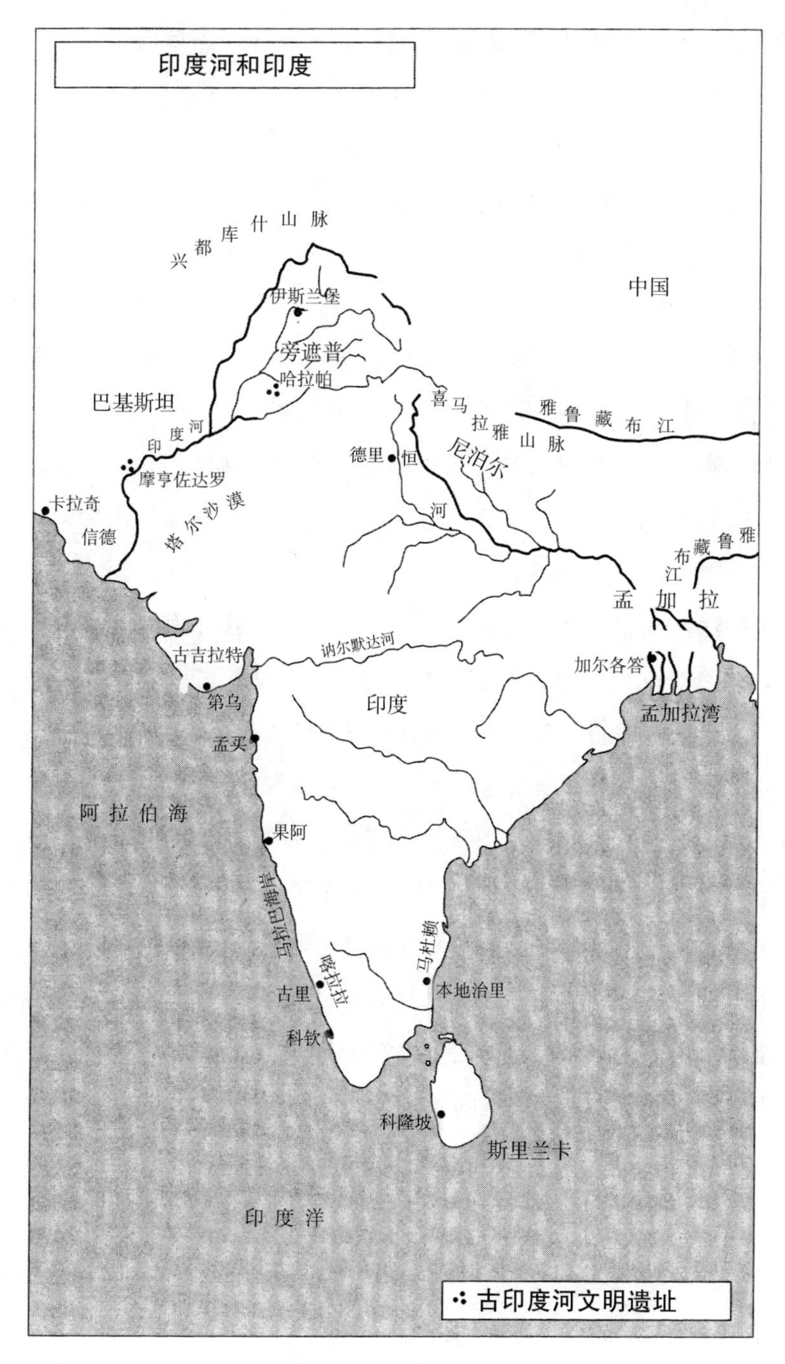

印度河和印度
兴都库什山脉
中国
伊斯兰堡
旁遮普
哈拉帕
巴基斯坦
印度河
喜马拉雅山脉
雅鲁藏布江
德里
恒河
尼泊尔
摩亨佐达罗
卡拉奇
塔尔沙漠
信德
雅鲁藏布江
孟加拉
纳尔默达河
古吉拉特
加尔各答
第乌
印度
孟加拉湾
孟买
阿拉伯海
果阿
马拉巴海岸
马杜赖
喀拉拉
古里
本地治里
科钦
科隆坡
斯里兰卡
印度洋
古印度河文明遗址

地图 3. 印度河和印度

印度河文明的特征依然神秘。从右至左书写的图形语言至今还没有被破解（地图3：印度河和印度）。当然，这种语言远早于古代《吠陀经》梵语和后来的印度文明，却与《吠陀经》梵语没有任何语言学联系。种种迹象显示，印度河文明是一个典型的水利社会文明。那些用砖块砌起来的城市，有着宽敞的储藏小麦和大麦的粮仓，这些折射出这个社会有着集中再分配的组织。从挖掘出来的骨骼残骸中，考古学家发现了携带疟疾病原的蚊子。而蚊子在灌溉渠道的水中繁殖，水利社会都受到蚊子的困扰。对于典型的季风性栖息地，灌溉方法明显受到雨季蓄水而旱季放水的影响。从挖掘出来的交易物品看，哈拉帕文明很可能与美索不达米亚有着长期的海上贸易联系，苏美尔文明对哈拉帕文明的影响可能与对埃及的影响相似。①

印度河文明最迷人的特征之一是它先进的城市水利，比古罗马早了2 000年，比19世纪的卫生意识早了4 000年。摩亨佐达罗的公共澡堂坐落在一栋建筑内部的庭院里，它凹陷下去并形成一个平台，两端带有进入澡堂的楼梯。澡堂是一个很深很大的水池，其规模与现在一般的游泳池差不多，有自己的供水和排水管道，而且澡堂都用沥青做过防水。② 这个公共澡堂究竟是用作后来印度教礼仪中的净化仪式，还是清洁卫生，或罗马公共澡堂的社会聚会功能，我们不得而知。当然，这个公共澡堂与大规模的地下市政下水管网相衔接，室内卫生间、两层楼住宅的水井，都反映了对卫生供水和污水排放的超前认识。实际上，这些都是后来在其他地方重新发现的城市文明中不可或缺的基础。

也许印度河文明最大的神秘之处在于，为什么公元前1700年左右文明突然消失。人们一直认为，文明的突然消失归因于西北方向民族的入侵，

---

① McNeill, *A World History*, 34.

② Keay, 12—14.

古印度摩亨佐达罗公共澡堂遗址

这些人是浅肤色、金头发的印欧雅利安骑士和战车驾驭者——日耳曼、凯尔特、希腊的勇士，他们的后裔最终在恒河和印度河流域建立了吠陀印度教文明。当然，当雅利安人入侵时，印度河文明似乎已经严重衰退。罪魁祸首可能是那个地区不可预测的、脆弱的水环境。

印度河流域有两个主要水源：一个是从喜马拉雅山脉和印度库什山脉到北部和西部的融雪；另一个是充满不确定性的、强烈的季节性洪水。平坦的冲积平原迅速淤积的淤泥使印度河流域极易洪水泛滥。像幼发拉底河一样，印度河常常改道，洪水顺着冲击形成的新河道流入阿拉伯海。[①] 随着气候变化，区域气候日趋干燥，东部的塔尔沙漠伺机蚕食，使得这个区域的水文条件更为脆弱。大约从公元前 2000 年开始，印度河区域一直遭受许多大规模的、毁灭性洪水的蹂躏。许多干枯的河床提供了河流大规模

① 《梨俱吠陀》中对此有记载，干枯的河流包括印度河和拉维河的一条东部支流，哈拉帕曾经坐落在此地。

改道的广泛证据，而河水改道迫使人们放弃大型城镇和农田。这些干枯的河床中包括曾经是印度河重要支流的河流——可能是一条消失了的孪生河流。摩亨佐达罗至少重建过三次。最终，不可预测的洪水、干旱、灌溉造成的土壤盐碱化以及上升的水位，可能破坏了摩亨佐达罗的繁荣，致使其人口下降，甚至人口迁徙。[①]

印度河文明的衰落符合一般历史模式。前印加人沿莫切河和卡马河开凿的50英里长的灌溉渠消失了，[②]公元300—900年，现代亚利桑那的土著美国人——霍霍卡姆人，即“消失了的人”，曾经建立了蜘蛛网式的渠道系统，继承霍霍卡姆人的普韦布洛社会证明了那些定居在水脆弱栖息地的许多灌溉农业社会的相似命运，那些地方受水量震荡的约束，包括长期或强烈的气候变化的约束。位于现代约旦的石洞城，也就是古代的佩特拉，以季节性旱谷农业和商队贸易为基础，363年发生的地震摧毁了它复杂的蓄水系统，于是，佩特拉坍塌了。

玛雅人生活在尤卡坦半岛季节性热带雨林中，当地土壤贫瘠，居民靠天吃饭，他们曾在公元250—800年创造了以玉米和豆类农作物为基础的先进文明；但是，那里的水文基础很脆弱，常年地表水稀少，冬季干旱程度不可预知。玛雅人首先砍烧掉生长周期短的植被，然后用大量的生产力和人力，通过排水、清淤疏通一系列灌溉渠道，还在坡地、山坡上开发梯田种植农作物。他们深挖石灰石岩层，建造地下蓄水池，收集和储存季节性地下径流，维持家庭全年用水。在800年之后，玛雅文明的迅速崩溃和90%的人口衰退分为三个阶段，造成这种状况的原因可能是几个相互关联

---

① 一种可能性是，印度河流域的一些人迁徙到了南部和斯里兰卡。印度河文明的文字有一些原始德拉维语的印记，德拉维语是这个地区的方言之一。在公元前3世纪之前，那些巧妙的、巨大的灌溉了斯里兰卡黄金时代农田的人工水库和运河网，可能就是印度河流域后裔的作品。

② Pacey，59.

的不利原因，破坏了玛雅人的水资源工程：在人口增长的压力下，砍伐山坡上的树林用作农田，从而导致水土流失，破坏了玛雅人的丛林水渠，山丘耕地的土壤贫瘠化，加剧了旱季区域的干旱程度；在农耕生产率低下时，相邻社区为粮食而展开的战争加剧；最后一个原因可能是 7 000 年中最糟糕的长期干旱周期的开始。① 横跨尤卡坦半岛的地理模式的崩溃与可用来储存的地表水的减少紧密关联。

大约 1 000 年后，随着铁的出现，印度的先进文明再次出现，文明首先集中在恒河流域，这是一个完全不同的栖息地，那里森林茂密、季风性降雨强烈，恒河水系比印度河水量大若干倍。铁斧是当时关键性的革新工具，用来砍伐丛林，随后出现了用 8 头或以上的牛拉动的重型犁耙，翻犁肥沃的土壤用以种植。大约从公元前 800 年开始，大规模种植稻谷以维持高密度的人口，以此为基础的水利国家的君主开始控制恒河流域以及三角洲地区。日益强大的集权阶层管理着技术和劳动密集型的水利事项，适时地进行农田防洪排涝、蓄水、筑堤，以及渠道和堤防的维护。

印度适合两季耕作，因此，稻谷的产量提高了一倍。随着世纪更替，印度人发展了深奥的人文科学，通过观察云的形状和海洋的迹象预测季风何时开始，② 这种预测对于农业耕种的时间和养活众多的印度人口是至关重要的。直到现在，对于无法预测的季风起始日期及其规模的极端变化，

① 公元 810 年、860 年和 910 年，玛雅人生活的区域发生过严重的周期性干旱，玛雅文明随之崩溃。著名的玛雅文明兴起于一个湿润的时期，在此之前有过 125 年的干旱（在 125 年之后），这场干旱让前玛雅文明消失。参见 Harris，87—92，and Pacey，58—61.

② 季风首先出现在印度南部的喀拉拉邦，迟至 20 世纪 70 年代，当云层出现在喀拉拉邦时，位于新德里的印度总理办公室就会收到一个紧急信息：季风季节开始。如果季风季节的降雨不足，经济增长可能会降至零；甚至在 21 世纪，印度经济已经较发达的情况下，降雨不足仍会让印度的经济增长下降 4%。

人们依然没有找到满意的解决办法，而季风及其变化性还是印度经济增长的最大单一变量。[①]

公元前320—前200年，在亚历山大大帝缩减印度河兵力之后，旃陀罗笈多（Chandragupta），“印度的恺撒大帝”，征服了从半干旱的泛滥平原到湿润的恒河流域，再到潮湿的三角洲的全部印度北部地区，进而建立了孔雀王朝，成为印度史上的第一个黄金时代，而大恒河和雅鲁藏布江由三角洲流入孟加拉湾。按照历史上社会衰退和复苏的模式，笈多王朝成为印度的又一个黄金时代，大约在300—500年出现了大规模的、集中的水利工程，统一了这些各具特色的水文环境。为了应对极端季风天气，这个时期以后的印度人，尤其在西部地区，着手建设许多独特的、精心开凿的、庙宇般的梯井，而梯井一般有三至七层楼深，妇女和儿童到井里提取汛期存储起来的水。

虽然印度从外表上显现出地理上的统一，但南亚次大陆水文和地形环境确实是完全不同的，它们孕育了地方经济和文化自治，蔑视轻而易举的政治统一。印度没有一条水动脉把它独立的区域连接成一个政治上统一的社会。在19世纪的蒸汽船和铁路时代的英国殖民者到来之前，没有谁控制过整个印度。甚至英国对这个次大陆的统一也是短暂的。第二次世界大战之后，印度获得独立，随后，印度北部核心地带的三种不同水文区域分裂成三个独立国家：沿印度河脊的巴基斯坦，沿恒河流域的印度，处在恒河—雅鲁藏布江三角洲泽地的孟加拉国。

在南亚次大陆的中部和南部，是有其他特色的印度。沿海的印度，它面朝大海，成为古代世界扩大印度洋贸易网络的关键连接地区。通过海上运输，商品已经在印度、美索不达米亚、埃及和东南亚各个早期兴起的文明社会之间流动。公元前的第一个千年里，印度已经通过海上运输，与阿

① Keay, 83.

拉伯半岛（现在的也门）的赛伯伊人做贸易。[①] 赛伯伊人驾驶货船运载珍贵的乳香和那里独有的没药，然后在非洲合恩用大篷车从陆路把货物运到地中海东部地区和埃及。

当地中海的水手在红海创造历史性的突破，即掌握了依靠印度洋双向季风到达印度南部的技术时，东西方海洋贸易在公元前 1 世纪得到加强。不久以后，海洋贸易线路延伸到马来亚半岛和现代印度尼西亚的香料群岛。在东南亚水上航行的西方旅行者与中国船队交换商品，通过旧大陆建立起从中国到地中海的永久性海上联系。在穆斯林时代和欧洲殖民时代，长距离的印度洋贸易通道成为历史上一条最长的通向世界强国和帝国的道路。它与中亚陆上连接中国、印度和地中海东部地区的丝绸之路平行。从远东到地中海的海陆贸易通道成为市场驱动的国际经济的轴，印度既是这些贸易通道的中心枢纽，也是为财富和霸权而争斗的人们觊觎的征服目标，而财富和霸权伴随着新的海洋文明的兴起，这种文明主要是建立在海上贸易基础上的。

---

① Smith，*History of Dams*，15；Gunter，2—19，104—113. 赛伯伊人也是著名的农田灌溉先锋；他们在古代最大的阿拉伯城市马里卜修建过大坝，原先宽 1 800 英尺的土坝，在公元前 750 年扩大了许多倍，在汛期蓄积下来的水，估计可以灌溉 4 000 英亩农田。

4. 航海、贸易与地中海世界的形成

航海社会群在东地中海边缘的古代灌溉帝国兴起，那里气候干燥，属于丘陵地带，岛屿星罗棋布，他们基本上通过海洋贸易和海军力量获取财富，抵御外侵。随着时间的推移，这些小国创造了一种异样的文明，与集中的、专制的水利社会形成鲜明的对比。其不同之处在于私营部门主导的市场经济、个人财产和法权、有资格公民的代议制民主。古希腊首先形成这种文明，随着古希腊人向外移居和罗马帝国的建立，以及后来通过威尼斯和热那亚这些小航海共和国的活动，古希腊的传统传遍了地中海的世界。随着16世纪环球航行成为可能，在“尼德兰联合省共和国”、大英帝国和美国这些西方自由市场民主国家的影响下，希腊文明上升到举世瞩目的地位。如今，希腊文明的印记渗透到了全球经济一体化的许多主导规范上。

东地中海那些古代从事航海贸易的小国家，被迫转向国际航海，这并非它们心甘情愿的选择，而是由于受制于国内农业和水资源。那里降水稀少、丘陵地形、可耕地不足、河流短到既不适应长距离内陆航行也不适应大规模灌溉农业，上述这些因素都影响粮食生产，来维持不断增加的人口。然而，严酷的地理条件提供了一个增加经济剩余的可能路径。对于那些掌握了海上航行技术的人们而言，大海本身提供了一条与远方社会联系的便捷、便宜的途径，那些社会也乐意用粮食和其他基本资源交换爱琴海地区的特殊商品，特别是他们看重的橄榄油和葡萄酒。爱琴海区域曲折蜿蜒的海岸线产生了有利于航海贸易和渔业发展的良港，天然的海洋屏障还有利于保护这些小国的独立，免遭附近陆上水利帝国强大军队的攻击。

对于古代爱琴海文明来讲，海上交通发挥了与埃及和美索不达米亚地区河流交通相似的作用。尽管其航程达到 2 500 英里，并伴有暴风雨的危险，但是没有潮汐、浅滩的相对平静的地中海（希腊语的意思是，“陆地之间的海”），对水手而言是世界上最令人愉悦的大海之一。除了经直布罗陀海峡通往大西洋的 8 英里宽的狭窄通道外，地中海实际上是一个巨大的、封闭的湖泊，在古代，人们把直布罗陀海峡看成“赫拉克勒斯之柱”。在地中海东北角上的双胞胎海峡——达达尼尔海峡（古代称之为赫勒斯蓬特）和博斯普鲁斯海峡，把欧亚大陆一分为二，并通向大内陆海黑海和中亚地区的资源区；而其东南边，在埃及的尼罗河三角洲和西奈半岛间仅有一小片土地，把地中海与红海以及红海以外的印度洋分开；在地中海的东部边缘，富裕的港口接纳了由陆路商队从近东和更远地方运来的货物。在地中海文明圈内，粮食、原材料、制成品和奢侈品支撑着一个相伴而生的海洋贸易文明。

古代三大海洋贸易路径均穿越地中海：一条沿南欧海岸线港口航行；一条并行的海路沿北非港口航行；还有一条中线在地中海中航行，穿越主要岛屿（地图 4：地中海的世界），如塞浦路斯、罗得岛、克里特岛、马耳他、西西里岛、撒丁岛和巴利阿里群岛。不需要指南针或六分仪，只要跟随一系列可见的陆标，船只很容易在此间航行。最大的危险是冬季频繁刮起的暴风，它瞬间改变方向，并产生变化莫测的逆流。这样，就古代史的大部分时期而言，主要的航行季节在每年的 4—10 月。由于风由西向东刮过地中海，因此，向地中海东部港口的航行速度按照古代旅行时间测量。相比之下，反向的航行似乎要求更多的人力，以及对桨和帆的熟练使

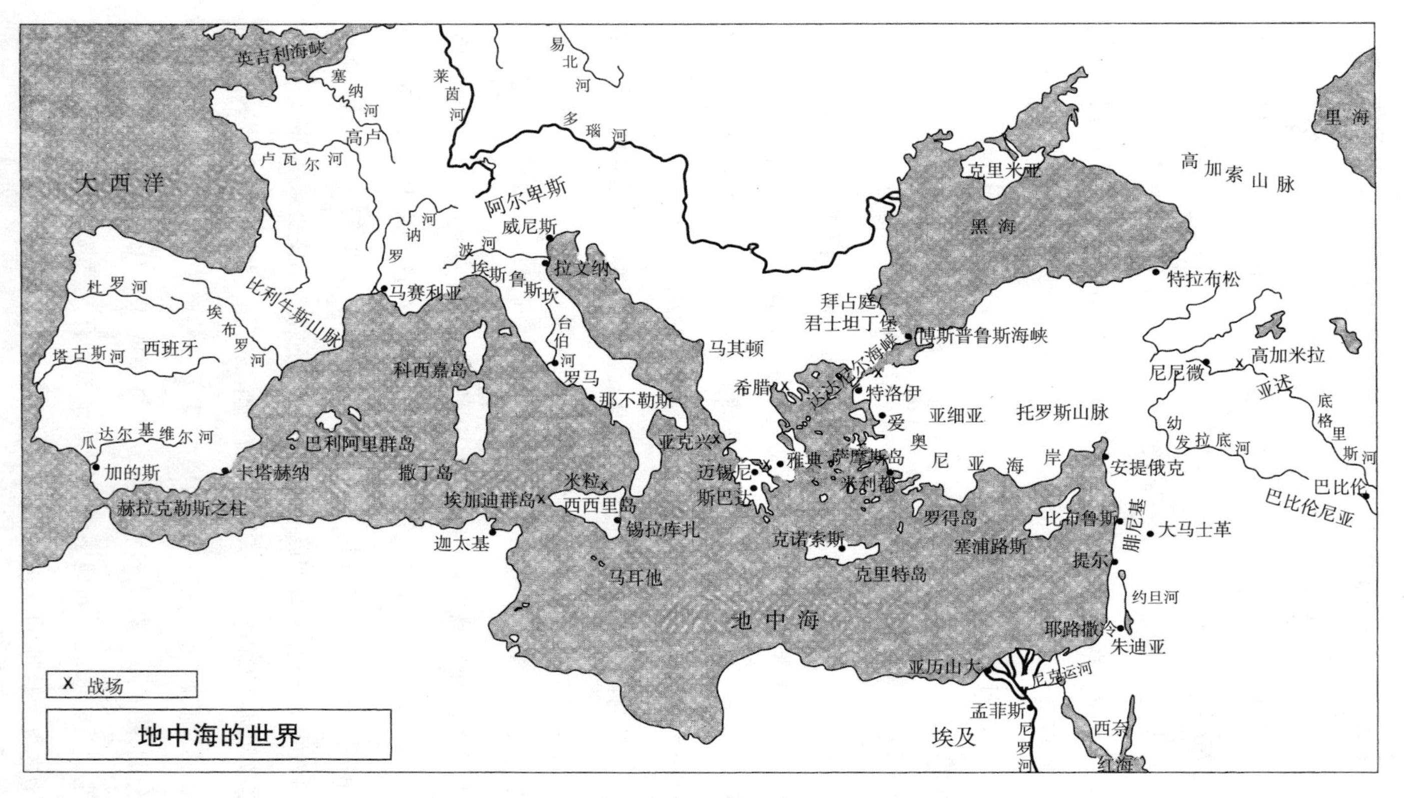
英吉利海峡
塞纳河
莱茵河
易北河
多瑙河
高卢
卢瓦尔河
大西洋
阿尔卑斯
威尼斯
罗讷河
波河
拉文纳
埃斯鲁斯坎
马赛利亚
杜罗河
比利牛斯山脉
埃布罗河
塔古斯河
西班牙
台伯河
罗马
那不勒斯
科西嘉岛
瓜达尔基维尔河
巴利阿里群岛
加的斯
卡塔赫纳
撒丁岛
赫拉克勒斯之柱
米粒
埃加迪群岛
西西里岛
锡拉库扎
迦太基
马耳他
亚克兴
迈锡尼
斯巴达
雅典
希腊
马其顿
达达尼尔海峡
特洛伊
爱奥尼亚海岸
萨摩斯岛
米利都
克诺索斯
克里特岛
罗得岛
塞浦路斯
比布鲁斯
腓尼基
提尔
约旦河
耶路撒冷
朱迪亚
亚历山大
尼克运河
孟菲斯
埃及
尼罗河
西奈
红海
地中海
拜占庭
君士坦丁堡
博斯普鲁斯海峡
黑海
克里米亚
特拉布松
高加索山脉
里海
亚细亚
托罗斯山脉
安提俄克
大马士革
尼尼微
高加米拉
亚述
底格里斯河
幼发拉底河
巴比伦
巴比伦尼亚
X 战场
地中海的世界

地图 4.　地中海的世界

用。从东海岸航行到地中海的中心一般需要60天时间，而且中心点对西西里岛而言近似于海上大陆桥。实际上，西西里岛有效地创建了西部和东部两个地中海盆地，它们各自发展成差不多自给自足的社会。公元前3000—前2000年，在西地中海，从马耳他、撒丁岛、西班牙、摩洛哥，直到北大西洋沿岸的布列塔尼、爱尔兰、巨石阵，并进入北部海洋的斯堪的纳维亚半岛，有一个消失了的古代航海民族，在岛屿和海岸线的弧线处摆放了成千上万令人费解的神秘巨石。在东地中海盆地，一个持续的、强大的航海文明发展起来，它影响了历史过程。

在公元前4000年期间，随着用木板建造的、用帆和传统桨驱动的大型货船的发展，地中海区域的海洋贸易发展起来。相对于陆上交通缓慢、险恶、常常不可能实现的时代而言，通过把风力与水的低摩擦力、浮力等属性相结合，帆船使货物的长距离运输成为现实。海上运输相对陆地运输的成本优势延续至今，随着海上运输的发展，国际需求给一些社会提供了通过经济专业化来增加财富的机会，其中包括专门从事贸易的国家。公元前2200年之后，舵被用在船上，弥补操纵桨的不足，于是，新技术不断发展。

历史上第一个真正的地中海海洋文明不属于早熟却胆怯地环抱海岸的埃及人，而属于出生在克里特岛上的米诺斯人。正是米诺斯人开辟了许多早期的地中海贸易路径。大约在公元前2000年，克里特岛处在区域贸易的十字路口，在超出500年之久的时间里，米诺斯人在经济、文化和航海方面对整个爱琴海和东地中海地区发发挥了巨大的影响。克里特岛长160英里（257公里），其最重要的自然资产是岛屿的战略地位，它处在市场与原材料之间，即地中海东部、小亚细亚和埃及拥有财富，而西地中海地区储备有资源。在青铜时代，米诺斯人处于能够非常好地获取利益的位置，因为他们可以轻而易举地把制造铜的金属收集起来，这些铜矿来自周边的塞浦路斯、南安纳托利亚海岸的奇里乞亚，这些地方都是铜矿的传统产地；锡来自埃特鲁斯坎（意大利）、西班牙的矿山，以及陆路上路途遥远的高卢、英格兰的康沃尔。青铜第一次出现在美索不达米亚大约是公元前 2800 年，[①] 公元前 2000 年出现在埃及。米诺斯人通过生产“旧大陆”梦寐以求的优质金属制品、武器、工具和器皿而进一步致富。他们的海上力量源于两种船舶——一种是宽敞的、航行缓慢的弧形商用船舶；一种是用于入侵和防御的战船，它光滑、灵活、细长且孤帆驱动。作战时，水手用单桨操纵船去撞击敌人的船身。

随着财富的逐步积累，米诺斯人建造了豪华的多层宫殿及大城市，致力于人文艺术。当时，米诺斯人最大的城市是克诺索斯，该城市的突出特征之一是，没有城墙，尽管那个时代重视防御工事。航海时代，不建城墙的克诺索斯是历史上对大海作为防御屏障的最早检验，也是对米诺斯海上霸权的检验。克里特岛的水利工程是复杂的。迷诺斯（类似于法老的称谓）王宫储水罐里的水冲走室内洗手间的粪便，同时，城市地下也铺设了陶制排水管和污水管。克里特岛属于半干旱气候和山岭地形，因此，梯田和堤坝从农业维度上最大化了米诺斯人种植橄榄和葡萄的潜力。米诺斯人在爱琴海上定居，他们把自己大部分的文明传承给了跟随他们的古希腊人，其中包括早期的希腊文字。[②]

大约在公元前 1470 年，克里特岛以北 70 英里处，一座巨大火山爆发了，蒸发掉了提拉（圣托里尼）岛的大部分，因此，米诺斯人的生活发生了灾难性的变化。火山爆发引发地震，火山灰埋没了克里特岛上的一些城市，巨浪吞噬了北部沿岸的港口。至此，米诺斯人的力量大大削弱，在希腊本土上兴起的麦锡尼文化来临之前，米诺斯人仅仅延续了一个多世纪，

① Braudel, *Memory and the Mediterranean*, 60.

② 按照希腊神话，米诺斯人在克诺索斯宫殿摆了一个迷宫，让专门吞噬少女的牛头怪居住，牛头怪是米诺斯的妻子和海神波塞冬派来的公牛生出来的怪胎，希腊英雄忒修斯最终打败了海神波塞冬。

有趣的是，米诺斯人曾经帮助孕育了麦锡尼文化。

公元前 1200 年以前，在贸易通道和从米诺斯人那里承继的掠夺性海上力量的基础上，讲希腊语的麦锡尼人强盛起来。按照荷马史诗《伊利亚特》的记载，麦锡尼本是阿伽门农（Agamemnon）国王统治下的一个城邦国家，大约在公元前 1184 年，阿伽门农国王统领希腊各城邦协调它们的海陆军事力量，进攻有城墙作屏障的要塞特洛伊城，重新得到了其兄弟斯巴达王墨涅拉奥斯漂亮的妻子海伦。当然，希腊人扬起千帆并非只为海伦的面庞，还有宝藏的诱惑。站在小亚细亚西北部的一座山丘上，遥望赫勒斯蓬特海峡入海口，特洛伊通过征收这个战略性海峡过往船只的费用、其所拥有的银矿以及周边弱小国家的进贡，而变得富有。特洛伊城的陷落主要不能归结为特洛伊木马，而是麦锡尼人无可比拟的舰队，因这只舰队无人可敌的实力让他们理所当然地控制了海上供应线，能够连续 10 年围城特洛伊，并最终洗劫了这座城市。

甚至就在特洛伊战役时期，使用铁质武器的北方入侵者驱赶着青铜时代的麦锡尼人和爱琴海岛上流离失所的其他民族。许多人成为“新王国”末期袭击埃及的“海民”。大量麦锡尼难民最终定居在爱琴海岛屿和小亚细亚崎岖的爱奥尼亚海岸周边，忍受着黑暗时代，然而这种打乱地中海和近东地区文明生活的黑暗时代延续了足有三个世纪。

在先进的文明重新出现之前，三大力量争夺着横跨整个地中海航线的控制权：地中海东部的腓尼基人；出现在意大利、在罗马帝国早期当上国王的伊特鲁里亚人，伊特鲁里亚人的来源至今仍是个谜；希腊城邦，其最终成为现代西方文明的发祥地。在这三大力量中，最早兴起的是闪米特的腓尼基人，他们给西方留下了字母文字。

在地中海从事航海事务方面，腓尼基人有两大优势：提尔、西顿和比布鲁斯的良港；建船和出口所需要的丰富的松木及其他树种的木材。这些木材源于东地中海的森林，而那里基本上被美索不达米亚和埃及的势力所觊觎。公元前1000—前800年，腓尼基商人实际上完全拥有了地中海，其港口挤满了大型货船。他们创造了历史上最勇敢的航海贸易社会之一。腓尼基人擅长长途航行，甚至可以夜航，在能见度差时他们也在远离海岸线航行。他们跨越地中海建立了很多殖民地，包括通往西地中海南大门的迦太基（现在的突尼斯附近）。他们还通过直布罗陀海峡进入大西洋航行，在如今西班牙的加的斯良港定居下来。由于腓尼基人在公元前6世纪晚期控制了具有战略地位的直布罗陀海峡，因此，腓尼基人在欧洲大西洋沿岸和北海实际上取得了近400年的原材料贸易垄断权。大约公元前600年，埃及法老尼科雇用腓尼基人的船只，试图通过红海向南航行，并绕过非洲。一个世纪以后，迦太基的腓尼基人成功殖民了非洲西海岸，直到2 000年后，葡萄牙人才通过环球航行改变了世界历史。在很长一个时期内，腓尼基人的国内资产以及冒险挣来的海上贸易财富，足以抵消与他们相邻的近东强大陆地帝国的地缘战略优势。但是，公元前8世纪以后，亚述军队蹂躏了腓尼基人的祖国，古迦太基文明的核心向西移至迦太基。

在腓尼基人起先成为最重要商人的地方，公元前8世纪，沿爱奥尼亚海岸和相邻的爱琴海岛兴起了一个以希腊城邦国家为核心形成的松散聚集体，这些城邦国家都是大殖民者。公元前750—前550年，他们拓展了大约250个殖民地，其中包括小麦种植地西西里岛上的锡拉丘兹。公元前658年在拜占庭建立殖民地，而这个地方就是后来的君士坦丁堡和伊斯坦布尔，那里是通往黑海及其北部海岸克里米亚金色麦田的博斯普鲁斯海峡。这个以希腊城邦国家为核心形成的松散聚集体的经济，最初建立在以自产的优质葡萄酒和橄榄油交换粮食及原材料的基础上，当然，其相对优势逐渐消失，相互竞争的殖民者让葡萄园和橄榄树遍布地中海区域。

居于领导地位的希腊爱奥尼亚城邦国家是米利都，公元前8世纪，米利都的水手知晓了，如何确保在暖季通过赫勒斯蓬特海峡（达达尼尔海峡）和博斯普鲁斯海峡向黑海航行；而在全年的大部分时间里，突然而起的气流、难以对付的旋涡、迎面而来的强劲东北风，都不利于通过赫勒斯蓬特海峡和博斯普鲁斯海峡向黑海航行。① 虽然自公元前 700—前 600 年以来，米利都的著名港口就已经淤塞，但米利都仍是地中海和黑海之间的主要商品交易地，可以说，黑海几乎是米利都人的湖。银行家出资，商人把成吨成吨的麦子和鱼运出黑海，销售给爱琴海岛周边缺粮的城邦国家，米利都人从中获得大量的利润。

米利都的繁荣和城市氛围，造就了一些早期希腊文明的思想家，其中包括希腊哲学之父泰勒斯（Thales），他既是古希腊七贤之一，也是一位数学家、政治家和天文学家；他成功预测了公元前 585 年 5 月 25 日的日食。泰勒斯哲学认为，万物源于水。他注意到水的三种形式（固态的冰、液态的水和气态的水蒸气）及其自然过程，如水在蒸发过程中变成了气体；然后水再从气体中出来，就形成了降雨，存储在河流里，或者以泉水的形式从地下涌出。因此，泰勒斯认为，地球上的每样东西都以某种形式呈现着水。② 希腊晚期哲学家，如亚里士多德，把水降级为水、气、火和土四大元素之一。泰勒斯的水本原说与巴比伦早期水是创世元素之首的学说类似，在希腊思想中留下了深深的印记。理性推论和科学观察在希腊思想中成为获得知识的重要手段。

在雅典的兴起和希腊文明在公元前 5 世纪繁荣的一系列事件中，米利都发挥了政治促进作用。公元前 6 世纪中叶，居鲁士大帝建立的以陆地为基础的波斯帝国，在小亚细亚，包括爱奥尼亚在内，获得了霸权。公元前 499 年，经过一系列精心策划，米利都领导了爱奥尼亚希腊城市反抗波斯称霸的叛乱。当时，米利都邀请雅典加入联盟，雅典派遣船只跨越爱琴海，来援助米利都。花了五年的时间，波斯大流士国王的军队镇压了这场

---

① Cary and Warmington，37.

② Jones，*History of Western Philosophy*，32—34.

叛乱，血洗米利都。公元前490年，大流士命令为数不多的波斯士兵，去惩罚作为米利都暴乱同谋的新兴的雅典。波斯军队原打算依赖希腊叛徒里应外合攻破希腊城，但是最终计划失败，这缘于波斯人在马拉松平原登陆时败给了希腊人。当时，一些希腊善跑者长跑26英里（41.8公里），赶在波斯船队到达前通知了雅典人，这就是现代“马拉松”比赛的起源。

10年后，当波斯军队回来报复雅典及其联盟者时，大流士的儿子薛西斯国王聚集了18万—36万人的军队，以及七八百条战船。当然，这支军队的大部分指挥官来自波斯人的附属国埃及、腓尼基和爱奥尼亚的希腊。公元前480年春天，薛西斯军队跨过横在赫勒斯蓬特海峡上的浮桥，这座浮桥由连在一起的成千上万艘船建成。为了避免走崎岖的山路，波斯士兵在阿索斯半岛上历经千辛万苦开凿出一条运河。当这支军队行进时，原先储备在希腊北部沿岸地带的粮草以及随行的船只，给这支庞大的军队提供给养。

除20个城市外，其他所有希腊城市在未开战之前就投降了波斯人。惊慌失措的雅典人在特尔斐祈求神谕，而神谕神秘地告诉他们要相信他们的木头墙。但是，无人知晓木头墙是指雅典卫城的传统防御工事，还是已经建成的准备用来对付波斯入侵的海军舰队，年轻的地米斯托克利（Themistocles）是这支海军的英明的指挥官。早在三年前，44岁的地米斯托克利已经向雅典议会做出申请，使用从国家银矿获取的利润，投资建立现代海军，以攻击波斯人的软肋——波斯人太长的海上供应线，而不是依靠传统的军队。当波斯人在塞莫皮莱的山口最终打败斯巴达人和雅典人的一支小部队，从而打开通往雅典的通道时，地米斯托克利做出决定，他命令疏散雅典人，在波斯人洗劫、放火烧毁雅典的同时，地米斯托克利及其海军从雅典撤退。鉴于这支希腊海军对波斯供应线和称霸爱琴海的梦想都构成威胁，薛西斯决心摧毁这支希腊海军。在萨拉米斯岛和雅典以西陆地之间狭窄的海上通道上，波斯舰队赶上了希腊人。

公元前480年9月23日早上，薛西斯登上山坡，坐在威严的宝座上，观看历史上记录的首次海战，他充满自信地期待着最终摧毁希腊海军的时刻。在他脚下 3 英里长、1 英里宽的海面上，他可以看到希腊海军的 370 艘战船，而波斯海军埋伏在这个狭长地带的两端，船只比希腊人的多一倍。然而，薛西斯毫不知晓，地米斯托克利有意地把波斯人引诱到萨拉米斯狭窄的水域里进行决战。①

虽然希腊海军的船只比波斯人的少，但是地米斯托克利的海军是由新设计出来的三层桨战船组成，这是历史上的大型战船之一。170 名水手，背朝着航行方向，分三层划桨，因此，这种战船吃水深，比起传统的两层、50 把桨、100 英尺长的爱琴海战船要强大得多。在专业水手操作下，这种战船的航行速度快且灵活性强，能够以九节的速度投入战斗，并且在 1 分钟时间内可以转两艘半船长度的弧度。而且这种战船携带两种主要武器：一种是新式的、致命的、可以反复使用的青铜撞击器，能把敌人的战船撞出洞来；另一种是身披铠甲的海军陆战队，当船头靠近敌船时向敌船投射，必要时登船进行肉搏。

地米斯托克利知晓，希腊人不可能在海上赢得战斗，因为波斯人能够调集其全部移动较缓的重型战船。于是，地米斯托克利要求与他勉强结盟的希腊司令官把军队调集到萨拉米斯岛的海峡处，希望引诱薛西斯的海军在这个狭窄的海域决战，这样，就可以削弱波斯人战船多的优势，发挥希腊人的这种三层桨战船的战术优势。在作战那天的早上，地米斯托克利佯装撤退，波斯战船被引诱到这个狭窄的海峡。说时迟那时快，波斯战船一进入海峡地带，地米斯托克利的战船突然掉转船头②冲向波斯人的船。许

---

① Casson，85.

② 为了吸引薛西斯以及防止他摇摆不定的盟友在最后时刻变卦，地米斯托克利设下了历史上最著名的计谋之一。他佯装叛变，派线人到薛西斯的总部密报。希腊人正准备撤退，不打算在长期处于不利的条件下作战。薛西斯最终上当，他命令其巡逻队整夜提防希腊人突破包围圈。

多波斯战船沉没了，而尾随其后的船只又压在沉没的船上，致使波斯战船几乎半数折戟，而希腊人大约只损失了40艘三层桨战船。

当薛西斯的供应线被切断，波斯人的陆上力量就凸显出脆弱性，故此，薛西斯迅速把军队撤回小亚细亚。担心希腊舰队可能会通过摧毁赫勒斯蓬特海峡上架起的浮桥从而切断他们的退路，波斯人于是忍受饥饿和痢疾而溃退，希罗多德这样描述，"波斯人收集田野里的草，剥掉树皮，不论这些植物是种植的还是野生的，通通吃下去"。[①]

不仅希腊得救了，而且雅典在海上的霸权地位也在随后的几代人手中建立。海洋时代，小国、弱国如何与不可匹敌的陆上大国维持权力平衡，在海军力量悬殊的情况下如何获胜，萨拉米斯之战提供了一个最早的战例。大海曾经是自然屏障，当大海在控制供给线、计划进攻和封锁敌人港口方面具有强大的战术性优势时，它就变成了坚定的防御伙伴。[②] 从经济角度来讲，大海在运输和获取国际贸易收益上都具有重要优势。

纵观历史，从古希腊到大英帝国，再到当代核大国，海上霸权总是关键的实力轴。虽然萨拉米斯之战相对罕见，然而对海洋的决定性控制常常与重大历史转折点相联系。在地中海世界里，由于缺乏战略性的内陆主要水上线路，帝国的兴衰一直与海上战斗力相联系，这的确是事实。从罗马人在第一次布匿战争中把迦太基人赶出西西里，到1588年英格兰打败西班牙的无敌舰队，1798年和1805年拿破仑在尼罗河和特拉法加的战斗，以及第二次世界大战中的决定性海洋战争，包括大西洋上的俾斯麦群岛，太平洋中的中途岛在内，都重蹈了萨拉米斯的覆辙。

萨拉米斯战役把雅典提升为东地中海海上权力和商业贸易的超级大国，就像以前克里特岛的米诺斯人一样。这个重建的城邦很快成为人文艺

① Herodotus, *Persian Wars*, 642—643.

② 雅典周边的大海和崎岖的地形提供了防御陆地敌人的优势，而这种优势是腓尼基人和米利都人所缺少的。

术、哲学、语言修辞学、政治学、历史学、数学和科学研究蓬勃发展的中心，从而奠定了整个西方文明的基础。在萨拉米斯战役后不久，雅典和希腊人的世界进入黄金时期。

在地米斯托克利领导下，雅典在萨拉米斯转向海上强国，同时也促进了民主化的影响。雅典满足了要求操纵战船的大量贫穷水手的要求，减少了依靠贵族领导的传统军队的影响，最终让投票权制度化。

雅典的国际自由贸易政策，加强了市场经济与保护私人财产权的结合。新兴的雅典不单靠橄榄油和葡萄酒交换小麦和其他商品而繁荣，其港口城市，如比雷埃夫斯，成为了这个区域繁荣的国际商品交流中心。如同威尼斯、阿姆斯特丹、伦敦、纽约和其他许多后世出现的大航运中心一样，一个由私人仓库、船商、金融家、批发商和其他商业服务供应商构成的综合体，以码头为中心向外延伸发展。初级粮食市场发展起来，在该市场中按供需关系建立了整个地中海区域的基准粮食价格；然而，当时的粮食供应来自黑海、西西里和埃及。政府向所有进港船只征收2%的税，以补充国库。雅典的民主市民议会通过改善港口的防浪堤、码头，提供疏浚和其他公共服务，来容纳更多更大的船只，以此鼓励繁荣的私人市场。为了保护海洋商业，雅典还为自克里米亚缓慢行驶到比雷埃夫斯的粮食船队提供护航，以便让它们安全通过赫勒斯蓬特海峡和博斯普鲁斯海峡。政府和私人市场在利益上不言而喻的结合，致使雅典的财富和权力上升，如此一来，雅典城邦的民主基础变得更具代表性和多元性。①

海洋文化进一步孕育了新的社会模式，而这种社会模式的基础是既得利益公民的、代议制的、自由市场的民主。与集中的河流灌溉和土地

---

① 雅典市民议会的多数票决定其法律和法官人选，当然，通常是按照代表顾问理事会的意见和提名来投票的。随着时间的推移，国家越来越富裕，于是选举权逐步扩大到了穷人阶层，而国家对海上实力的要求也在增长。当时的海军指挥官如地米斯托克利就是由市民议会投票选举出来的。

导向的水利国家相比，海上商人有着在港口做贸易的天然自由，相对政府所提供的服务和商人权益受到的保障而言，港口税收是不高的；而在水利国家中，普通百姓几乎没有什么实际的经济选择，只能服从政策规定并承担中央政府给予他们的沉重税赋。因此，并非出于巧合，历史上的许多主要海洋贸易大国，也是主要的代议制民主国家，共享着诞生在雅典的政治经济传统。随着雅典的兴起，流动的经济商品的主要竞争形式与人力，即文明的两方面结合到一起，一方面依靠专制的政府命令，另一方面依靠市场价格信号和私人收益刺激，对各种形式的霸权展开的竞争延续到了 21 世纪。

在统治者的政治野心超出了其所拥有的海上实力之际，雅典的辉煌时代也走到了尽头。当斯巴达人的海上实力与其旗鼓相当，足以封锁雅典港口并以饥饿方式逼迫雅典就范时，雅典在伯罗奔尼撒大战中失败了。公元前 338 年，雅典向正在兴起的北部陆地王国——菲利普统治的马其顿投降。在马其顿肥沃的中央平原上，菲利普国王大兴灌溉农业，因此，王国逐步富裕，随后，他又着手建立起一支强大的军队，能够控制博斯普鲁斯海峡上的门户城市拜占庭，进而在战略上控制了希腊人来自黑海的粮食供应。然而，雅典落入马其顿人之手，反而促成了希腊文明和希腊语在整个地中海和欧亚地区的传播，这是历史上许多始料未及的转折之一。希腊文明大传播的推手正是菲利普的儿子亚历山大大帝。

少年时代的亚历山大接受的希腊文明教育并不比亚里士多德少，公元前 336 年，在菲利普国王遭暗杀后，年仅 20 岁的亚历山大掌握了政权。从那时起，他统领 43 000 名步兵、6 000 名骑兵，两年后就跨过赫勒斯蓬特海峡，征战波斯帝国。在八年征战中，亚历山大的军队长驱直入波斯帝国 15 000 英里，从未输过一场战斗。公元前 323 年，亚历山大大帝在巴比伦尼布甲尼撒的宫殿里去世，年仅 32 岁，至此，亚历山大大帝称霸了从尼罗河到印度河的整个“旧大陆”。其征战不仅是古代史的一条分界线，启发了后世的伟大征服者，从恺撒到拿破仑，还滋养了影响西方半个“旧大陆”长达1 000年的希腊文明的繁荣，但西方半个“旧大陆”最终归入了欧洲的伊斯兰文明和基督教文明。

亚历山大在建立帝国的过程中显示出利用水资源展开军事行动的才能，也显示出在民用水利方面的才能。虽然亚历山大帝国一开始并没有海军，然而，亚历山大懂得控制海上通道的战略意义，他所指挥的早期战斗都企图通过反常规的陆上攻击，削弱对方的海上优势，即从后方关闭叙利亚人、腓尼基人和埃及人在地中海的所有港口。公元前331年，抢在波斯人利用河流作为障碍来保护己方阵地之前，亚历山大率领军队渡过底格里斯河，在离古代亚述人城市尼尼微不远的高加米拉获得了决定性胜利。旋即走出波斯，进入中亚和印度。亚历山大不仅在军事上取得了胜利，还克服了在不同水文条件栖息地上遇到的困难，包括印度库什的雪山、湍急的阿姆河和中亚的干旱草原。公元前326年春天，在跨过印度河之后，亚历山大在山洪暴发的季节发起进攻，进入旁遮普，实际上，在汛期印度军队通常暂停战斗，气候条件让他们的战车、弓箭和大象军团的战斗力不那么有效。

当亚历山大成为历史上疆域最大的君王之后，他开始追寻“海洋”这个巨大水体——亚里士多德和其他希腊学者相信其与地球密切相关，而且可以获得知识的启蒙。但是，当他要求已精疲力竭的战士继续向未知的、密集的恒河森林前行以寻找大海时，他们拒绝了。亚历山大的征战只得就此结束。然而，他决定利用返程的机会来探索未知的波斯湾沿岸和恶劣的格德罗西亚沙漠，实际上，从来就没有军队走过格德罗西亚沙漠。一支船队已建成且装备就绪。不幸的是，敌人的箭刺穿了亚历山大的肺，从印度河到大海的六个月行程中，亚历山大自己勉强活了下来。为了保障85 000人的军队以及非战斗性随军人员能够穿过格德罗西亚沙漠，这支军队挖掘水井，为自己及船只供水，因为船上运载着供给军队四个月的粮食。然而，在山区，能找到的水越来越少，队伍不得不返回内陆地区。尽管这次行军成了无奈之举，但亚历山大把无奈的行军变成了树立自己形象的机会。[①] 亚历山大同战士一起步行。当战士找到些许水，首先端来孝敬国王时，亚历山大先问是否有足够的水来满足全军将士；听到“不够”的回答后，他激动地把水倒掉，宣布要等所有人都不渴了再喝水。这次行军大约损失 25 000 人。

此后不到两年，即公元前 323 年 6 月，亚历山大在巴比伦尼布甲尼撒的旧皇宫举行的漫长的夜宴结束之后，死于热病。他重建巴比伦城的总体规划也随之夭折，他本打算把重建的巴比伦城作为新希腊帝国的首都。当然，他的遗产让希腊文明蓬勃发展起来，他及其继承者无论征服到哪里，就在哪里展开重建，这样，希腊文明的蓬勃发展就植根于充满活力的重建中。希腊的水利工程扩大并重新焕发了埃及和美索不达米亚正在衰退的灌溉系统，促使生产、创造财富和文明的人文艺术兴盛。港口、港湾得以更新改造，造船业在地中海东部地区扩展。亚历山大无论走到哪里，都会建设新城市，故此有许多地方叫亚历山大城。亚历山大大帝最不朽的遗产是埃及的亚历山大港——一座辉煌的港口和都城，希腊人和罗马人统治那里长达 1 000 年。在其一个世纪的建成历史中，亚历山大港成为地中海最具活力的货物集散地，复兴希腊文明的核心，并且通过罗马帝国和伊斯兰世界转变为西方文明。亚历山大本人选择亚历山大港缘于那里有很好的锚地、附近的湖泊可以补给充足的淡水，为此，亚历山大设计了城市总体规划。为了给进入这个深水港的船只指引航向，亚历山大的继承者在法罗斯岛上建造了一座灯塔，可能比纽约的自由女神像还高；白天灯塔上的青铜镜反射阳光，晚上用火照明，在方圆 35 英里（56 公里）的地方都清晰可见，亚历山大港的灯塔因此成为世界七大奇迹之一。而亚历山大港图书馆

① Cary and Worthington，179—180；Foreman，188—189.

通过复制这个繁忙港口的设计手稿而建立，成为古代世界文献和知识的中心馆藏场所。该图书馆毁于公元前47年的一场大火。公元前306—前47年是这个图书馆的鼎盛时期，藏书达到了70万册。①

希腊的科学、数学、医学以及研究机构和天文台，在亚历山大港蓬勃发展。锡拉库萨的阿基米德正是在亚历山大港学习，而后成为伟大的数学家、发明家和流体静力学之父。除了欧几里得（Euclid）、普罗提诺（Plotinus）、托勒密（Ptolemy）、埃拉托色尼斯（Eratosthenes）的成就外，克特西比乌斯（Ctesibius）发明了一种浮动的机械，或被称之为“时间窃贼”，用来校准重要的水钟，他还发明了水风琴。公元1世纪，纯粹出于一种娱乐，亚历山大港的英雄克特西比乌斯创造了蒸汽机的迷你模型，假使他真的建造出真实尺寸大小的蒸汽机的话，这个世界会在詹姆斯·瓦特之前1 700年就有应用相同科学原理的蒸汽机了，而瓦特的蒸汽机拉响了“工业革命”的汽笛。

公元前的最后两百年里，希腊水手从亚历山大港出发，开始了在红海的航行，因为他们攻克了在亚丁湾和南印度间利用双向季节性海风航行这一难题。这样一来，便能更明确地投入东西方之间日益增长的印度洋远洋贸易之中，这种远洋贸易在早期世界史阶段发挥了积极的推动作用。在罗马时代，亚历山大港成为输送埃及剩余粮食到罗马帝国的意大利首都的主要港口。对伊斯兰文明而言，亚历山大港遗留下了航海文化。在中世纪，亚历山大港—威尼斯成为伊斯兰文明和西方文明的纽带，也是地中海首屈一指的商业中心。

经过防腐处理的、弥漫香气的亚历山大遗体，躺在亚历山大港透明的石棺中过几个世纪。与亚历山大齐名的尤里乌斯·恺撒来此顶礼膜拜。公

---

① Daniel J. Wakin, “Successor to Ancient Alexandria Library Dedicated,” *New York Times*, October 17, 2002.

元前 30 年，当罗马人获得埃及的宗主权时，亚历山大在那个透明石棺里已躺了 200 年。①

罗马首先支配了整个地中海。地处地中海中部的、具有战略地位的罗马，其昌盛的原因在于，既拥有西部盆地的自然资源，又有充满活力的市场，以及东半部文明的、先进的专有技术。罗马通过控制海上通道以获得财富和实力，其控制方式令人联想到水利灌溉农业社会的君主如何控制他们所管理的那些大河。

尽管罗马确实有一支当之无愧的军队，但是作为一个超级大国的兴起实际上始于公元前 3 世纪，当时，罗马掌握了西地中海的航道。作为一种文明，罗马的独特之处实际上在于把实用的、组织精良的工程技术的大规模应用与军事实力相结合，其中包括对水的控制和利用。通过水务工程，罗马人掌握了供海军使用的制造船只和航海基础设施的技术，以及专供军队使用的帝国大道的排水系统，还建造了大型引水渠和城市水系统，从而创造了新的文明，即大都市。

传说中，造城的是半神双胞胎罗穆卢斯和雷瑞斯（Romulus and Remus），与其祖先萨尔贡和摩西一样，他们也是从河里漂来的。“母狼乳婴”的故事众所周知，即一只母狼（现在依然是罗马城徽）在台伯河岸偶然发现了罗穆卢斯和雷瑞斯，以乳汁喂养其成活，之后被牧羊人抚养长大，最终在靠近这条河的帕拉蒂尼山上定居下来。历史上的罗马实际上是从独立的部落定居点开始，地处著名的七泉山上，附近是古代盐道，而在

---

① 亚历山大去世后，托勒密一世拦截了本打算运回马其顿老家安葬的亚历山大的遗体，而托勒密一世是亚历山大信任的将军和青年时期的朋友，他之所以这样做的目的就是支撑他所建立的埃及王朝的合法性，利用农业的成功，造就托勒密帝国。托勒密王朝一直延续到罗马人吞并这个国家为止。在公元 3 世纪的暴乱中，亚历山大的陵墓被毁掉。

靠近台伯岛的台伯河里，有一个浅浅的涉水点，这条古代盐道就在此跨过台伯河。公元前 8 世纪，罗马由伊特鲁里亚人统治，从伊特鲁里亚那里罗马人继承了许多先进的灌溉和排水技术，通过排泄托斯卡纳到那不勒斯的大片沼泽中的水，在淤泥丰富的波河上修筑堤坝以应对难以控制的洪水，伊特鲁里亚人利用意大利有限的农业资源生产出了足够多的粮食，以维持繁荣的前雅典时代文明，进而足以对地中海中部的迦太基和希腊殖民地构成挑战。

正是在伊特鲁里亚的统治下，公元前 6 世纪罗马完成了第一个大型水利工程："排水沟"，或称大下水道。其功能是排掉罗马七泉山之间瘴气峡谷沼泽里的水，建设古罗马的市政和商业中心，即古罗马广场。尤其是大下水道的设计非常精湛，以致今天依然发挥着功能。沿着台伯岛大桥的河岸，可以看到大下水道流入台伯河的出水口，身处古罗马广场的废墟上，就可以嗅到它散发的臭味。

公元前 509 年，罗马人抛弃了他们的伊特鲁里亚国王。像古代的雅典人一样，他们建立了贵族共和国。每年选出两个执政官、一个参议员和贵族家族来管理国家事务，这种罗马共和国作为一种模式、一种理想，延续了许多世纪。罗马共和国用书面法律保护私有财产及其他权利，并崇尚简单、独立的公民—农民品质——在必要时，放下锄头拿起武器去战斗，这种理想在 18 世纪晚期美国奠基人那里再度得到弘扬。因为整个意大利半岛没有一条大河来承载运输和灌溉的功能，所以，罗马的经济和政治权力，通过排水良好的主要道路网络的建设，缓慢地聚合起来。这个道路网络以罗马为中心向四周辐射，这一项目始于公元前 312 年，首先建设的是东南方向的亚壁古道。锡拉丘兹希腊人的海上实力间接地刺激了罗马的兴起，于公元前 5 世纪摧毁了伊特鲁里亚的海上力量。大约在公元前 270 年，罗马人控制了整个意大利半岛。跨过墨西拿海峡，就在盛产粮食的富饶的西西里岛东北端，罗马人扩张的野心与地中海帝国的迦太基人发生了冲突，而这个海上帝国是腓尼基人在几个世纪之前建立起来的。[①]

历史上罗马作为大国兴起的转折点则是布匿战争，通过三次战争，罗马赢得了地中海的控制权。第一次布匿战发生于公元前 264 年，这场战争持续了 23 年。罗马人的最初目标不过是从西西里岛东部地区赶走迦太基人的守备部队。但是，迦太基人控制着西西里岛的西部，在驻扎在那里的军队的援助下，挫败了罗马人的围攻，而迦太基人在西西里岛西部的军队依靠来自迦太基人北非首都的海上支援。因此，为了孤立西西里岛东部地区，罗马人需要控制围绕这个岛屿的海上通道。

当然，那时的罗马完全是一个陆上力量。为了实现其目标，罗马人必须开创一个历史上不多见的先例，从陆上文明成功转变成海上大国。公元前 260 年，参议院授权建造 20 艘三层桨战船、100 艘五层橹船，[②] 以及由 300 个水手操纵的五格战船。由于不懂如何设计战船，罗马人依赖知晓设计战船的希腊人，他们来自意大利南部和西西里岛。在短短几个月的时间里，他们在旱地训练了水手，随后超出 30 000 人的新舰队从台伯河口的奥斯蒂亚港起锚，去迎战迦太基庞大的、训练有素的、令人胆寒的海军。事实上，这场西西里岛之战是对主导整个西地中海的迦太基人的挑战。罗马人的战船不同于迦太基人回旋迅速的轻型快船，罗马水手也没有迦太基水手那样训练有素。但是，罗马人的战船是为调动步兵而制造的，为此，他们指望海战会像一场陆战。罗马人的船沉重、缓慢、在恶劣的气候条件下能行驶平稳，宽阔的甲板上可容纳更多的战士。罗马人的战船还设计了抓钩，用于靠近敌船时容易登船搏斗。当罗马人的战船准备在锡拉丘兹战斗时，罗马居民阿基米德提出建议，在船舷外增加一块 36 英尺长的跳板，跳板上安装着铁钉，便于士兵沿着船头下滑，直插附近的敌船，堵住敌船

---

① 罗马通过军事征服、区域政治联盟和吸收意大利部落的人成为罗马公民等途径缓慢扩张；在军队服务的平民阶级逐步在政府中形成较大的政治势力。

② Casson，145.

船头，让罗马士兵迅速登上敌船。

公元前 260 年 8 月，罗马海军在毫无胜算的条件下，在西西里岛北部获得第一场海战的胜利。随之而来的是 19 年海上拉锯战，从迦太基人给罗马人造成重创，到海上暴风雨造成重大损失。公元前 255 年，西西里的一场风暴摧毁了罗马人上百条船，造成 10 万士兵死亡；两年之后，南意大利的另一场暴风雨让扩充海军的大部分战船沉没。最后，罗马人赢得了第一次布匿战争，当然，胜利主要基于不懈地造船，以及容忍船只和人力的重大损失；除此之外，也缘于不断提高水手能力的训练。第一次布匿战争的最后战役发生在西西里岛西端靠近埃加迪群岛的地方，时间是公元前 241 年 5 月 10 日。①

罗马人赢得战争的战略优势被证明对第二次布匿战争的结果有决定性意义，第二次布匿战争发生在公元前 218—前 201 年。正是在第二次布匿战争期间，迦太基人最优秀的元帅汉尼拔（Hannibal）领导军队和大象军团，从他在西班牙的基地出发，跨过埃布罗河进入高卢，翻过阿尔卑斯山进入意大利，他抢劫整个意大利的乡村整整 10 年。这 10 年的抢劫被证明不足以引起当地居民反对罗马统治的叛乱。最后，汉尼拔在没有海上补给的情况下，无法维持其供应线，于公元前 207 年，在他兄弟率领的陆上救援队伍赶到之前，战败于奥费达斯河岸。实际上，正是罗马人的海上优势，让汉尼拔第一次尝试从陆上进攻意大利。如果汉尼拔能够“从海上来，他就不会损失 33 000 人，而他最初带来的军队人数为 60 000 人”。这是马汉（A.T.Mahan）船长在他的经典著作《海权对历史的影响》（*The Influence of Sea Power upon History*）中得出的结论。海洋力量的优势送给罗马人反攻迦太基的手段。罗马人通过给西班牙北部的一个强大陆军基地提供海上供应，包围并最终夺取了迦太基人在西班牙的堡垒“新迦太

① Mahan，15.

基”。公元前 202 年，罗马人横跨地中海，攻击迦太基人的北非家乡，迫使迦太基人投降。[①]

罗马三层桨战船（船舶数字图书馆）

前两次布匿战争改变了罗马历史的轨迹。整个西地中海变成所向无敌的罗马人的湖泊，至此，罗马人初次尝到了控制疆域帝国的甜头，从而推动罗马成为历史上的大帝国之一。西西里充裕的粮食、西班牙南部的矿藏锡银，以及通过“海克力斯之柱”（即直布罗陀海峡）的来自大西洋的其他资源，和在战败国掠夺的奴隶，统统落入罗马人手中。罗马逐渐摆脱了在本国低产土地上获得基本粮食自足的状态，开始依赖船舶进口粮食为生。大庄园主们放弃了排水工程，常常利用奴隶劳动力开发边缘农田，致力于生产高附加价值的、可用来换取奢侈品的农作物，如橄榄、葡萄酒、牲畜等。财富越来越集中到少数人手中；通过提高自由民的利益，军事指挥官得到补偿，让他们成为职业军人；这样一来，罗马社会的阶级关系极化了。

最初，作为海上霸权，罗马人改变政治文化身份并不顺利。直到公元

① 罗马人以站不住脚的借口发动的第三次布匿战争历时很短，并且以压倒性优势持续了这场战争，公元前 146 年，罗马人摧毁了迦太基城。

前 2 世纪，罗马人的势力触伸到东地中海地区，这才不可避免地渐渐改变了其政治文化身份。然而，无论何时只要有可能，罗马人总是间接地利用在金融贸易和最大进口市场方面的“软实力”来发挥其影响，而把海上巡逻这类责任交给其海上盟友，如帕加马和罗德斯。[①] 公元前 1 世纪晚期，罗马人把东地中海的舰队缩小到它能承受的规模。

公元前 1 世纪，当罗马人在海上维持最少军力时，海盗开始打罗马人的主意，于是，所有的事情发生巨变。当时，最大的海盗群拥有 1 000 多只船和一个大军火库，组织完善，分层指挥，其巢穴在小亚细亚崎岖的南部海岸上的奇里乞亚。[②] 公元前 70 年，这群海盗抢劫开往罗马的运粮船，袭击沿海道路，最远可到意大利，绑架罗马著名人士索要赎金。海盗的所作所为令罗马人忍无可忍。当时，尤利乌斯·恺撒是最著名的人质，当他从罗德斯乘船去罗马上学时，被海盗抓为人质，那时恺撒正学习法律。在囚禁期间，恺撒友好地向劫持者建议，他们应该索要双倍的赎金，原因是他自己很重要。劫持者果然照着做了。恺撒还发誓，他一旦回来，会把劫持者都钉死在十字架上。事实正如恺撒所承诺的，他一获得自由，就在米利都驾驶一艘战船，杀掉了他所能抓到的人。作为对这些劫持者善待他的奖励，他允许在把他们钉在十字架上之前，先割断他们的喉咙。

罗马人的粮食供应受到威胁，国家出现了危机感，于是罗马参议院最终采取行动。公元前 67 年，参议院委任庞培（Pompey）为元帅，彻底解决地中海的海盗威胁问题，并赋予他无限的权力去实施这一行动。在这场历史上最成功的海上行动中，庞培集聚了 500 艘船、12 万战士，从直布罗陀启航，有条不紊地以扇形方式向东部海盗巢穴推进。在不到三个月的

---

① 凡需要使用武力解决问题的地方，如马其顿，罗马人首先动用的是陆军。只有在绝对情况下，罗马人才直接动用海军。

② Casson，180.

时间里，他们击败了所有海盗，包围了奇里乞亚，迫使海盗们投降。

然而，庞培并未止步于此。在没有获得参议院授权的情况下，他率领大军航行到近东，把叙利亚、朱迪亚以及安提俄克、耶路撒冷等城市纳入罗马的统治范围。[①] 公元前62年，他以威严的征战英雄身份返回罗马，与恺撒、克拉苏（Crassus）开始了三人执政的政治生活。庞培的海上行动复兴了罗马的海上实力，并组建了永久性的海军。此后，海军总是罗马发动战争的关键组成部分，并把自己的意愿强加于别人。然而，一开始，罗马便转向持续了20年的一系列血腥内战，战争爆发于公元前49年1月11日，当时，恺撒及其军队正跨过意大利北部泥泞的小卢比肯河，这一行动触犯了共和国的禁忌，并被定性为未遂政变。随之而来的恺撒和庞培之间的内战，横跨了整个地中海，从西班牙到埃及。在庞培于埃及遭到暗杀之前，恺撒取得最终胜利的关键是，他突破了庞培在亚德里亚的封锁。公元前44年3月15日，恺撒在罗马参议院遭人暗杀，随之，内战重新爆发。[②]

无独有偶，内战结束、帝国时代开启的决定性战役，发生在希腊科林斯海湾附近的亚克兴海角，时间是公元前31年。交战一方为恺撒领导的马克·安东尼（Mark Antony）及其情人——埃及王后克利奥帕特拉（Cleopatra）联盟。另一方是屋大维（Octavian），也就是后来被参议院授予至高头衔的奥古斯都·恺撒（Ausgustus Caesar）——恺撒的甥孙兼义子。屋大维舰队的指挥官是马尔库斯·阿格里帕（Marcus Agrippa），他是一位天才的军事指挥官，是屋大维一生的左膀右臂、罗马帝国的平民伟人。

屋大维为了弥补他在海上的劣势，组建了有370艘船的新海军。阿格

---

① Norwich, *Middle Sea*, 34.

② 在罗马内战中，海军丧失了1000艘船只和成千上万的海军。

里帕认识到，对手的水手技术更娴熟、敏捷，以传统战术为基础的攻击都是徒劳无益的，于是他灵机一动，回想起在第一次布匿战争中罗马人设计创新的锥形跳板，这促使阿格里帕使用他构思的新式武器——发射机武装船只。这种发射机发射系着绳子的箭，箭头上带有铁钩，便于士兵从很远的地方就能抓住敌舰，然后用绞盘拽回敌舰，展开肉搏。新式发射机克服了传统手抛钩子的弱点。[①] 公元前 36 年，在发射机的帮助下，阿格里帕舰队在西西里岛外赢得了决定性的胜利，逆转了屋大维的颓运，继而赢得了地中海海战的控制权。在亚克兴海战时期，屋大维掌握了足够的战略资源，阻断了埃及的运粮船只，从而，慢慢地让安东尼庞大的军队断粮，包括安东尼的亚克兴舰队，并最终致其投降。在这场战斗中，阿格里帕拥有 400 只战船对 230 只战船的数量优势。在这一天结束之前，安东尼和克利奥帕特拉已经逃往埃及，一年后，他们自杀，而屋大维的罗马军队直接占有了地中海上最后一个名义上的独立大国，罗马帝国拥有了尼罗河这个富庶的粮仓。

屋大维获得了奥古斯都大帝的头衔，他通过建立组织精良的永久性职业海军，管理地中海，进而谨慎地聚集他的实力。在随后“罗马和平”的 200 年里，罗马帝国的疆域从大西洋到波斯湾，从北非到不列颠群岛北部，从中欧到巴尔干地区。为了免遭野蛮部落对边界的进攻，海上分遣舰队控制了 1 250 英里的水上防御屏障，其中包括莱茵河、多瑙河和黑海。

尤利乌斯·恺撒没有实现的一个梦想就是，用一条运河把莱茵河和多瑙河连接起来，这样，就可以建设一条可以航行的水上大通道，通往欧洲大陆的核心，成为“欧洲的尼罗河”。当时，莱茵河—多瑙河边界依然是罗马文明与野蛮世界之间的防御前线——相当于中国的长城，它没有成为统一北欧和中欧的中央交通动脉。在中世纪，这个古老的莱茵河—多瑙河

---

① Reinhold，29—34，161.

防御前线再次以天主教欧洲和新教欧洲之间的一个大致轴向分界线而影响了历史。直到 1992 年，基于当时的政治环境，最终促成了 106 英里（171 公里）长 的“莱茵河—美茵河—多瑙河运河”的竣工，以连接北海和黑海，这一工程有利于欧洲经济一体化。至此，时间过去了 2 000 年。

奥古斯都自吹自擂的著名遗产是，他发现罗马是个砖头城，而他留下的罗马却是一个大理石城。实际上，在罗马帝国建立起来的秩序下，财富飙升和商业繁荣。不可阻挡的政治和经济引力，沿着河流和边界海洋——北海、波罗的海、黑海、红海和大西洋——把商品从罗马帝国的各个省份，吸向地中海中部罗马帝国贪婪的嘴和胃里。在一个窘于通过陆路运送大量物品的年代，河流和海洋运输线是罗马的生命线。

在帝国的鼎盛时期，来自于整个“旧大陆”的异文明生产的食物和奢侈品云集繁华的港口。来自埃及、北非和黑海的粮食成为百姓餐桌上每日不可缺少的食品；富人和有权势的人享受着米利都的羊毛，埃及的棉布，中国的丝绸，希腊的蜂蜜，印度的胡椒、珍珠和宝石，叙利亚的玻璃，小亚细亚的大理石，非洲之角和阿拉伯半岛的香料。中国汉朝，这个远东帝国与罗马帝国之间相互的贸易吸引力，加强了人们在马来亚半岛和苏门答腊之间狭窄的马六甲海峡寻找航运路线，推动横跨印度洋的长距离航运线路进行大规模的交换，形成那个时代的全球市场经济。每年有上百艘商船穿过红海航行到印度，罗马海军为这些货船护航。在整个地中海，船运和贸易基础设施都得到了发展和改善。为了让大型货船直接航行到罗马，而不是把货物从那不勒斯附近的天然深港转运到小船上，再运到罗马城，罗马政府采取了许多措施。例如，公元 42 年，克劳迪亚斯皇帝（Claudius）在罗马以北疏浚沼泽地修建了人造港口，通过人造的运河和纤道，与台伯河连接起来；在该港口，模仿亚历山大港灯塔建造了叫作“波图斯”的巨大灯塔。

从海上贸易和对环地中海周边富裕省份的盘剥中，罗马获得经济剩余，而地中海周边这些富裕省份自己的政治经济则日渐形塑为罗马大都市必需品提供者，因此，它们必然随着大都市的脉搏而跳动。在罗马兴盛的巅峰时期，罗马城的居民达到100万，在西方历史上，罗马作为最大的城市居于遥遥领先的地位，并捍卫这种“领头羊”地位长达两千年之久。这种规模远远超出了意大利当地农业和工业的承载力。故此，罗马的发展在依赖周边省份的资源的同时，也日益依赖这些周边省份内部的稳定性。在发展的顶峰时期，罗马长期的高失业率导致一个福利国家经常有高达五分之一的动荡人口从公共仓库领取救济食品，在公共娱乐场所出现角斗、赛船，以及罗马斗兽场、马克西姆竞技场上众多的人参与赌博的壮观场面。罗马每年需要进口30万吨粮食才能保障基本的粮食安全。在粮食供应总量中，有三分之二的粮食来自船只需要航行几天的地方。另外三分之一的粮食来自埃及的尼罗河流域，在进入盛行西风的航线之前，有30—60天艰难的危险航程。[①] 奥古斯都之后的历代皇帝都把保护大型运粮船队从亚历山大港到罗马开放水域的航线作为重要事项。每只货船大约180英尺（54米）长、44英尺（13米）宽，直到19世纪早期，这样规模的船还是比跨大西洋的其他任何船都要大。公元62年，运粮船的一位重要乘客是被押运到罗马的囚犯圣保罗。因为尼罗河作为粮仓的功能越来越重要，所以，当时罗马帝国禁止埃及把粮食出口到其他任何地方。在罗马帝国统治下，埃及的灌溉系统进一步得到了加强，整个农作物面积也随之扩大，尼罗河流域甚至出现了一个很长的风调雨顺时期。

罗马人大力开发了另一项在历史上具有深远影响的水利技术——水车，以满足许多饥饿的战士和百姓的日常生活需求。为了把麦子磨成面粉制作面包，罗马人在河流上建起了大量用水车驱动的作坊，通过引水渠把

---

① Casson，206—207.

水送入水道，让流动的水能来推动水车和与水车相连接的石磨工作。公元前1世纪，罗马工程师就已经在水利技术上有突破性的改进，即把传统的水平水车调整为垂直于水的水车，通过使用传动装置，成倍地增加了水车产生的动力。[①] 罗马人还建设了许多用水力驱动的大磨坊，以满足要塞驻军和城市的粮食供应。4世纪，罗马人在靠近法国阿尔勒的巴贝格尔，建有一家著名的水磨坊，通过长达6英里的水渠引水来驱动八对轮子运转。这个磨坊一天能磨10吨粮食。[②] 正是在罗马帝国，水磨坊从家庭和地方社区的小型设施，转变成大规模的、集中生产粮食的工具。

为什么罗马人只把先进的水车技术用于磨面，而没有完全地开发其巨大的潜能，一直是令人费解的谜题。罗马人知晓如何把水车用于工业用途，如制造机械锯、漂布用的搅拌器、跳动锤，以及加热打铁炉的风箱。由于奴隶劳动力过剩，他们可能缺少在创造节省劳动力的机械方面进行投资的经济刺激。

罗马人真正获利的一项新型水利工程技术，就是将水力挖掘用于采矿。而当时，西班牙人在山里以手工挖掘方式采掘金矿，来制造金币并维持金融系统的运作。然而，罗马人创新的水力挖掘技术使用大功率水喷头，使采矿效率大大提高。这一技术有效利用了水动力，具体做法是：罗马工程师从垂直于采矿点上方400英尺（121米）—800英尺（243米）的储水罐中释放水，落差产生的水动力足以削平山坡、击碎石头，使金脉暴露无遗。19世纪中叶，水力挖掘技术可能在加利福尼亚著名的“淘金潮”中得到了大规模的现代应用。[③]

---

① Braudel, *Structures of Everyday Life*, 355.

② Williams, 55—56.

③ Bernstein, *Power of Gold*, 14. 水利挖掘对环境有可怕的影响，包括山坡剥蚀、表面土壤侵蚀、农田被摧毁、导致河流和港口泥沙淤积。1884年，加利福尼亚最终不允许在本州使用这种技术。

古罗马引水渠

尽管罗马人没有因水利技术的原创性而闻名于世，但公元前200年罗马人的确利用水实施了变革性的革新——生产混凝土，这种产品在推动罗马走向大国方面功不可没。这种较轻的、结实的防水混凝土[①]，其加工工艺是，分不同阶段把水浇到高热的石灰石上，利用水的催化性能制造而成。只要工艺得当，就会生产出超强黏性的水泥，把砂子、石块、砖块和火山灰黏附在一起。在混凝土变硬之前，人们可以把其浇筑在模具中，用于具有罗马人标识的大型建筑项目。大规模给排水管网就是这一创新应用的佳作，从而使罗马人能够获得、输送和管理符合卫生标准的淡水，用于饮用、洗漱、清洁以及维持卫生设施等。这个给排水管网的规模超出了历

① Braudel, *Memory and the Mediterranean*, 30; "Secrets of Lost Empires: Roman Bath." 让普通石灰石长时间处在高温状态下，就可以得到一种非常轻的衍生物，生石灰。给生石灰加水，热的生石灰就会发出嘶嘶声，并释放蒸汽，不断膨胀，最后形成新的材料——很细的粉末或"熟石灰"。加入更多的水，熟石灰的黏合度可以把砂、石和瓦片凝合在一起。在可能的情况下，罗马人使用火山灰作熟石灰。当这种材料变硬后，它具有神奇的防水功能。

史上人类营造的任何东西，倘若没有给排水管网，就不可能出现大都市。此外，给排水管网供水没有贫富差别也是市民社会发展史上一大进步。在罗马帝国时期，水管网维护着罗马城镇、前线驻军的健康，因为士兵身体的健康是罗马军队在战争中占有优势的关键因素。帝国倡导服务于社会所有阶层的公共用水，为以后西方工业民主社会建立起一个明确的生活质量标准。

在监察官阿庇乌斯·克劳狄（Appius Claudius）建设罗马第一条供水管道之前，淡水管道已使用几百年，克劳狄的这条 10 英里长的供水管道建在公元前 312 年铺成的罗马城首条大道“阿庇亚大道”下面。实际上，大约在此之前 400 年，亚述人就已经建了地下水管，以增加尼尼微的供水量，希西家（公元前 741—前 687，犹大国国王）也在耶路撒冷挖掘了秘密水道。公元前 530 年，希腊的萨摩斯岛同样开凿了一条三分之二英里长的水道，而雅典有若干条供水管道。希腊引水工程的巅峰技术是，公元前 2 世纪帕加玛时代爱奥尼亚城 25 英里长的管道，分为双陶土管和三陶土管，并建有一个增压段。当水跨越低谷后，增压段的功能就是使水根据万有引力在另一端再升高。①

罗马公共给排水基础设施的特色并非其原创性，而是其精确性、组织的复杂性和规模的宏大。法国南部加尔河著名的 160 英尺高的三层引水渠废墟、至今依然发挥着某些功能的西班牙塞戈维亚的窄拱形引水渡槽、英格兰巴斯的罗马澡堂，都可从中窥见罗马人广泛应用水利成就之一斑。水系统支撑着罗马帝国管辖下的西南欧、德国、北非和小亚细亚，还包括君士坦丁堡，公元 330 年，拜占庭的康斯坦丁（Constantine）大帝在博斯普鲁斯海峡建立了“新罗马”。②

---

① *Water Distribution in Ancient Rome*，65—74.

② Aicher，2—3.

当然，罗马公共给排水系统对罗马城的影响比对其他任何地方的影响都大。罗马迅速扩展为一座巨大的、令人惊讶的帝国首都，实际上与它耗时五个世纪、直至公元226年才竣工的11条引水渠分不开。总长度306英里（492公里）的引水渠，从57英里（91公里）之外的乡间给罗马城源源不断地送去清洁的淡水。这种引水渠通过净化沉淀和配置水池维持城市供水网，而这个供水网包括1 352个泉源和水池，供人们饮用、做饭和洗漱，11座大型帝国澡堂，856个免费或价格便宜的公共澡堂，还有大量付费的私人经营的公共澡堂，最终所有污水从地下排水沟流入台伯河。①

古往今来，探究水分配的方式就如看一幅社会基本权力和阶级结构图。在罗马帝国时代，整个引水渠的水，大概有五分之一用于满足贵族的郊区庄园用水需要。在城里，付钱的私人消费者和私人产业，以及获得皇帝授予的水特许状的那些人，是"水的富人"，他们占有罗马供水量的另外五分之二。相对比而言，老百姓免费使用的公共水池和泉源仅占整个引水渠供水的10%。然而，如同施舍面包一样，免费水供应的最低量，是罗马官员小心维护国家政治合法性的一个基本支柱。罗马城供水总量中剩余的部分被分配给皇帝日益增长的对公共纪念物、澡堂、海员和其他公共目的的杂项需要。罗马的贵族家庭享受室内冷热水、清洁的澡堂、抽水马桶，其舒适程度并不亚于现在。不同于如今高压、封闭的管道系统，罗马的管道系统靠自然重力，通过精确计算的坡度，维持水长距离的自然流动；只在城市使用压力泵，把水提升到比较高的地方。大部分给排水管网被安置在地下。当然，其中15%的系统裸露在地面，沿着著名的拱形渠道在不平坦的区域里流动。

从21世纪城市的角度看，一座城市能够承载100万人，似乎不算什么成就。但是，人类史上的大部分城市没有下水道，污水导致细菌和传播疾

① Evans，140—141.

病的昆虫的繁殖，因此，那里是因不卫生的生活环境而导致人类死亡的陷阱。雅典在其巅峰时期的规模仅有罗马的五分之一，而且城边堆满了垃圾。1800年，世界上仅有六个城市的人口超过50万，它们是伦敦、北京、东京、伊斯坦布尔、广州。[①] 虽然罗马的卫生环境存在缺陷——不完善的城市污水处理，过分拥挤、肮脏的大杂院，疟疾肆虐，周边地势低洼；但这座城市提供的清洁充足的公共用水，冲刷掉了大量的污垢和疾病，使当时所取得的卫生方面的突破，直到19世纪西方工业国家在卫生大觉醒中才做到。

尽管古代文献没有精确地记载究竟每日给罗马输送多少洁净的水，但是大家相信，按照古代标准，甚至与现代重要城市中心相比，供应给罗马的水量也是惊人的，日人均用水量为150加仑（560升）—200加仑（757升）。[②] 另外，罗马乡村提供的是全欧洲水质最好的淡水，至今依然如此，在解释罗马兴起与持续方面，高质量的城市供水是一个很容易被忽视的因素。[③]

众所周知，水具有长期的经济价值和人文价值，那些相对富裕的人总是希望占有更多的水。在对不变的人性的有趣提醒中，公元97年成为罗马水务官的参议员尤利乌斯·弗龙蒂努斯（Julius Frontinus）在他著名的短篇专著《论罗马城市的供水》（*On the Water Supply of the City of Rome*）中，力劝严惩盗水贼，他们“从侧墙把手伸向了供水管道”。[④]

弗龙蒂努斯努力效仿罗马公共给排水系统杰出的创造者马尔库斯·阿格里帕（Marcus Agrippa）——奥古斯都大帝忠诚的军事指挥官兼同学，实际上与奥古斯都一起统治帝国。公元前33年，阿格里帕接受奥古斯都的邀请，就任行政长官，负责罗马的市政工程和服务。亚克兴之战是两

---

① McNeill，*Something New Under the Sun*，282.

② Peter Aicher，cited in “Secrets of Lost Empires：Roman Bath”.

③ 罗马城郊外的山上有泉水和深澈的火山湖，峡谷周围的多孔石灰岩具有天然的净化水的功能，使这些地表水成为洁净的地下水。罗马人尽力把最高品质的水用于生活，而把那些口感不太好的水用于灌溉农田、清洗街道，甚至注入低洼的盆地进行模拟海战。

④ Frontinus，128.

年之后的事情，奥古斯都即著名的屋大维，对于他与马克·安东尼所展开的内战，屋大维面临着罗马对他支持的日益衰退。阿格里帕以谦虚谨慎著称，是尤利乌斯·恺撒的得意门生，平民身份的声望是屋大维缺乏的。阿格里帕行政长官的任期只有一年，但是，他在这一年所做的工作后来成为罗马历史上最受赞誉、影响最深远的工作。一开始，由于多年内战和民事纠纷，罗马的公共设施摇摇欲坠，处在被忽视的状态。而在阿格里帕接手这项工作后，罗马的公共设施建设发生了革命性改善，不仅复兴了罗马的市政基础设施和服务，而且奥古斯都的声望，以及他战胜安东尼所需要的支持大增，最终安东尼败北，逃回克利奥帕特拉统治的埃及。同时，罗马公共设施的改善规模随着历史朝代的更迭和文明程度的更新而变化。

给排水工程是阿格里帕城市重建计划的核心。[①] 仅仅一年时间，阿格里帕基本上是自费修缮了三条旧的供水管道，开凿了一条新的供水管线，扩大了整个供水网的供水能力和分布地区。大约建有 700 个水箱、500 个泉源、130 个装饰华丽的分水箱、179 个免费的男女公共澡堂。他对下水道进行大规模清理，在一次检查中，他驾船通过了伊特鲁里亚建设的马克西玛下水道。另外，他还举办华丽的游戏，分发油和盐，借节日之机提供免费理发服务。

罗马的市政给排水网投注了阿格里帕一生的热情。在卸任罗马行政长官之后的许多年里，他管理了奥古斯都大帝的半个罗马帝国，指挥了重要的军事行动；在奥古斯都重病缠身时，他被认为是皇位的继承人。即便如此，阿格里帕继续以非正式的身份一直从事罗马城的水务工作，继续用他自己的积蓄来完善城市给排水网。公元前 19 年，阿格里帕建设了第六条新的庞大供水管道“处女座”，人们称赞该水道送来的水纯净、冰爽，并且他把其中一部分水供应给罗马的第一个大型公共澡堂，该澡堂位于现在

---

① Evans，137—138；see also Reinhold，47—51；Shipley，20—25.

的“万神殿”附近。

处女座供水管道基本上是地下的，是古罗马最黯淡时期唯一一条没有停止过供水的管道；现在，“处女座”的水流进了纳奥纳广场贝尼尼著名的四河喷泉，最后流到特雷维喷泉。喷泉左手的嵌板上展示了阿格里帕拿着设计规划在监督“处女座”管道建设的场面。阿格里帕于公元前12年去世，享年51岁，他把自己属下的奴隶赠给罗马给排水系统维护部门。在他死后，奥古斯都大帝建立的帝国水务行政管理以阿格里帕制定的给排水系统总体规划为蓝本。这个总体规划一直在指导着古罗马的给排水管理，包括公元2世纪早期建设的新主供水管道。在很长一个时期内，阿格里帕的市政工作建立起一个标准和公共市政是为所有阶层服务的概念，民主的合法性和行使政治权力的手段，一直影响着现代西方自由民主。

阿格里帕创新的第一个大型公共澡堂，成为古罗马社会和文化生活的典型中心，之后的罗马皇帝陆续建造了11个具有里程碑意义的帝国澡堂。历史学家刘易斯·芒福德（Lewis Mumford）这样写到，传统的共和时代的澡堂，从单纯的“汗流浃背的农民清洗身体的地方”，转变成多方面的、时而是奢侈的“社区中心，并体现日常的规矩，而这个规矩确定了究竟什么意味着是罗马的”。“古罗马公共澡堂可与现代美国的购物中心相比较。”[①] 具有罗马人特性的日常生活始于劳作一天后进入公共澡堂，并在那儿待上几个小时。一个大型公共澡堂由一组活动房和大沐浴室组成，周围环绕着一个开放的中央花园。最华美的公共澡堂装饰着雕像，用马赛克铺设地面，大理石或粉饰泥灰镶嵌墙壁。洗澡的人一般会先在被称为*unctuarium*的地方往身上擦油，然后在健身房里健身。洗浴从高温浴室、蒸汽房或发汗室开始，很像现在的土耳其浴，通过设置在下面的炉子

① Mumford, 225, 226; “Secrets of Lost Empires: Roman Bath,” 91. periods of aqueduct building: Smith, *Man and Water*, 84; Evans, 6.

加热；罗马人不用肥皂，而是用一种弯曲的金属工具“刮身板”，刮掉皮肤上的污垢。接下来，他们悠闲地与朋友一起待在温水浴室或温水浴池，常常交谈、饮酒。然后在冷水浴室享受冷水浴，或在池子中浸泡。最后用油和香料涂抹身体。在这个过程中，服务生会送来点心和葡萄酒，于是他们吃点心、喝葡萄酒，或从澡堂的图书馆拿本书来读，做按摩，上厕所。厕所沿着澡堂的墙壁布置，有时人们沉迷于醉酒和淫欲中。古罗马有各式各样的澡堂——免费的，昂贵的，所有阶层的人都可以去的。有些公共澡堂允许男女一起裸浴，罗马皇帝一直致力于禁止这种做法，但总是禁而不止。遍及罗马帝国每一个角落，罗马人通过公共澡堂的日常社会规矩和卫生习惯，来强化其罗马人身份。

如同尼罗河大小洪水追寻埃及文明繁荣和衰退的周期一样，古罗马取得成就和人口增长的伟大时代与建设给排水管道和扩大淡水供应的时期相对应。人口增长的水平超出了古罗马当地泉水、井水等地下水和台伯河水资源的承载能力，而古罗马早期的引水渠建设于古罗马在意大利半岛的扩张时期。公元前 201 年第二次布匿战争变革性的胜利之后，共和时代步入大规模给排水管网建设时期，古罗马的第三个引水渠“阿奎·马西亚”开始建设，于公元前 144 年完工，全长 57 英里（91 公里），这是首次跨越社会阶层的供水。直到公元 1 世纪中叶，阿格里帕的供水管网系统足以满足罗马城的需要。但是，当克劳迪亚斯（Claudius）皇帝的供水需求增加了 60% 时，[①] 古罗马新建了两条引水渠道；公元 103 年，图拉真（Trajan）皇帝又建设了第三条新引水渠道，以保证罗马帝国早期人口的翻番增长。[②] 公元 3 世纪早期给排水管网建设终止，标志着瘟疫流行造成了人口衰减和西罗马帝国的早期衰退；当然，最后一个引水渠建于 226 年，主要满足罗

① 克劳迪亚斯在 52 年增加了克劳迪亚水渠和安尼奥水渠。图拉真时代建造的图拉真水渠第一次越过台伯河供水。

② Smith，*Man and Water*，84；Evans，6.

马皇帝翻新澡堂的奢华需要，而不是满足古罗马市民社会的需求。[①]

其他与水有关的掠夺也标志着罗马的衰退。日耳曼野蛮部落突破了罗马人戒备森严的欧洲河流防御屏障：公元 251 年，哥特人越过多瑙河；公元 256 年，法兰克人攻破了莱茵河。这两个野蛮部落洗劫了罗马帝国的纵深区域。同一时期，罗马人开始丧失对海洋、各省粮食和原材料生命线保障的控制权，不断受到海盗、哥特人[②]和其他野蛮部落的攻击。罗马帝国财政吃紧，进而削减海军。恶性通货膨胀、沉重的税赋、萧条和严重的瘟疫疾病，从内部动摇了罗马帝国的经济。在没有能力解决上述问题的情况下，奥雷利亚（Aurelian）皇帝于公元 271 年围绕古罗马修筑了新的防御城墙。

尽管通过行政改革、努力恢复军事实力，以及若干个足智多谋的军人出身的皇帝施行的专制经济政策，如戴克里先（Diocletian）皇帝和康斯坦丁（Constantine）皇帝的专制，罗马帝国赢得了长达一个世纪的休养生息阶段，但帝国的海上航线和对各省重要供应线的控制防护无可挽回地被击破了。这一点反映到了罗马帝国的埃及粮仓上。罗马总督按照尼罗河每年洪水量计算征税"率"，赋税则以粮食偿付。公元 3 世纪，埃及的耕地面积已经萎缩了 50%，农民越来越厌恶为君主劳作，故而他们放弃了农田。公元 313 年，执政官新的粮食税进一步恶化了这种长期情势。公元 330 年，康斯坦丁皇帝只好把首都迁到利于防御的、具有经济战略地位的拜占庭这个古希腊城市，从拜占庭可以俯瞰通往黑海的门户博斯普鲁斯海峡。固定运送埃及粮食的罗马专线，改道至"新罗马"（君士坦丁堡）。旧罗马城留下的人只好自己管理自己了。水上主要交通线的变更暗示着主要实力和文明命运的改变，这种情况在历史上屡见不鲜。

---

① 建设亚历山大纳水渠的目的是为了给西弗勒斯皇帝的澡堂供水，以替代尼禄皇帝的澡堂。

② Casson，213.

公元 4 世纪后期，西罗马帝国的覆没步入加速期。导致西罗马帝国覆没的近因是，来自中亚大草原的可怕游牧部落匈奴人[①]入侵东欧，哥特人和其他野蛮部落随即仓皇逃窜。最终在多瑙河流域定居下来的匈奴人，本是一个被更尚武的“蒙古柔然”战争同盟驱赶出亚洲家乡的部落，而“蒙古柔然”战争同盟也不断威胁着魏晋南北朝。大约在公元 410 年，当罗马的叛国者给西哥特国王阿拉里克（Alaric）打开古罗马的城门，入侵者在城内洗劫三天，负责罗马帝国西部的首领已经逃到了安全的拉文纳，那里淤泥土质的海岸沼泽成为抵御骑兵和野蛮部落入侵的天然屏障。

在古罗马城随后的历史发展中，以及它作为世界文明中心而最终复兴中，罗马城的给水管网系统发挥了显著作用。公元 6 世纪中叶，拜占庭的东罗马皇帝查士丁尼（Justinian）设法收回了被哥特人占领的意大利，为的是复兴罗马帝国。东罗马帝国在君士坦丁堡繁荣起来，甚至建立了一支强大的新海军。查士丁尼指派睿智的贝里萨留斯（Belisarius）将军承担复兴意大利的任务。公元 536—537 年，贝里萨留斯顺利地从西西里出发向北讨伐，他派遣 400 名士兵利用围困那不勒斯时已排空水的引水渠，神不知鬼不觉地夺取了那不勒斯。得知大兵压境，哥特人不得不撤离古罗马，于是，贝里萨留斯没费一弓一箭就收复了罗马城。摧毁罗马城的给排水管网水渠，是哥特人对付贝里萨留斯所采取的首批目标之一。古罗马城到处都是水；而澡堂、饮用水源泉、水池和下水道则全部干了。市民被迫拥挤在靠近台伯河的低地地区，靠河水和井水渡过难关。引水渠断流也让贾尼科洛山那些依靠水车驱动的大磨坊停工，而坐落在现代梵蒂冈附近的陡峭的贾尼科洛山，当时是古罗马面包生产基地。足智多谋的贝里萨留斯决定建漂浮在水面上的磨坊；他在台伯河桥下两排船间停泊水车驱动的磨

① McNeill, *A World History*, 195—197.

坊，因为桥下水流被人为加速。在中世纪的欧洲，这种浮动在水面上的磨坊很普遍。[①] 哥特人把罗马士兵的尸体和树干抛进台伯河，试图以此阻止水车的运转，但是贝里萨留斯铺设跨河的截网，拦截河里的杂物，以保证水车正常运转。

哥特人秘密侦察没有水的引水渠，希望借此出其不意地进入古罗马城。假使在皮西欧山城门处放哨的罗马士兵，没有瞥见哥特士兵手举火把正进入通往“处女座”地下水渠的竖井，哥特人的计划可能真的就成功了。当时，这个罗马士兵还以为那些火把是狼闪闪发光的眼睛。贝里萨留斯坚持要调查这个已暴露的哥特人的入侵举动。他命令封闭所有的供水渠道。在夺回古罗马后，贝里萨留斯向北推进。公元 540 年，他返回拉文纳，然而哥特人已经把那里作为他们的首都。但是，贝里萨留斯的成功和日趋提升的威望令查士丁尼担忧。查士丁尼召回了贝里萨留斯。结果，查士丁尼的罗马帝国复兴梦随着他的离去而化为灰烬。[②] 由日耳曼的伦巴底人领头的新一轮野蛮部落的入侵，很快使整个意大利再次沦陷。

公元 6 世纪末期，罗马城给排水管网的大部分水渠和下水道成为了废墟，建筑也摇摇欲坠，正如古罗马传记作家克里斯托弗·希伯特（Christopher Hibbert）描述的那样，“古罗马的衰落甚为凄惨。……台伯河黄色的河水上漂着牛尸和死蛇；成千上万的人正在饥饿中死去，余下的人都沉浸在死亡的恐惧中。…… 周边未排水的田野退化成沼泽，是传染疟疾的蚊虫的天堂”。罗马城的人口萎减到不足 3 万人。公元 800 年圣诞节那天，查理曼大帝在圣彼得大教堂加冕为“神圣罗马皇帝”，那时，教皇国和法兰克加洛林王朝之间形成反伦巴底人联盟，他们和教皇一起集结部分农民劳动力，整修了一些给排水管网水渠，但是整修过的水渠还

---

① Procopius of Caesarea，5，191—193.

② Hibbert，74.

是没有维持很久。公元 846 年，穆斯林海盗船驶入台伯河，洗劫了圣彼得大教堂。

然而，地中海西部的自由市场航海事业和共和民主传统，并没有在意大利半岛销声匿迹。相反，公元 400 年以后，地中海西部的自由市场航海事业和共和民主传统被移植到了一个群岛上，这群岛屿被一个浅浅的咸水潟湖包围，总面积大约 200 平方英里（517 平方公里），通过几条深深的水道与亚得里亚海相接，来自乡村的富足罗马公民为了安全起见，从野蛮的乱兵统治中逃到这里。威尼斯注定要成为最早成熟的早期意大利城邦，拥有地中海超凡绝伦的海上贸易和海军实力，是现代市场经济的鼻祖，有世界史上存在最久的民主共和。公元 466 年，那里的十几个小岛社区开始选举有代表性的护民官，以协调它们之间的事务。公元 697 年，第一个统治者——总督或公爵经选举产生，这种以民主方式选举继承人的制度一直延续到 1797 年，延续了 1 100 年的威尼斯共和才被法国的征服者拿破仑 · 波拿巴（Napoleon Bonaparte）推翻。

威尼斯把在亚德里亚海新生的海上力量借给贝里萨留斯和拜占庭的皇帝，在接下来的时间里，威尼斯长期夹在两个最大海上力量之间，与东罗马帝国结成了长期、复杂和具有竞争的联盟。当时的两大海上力量是，地中海基督教文明的海上力量和对它构成威胁的方兴未艾的伊斯兰商业和军事力量。威尼斯成为一座延续历史的桥梁，连接诞生于古地中海的早期共和航海贸易传统和海洋导向的自由市场民主。在文艺复兴之后的西欧，这种海洋导向的自由市场民主成为主导。

随着天主教会大分裂的结束，1417 年，教皇马丁五世（Martin V）[①] 返回罗马，罗马城开始复兴，那时，古罗马需要饮用水，大部分人还聚居在肮脏的台伯河边那些摇摇欲坠的房子里。马丁五世返回罗马最先着手的

---

① Karmon，1—13.

事情之一就是修缮还有些许功能的"处女座"引水渠，因为哥特人没有完全摧毁这条引水渠。在随后的200年里，马丁五世的继任者们，包括尼古拉五世、格雷戈里十三世、西克斯图斯五世和保罗五世，一起被历史学家称为"水教皇"，他们投身于古罗马给排水系统的重建中，并用文艺复兴时期的高高喷泉装饰它，对此人们至今仍敬佩不已。当水再次回到罗马，罗马的人口和城市再次变得壮观。1563年，罗马的人口数量翻了一番，达到8万人；1709年，人口达到15万；1870年，意大利国诞生时，罗马的人口数量上升到20万。在罗马统一到民主意大利之前，最后一任教皇重新设计了共和时代的玛西亚引水渠，该引水渠成为罗马第一条应用现代压力泵的引水渠。

5. 大运河与中华文明的兴盛

在古代河流文明中，中国是最后一个发展为集中灌溉农业社会的国家；尽管如此，中国的治水成就也超过了其他灌溉农业社会。广泛展开的创造性的、因地制宜的水利工程，正是为了适应中国多样性的水环境，也是中华文明成为世界史上最灿烂的前工业文明的基础。李约瑟（Joseph Needham）在其经典著作《中国科学技术史》中提出，“在世界民族之林中，中国人一直在治水、用水方面居于前列”。[①]

与其他古代河流文明兴起的条件明显不同，中国古代文明源于陆地。半干旱的北方内陆地区是中国古代文明的发源地，黄河在贫瘠的蒙古高原中游段拐了一个大弯，流过了冰河时期退却时遗留下来的黄土高原，那里有松软的、薄薄的、淡黄色的肥沃土壤。这个裸露的黄土高原的规模比加利福尼亚还要大，但气候条件恶劣：冬季寒冷，夏季炎热，极容易发生干旱，旋风卷起飞扬的尘土，偶然降临的暴风雨会侵蚀松软的峭壁，造成水土流失，使黄河水变成黄色，给它流经的北方冲积平原带去肥沃的土壤。充沛的黄河水、易耕种且排水性良好的土壤，以及具有军事防御功能的黄土高原，为人类提供了种植一季集约化粮食作物的自然条件。能够在长期干旱条件下生长的谷物小米成为最适宜种植的农作物。农耕逐渐在这块巨

① Needham, vol. 4, pt. 3, 212.

大的冲积平原上扩散开来。然而，中华文明取得的罕见的非凡成就是，随着时间的推移，古文明跨越其地理发源地，在北纬33度以南的那片不同于黄河这条母亲河的长江流域传播开来。[①] 与半干旱的北方地区相比，多雨、潮湿且满目翠绿的长江流域，以丘陵地形为主，很大程度上受季风控制，精耕细作种类完全不同的农作物稻米。

让中华文明比同时代所有文明都先进的杰出变革性事件，是公元7世纪早期完成的京杭大运河，可谓中国水利史上的转折点之一；时至今日，京杭大运河依然是人类史上人工建造的最长河道，其长度相当于纽约到佛罗里达的距离。南北大运河把中国两个不同的大型河流系统和栖息地连接起来，创造了世界上最大的内陆水路运输网。就像尼罗河统一了上下埃及一样，京杭大运河把中国统一成军事上可以防御的民族国家，具有强大的中央集权政府，它控制着一个丰富多样的生产性经济资源。京杭大运河不仅在中世纪把中国推进为世界上最繁荣的文明，还在15世纪让中国做出了重要决策——闭关锁国，最终导致中国经历了一次漫长而缓慢的衰退。

京杭大运河把中国相关水文断层线连接了起来：北方长期淡水资源不足，无法充分满足土地灌溉需求，实现粮食增长潜力的最大化；与此相反，南方淡水资源总量超出了浇灌肥力较差土壤所需的用水量，就此而言，京杭大运河的开凿是很成功的。管理失调的南北水资源和土地资源，一直是帝国时代历朝历代治理国家时反复面临的核心技术挑战和政治挑战。

3 400英里（5 464公里）长的黄河和3 915英里（6 418公里）长的长江，都发源于喜马拉雅山脉的青藏高原。除此之外，两条大河的径流量和环境特征明显相异。黄河河床浅，是世界上泥沙含量最高的河流，比尼罗河的泥沙含量高30倍，比著名的科罗拉多河的泥沙含量高出三倍。据

---

① Fairbank and Goldman，5.

说，一勺黄河水中 70% 是泥沙。侵蚀黄土高原而产生的泥沙迅速堆积在黄河河床里，频繁引发河水决堤，给地势较低的黄河平原造成灾难性的洪水泛滥。多少世纪以来，令人恐惧的洪水夺走成百上千人的生命，也使成千上万的人流离失所，故此，这条河成为"中国之殇"。在中国历史上，黄河大洪水多次激起政治和经济的动荡，大洪水曾在远离原河道 500 英里（约 800 公里）的地方改道，接着进入黄海。历朝历代基于政治的考虑，通常会修筑成千上万英里的防洪堤，努力控制黄河水不决堤。

与黄河相比，长江的径流量大约是黄河的 15 倍，[①] 有着深邃的航道和众多的大型支流，这些都使长江成为一条供大型船舶航行的理想交通走廊。长江源于山脉，蜿蜒曲折淌过幽深的峡谷，然后进入长江中下游地区巨大的低洼盆地和泽湖三角洲。长江受季节性季风气候影响，洪水有规律地淹没这个区域；然而，每半个世纪左右，自然降雨和支流汇集起来的水一起产生巨大的洪峰，冲毁所有人造的防洪设施，给人类带来灾难性的洪灾。在古代中国气候比较湿润之际，长江中游地区一直是一个大沼泽，由于过于潮湿而不能成为文明人大规模的定居点。随着气候逐步向干燥特性转变，中国人通过改变水的流向、修筑梯田、排涝、创造出种植稻米的许多灌溉技术，进而逐渐把长江中下游地区变成富饶的农田。中世纪，长江流域生产了满足中国人需求的大部分粮食，剩余部分沿着长江支流网，通过大运河和沿海航线被送到黄河流域。（地图 5 和 6：中国，丝绸之路）对长江"黄金水道"的政治控制以及洪水控制，成为中国权力的关键组成部分。正是由于河流管理和中国执政权力紧密相关，因此，"政治"这个词中的"治"字，意味着对洪水的控制。

中国黄河文明之父据说是大禹。作为水利工程师，在有文字记载的史

① Shiklomanov and Rodda，365.

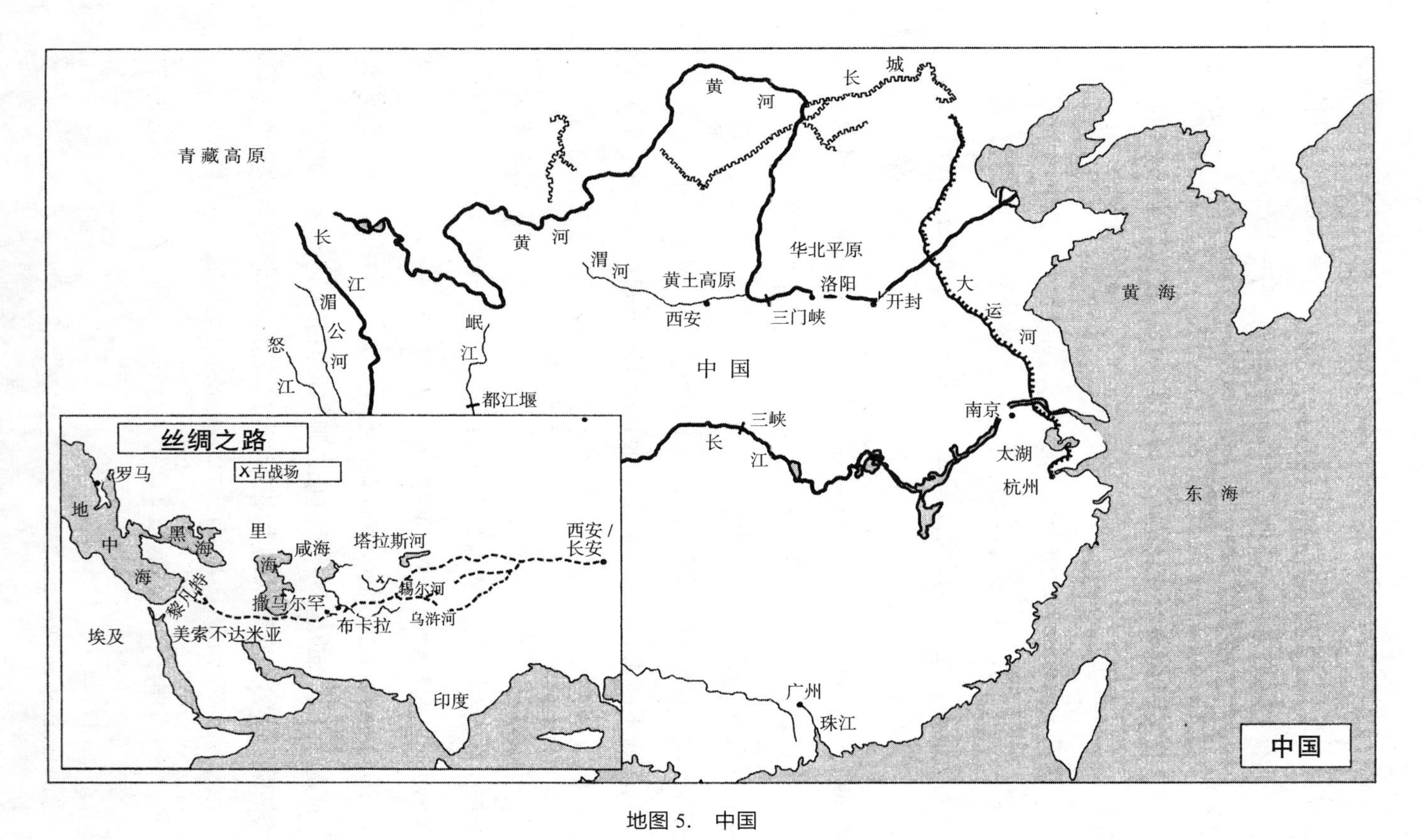

地图 5. 中国

地图 6. 丝绸之路

前，大禹因制服了肆虐于黄河流域的洪水而掌握了权力。大禹通过“疏导河川以治水”，[①] 使人类社会可以居住在这个世界上。因为治理黄河的功绩，部落联盟把大禹推到了首领的位置。之后，他以自己部落的名称“夏”定为普天下的国号，建立了青铜时代的夏王朝。大约在公元前2200—前1770年，因为大禹与早期的河流灌溉工程有关，所以人们把大禹尊奉为丰收之王。

大禹的传说反映了治水在中国历史上的至关重要性。据说，大禹由其父转世而生，父亲鲧曾试图通过筑坝、筑堤的方法治理洪水，但是失败了；于是鲧以死作为途径，到天庭偷运神土，以建设一座能够防洪的水坝。经过仔细勘察、研究之后，大禹以疏浚河道、开挖沟渠、逢洼筑堤、遇岭开山的方式，把洪水引入大海，完成了父亲的治水遗志。大禹忘我地与劳工一起劳作，历时多年，终于成功控制住了黄河及黄河冲积平原。孔子称赞大禹是谦虚、胜任的官员典范，为公共利益行使公权力，因而大禹一直是中国历代辅佐皇帝的技术精英所尊崇的楷模。

古老的中国哲学一直都在争论这一问题，即人如何管理自己以及他与自然秩序的关系，治水有助于构建这一哲学的论争的思想体系。公元前6世纪，道家提出“滴水穿石”所表现的水的自然本质，给人类行为提供了一个典范。[②] 在设计水利工程时，具有道家思想的工程师总是让水尽可能容易地流走，利用自然生态系统本身的动态机制；同样，通过与统治者进行有说服力的对话，道家也倡导统治者如此对待自然，并逐渐赢得对他们目标的支持。道家的主要对手儒家，则主张更有力地操纵自然和人类社会，以实现公共的善。儒家认为，必须通过筑堤、筑坝和其他障水工程，让河流达到统治者和技术精英设定的目标。从公元前3世纪后期的汉朝到

---

① Fernández-Armesto，217.

② 老子写道，“天下莫柔弱于水，而攻坚强者莫之能胜”，引自“Sacred Space：Rivers of Insight,” *Times of India*.

21 世纪，儒家的观点一直是中国水利思想的主流；当然，当世界寻找应对淡水缺乏危机的可持续方案时，儒家的基本原则再次成为水利工程争议的焦点。

在大禹之后 500 年，朝代更迭，夏、商、周先后成为当时中国最有权力的统治者。每一个朝代的中心位置不同，却都在黄河流域内；每个朝代都有繁荣的地方灌溉农业，却没有通过大河或海洋贸易与其他区域联系。商汤是青铜时代夏朝的一个属国，商汤在诸侯的帮助下，推翻夏朝建立商朝，大约在公元前 1750—1040 年，统治了以中国肥沃的北方平原为中心的地区，该地区有锡、铜矿藏。虽然商朝是美索不达米亚以东最早有文字记载的文化之一，但商朝具有许多原始人的习俗，包括祭祖、活人祭献以及通过祭司问卜与神灵协商的万物崇拜礼仪。在商朝都城安阳，考古者挖掘出成千上万的“甲骨”，而祭司向这些“甲骨”问卜，为的是得出事关生死的答案，如天是否下雨，北方的野蛮人何时向其进攻。

当时中国北方的气候比现在要温暖、潮湿，大规模灌溉依赖于组织大规模的人力排掉洼地、沼泽里的积水，进而围垦造田。分层级的社会组织和大型公共工程，包括建设城墙围起来的大型城市，都符合水利文明的模式。2005 年，考古者在挖掘被地震和洪水埋没的古村庄时，发现了一碗保存完好的 4000 年前的小米面条，面条长约 20 英寸（50 厘米）。这一惊人发现确证，小米是当时的主要农作物之一。

伴随着征战以及与商朝各诸侯国文化的融合，在商朝西部、沿黄河中游一支流聚居的周朝，其国家特征日见成形。周朝承继了商朝以血缘关系作为政治组织的基础，创立了经久不衰的政治概念，即皇权的合法性不仅是与生俱来的，而且是以道德为基础的“君权神授”。治水是对这种神授君权的一种检验。人们期盼贤明的君主通过神力、法力呼风唤雨，开创五谷丰登、太平盛世的时代；此外，干旱、洪水等自然灾害则预示着上天对人世间的非难。周朝在农田灌溉方面的一个合法性贡献是公元前 6 世纪对提高生产力的铁器工具的革新。然而，铁的出现也刺激了新武器的制造。从公元前400年起，七雄争霸，统一的中国持续展开了近200年的战争。在这期间，北方的农民从战争区逃离，加速了中华文明向温暖潮湿的种稻区南方的转移。直到公元700年，中国的稻谷农业一直没有达到其临界规模。公元前221年，秦国建立了统一的国家，并赋予其“中国”这个现代的名字，当时，秦朝的疆土延伸到整个长江流域，直到东海边。

秦朝只存续了15年，但其遗产却非常引人注目。皇权集于一人之身，加之中央集权的官僚机构和新政治体制，替代了旧的诸侯制。上层贵族全部住进皇帝的都城，而他们曾掌管地方的权力则被忠诚于皇帝的郡县行政官接管。实行书同文、车同轨、统一货币、普遍税赋和徭役等制度。

像许多新建或处于恢复期的朝代一样，秦朝也是令人惊叹的建设者，其成就包括建设了大量的道路网，抵御北方游牧民族劫掠的早期长城。秦朝兴起及其留下的遗产建基于大规模、复杂的灌溉和交通水利工程之上，特别是以下三项水利工程：公元前246年，秦人在黄河中游秦国本土上建成了“郑国渠”。郑国渠对黄河两个支流的水做了调配，把泾水引入渭水，灌溉了秦国首都咸阳所在的渭河流域以北的大片农田。也就是在此地，考古者挖掘出了8000个仿真人大小的兵马俑，它们日夜守卫着秦始皇的陵墓。尽管泾水夹带的大量泥沙让郑国渠的正常运转维持了不到150年，然而，经郑国渠灌溉的地区，粮食增产，人口增加，给战国时期的秦国提供了征战所需要的财富、武器和人力。

更加宏伟、令人惊叹不已的水利工程是位于长江上游北部、四川西部的都江堰，而完成这项水利工程的工程师几乎被人们认为是大禹的化身。[①] 公元前272年，李冰被秦国任命为蜀郡太守。当时，那里已被秦国

---

① Kurlansky，23—25；China Heritage Project，“Taming the Floodwaters：The High Heritage Price of Massive Hydraulic Projects，” *China Heritage Newsletter*1（March 2005），China Heritage Project，Australian National University.

统治近半个世纪。为了让蜀郡富裕起来，并赢得当地人的拥护，李冰着手展开一个雄心勃勃的水利工程计划。该计划既能防御来自岷江的洪水，又能利用岷江给周围冲积平原的农田提供可靠的灌溉用水。李冰基本上是按照道家思想建设都江堰工程的，这项水利工程至今依然发挥着功能。都江堰工程不是直接在河里筑坝拦截河水，而是利用装满石头的竹笼以及木桩，在江心建设一系列引水堰，把自然的水流分成外江和内江。这些引水堰可以根据不同条件，调整流入外江或内江的水量。外江用于行洪，而内江的水则用于灌溉。李冰还在水里设置了三个竖立的石块来显示水位。当石块的基石可见时，就打开引水堰的闸门引水灌溉农田；当石块被水淹没时，就关上引水堰的闸门。为了完成灌溉引水，便于让水到达下游成都平原的农田，李冰需要在山上人工开凿渠道；他燃烧篝火加热石头，然后往热石上浇水，这时石头遇冷破裂，就容易被凿开。李冰的都江堰工程把川东平原变成了中国最富裕的灌溉农业区之一，以致这个地区的灌溉农田面积达到 2 000 平方英里（776 万亩），人口增加到 500 万，[①] 这是古代尼罗河直到 10 世纪所能支撑的最大规模。都江堰的外江是岷江主水道，可用于航行。到了中世纪，李冰在平原上建设的岷江渠道发展出新的功能，渠水推动成百上千的水车去壳、磨米，推动纺织机、编织机运转。[②]

李冰通过开凿早期的盐井，改善了四川盐这一珍贵商品的生产。盐井的开凿深度超过 300 英尺（91 米），人们直接从地下含盐最多的水中抽离盐，而不是用传统方式从盐水池中得到盐。李冰的后继者学会了使用一端带有扁平皮质阀的长竹筒，从最深的盐井中取出卤水。竹制管道不仅用来采盐，农民最终把竹管用于南中国的稻田提水和输送水的管道，还把竹管道 [③] 作为城市最初的主供水管。

---

① Needham，288.

② Ibid.，296.

③ Kurlansky，26—28.

秦朝第三个非凡的水利工程“灵渠”，是世界上第一条水路运输渠道，根据周边的自然地形挖掘而成，避免了开挖隧道和水位管理方面的复杂问题。通过控制和连接两条流向近乎相反的河流，全长约20英里（32公里）的灵渠沟通了划分南北中国山区的水道。公元前219年，秦始皇为了运送征战所需的军队和物资，下令开挖这条渠道，实现了通过天然河流和比较早期开凿的渠道，船只从海拔比较低的黄河出发，向南而下到达长江，最后到达广州港，整个里程达到1 250英里（2 011公里）。在此之前的历史上，还没有哪项水利工程能与之相比。

然而，灵渠最大收益者不是秦朝而是其后继者汉朝。公元前206—220年，汉朝统治中国长达400年之久，在这四个世纪期间，实力雄厚的集权国家汉朝及其高度的文明，使中国成为当时地球上最大的两个国家之一。历史学家已经注意到了汉朝和罗马帝国之间的历史可比性。两国实力最强、最富裕和最有影响的时期是相同的，而且其地理规模相当，汉朝和罗马帝国代表了那个时代最先进的、繁荣的世界文明，两国灭亡都直接缘于北方的野蛮民族的进攻。在政治经济、文化和水利基础方面两国的确不同。罗马人几乎没有建设什么灌溉工程，其财富依赖于地中海海洋衔接起来的殖民地网，涵盖了多种文化，推崇个人主义。相比而言，汉朝是一个水利国家的缩影：以大规模灌溉农业为基础的封闭型内陆国家，实行自上而下的管理制度，即专制皇帝和一群监管大规模农民劳动力的官僚队伍。

汉朝几乎没有浪费丁点时间，迅速地把劳动力投到其从秦朝继承下来的水利工程上，改变旧有渠道为大型运输水道，同时还从秦朝继承了很多其他的治国理政的成就。汉朝的繁荣大都与大规模建设灌溉系统和控制洪水的渠道、坝、堤密切相关，还包括40项控制黄河的水利工程。在汉朝水利工程集中管理的体系下，黄河流域分散的农田被组织成集中的单一连续灌溉区，正是这种连续的灌溉区形成了中国古典的景观，承担着汉代经济和政治核心区域的角色。公元1世纪发明的脚蹬水车，[①]在中国排涝、灌溉甚至提供饮用水领域被广泛使用。这是一种非常实用的小规模提水工具，一两个人即可操作。总之，国家集中管理了所有与水相关的规划，建立起一种延续至今的传统。

公元前100年，汉朝成为了当时最大的土地业主，政府从制度上垄断了主要物品，如铁、盐和酒。[②]秦朝已经开始发展私商和原始的利益驱动市场体制，但是，它们与儒家通过规则抑制商业过度发展的治理理念相悖。汉朝利用征税权削弱商业阶层，以便将权力集聚到国家。那时，所有的城市市场都由政府管理，由官方给商品定价、对商业定税，以此来填充国库。

汉朝之所以比较容易实施国家主导的经济生活，基于这样一个事实：大规模灌溉农业依然是当时创造财富的主要基础，而这些灌溉农业地处内陆地区，大都是沿着可以航行的、相对容易控制的具有类似动脉功能的河流展开。虽然中国拥有很长的海岸线，但海上贸易仍发展不足，因为海上贸易对国家而言总不是那么容易控制，从地理学角度讲，还有这样一个事实，当时几乎没有具有吸引力的、容易接触的远东文明可以通过贸易获益。虽然有些没有登记的游商生存了下来，甚至在城市间和社会的边缘地带创造了繁荣，然而，中华文明的主流发展了一种强大的内向取向，中央国家倾向于集聚实力。

汉朝皇帝鼓励发展工业，有些工业以水作为重要投入元素。最重要的是，当时鼓励发展的工业包括早熟的冶铁业。实际上，在公元前5世纪，中国人就已经发明了把冶炼的铁水倒进模具这个技术，比欧洲人广泛掌握铸铁技术要早1800年。公元前3世纪，中国铁匠发现加热和冷却这一现

---

① Temple，56—57.

② Elvin，29.

象，而在这一过程中产生了在强度和硬度上可以用来锻造的铸铁，呈现出和钢一样好的特质[1]。汉代广泛使用铸铁，如制造农业使用的铁犁、蒸发卤水制盐的铁锅。公元前119年，汉廷花两年时间才把所有的冶铁业全部收归国有。[2]48个归国家管理的铸造厂雇用了上千工人。为了达到铸铁所需的高温，中国人在冶炼炉上使用了能提高炉温的鼓风机。加大铸铁生产的早期革新是使用水车推动鼓风机。公元31年，中国工程师杜诗[3]发明了“水排”（水力鼓风机），给冶炼炉鼓风，生产铸铁农具。

《天工开物》中的水车图

罗马人使用水车，主要是为了磨面和采矿，而中国人不同，他们率先大规模使用水力从事工业生产。实际上，在驾驭和利用水能方面，中国人

① Temple，42—43.

② Fairbank and Goldman，59.

③ Temple，55—56.

在一千多年的时间里一直领先于世界文明。大约在公元200—300年，中国人已经使用强大的垂直水车，[①]利用若干个传动轴，推动落锤打铁、打谷、筛选矿石，等等，而在许多世纪之后，欧洲才开始使用水动力机械。公元530年，洛阳城的佛教寺院甚至使用水车推动面粉过筛、翻动的机械，尽管当时蒸汽机还没被发明，这些机器的设计原理却与蒸汽机推动机器操作如出一辙[②]，而蒸汽机推动了英格兰18世纪的工业革命。

在随后的几个世纪里，中国人把水动力用于古代的丝绸制作，而丝绸贸易是贸易史上最为垄断的贸易，它让中国富强了很多世纪。早在石器时代，人们发现可以用蚕茧抽出的丝线纺织丝织品。在丝绸生产过程中，热水发挥着重要作用，这也许是在工业生产中最早使用水的例子。为了得到1磅原丝，桑蚕必须吃掉100磅桑叶，产生15磅蚕茧。[③]从精致的蚕茧中抽取蚕丝要求高超的技术。首先要把蚕茧放到沸腾的水中浸泡，杀死蚕蛹；然后，抽出蚕丝，最后织成全球都喜欢的松软面料。

公元前53年，在同帕提亚人作战时（战场位于现代伊朗境内），罗马人第一次看到丝绸。公元1世纪，罗马人对中国丝绸的需求成为罗马贸易平衡的一个负担，台比留（Tiberius）皇帝试图禁止丝绸服装的进口。[④]在与罗马人进行丝绸贸易的过程中，中国人的垄断优势在此之后一直延续了500年。著名的工业间谍最终打破了这个垄断，当时，拜占庭的两名基督教教士来中国旅行，他们把蚕茧藏在行李中带回君士坦丁堡，到6世纪末，建立起本国利润丰厚的丝绸业。[⑤]

发现遥远的西方国家罗马存在相当先进的文明后，公元前106年，汉

---

① Gies and Gies，88—89.

② Temple，64.

③ Fairbank and Goldman，32.

④ Edwards，20.

⑤ 波斯、印度和日本都独立发展了丝绸文化。有些人认为，亚历山大大帝从印度带回一些蚕茧，但罗马时代却丢失了丝绸艺术。

朝开始征用税后受到保护的骆驼商队，横跨4 000英里长的（6 400公里）半干旱中亚地区，开创出一条丝绸之路，往波斯和地中海东部地区运送大量的丝绸。若干条丝绸之路从长城以内、黄河流域的大城市长安城（以后的西安）出发，出玉门关，到了汉朝边界，接着跟随绿洲，头顶凛冽的风沙，跨越喜马拉雅山、阿尔泰山和天山山脉脚下的中亚大沙漠。河流有时是雪水融化形成的洪水，有时是暴风雨形成的洪水，无论山上的河流流到哪里，那里就会形成一片绿洲。南线和北线的丝绸之路在锡尔河与乌浒河之间汇合，从那里跨过现在乌兹别克斯坦境内的撒马尔罕和布哈拉；在此之前，南线可经波斯和美索不达米亚到达地中海沿岸罗马人统治的叙利亚；另外一线可继续向南，到达印度。

整个跋涉只有在双峰骆驼的帮助下才可能完成，因为不同于阿拉伯的单峰骆驼，双峰骆驼具有惊人的体力和储水能力，能够承受亚洲高原沙漠冰点以下的温度。骆驼商队每天行进30英里（50公里），每头骆驼可以承重400磅（200公斤）的商品。虽然较大型的骆驼商队会安全些，但大部分商队的随行人员，加上动物不超过50位，毕竟丝绸之路沿途的水是极为短缺的。

许多绿洲前哨作为文明的中转站繁荣起来，那里既是奢侈品的交易场所，也是新观念的交流地，无论哪一项都不受政府控制。除丝绸之外，中国的铁器、陶器、瓷器、玉器和漆器也是交换商品；西方人提供的则是黄金、象牙、宝石、钱币、玻璃、波斯芝麻和坚果、印度的香料和香水。佛教从印度出发，沿丝绸之路进入中国和远东，公元1世纪，两位佛教僧侣在中国传播佛教，而同一时期，基督教则在罗马帝国传播。

公元7—8世纪，丝绸之路贸易达到了顶峰。公元751年，伊斯兰军队在靠近撒马尔罕的塔拉斯河畔消灭了唐朝远征军，之后，中国横跨中亚的力量坍塌，丝绸之路关闭了四百多年。正是历史上这个不起眼的冲突，造成了影响深远的后果，致使丝绸之路改道印度洋的香料之路，穆斯林的运输日益居于主导地位，加速了伊斯兰文明在全球的扩散。蒙古帝国的崛起重新打开了丝绸之路的大门，13 世纪，成吉思汗领导了从中国到波斯的征战。13 世纪末，威尼斯珠宝商人马可·波罗（Marco Polo）尝试了他著名的贸易历险——从威尼斯到蒙古人统治的元朝。然而，当时穆斯林控制的双向季节性印度洋季风海洋线路，已经成为最可靠、最经济的东西方商品运输线，并一直维持着这条交通线的主导地位。

随着蒙古人的衰落，丝绸之路辉煌的时代也永远结束了。但是，陆地和海洋线路的相连成功建立起一个长期的、无规律的、长距离的旧大陆贸易网（基于市场经济交换的），与传统的集权国家组织相竞争，最终将取而代之。在基督教时代早期，汉朝和罗马帝国的国际贸易已经达到了当时的峰值。然后，随着两国的衰落而受到侵蚀。然而随着东西方文明的复兴，两国的国际贸易再次兴盛。大约在 1000 年，国际贸易交换网络已经达到了足够的密度和规模，[①] 并在第二个千年里得以继续扩张，最终发展成 21 世纪统一的全球市场经济。

像罗马帝国一样，北方野蛮部落 [②] 不断侵扰汉朝，国际贸易船只和丝绸之路商队不可避免地带回一些陌生的传染病，造成汉朝人口数量的衰减、体力的虚弱，强盛的汉朝最终于 220 年崩溃。实际上，自王莽短暂篡位和公元 11 年黄河改道几百英里而造成洪灾后，汉朝国力从未完全恢复过来。几十年不断推迟维修损坏的河流灌溉系统和防洪设施，导致粮食供应不足、饥荒、疾病，沿汉朝重要的北方防御边境的大规模移民，相应地引发人力短缺，汉朝军事力量的规模缩减。但是，导致汉朝北部地区力量

---

① McNeill，*Global Condition*，92，96—99.

② 匈奴一直困扰着汉族，然而，350 年，一个新的强大的蒙古部落联盟悄然兴起，这就是中国人所说的柔然，或蠕蠕族。在北魏时期，与汉人征战，372 年，从俄罗斯南部向西，向罗马前哨挺进。中国军队与土耳其部落联手，于 552 年瓦解了柔然联盟，土耳其部落很快建立起了一个强大的草原帝国。

削弱的潜在根本原因是，灌溉用水供应不足，而且对其管理不力，进而导致无法生产足够的粮食来维持军队需求；实际上，中国北部相对而言缺少水资源。一份有关中国公元3世纪的资料强调，“没有足够的水就无法使土壤肥力完全发掘出来”①。加之，也没有任何有效的运输网络把南方的粮食补偿性地供应给北方边境地区。

进入公元6世纪，东罗马帝国和中国都在以自身力量在每一个区域重建已经陷落了的帝国，这是它们之间的相似之处。君士坦丁堡的拜占庭罗马皇帝查士丁尼积极地重新统一西部拉丁语地区的努力最终失败，在文艺复兴之前，古罗马失去了昔日的辉煌，而成为一片废墟。然而，相比较而言，中国的重新统一则是成功的。公元589—617年，隋朝统治下的国力恢复，以及延续到906年的唐朝，给中世纪的中国经济革命和黄金时代的到来铺平了道路，也正是在这个黄金时代，中国社会在诸种世界文明中居于首位。

缘何中国的重新统一能成功，而罗马人却失败了呢？一个明显的区别是，中国人开通了连接长江和黄河的京杭大运河。在隋朝统治下，京杭大运河的建设速度极快，仅仅花费了六年时间，于公元610年通航。像秦朝一样，隋朝是惊人的、残酷的基础设施建设者，它动用了500万招募来的男女劳动力，在1 100英里（1 794公里）的长度上，通过新建段落，把自公元前5世纪起建设的地方水渠连接起来，建成了加长的S形京杭大运河。大运河工程最终形成的是一个长度达到30 000英里（48 280公里）的内陆水网，使得统一的中国能够把在南方丘陵稻田生产的大米，送到黄河流域，那里有大型的人口中心以及抗击亚洲干草原游牧民族不断侵扰的军队。②

---

① Record of the Three Kingdoms, quoted in Elvin, 37.

② Needham, 307—310; Elvin, 54—55.

京杭大运河（美国国会图书馆）

京杭大运河不仅克服了让汉朝灭亡的弱点，通过在中国南北水文断层之间架起一座桥梁，协调了南北两个不同地理区域的自然资源和人力资源，还开启了中国中世纪辉煌的黄金时代。故此，中国充满了新的经济和文化能量，一派生机勃勃的景象。与汉朝相比，隋唐两朝的统治基础是双重的，且更为强大；基础之一是传统的北方黄河流域，基础之二是生产力更高的南方长江流域，那里已经稳定发展了许多世纪。

相对比而言，罗马帝国和欧洲缺少像大运河这样的内陆水道的统一推动力。罗马帝国和欧洲主要的动脉河流系统多瑙河—莱茵河，远离早期地中海欧洲文明的核心，穿过靠降雨灌溉的农业土壤，沿着不稳定的边界前沿，面对好战部落，因而多瑙河—莱茵河并不适合于推动国家统一这一目的。地中海开放的水域极其不易控制，因此，不能像灌溉性河流那样发挥国家统一的作用。从这个视角看，中国历史和欧洲历史存在不少差异。古罗马帝国的欧洲领土依然保持竞争国家的分裂状态，笼罩在长期黑暗时期停滞不前的状态中；而此时，京杭大运河成为中世纪中国交通、农业和工业方面经济革命令人振奋的支撑点。

京杭大运河是人类杰出的工程成就之一，也是人类迄今为止建设的最大的人工运输水道，它调动的劳动力超出修建长城所用工，并且大部分工作是用手和铲来完成的，无数的人为此付出了生命。京杭大运河从上海以南的杭州出发，从南向北跨越东部地区 1 100 英里（1 794 公里）的国土，最终到达北京，深度为 10—30 英尺（3—9 米），宽度为 30 米。京杭大运河共有 60 座桥梁、24 座闸门，以控制高程变化和峰值水流。除上述所说之外，京杭大运河可承载形状规模各异的商船，分别由帆、桨、明轮驱动，把世界上人口最为密集的交易地区变成了一个单一的国家经济市场。运粮船沿着京杭大运河送来或拉走粮仓里的粮食，政府控制着关键位置上的大型粮仓，而大运河成为保障中国粮食安全的生命线。这种简单的粮食活动通过粮食税征收者、行政管理者和武装巡逻的士兵实施集中管理。由于京杭大运河的极端重要性，它就成为中国历史关键政治事件的晴雨表和引擎。不论何时，一旦京杭大运河受到威胁，被阻断，或失修，中国一般会挣扎在危机中，或处在长期衰退或政治萎靡之中。另外，因为海上交通经常遭到海盗式的抢劫，所以，强大的京杭大运河系统刺激着国内的增长和安全，躲开了南部粮食供应地和北部防御要塞之间的海上交通连接，也鼓励中国闭关锁国，走自给自足的道路。

缘于京杭大运河的修建，水上运输成本大大降低，不到陆地运输成本的三分之一。[①] 政府政策制定者把不断改善大运河放置在优先考虑事项之中。一个关键进步是，在中国中部的淮河上修建了世界上第一座二斗门运河船闸。这个船闸建于 984 年，由宋朝一位负责交通的官员主持，当时，他正在寻找一种解决方案，即在不同水位之间移动船只时，减少对船只和驳船的损伤和盗窃。那时，传统方法是，使用大量劳动力先把货船从河里拉上来，接着沿着斜坡再把船只拉上第二个船台，然后把船只放到河道中。后来，人们通过在船闸中注水或放水，让船只随之升高或降低；11

① Elvin, 138.

世纪，船闸已在大运河水系中得到广泛应用。把船只升高 5 英尺（1.5 米）并不困难。一个有层次的船闸系列能够把运河中的船只提升到所需要的高度，例如，大运河的最高高程是海拔 138 英尺（42 米）。[①] 另外，船闸存储宝贵的水，能够让运河在一年中运行更长的时间，毕竟运河在冬季常常干枯。一座与长江相连的大运河分支上的二斗门船闸，使客船所载乘客数比起拉上坡的客船所载的乘客多五倍。

从初唐开始，河流货运总量大幅上升。公元 8 世纪，唐朝 2 000 艘船只在长江运盐和铁的总吨位，就已经达到了英国 18 世纪中叶商业货船全部运量的三分之一。[②]960—1275 年宋朝统治时期，朝廷为了改善官方通讯水平，使用水路分发了世界上第一份全国性的报纸官方公告。随着船舶交通的增加，私营船舶运输业日益活跃，出现了诸如匹配和管理买卖双方合同的行业、储存商品的仓库、承担市场价格和市场风险的票据交换所。在那些内陆河道与海交汇的地方，随着市场活动，大型港口城市兴起，刺激了通过世界其他航运网络做香料、丝绸和其他奢侈品的贸易，并且把这种贸易延伸到远东、印度、阿拉伯和地中海。

在唐朝，中国人乐于利用双向季风——冬季的南风、夏季的北风——沿海岸线航行，目的是依靠阿拉伯、波斯和其他外国的货商做长距离的跨海贸易。在宋代，中国的航海技术领先于世界，使用铸造厂生产的铁钉造船，船上装备有不为外界所知的密封舱、用来转向的大尾舵、浮力舱、竹桅杆之间狭窄的扇型独特船帆，很像软百叶窗帘。1119 年发明的船用罗盘，也是中国人传播到西方的许多重要发明之一，给航海提供了便利。这样一来，中国人的航海欲望逐渐增长。然而，在中国的黄金时代，航海业从未达到内陆河流船舶运行的规模，来自欧洲大港威尼

---

① Temple，196—197.

② Elvin，136.

斯的马可·波罗对此印象深刻，当时威尼斯仅有5万人。马可·波罗曾这样描绘扬州附近长江边上的一座小镇，“长江上往来的船只数和船所载的货物及其价值……超出了基督世界所有河流和海上的船只交易的总和……我曾经在这个城市一次见过5 000艘船，长江沿岸有二百多座城市，那里的船都比这里还多”。①

大运河运输网也强有力地刺激了中国的水稻农业革命②（8—12世纪），这是远东历史上的决定性事件。自公元前3000年以来，东南亚地区的一些小社区，在季风河流沿岸的自然洪水冲积农田里，广泛种植最初来源于一种旱作物的水稻。大约在公元前2000年，水稻从印度传入中国。大约在公元前5世纪后，在更大规模、更多样化地形条件下种植水稻的新灌溉方法开始扩散。

种植水稻面临解决大量用水所带来的挑战。首要的问题是，如何把多余的自然降雨和洪水从不可逾越的障碍转变成生产性的灌溉资源。移栽的水稻幼苗必须用浅浅的水养护几个月，之后，放干稻田里的水。农民必须在南部的丘陵地带整理农田、造田埂，按稻谷生长规律排水和灌水，保持整个系统的水不断流动，让稻谷有充分的氧气，抑制蚊虫携带来的病虫害。堤坝、水闸、水车、简单的脚踏泵等一系列技术，以及竹筒水管网，使得稻谷生长过程得以展开。种植稻谷是劳动密集型的生产。当然，收获也颇丰。水的浸灌能够快速地把贫瘠的土壤转变成适合长期种植水稻的农田，并且不需要休耕；这样，粮食产量能够维持的人口密度要大于小麦和玉米所维持的，于是，维系了亚洲独特历史时期的人口状况。在中国，随着许多农民离开种植小麦和小米的黄河平原而移居南部，水稻的生产完成了人口和膳食的改变，这一改变延续了许多世纪。

---

① Polo，209.

② Braudel，*Structures of Everyday Life*，146—155.

19 世纪中国稻田汲水用的脚踏水排

中国的水稻农业革命在 11 世纪早期达到了巅峰，当时，宋朝廷从越南中部的占婆国引进了许多稻种，其成熟期仅需要 60 天。生长周期较短的占婆国水稻同中国本国水稻不同，用水很少，甚至可以在丘陵地带较干旱的山坡地生长，只要灌溉一次水即可。1012 年，宋真宗命令把占婆国水稻[①]的种植分配给有意扩大粮食生产的农民。结果令人惊讶。突然间，农民一年可以种植两季和三季庄稼。水稻产量随之飙升，中国的人口也随之增长。到 12 世纪晚期，中国的人口数达到 1.2 亿，[②]是公元 2 年汉平帝时、公元 700 年唐初时峰值人口的 2 倍。大约有 7 500 万人生活在南方，逆转了北方人口多于南方的历史平衡，把中国永久性地转变为以稻米为主食的人口密度高的国家，而这种状况决定了中国直到 21 世纪的经济社会结构。京杭大运河富足的粮食漕运推动了那个时代地球上最大城市的兴

① McNeill, *Rise of the West*, 527; Pacey, 5; Elvin, 121.

② Fairbank and Goldman, 89.

起，如杭州、开封、洛阳、北京，这些城市也随着私人市场商业和工业的复活而兴旺起来。在中国最辉煌的时代——宋朝，上述这些城市中心成为了科学复兴、创业、原工业革命的核心，比欧洲人的工业革命早了六七个世纪。当时，涌现了许多重大发明，其中一些通过印度洋和丝绸之路流传到西方，刺激了伊斯兰文明及后来的欧洲兴起。

1100年，中国是世界上毋庸置疑的技术领袖。使用焦炭炼铁，运河运输，进行桥梁设计，采用水动力驱动纺织品生产和铁农具的生产，这些技术欧洲人直到600年后才做到。另外，中国人首先发明了火药，即把硝石（硝酸钾）与炭、硫混合在一起，加热后就产生出爆炸物质。当时，在火器、测量天空和海洋的科学仪器、水钟、印刷术、活字印刷、纸币等方面，中国都是开拓者，就连草纸也是中国最先拥有。

都城开封是北宋最大的城市之一，抑或是那个时代世界上最重要的地方。1100年，开封人口比古罗马还要多，登记在册的开封人口加上军队，大约为140万。靠近京杭大运河与黄河交汇点的战略位置，不仅使开封很容易得到南方运来的稻米，还可以获得从北方矿区运来的煤和铁。开封成为了当时的工业中心。这个区域的森林大约在1000年起就遭到了砍伐，从而刺激了工业生产；当时，中国的铁业在技术上有了突破性的发现，懂得了如何使用焦炭[①]炉铸铁，从此代替了木炭炉。他们还发明了脱碳法，从铸铁中提炼大量硬钢。为此，当时中国铁的产量飙升。到1078年时，中国的生铁产量达到11.4万吨，[②]比700年后英格兰的生铁总产量还多一倍。

纺织行业也是如此。1300年之前，中国娴熟的纺织工匠利用水动力驱动纺纱机，从开水浸泡的蚕茧上同时抽出若干条长丝。400年后，英格兰才开始在德比使用水动力驱动的纺织机生产丝袜，进而推进了工厂制度

---

① 直到1709年，类似木炭物质的生产工艺才由英格兰的亚伯拉罕·达比开发出来，这是英格兰工业革命中分水岭式的事件。

② Fairbank and Goldman，89.

的产生。中国至少比欧洲人早200年发明了机械钟——有复杂的传动装置，精确、自控的性能，以帮助政府行政部门精确掌握所有重要的官历。1090年，开封竖起了一座高30英尺的戽水车式水钟，[①]每一刻钟报时一次，甚至用来计算皇帝121个妻妾的最好生育时间。

然而，中国在技术上的领导地位并未让其摆脱来自北方游牧民族的侵扰。[②]1126年，鞑靼人的骑兵使用从中国进口的铁制武器，攻占了开封和北部中国。1234年，蒙古人赶走鞑靼人。南宋政权偏安于杭州，以宽阔的长江作为天然的保护屏障，用上百条新设计的船组成第一防御船队，船上配备明轮、脚踏设备，装设投射机，还配有弓箭手和长枪兵。[③]在长江沿线布置第二道防线——泥泞的水稻田，这样可使善战的蒙古骑兵陷入其中无法前进。尽管成吉思汗的子孙骁勇善战，也无法攻破这些防御措施，南宋政权得以维持到1279年。

1206年，成吉思汗率领凶悍的蒙古征服者，开创了世界史上疆域面积最大的帝国。这个部落联盟来自干旱的草原，以游牧为生，弓箭作为武器，其标志是：无情屠杀手下败将，掠夺败将饲养的动物及财物，把他们文明的生活设施、水利工程、城市统统夷为平地。1277年，当这个不可战胜的一代天骄成吉思汗去世时，他的帝国称霸了整个中亚草原，西到伏尔加河，东到阿穆尔河。成吉思汗的继承者继续向东欧扩展，其足迹于1241年到达波兰和匈牙利。伊斯兰中东的大部分地区向蒙古人臣服，1258年，蒙古人野蛮地摧毁了巴格达及哈里发帝国。1258年，蒙古军队抵达亚得里亚海。1260年，到达非洲边缘。1279年，中国全境落入蒙古人手中，这是中国有史以来第一次完全由外族统治。在成吉思汗的孙子忽必烈统治期

---

① Boorstin，60—61，76.

② Pacey，7.

③ McNeill，*Pursuit of Power*，42.

间，蒙古帝国步入它最辉煌的时代。1260—1294 年忽必烈在位 34 年，他建立了元朝，把都城设在北京。马可·波罗所服务的，以及其在《马可波罗游记》中所描述的，正是忽必烈统治下的中国。1298 年 9 月，在地中海贸易对手威尼斯和热那亚之间发生了一场战役，战斗中，马可·波罗到中国旅行乘坐的那艘威尼斯船被热那亚人截获，他被关进了热那亚的监狱。

世界史上最后一场由游牧民族引发的入侵大潮就是蒙古人的征战，游牧民族的这些斗士中断并挑战了青铜时期之后定居下来的文明生活方式。在蒙古人之前，缺水的中亚草原就曾有匈奴人、鲜卑人和蒙古人的近亲土库曼人联盟的入侵。然而，游牧民族忽视了文明人所掌握的复杂技术，尤其是经历了几个世纪的水管理。事实证明，这是他们在控制其所占领的社会时的致命弱点。例如，蒙古鞑靼先辈的统治已经被水运交通能力的衰退、铁业和农业生产的减产所破坏。1194 年黄河决堤后，他们也不能及时修复，故而黄河开辟了新的入海河道。

进入 13 世纪，蒙古人仍在利用原始的充气皮筏过河。后来，南宋降将刘成为忽必烈建立了一支河上舰队，以攻克宋朝的长江防御，才有 45 年后忽必烈最终战胜南宋。决战是对襄阳为期五年的水陆封锁，汉江是一条重要河流，控制着通往长江流域核心地区的主要水路。在 1273 年襄阳决战失利后，中国的南部区域也向蒙古人敞开了大门。因为蒙古骑兵陷进了泥泞的水稻田，蒙古人只得动用经验并不丰富的步兵。1279 年年初，南宋残余抵抗力量在广东沿海的战斗中耗尽，忠诚于宋朝的将军与最后一位太子一起投海自尽。

元朝几乎非常有限地开发了中国丰富的水资源。尽管忽必烈建立了一支善战的舰队，但是，忽必烈无法把蒙古人的陆地军事力量扩张成海上军事力量，例如，1281 年入侵日本、1293 年入侵爪哇都没有成功。忽必烈也没有从穆斯林那里夺得海上运输通道。与其前辈一样，忽必烈把改善大运河放在很高的地位。他恢复了京杭大运河与黄河的联系，1194 年的洪水曾令黄河改道，他还拉直了大运河，把大运河向北延伸至他的新都城——北京，这里是中国的东北前沿。元朝的粮食安全和财富都得到了提升。但是，元朝工程师的失策之举就是未对京杭大运河做关键性的改善，即不能给运河提供充足的水源，以满足运粮船队全年通过一些山坡高程的河段，抵达北京。正是这一点对元朝的灭亡有所影响。海上船队暂时克服了这个弱点，但海盗和中国南部的叛乱最终瓦解了可靠的粮食供应链。直到明代，对京杭大运河的进一步改造，才使它成为南北方的漕运通道。1368年，明朝推翻了一直被人鄙视、受到瘟疫困扰的蒙古人创建的元朝。

像许多本土主义者的复原一样，明初显示了这样一些特征：复兴老传统、更新经济和创新的活力，以及仇外。而水利工程的增加发挥了突出的作用，尤其是改善京杭大运河工程被置于重要地位，运输、铁索吊桥的重建等工程次之。实际上，明朝对水资源卓越的部署能力，在把蒙古人赶回大草原上，发挥了决定性作用。1371年，明朝水军使用铁制的船头、火枪突破了长江瞿塘峡的防御要塞，[①]一举控制了四川。

《天妃绘》卷首郑和下西洋船队插图（描摹复原图）

当明朝政权立稳脚跟后，便通过海船重新打开了500英里长的粮食、服装和武器运输线，确保明朝重新征战东北地区。一旦成功，这支拥有8

① Elvin，93—94.

万人的海军南下，即刻就能保障供应北京粮食的生命线和明朝北部不可缺少的防御线。1403 年，明朝迁都北京，同时展开了一个国家经营的大型造船项目，来保证控制海上通道。1403—1419 年，南京附近的造船厂营造了 2 000 艘船只。1420 年，明朝舰队的船只达到 3 800 艘，其中包括 250 艘适合长距离航行的巨型“宝船”，有些船长 440 英尺（134 米）、宽 180 英尺（55 米），高达 90 英尺（27 米）的 4 至 9 根桅杆上扬着帆，可承载 450—500 名水兵、3 000 吨货物，比 15 世纪末达・伽马（Vasco da Gama）绕过好望角驶入印度洋的那只船，还要大 10 倍。这些船囊括了中国当时的所有先进技术，成为那个时代的超级海上力量。

通过一系列大的海上远征（彰显了中国清晰的海上优势），明朝很快显示出新的海上实力。当时，世界大航海时代刚刚露出曙光。1405—1433 年回族三保太监郑和七下西洋，可谓是最著名的远洋航行。郑和第一次下西洋所统领的船只比 150 年后的西班牙无敌舰队的船只还多一倍，其中包括 62 艘宝船。这支船队远远超过在印度洋碰到的阿拉伯人的独桅帆船和印度人的船。在七下西洋中，郑和率领的 27 000 人的船队很容易就控制了印度洋，包括马六甲海峡、锡兰和印度的卡利卡特，成为波斯湾入海口霍尔木兹海峡一支有影响的力量。① 郑和船队还航行到红海，一些穆斯林船员登岸前往麦加朝圣；船队沿着东非海岸线航行，到达了现在肯尼亚的马林迪，在那里获得长颈鹿，带回北京献给了皇帝。与欧洲人在 16 世纪进入印度洋的航行相比，为明朝的荣耀和权力做宣传是郑和下西洋的使命，而欧洲人则是为了寻宝，获得贸易收益，最终在军事上取得主导地位。当郑和的船队出现在海湾时，没有谁能抵制郑和给他远在北京的“天子”致以敬意的要求。那些顺从的人们会得到外交性质上的礼物，

---

① McNeill, *Rise of the West*, 526; Fairbank and Goldman, 137—139; Boorstin, 192.

抵制者则按军法从事，当然不属于大屠杀：例如，当锡兰的统治者不三呼万岁时，郑和把他装上船运回中国，对他实施适当的惩戒。然而，差不多75年后，欧洲人的做法正相反。

1433年，所有的航海突然结束。皇帝下旨，严格限制中国人远航，也不能与外国人接触，还限制建造航海船只，甚至限制现有船只只能有2根桅杆。[1]郑和的大船渐渐腐烂。海上军队被重新安排到在京杭大运河行驶的较小船只上。中国背对世界，把自己隐藏起来。

当一种力量拥有支配全世界的手段，可以航行到世界所有的海洋上，包括通往新大陆的太平洋，可是，它却突然决定不再显示其优势，这是一个非同一般的历史时刻。历史学家已经思索过，1498年，当葡萄牙人绕过南部非洲，建立起改变世界的欧洲和东方之间直接的海上联系时，如果彼时彼刻，葡萄牙人碰到中华帝国控制了印度洋的关键港口和航线，那么世界历史可能会非常不同。实际上，人们禁不住会想，如果中国人不切断与世界的联系，而是应用它所掌握的航海技术和工业技术，向南扩展到非洲；掌握了大西洋季风和环流的规律，出现在欧洲；在哥伦布和达·伽马发现新大陆之前，就出现在美洲；那么，欧洲本身可能就成为了中国的附属，被中国殖民化了。

中国为什么突然背向世界呢？仇外心理和对北方蒙古势力复活的忧虑是动因，当时，明朝正在北方修建长城。但是，1411年明朝最大的水利工程"新大运河"的建成，推动了世界历史的发展，使中国政治地理战略有可能影响世界历史。1403年，当明朝迁都北京后，疏浚、维修和扩建整个大运河成为朝廷的首要任务。为了给北方前线要塞提供粮食和弹药，大运河成为整个中国重要的防御大动脉。因为海上有海盗，海洋航行还具有天然的不确定性，所以，为了保障给北方前线提供粮食，现存的海洋运

① McNeill, *Pursuit of Power*, 44.

输系统就不够可靠了。如果延伸内陆大运河运输航道的话，明朝必须对大运河系统进行创造性的改进，需要给大运河提供充足的水资源，保证其常年通航，甚至旱季在山坡上的河段，都要做到全年通航。之前，大型货船一般要等季节性降雨重新充满了河道，才能开始航行，这一周期常常是六个月。1411 年，闸门改造有了突破性进展。① 新的闸门可以分开两条河的汇合水流，允许管理者通过 15 个闸门形成的网络调节季节性河水。大运河沿线普遍使用船闸，这样就能够使大运河全年航行，保证了明朝这条最重要的供应线。朝廷雇用了 1.5 万条船、16 万人，向北方的供粮总量迅速翻了一番。

海上运输线渐渐显得多余，最终的命运就是关闭。历史学家马克·埃尔温（Mark Elvin）写道，"随着京杭大运河在 1411 年的改造，1415 年重要的海上运输被放弃了。② 航海首次成为奢侈品，而非必需品。" 1415 年以后，造海船的资源被用来造运河里航行的船只；1419 年后，所有的海船建造业都不存在了。1433 年之后，明朝决定结束郑和下西洋之旅，③ 完全依赖中国国内的资源，这样，中国一步步采用了内向型政策。

"新京杭大运河"的完成成为中国政策转向的关键转折点，从此，明朝采用了与世界隔绝的政策取向。另外，通过人为地创造一个比较自足的、指令性的水利环境，"新京杭大运河"加强了明朝权力的集中。与土地相联系的农业利益形成联盟，明朝皇帝及其保守的新儒家官吏，利用自己手中的权力，抑制曾在宋朝黄金时代一度活跃的私商阶层。在这一点上与当时欧洲的发展形成了鲜明的对比，欧洲人放弃了统一的内陆河道系统，集中于海上运输，促进较小国家的产生，它们之间的竞争导致非控制的贸易和自由市场企业的发展。

---

① Elvin，104.

② Ibid.，220.

③ Ibid.，105.

14世纪中叶之后，中国的经济增长仍在继续，然而，内部活力和创造发明逐步衰退。[①] 这一事实也帮助阐明了第二个历史之谜：在中世纪，中国虽然掌握了最先进的工业技术和所有必要的科学知识，但是为什么没有在西方最终实现突破之前，再次率先几百年创造出现代工业呢？揭开这个谜团的关键，简言之，是强大的、孤立的集权国家的复苏限制了以市场驱动的经济引擎的出现，18世纪的英格兰最终把市场利益的激励与技术革新结合在一起，在工业革命上有所突破。水稻种植社会繁殖了高密度的人口，而高密度的人口造就了大量廉价劳动力，这是中国没有实现早期工业腾飞的另一个原因。廉价劳动力削弱了发展节约劳动力技术的政治和经济动机，如蒸汽机的发明，它与冶铁技术共同催化了早期的工业时代。[②]

中国与世界的隔离延续了差不多400年，还试图继续保持这种方式，而不参与外部世界的创新，这样一来，中国再次使自己陷入了难以抵御外族入侵的困境。1839—1842年第一次鸦片战争期间，英国人使用了蒸汽机驱动的炮舰，仅这一点就足以说明中国在技术上落后世界多少年，第一次鸦片战争迫使这个无助的帝国重新向世界敞开了大门。那时，中国的对外贸易仅限于广州这一港口。不仅如此，中国向西方出口茶叶和其他奢侈品，贸易模式严重不平衡。于是，英国人为了实现贸易平衡，一步一步在中国开发鸦片市场，而鸦片产地却是英国的殖民地——印度的孟加拉。中国人吸食鸦片成瘾，必须大量进口鸦片。[③]1839年，清政府决定禁止进口这种毒品。在致维多利亚女王的一封信中，中国人提出，英格兰禁止鸦片，这一原则同样不可辩驳地用于中国。然而，对于英国人来讲，道德或法律的一致性从属于其商人和殖民地的利益。英国人断然拒绝了中国人的

---

① Elvin，203.

② Pacey，113.

③ McAleavy，44.

诉求。在一次行动中，清政府官员从英国和其他欧洲商人那里查处了30 000箱毒品，并将其投进河里。然而，英国人的回应是，1840年6月，把装有大炮的军舰开进了珠江口。令中国人惊讶的是，蒸汽船不管风向如何，似乎都能在水上行驶。始料未及的是，最终的结果却是，两国仅仅进行了几次小小的战役，英国人就赢了这场鸦片战争的胜利。英国人的蒸汽船畅通无阻地开进了中国的河流，驶入长江，到达上海，然后是大运河与长江的交汇点。1842年8月，当南京受到威胁时，中国人再次与英国签下屈辱的不平等条约。除赔偿商人的损失外，清政府被迫割让了香港荒岛，同时开放五个港口城市从事自由贸易，以降低英国商人的成本，因为英政府期望这些商人能帮助英国成为世界级的制造商。法国人和美国人很快向清政府提出要求并获得了类似的权利；18世纪50年代的第二次鸦片战争最终让英法势力占领了北京，包括把外交代表派到紫禁城。

两次鸦片战争的惨败公开展示了延续了两千年之久的中华帝国正在消亡。鸦片战争的失败也加剧了中国人对无能政府的普遍不满，大大刺激了最终推翻它的反抗活动。这个内部衰退的警示预兆和导火索再次被认为是水利系统的恶化。1841—1843年，黄河三次大决口，导致几百万人死亡。1849年，百年不遇的特大洪水对长江下游造成重创。[①]19世纪50年代，黄河大规模改道导致京杭大运河大规模决口。随着19世纪五六十年代太平天国运动和其他几次大规模起义，京杭大运河的北部河段严重失修，它也不再是为北京供应粮食的重要渠道了。由于堤坝和水利工程维护不当，19世纪末，洪灾屡屡发生，大大加速了清王朝的覆灭和1911年辛亥革命的到来。在赶走日本侵略者、结束内战之后，毛泽东领导的共产党获得了政权，他们重新开始恢复京杭大运河，轰轰烈烈地展开了许多大型水利基础设施建设，实际上，恢复水利基础设施建设意味着一个新时代的来临。

① McAleavy，59.

6. 伊斯兰教、沙漠和水脆弱文明的历史命运

处在黄金时代的中国与一个以贸易为基础的年轻文明有过交集，交换过商品，这个文明出现在阿拉伯半岛人烟稀少的炎热沙漠中，集聚在一种有感召力的新宗教——伊斯兰教的旗下。从9世纪到12世纪，伊斯兰文明经历了最繁荣的时期，西边横跨北非进入西班牙；南部从埃及沿东非海岸，到靠近现代莫桑比克的赞比亚河；东边从地中海东部到达印度河，从奥克苏斯河以外的中亚东北部到丝绸之路的西部边界；伊斯兰文明在如此广大的区域内传播。支撑伊斯兰灿烂文明的财富来自该文明控制的旧大陆中心——长距离陆上和海洋贸易路线，连接起远东、近东、地中海和次撒哈拉非洲的文明。

在历史的中心舞台上，伊斯兰文明令人惊讶地迅速崛起，又令人费解地突然衰落，对稀缺的淡水资源的挑战和反应支配着伊斯兰文明的重要特征和历史命运。伊斯兰教的核心生境是（地图7和8：伊斯兰世界和几条贸易途径，君士坦丁堡）地中海和印度洋环绕的沙漠。极为珍贵的水资源浇灌着伊斯兰文明，而伊斯兰文明的沙漠里包含有椰枣树成荫的分散绿洲、地下泉水和井水，以及一些季节性的河谷。伊斯兰世界只有为数不多的几条大河，如尼罗河、底格里斯河和幼发拉底河、海拔最低的约旦河，能够维持大规模灌溉农业和围绕农业地区的文明城市生活簇团。在两个水资源之间的长距离的干旱空旷区域，没有像中国京杭大运河那样可

以航行的河流或人工开凿的河道，把它们统一并集中成为若干伊斯兰世界的政治、经济和社会中心。此外，伊斯兰世界缺乏常年有水流的小河——所谓河流赤字，致使饮用、灌溉、运输和水力等淡水功能成为无处不在的自然资源挑战，给伊斯兰社会的人力资源平衡造成巨大压力，人口高度集中在为数不多的几个优越区位。

简言之，淡水稀缺致使伊斯兰文明成为一种水脆弱的文明，极易受到自然的和工程水文条件变化的伤害。因此，其富裕期是暂时的，几乎不会持久。几百年里，由于伊斯兰文明最初的阿拉伯栖息地缺少淡水，故而其栖息者以最低物质水准的方式生活。阿拉伯人以其聪明才智，把炎热、干燥的沙漠和苦咸的海疆，转变成近乎垄断的贸易通道，这是一个关键催化剂，使得伊斯兰成为一种控制东方和西方之间长距离移动和运输的文明。伊斯兰世界岌岌可危的水文基础最终帮助解释了伊斯兰世界的辉煌在12世纪之后消失的原因。

伊斯兰文明始于穆罕默德，他是伊斯兰一神教的创始先知，也是伊斯兰文明圣书《古兰经》的启示者。阿拉伯人曾经是万物有灵的多神论者，具有很强大的部落社会结构。阿拉伯人当时依然属游牧部落，他们饲养骆驼，袭击贸易商队，因为零星绿洲只能支撑非常少的人口过定居生活。麦加是一个重要的定居点，它围绕有些"苦"或咸的并伴有味道的泉水而建，居住人口大约在2万—2.5万。麦加坐落在一个重要的位置，那里也是历史上穿梭于也门和地中海东部港口累范特之间的骆驼商队的必经之地，这些骆驼商队携带着乳香、没药和其他奢侈品，在麦加补充水和其他供给品。麦加还是阿拉伯朝觐者一年一度的目的地，他们来麦加就是祭拜古代落在那里的一块神圣的黑色陨石。

传说和穆罕默德都认定，闪米特阿拉伯人是以赛玛利（Ishmael）的后裔，而以赛玛利为亚伯拉罕与其妾（亚伯拉罕娶其女仆为妾）夏甲（Hagar）

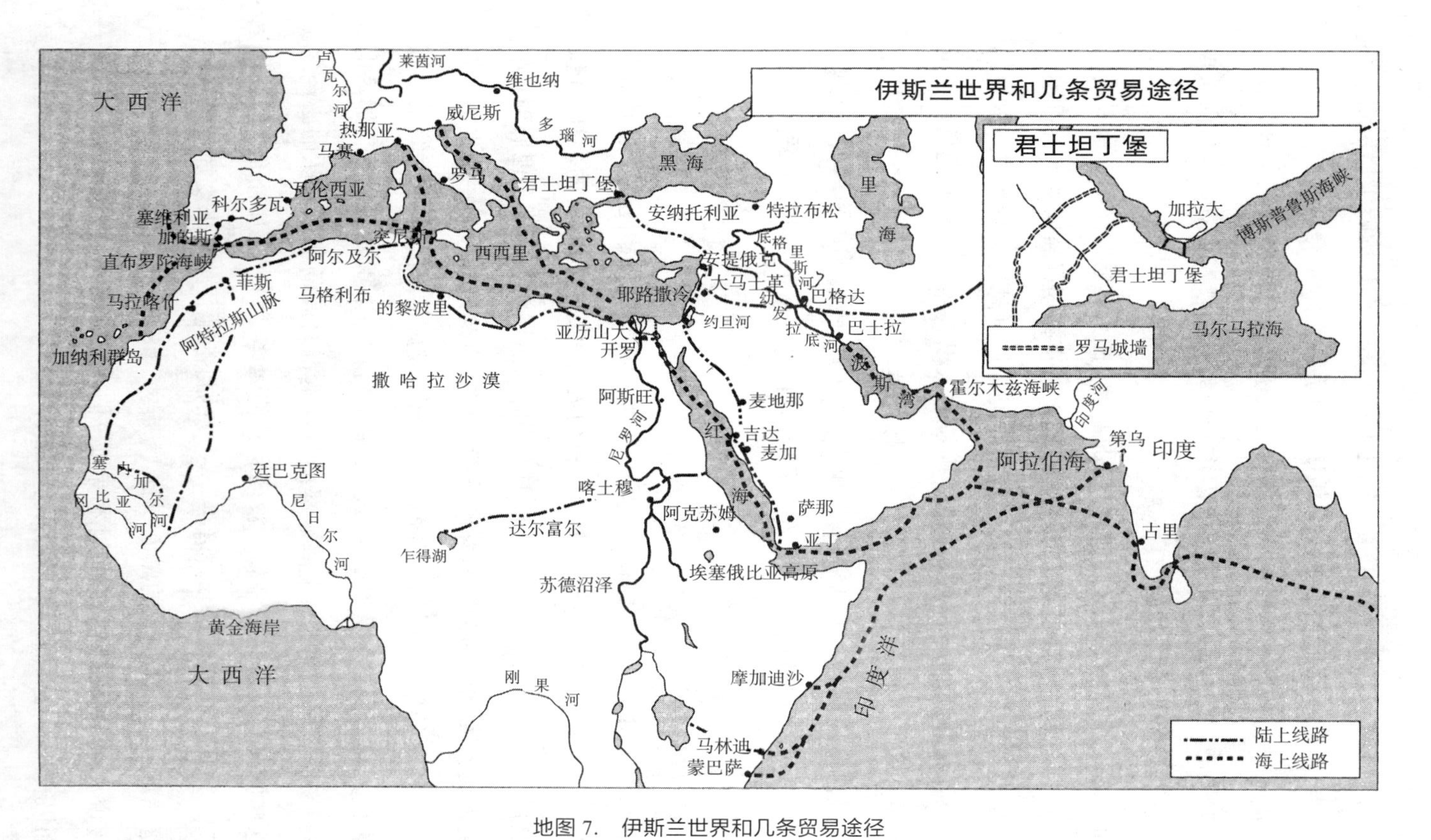

地图 7. 伊斯兰世界和几条贸易途径

地图 8. 君士坦丁堡

所生。从古至今，在荒凉的阿拉伯和伊斯兰社会，水一直受到高度敬重。[①] 按照传统，不能拒绝任何人或野兽喝人类井里的水；“shari'aa”或者说伊斯兰居于统治地位的宗教律法，直译就是“那条路”或“通往有水的地方的道”。穆罕默德大约在公元570年出生于麦加古莱氏部落一个受人尊重却已没落的家族。[②] 古莱氏部落的许多人都经商，他们充分利用部落控制朝觐者所需水的权力，把丰厚的获利投入骆驼商队贸易中。穆罕默德还未出生就失去父亲，幼年丧母成了孤儿，在他叔叔和族长阿布–塔里布（Abu-Talib）的商队里长大，没有受过教育。历史学家认为，穆罕默德沿着贸易路线走出了阿拉伯人的世界，在途中，他与许多新观念和宗教相遇。25岁那年，穆罕默德同与商队有生意往来的富裕年长寡妇结婚。

直到40岁，穆罕默德的生活都很平常。公元610年的一个晚上，穆罕默德在麦加城外的山洞里沉思时，有了一次神奇的经历。穆罕默德听到大天使加百利召唤他，因为他是真主挑选的使者，他开始诵读真主启示的第一部分。随后的10年里，穆罕默德给一小群追随者布道，声称他是亚伯拉罕、摩西和耶稣这些犹太教和基督教使者之后的最后一个先知。“伊斯兰”的意思是，在生活中“服从”真主。追随穆罕默德的人越来越多，古莱氏部落的主要家族试图压制穆罕默德。公元619年，穆罕默德的叔叔和部落保护者去世后，穆罕默德在麦加的地位失去了根基，部分追随者逃到了信奉基督教的埃塞俄比亚。公元622年，穆罕默德和一群追随者离开麦加，在麦加以北200英里一个叫雅斯里布的地方住下来，那里有郁郁葱葱的绿洲，人口稠密，还有甘甜的水，后来更名为麦地那，或“先知之

① 按照伊斯兰习俗，客人总是免费得到水。水占据每天净化祈祷仪式的中心。在伊斯兰文化中，天堂是一个树荫遮蔽、带有清凉喷泉的花园。到麦加天房朝圣或朝觐的穆斯林，要在萨法和麦尔瓦山丘之间往返疾行7次，以纪念亚伯拉罕的妾夏甲为儿子以赛玛利疯狂找水的一幕。

② 这个氏族是哈希姆，其后裔包括今天的约旦王室。

城”，人们邀请穆罕默德仲裁部落间的纠纷。

从麦地那开始，穆罕默德的实力迅速发展。麦地那的犹太人拒绝承认穆罕默德是真正的先知，于是，穆罕默德就把麦地那的犹太人部落赶走。由于这块绿洲的农业资源很有限，故此，穆罕默德领导他的追随者，与皈依他的贝都因人结盟，袭击来自麦加的骆驼商队，结盟双方分享利益。不久，出于控制贸易交通线的考虑，穆罕默德与古莱氏部落展开了武装斗争。[①]穆罕默德方的几次胜利强化了人们对穆斯林宗教信仰的信奉，相信真主站在他们这边，并逐步说服麦加领导人于公元630年与伊斯兰签订和平协议。作为麦加的新领导人，穆罕默德取消了所有血缘和财产特权，仅仅保留了保管黑色陨石的那幢方形克尔白神庙。麦加替代耶路撒冷，成为穆斯林祈祷者的圣地。

穆罕默德通过控制绿洲、市场、关键商队和贸易通道，加上由若干军事进攻作为背景的外交行动，迅速把阿拉伯半岛大部分部落统一在伊斯兰教旗下。公元632年，穆罕默德去世。在此之后，许多部落头领认为他们对伊斯兰的誓言不再具有约束力，反对向麦地那进贡。于是穆罕默德的“继任人”——第一任哈里发阿布·伯克尔（Abu Bakr）——组织军队镇压叛乱者。伊斯兰军队的胜利展现了正在成长的伊斯兰战斗力量，在战胜了游牧部落后，伊斯兰军队很快到达了阿拉伯的邻国——拜占庭的东罗马帝国和萨珊王朝的波斯帝国。

第二任哈里发奥马尔（Omar）雄心勃勃、意志坚强，继续前任的征服计划，率领阿拉伯军队跨越东西边境，显示了世界史上一支令人惊讶的巨大军事力量。长期存在的边界线被迅疾扫除，伊斯兰在征服战争中播下的种子永久地改变了世界历史的文化版图。公元636年8月发生的耶尔穆克河战役是伊斯兰军队最早、最伟大的胜利之一，耶尔穆克河是约旦河

---

① Hourani，18.

的支流，在现在叙利亚、约旦和以色列的边界上。被沙尘暴掩盖了踪迹的阿拉伯军队，被宗教热情和征战胜利后可获得大量战利品激发的阿拉伯军队，与背水一战的拜占庭军队一决雌雄，很快，拜占庭军队血流成河。公元 642 年，伊斯兰军队控制了叙利亚、巴勒斯坦以及埃及的尼罗河流域，把拜占庭的君士坦丁堡与它两个最富裕的省隔开。其他阿拉伯军队向东进发，于公元 641 年攻占了美索不达米亚，抢夺了两河流域的财富。公元 651 年，萨珊王朝统治下的波斯帝国瞬时倾倒。罗马和近东帝国之间 700 年未变的边界，在这 15 年间荡然无存。

装备简陋的若干支小股伊斯兰军，如何可能与巨大的波斯帝国和拜占庭的东罗马帝国对抗？历史学家对此做过大量解释。虽然波斯帝国和拜占庭帝国均属金玉其外，但长期以来，因为战争、疾病、政治斗争、野蛮部落的侵扰、农业灌溉设施年久失修，而对经济造成侵蚀，这两个老帝国本身已经败絮其中了。在波斯，两败俱伤的政治斗争削弱了中央行政管理，而中央行政管理部门也没有维护两河流域的河流灌溉系统，恰恰是这个灌溉系统支撑了波斯帝国的最初兴起。农业生产的下滑损害了社会凝聚力。拜占庭掌握下的埃及已经由于长达百年的洪水泛滥而国力衰弱，当时的耕种面积萎缩了 50%。随之而来的饥荒，以及雪上加霜的瘟疫，致使阿拉伯人公元 639 年入侵埃及时，埃及人口已削减到 250 万人，[①] 仅为法老时代人口的 50%。高度组织、笃信宗教的阿拉伯军队也创造了自己的优势，如使用骆驼运输，骆驼运输可以帮助他们有效发起大范围攻击。在一场典型战斗中，骆驼运输队提供了一系列供应，让军队做好最后的准备。当一切准备就绪后，骑兵骑上战马，披挂上阵。

伊斯兰的军事扩张尽管以不惊人的步伐还在延续，但随之而来的是权力斗争和内战，最终以公元 661 年第四任哈里发阿里被暗杀才宣告结束。

---

① Collins，20—21.

暗杀阿里在伊斯兰教历史上是一场地震。伊斯兰的领导核心从麦地那迁到了大马士革，古莱氏部落强大的乌马亚家族（Umayya）的世袭一直延续到公元 750 年。另外，阿里是穆罕默德的堂弟，穆罕默德的女儿法蒂玛的丈夫。阿里之死点燃了在位的逊尼派和持不同政见的什叶派之间的教派大分裂，什叶派认为，伊斯兰的合法领导人应只来自先知的直系家庭。

在乌马亚家族的统治下，北非慢慢被伊斯兰势力揽括进来。在新的柏柏尔人联盟的帮助下，使用从基督教拜占庭帝国租来的船，伊斯兰军队跨过直布罗陀海峡，于公元 711 年轻而易举地推翻了西班牙的天主教西哥特王国。强盛的罗马帝国统治的西地中海变成了穆斯林的湖泊，阿拉伯船队也成为西西里和马耳他以东水域不可忽视的力量。在随后的二十多年里，伊斯兰军队在欧洲大陆发生的小规模进攻深入法国北部。在东边战线上，伊斯兰军队跨过印度库什山脉，于公元 708 年和公元 711 年袭击了印度河流域。当伊斯兰军队败在土厥草原部落勇士手中后，高加索山脉和奥克苏斯河成为伊斯兰帝国的东北部边界，在那些打败伊斯兰军队的草原勇士中，许多人后来皈依了伊斯兰教。公元 751 年伊斯兰军队在塔拉斯河打败唐朝军队，致使陆路丝绸之路关闭，改为通过印度洋的贸易。伊斯兰军队还沿着非洲海岸向南挺进。他们从狭窄的亚丁湾（现在的曼德海峡）赶走阿比西尼亚的基督徒，控制了过往船只的收费权，[①] 这样一来，印度洋就向整个阿拉伯船只敞开了大门。印度洋具有双向季节性季风气候和大洋环流，大型的阿拉伯单桅船只很快在印度洋航行，在马六甲和中国之间往返，在旧大陆最富裕的长途海洋贸易中，取代了印度人的船只。

公元 750 年伊斯兰帝国的地理疆域达到最大。事实上，伊斯兰帝国是一个辽阔的、分散的帝国，包括若干个有竞争力的区域中心，有共同的宗

① 基督徒有自己的宗教和政治分裂。拜占庭是西哥特人的对手，589 年，西哥特人采纳了尼西亚信经的和子说，而君士坦丁堡拒绝尼西亚信经，这成为 11 世纪拉丁基督教和东部基督教国家分裂的一个原因。

教、共同的阿拉伯语，还有松散地统一起来的政治利益，从广阔的陆地和海上贸易市场经济中获得巨额财富。有人估计，公元 820 年，哈里发的收入比拜占庭帝国的收入至少多五倍[①]。

正是伊斯兰文明贫乏的淡水农业遗产，导致伊斯兰文明通过贸易和商业来开发它占据的那些地处旧大陆十字路口的土地，追求自己的生活。伊斯兰文明下的农业仅限于三种种植类型和生境。[②]沿着砂质海岸线——那里的年降雨量超出 7 英寸（177 毫米），橄榄树提供了食品、食用油和照明燃料。围绕酷热沙漠的绿洲，温度至少在 61 华氏度（16 摄氏度），适合种植非常有用的椰枣树，椰枣是水果，树叶中的纤维可以用于纺织，树干是珍贵的木料。仅仅在极少可以灌溉的河流流域，或年降雨量超过 16 英寸（406 毫米）的平原，能够生产伊斯兰民族作为日常食品的面包所需的粮食。小游牧部落游荡在这些分散的农业区之间的广阔原野上，那里有季节性的地表水，沙漠牧民在那里寻找牧草，以饲养骆驼和其他动物，毕竟这些动物为其提供奶、肉、衣服和制造帐篷所需的皮，而简单、自给自足是他们的生活方式。

淡水稀缺从根本上塑造了伊斯兰社会的性质、体制和历史。水资源限制了粮食生产，同时也限制了伊斯兰社会可承受的最大人口数量。例如，处于太平盛世期的伊斯兰，仅能维持 3 000 万到 5 000 万人口；而同一时期，中国的人口规模是其三倍，世界人口规模比其大 10 倍。因而，伊斯兰文明是一种长期缺少人力的文明，被迫通过宗教对话和征战扩大人口规模。倘若不是伊斯兰宗教的普遍主义和阿拉伯领导人最终接纳了非阿拉伯信徒，伊斯兰文明会面临人口下降的严重影响。为此，伊斯兰文明对被它

---

① Braudel，*History of Civilizations*，73.

② Hourani，100.

征服的人、雇佣兵，甚至大量奴隶，都以非常宽容的态度，吸收进了伊斯兰社会。

淡水稀缺也迫使伊斯兰人口高度集中在每个区域内有良好水资源的几个地方。超出空间容量的拥挤城镇、令人眼花缭乱的几个世界级城市，如巴格达、开罗、科尔多瓦，都是伊斯兰社会的典型聚居地。被商业市场围绕的大清真寺，一般都坐落在城镇中心，周边斜坡上环绕着弯弯曲曲、肮脏的狭窄街道，“金贵”的雨水会把垃圾冲走。[①]

在伊斯兰文明鼎盛时期，兴起了三个不同的竞争区域权力中心——西班牙—马格里布、埃及—地中海东部、美索不达米亚—波斯，这三个中心反映并放大了伊斯兰内部的宗教和部落划分。在这种分散的环境下，不可能存在下达指令的经济组织。相反，正是市场这只“看不见的手”控制着重大的过境贸易和交易，聚集起伊斯兰经济，刺激着伊斯兰文明的兴起。历史学家费尔南多·布劳代尔（Fernand Braudel）写道，“大自然没有赐予伊斯兰什么，如果没有跨越沙漠的贸易之路，伊斯兰不会有什么价值：这些贸易之路把伊斯兰聚集在一起，给了伊斯兰生命。贸易之路就是伊斯兰的财富、伊斯兰存在的理由、伊斯兰的文明。几百年来，贸易之路赋予伊斯兰优势”。[②]

淡水稀缺成为通过贸易立国的伊斯兰及其历史性兴起和壮大之间的基本障碍。首先，伊斯兰需要一种跨越自身内部广袤、炎热、无水的沙漠的途径。把具有极大储水能力的顽强的骆驼组成长途商队和军事运输队是伊斯兰的第一个辉煌创新，它让伊斯兰民族把荒芜的沙漠障碍转变成一条封闭的、独家经营的伊斯兰贸易通道。一个拥有 5 000—6 000 头骆驼的商队，能够运载欧洲商船所运载的货物量，抑或能运载中国京杭大运河一

① *Structures of Everyday Life*，507.

② Braudel，*History of Civilizations*，62.

支船队所能运载的货物量。伊斯兰民族准垄断性地拥有这种强大的载货动物，使得本民族能够跨过并走出沙漠家乡，在世界史上留下伊斯兰文明的印记。[①]

单峰撒哈拉骆驼非常适应炎热的沙漠生活，它每天可以驮着200磅（90公斤）重的货物行走大约35英里（56公里），甚至可以一周内或持续更长时间不喝水。骆驼把水存储在其血液中——驼峰脂肪肥厚，在长途旅行中，驼峰由于没有营养供应而增长缓慢，而其功能就是储备食物——再通过鼻子重新获得一部分消耗掉的水，从而最大限度地保持自己身上的水分 。一旦发现水源，仅用10分钟时间骆驼就能喝下25加仑（94升）的水。骆驼甚至可以忍受盐水，还拥有不可思议的记住水源位置的能力。另外，骆驼食用干旱土地上生长的有棘植物和干草，而其他大部分动物不能消化这类食物。在旅行期间，骆驼可以减去其体重的25%，这一数量是大部分哺乳动物因体重减少致死的两倍。骆驼这种独特的生理属性使其可能在两个月内穿越撒哈拉大沙漠，从摩洛哥到非洲马里帝国边界的瓦拉塔，其中包括10个完全无水的路段。

如同海洋一样，作为横亘在不同文明之间广袤、空旷的空间，沙漠在历史上发挥过独特的作用。首先，沙漠和海洋都是造成地理分割的巨大障碍。但随着一些交通革新的出现，这些地理障碍被迅速变成入侵、扩张和文化交流的伟大历史通道，而入侵、扩张和文化交流常常会突然重新调整区域和世界秩序。骆驼把阿拉伯商人和士兵送到了四面八方，他们最终面临伊斯兰文明的另一个重大水资源挑战——伊斯兰文明的海角前沿。把陆地沙漠贸易链延伸至“旧大陆”印度洋和地中海大部分的海洋通道商业上，是伊斯兰文明突破的第二道水挑战。阿拉伯人的独桅帆船，用椰枣树或椰子树的纤维把木板捆起来制成船体，安装有应对逆风的三角形船帆和

---

① Fernández-Armesto，67.

非常灵活的尾舵，于是，阿拉伯人的船成为了海上商队，正如著名的童话故事《一千零一夜》中对辛巴德历险所做的描述。

从印度尼西亚的摩鹿加群岛或香料群岛出发，跨过印度洋到达印度和西方，这条长途贸易通道成为伊斯兰时代通往世界权力和帝国最重要的途径。在欧洲人揭开跨越大洋的航海秘密、发现这个富裕的“新世界”之前，在丝绸之路关闭之时，阿拉伯人的大帆船携带着世界期待的商品中名流的那一部分和伊斯兰文明，通过了那时世界上最富裕的海岸港口。

由于印度洋季节性季风特征，阿拉伯人在4—6月满载货物出发，伴随着西南季风，航行两个月到达目的地，然后进行贸易，同时装满获利颇丰的东方奢侈品，借助冬季反向的西北季风返回阿拉伯。阿拉伯船舶也往来于西班牙与亚历山大港和地中海东部地区。然而，地中海海港让他们获得的财富远不如在印度洋上所做的贸易，况且地中海由西向东的单向风使航行更困难些。

对伊斯兰民族两种不同水环境控制力的整合，即无水的沙漠和苦咸水的海洋，使得伊斯兰的影响力飙升。骆驼和大帆船衔接起伊斯兰陆地和海上商队网络，它们可以在“旧世界”的四个角落间运送商品和人员。骆驼把拆卸开的大帆船运过撒哈拉沙漠，组装好的大帆船带上骆驼和所有物品横跨红海。到达阿拉伯半岛后，再把这些船拆卸开，由骆驼托着，沿河谷和绿洲向阿拉伯海通往印度洋的港口行进。若干个世纪里，人们选择这条艰辛的陆上线路，毕竟在苦咸的红海里航行所面临的风险，如礁石和珊瑚礁、不可预测的风、不规则的大洋环流、海盗出没的水域，比沿着海岸线的大沙漠行进要大得多。[①] 许多通往印度洋富裕海港的海上通道和海岸线都不适宜航行，也很危险。阿拉伯没有可以航行的河流，几乎没有拥有足

① Fernández-Armesto，384，389. 可靠的航行环境和较安全的返航线路是印度洋早期发展的主要原因，印度洋是人类最富裕、最早的长距离贸易航线。

够淡水的良港，这些造成了使用船只运输商品的困境；在干旱环境下，缺乏木材资源也是一个与水相关联的障碍。除了商船所面临的航行问题外，阿拉伯海岸的暴风雨也是众所周知的风险。

然而，伊斯兰商人克服了这些水障碍。在美索不达米亚①，商品通过河流运往巴格达，然后，通过陆路向西运往叙利亚和埃及，向北到达黑海的君士坦丁堡和特拉比松，向东通过伊朗东北部到达中亚和中国。阿拉伯商人，通过伊斯兰文明的土地，传递着从苏丹的黄金和奴隶到东方的丝绸、胡椒、香料和珍珠等商品，无所不包。大约在 1 000 年之后，来自威尼斯共和国以及其他新兴海上小国的欧洲船只，日益增加了从亚历山大港和其他阿拉伯港口，通过地中海到达欧洲市场的最终转运业务，他们与阿拉伯人结成商业联盟，这种联盟常常超越宗教上的对立。

伊斯兰强大的经济力量造就了伊斯兰强大的军事实力，进而侵犯并威胁到相邻的文明。1076 年，征战加纳的伊斯兰国家统治了尼罗河流域土著的次撒哈拉文明。除现代埃塞尔比亚的阿比西尼亚高原之外，东非大部分部落屈服伊斯兰军队。随着伊斯兰延续至 17 世纪的几百年征战，印度文明一直在后撤。欧洲亦如此，几乎完全没有抵御住伊斯兰军队在公元 632—718 年发起的早期军事打击。这种文明之间的激烈冲突延续了若干世纪，整个 16 世纪，文明之间的冲突横跨地中海。

在公元 717 年 8 月至公元 718 年 8 月的 12 个月里，基督教及其以后被吸收到西方文明中的所有东西，几乎到了可能灭绝的边缘。伊斯兰海陆军事力量集结了 2 000 只战船、20 万人的军队，包围了拜占庭帝国的首都君士坦丁堡——当时基督教世界最大的城市，而拜占庭帝国是罗马文明的继承者。君士坦丁堡地处战略要地，可以俯瞰博斯普鲁斯海峡和马尔马拉

① Hourani，44.

海的交汇处，控制着一条长 225 英里（362 公里）的狭窄海峡，也就是地中海和黑海的贸易通道，这里恰好是欧洲和亚洲的分界线。如果这座城市真的落入伊斯兰军队手中的话，整个地中海就可能成了伊斯兰文明的一个湖泊。伊斯兰军队会通过多瑙河和莱茵河长驱直入欧洲腹地。欧洲乃至今天整个西方世界可能都是伊斯兰的世界。在这件事中，对君士坦丁堡的包围将是伊斯兰文明和西方文明之间冲突的史诗性转折点。这次事件也极好地阐明了强大的水上防御的地理战略优势。

公元 8 世纪早期，希腊教会、拉丁教会、叙利亚教会和科普特教会，按照教义分割了君士坦丁堡之外的基督教世界。处在拜占庭帝国保护下的罗马城是一个凋敝萎缩了的罗马城，人人自危，其供水系统已经瘫痪。拉丁教会的传教士在努力改变野蛮的欧洲王公诸侯，他们控制着罗马帝国陷落后留下的权力真空。公元 800 年，被教皇加冕的第一个"神圣罗马皇帝"是查理曼（Charlemagne）大帝，他指挥的征战此后延续了几十年。相比之下，穆罕默德去世后的伊斯兰仍处在伊斯兰文明扩展的巅峰时期。

公元 7 世纪阿拉伯征服者所经历的唯一一次严重挫折，是公元 674—679 年征战君士坦丁堡时的败北。撒哈拉骆驼无法忍受安纳托利亚高原的寒冷，于是，阿拉伯征服者的陆地进攻止步不前，海上的攻击仰仗大型攻城武器、弩炮打垮了君士坦丁堡的双层城墙。当拜占庭使用新发明的、可怕的海上秘密化学武器"希腊火"① 向阿拉伯战船发起反攻时，阿拉伯征服者败退了。自发燃烧、遇空气时燃烧更为猛烈、即使水也扑不灭，是"希腊火"的主要特征。这种原始火焰喷射器精确构造的秘密在中世纪失传，至今无人知晓。"希腊火"是一种原油物质，其中加入了硫、常青树油或生石灰；当加入适量硝石时，这种混合物就会自燃。只有沙子、醋和尿能扑灭它。通过一根长长的空铜管把希腊火喷射到敌船上，或者把"希

① White, *Medieval Technology and Social Change*, 96.

腊火”装在土罐里抛出去，或挂在箭头上射出去。火焰吞噬了阿拉伯人的船只，这种令人恐惧的武器吓退了阿拉伯的水手，公元 679 年，伊斯兰军队撤退，甚至答应每年向君士坦丁堡朝贡。“希腊火”不仅拯救了拜占庭，而且让拜占庭军队在海战中长期居于优势地位。

希腊火（船舶数字图书馆）

公元 674—679 年的痛苦经历还意味着，阿拉伯人于公元 717 年回来报仇时，做了较充分的准备，军事力量更为强大。君士坦丁堡的防御措施依然是其重要的战略位置和海上实力，而这座城市所处的地理位置使其很容易通过两个长且狭窄的海峡得到补给——东边 18 英里长的博斯普鲁斯海峡，有些段落不足 0.5 英里宽；西边是 40 英里长、1—5 英里宽的达达尼尔海峡——这两个海峡是地中海和黑海的纽带。君士坦丁堡半岛的东北边毗邻博斯普鲁斯海峡入口，是一个 5 英里长的深海港“金角湾”，面对骚动不安的大海它是唯一一个避风港。拜占庭用一根半英里长的大链条横穿港湾口，以封锁这个入口，进而增强其天然的地理防御优势。君士坦丁堡在半岛所处的位置表明，只需在靠近陆地一边用城墙和护城河设防就足以抵御外来的侵扰。美中不足的防御缺陷是，仅有一条淡水河流入“金角湾”，为城市提供淡水。为了减轻这个缺陷可能造成的灾难，拜占庭罗马水利工程师借鉴古罗马城水利工程的经验，修建大坝、长距离引水渠①，在城内建设巨型地下蓄水池，用以满足遭遇围城时所需的淡水。

早在公元前658年，拜占庭就已成为古希腊繁荣的商贸城市，罗马皇帝君士坦丁一世选择该地替代摇摇欲坠的古罗马城，作为东罗马帝国的首都，重新命名为君士坦丁堡，并在这里指挥战略防御和黑海贸易。建于公元330年5月11日的这个“新罗马”像古罗马一样，有七座山，也给穷人发放救济面包，用新的参议院诱惑贵族移居至此。迁都君士坦丁堡是君士坦丁一世两大历史性决定之一。他的第二个历史性决定是，接受基督教作为罗马帝国的宗教。君士坦丁一世曾于公元312年在古罗马郊区台伯河上的米尔维安大桥指挥过一场战争，战争前夜，上帝托梦给他，许诺只要把基督教的十字标志涂在盾牌上，他就会获胜。正是基于这个原因，君士坦丁一世做出了上述第二个历史性决定。在与伊斯兰军队做生死较量时（公元717—718年），君士坦丁一世第二个决定的命运很大程度上依赖于其第一个决定的战略远见。

在与伊斯兰军队较量之前的几个月，一位聪明的将军获得了帝国王位，被加冕为利奥三世（Leo III），他在危机时刻改善了君士坦丁堡和基督教的命运。伊斯兰军队的战略就是从陆地上使用人力战术攻城，而两个船队堵住博斯普鲁斯海峡和达达尼尔海峡，切断来自地中海或黑海的供应线。然而，最初的陆上进攻失败了。于是，伊斯兰军队安营扎寨，决定长期围困君士坦丁堡，因为在公元7世纪70年代晚期，首要的还是控制水资源。这一次他们成功封锁了达达尼尔海峡，毕竟，对博斯普鲁斯海峡的

---

① 4世纪的瓦伦斯和6世纪的查士丁尼分别为当时主要水渠和蓄水池的建设者。

封锁相对困难些。当伊斯兰军舰驶近君士坦丁堡时，它的旗舰遭遇了极快的、陌生的海流；利奥三世缩短横跨“金角湾”的长链，以“希腊火”攻击失去方向的伊斯兰船只，一举摧毁并捕获了不少的船只。

异常寒冷的冬天降临了，大自然开始考验住在户外帐篷里的伊斯兰围城士兵。加之，军队的补给姗姗来迟，饥饿和疾病侵扰了军营，迫使围城者杀食随军动物，甚至死人肉。[①] 在战争史上，这种情况并不罕见，非战斗减员比战斗减员要大。围城士兵必须将死去的同伴扔进海里，因为冻土地无法掩埋死去的士兵，这使围困者遭受了屈辱的痛苦。

公元718年的春天来临了，春回大地，幸运之神眷顾了伊斯兰军队。从埃及过来的400条船和5万士兵前来救援。在某天晚上，他们成功溜进了“金角湾”，完成对这个城市和拜占庭帝国的封锁。然而，许多阿拉伯科普特基督徒选择放弃他们的船只，逃走拜占庭。利奥三世根据不惜代价获取的军事情报得知，他必须在6月使用“希腊火”出其不意地发起反攻，打破那些船只对“金角湾”的封锁。[②] 当科普特基督徒逃跑时，利奥从博斯普鲁斯海峡通道的亚洲这边出人意料地发起了陆上进攻。由于猝不及防，成千上万的伊斯兰士兵被杀死。在利奥的默许下，相邻的保加利亚人开始攻击伊斯兰军队，而就在此时，谣言四起，说法兰克人的军队正在途中，也要攻击伊斯兰军队，于是，公元718年8月15日，伊斯兰军队放弃围城计划，落荒而逃。21万伊斯兰军队中仅有3万人返回了家乡，而出征时的2 000条船只仅剩五艘。

君士坦丁堡得救了。坚不可摧的君士坦丁堡又延续了500年，就在更富裕、更有活力的伊斯兰文明的旁边，这足以证实海上实力与控制重要的地缘战略水路出奇的军事优势。1204年这座城市最终被攻陷，被有效地

---

① Norwich, *Short History of Byzantium*, 110.

② Davis, *100 Decisive Battles*, 102.

征服，但是，征服了这座城市的不是穆斯林，而是基督徒。这些基督徒随第四次十字军东征去圣地的希望落空，因为此次东征由崇尚重商主义的海上实力国家威尼斯，及其八十高龄的、令人敬畏的盲人公爵恩里科·单多洛（Enrico Dandolo）密谋。此后，威尼斯在这个海峡实施了商业霸权，控制了通往利润丰厚的黑海的航线。1453 年，君士坦丁堡最终落入信奉伊斯兰教的土耳其人手中。

公元 718 年君士坦丁堡的胜利引发的巨大连锁反应持续了几个世纪。第一个重大影响是基督教欧洲作为伊斯兰世界重要的文化和地理对手生存下来。732 年，法兰克领导人查尔斯·马特尔（Charles Martel）在靠近法国普瓦捷的一场战役中打败了来自西班牙的穆斯林远征军，而查尔斯·马特尔正是“神圣罗马皇帝”查理曼大帝的爷爷，基督教历史学家后来认为，这场战斗标志着阿拉伯穆斯林从陆上入侵欧洲的时代终结。1097 年，基督教欧洲的力量足以让其骑士从君士坦丁堡跨越博斯普鲁斯海峡，反攻伊斯兰世界，重新夺回伊斯兰控制的圣地，这就是首次十字军东征[①]。

基督教欧洲反对伊斯兰帝国基本上是通过海上力量取得重大胜利的。君士坦丁堡的胜利已经确定了，东地中海不像西地中海，绝不会屈服于伊斯兰势力。从公元 800 年至 1000 年，穆斯林和基督徒的船只都对东地中海的财富争夺霸权，在可能的地方实施掠夺，在必要的时候进行交易。1000 年，城邦国家威尼斯共和国最终占了上风，成为海上霸国，从而控制了从地中海中部向亚历山大港及地中海东部富裕港口的船舶转运。三个世纪后，热那亚商人夺取了伊斯兰势力对直布罗陀海峡的控制权，进而开启了大西洋海上航线，把基督教地中海与正在浮现的北欧世界统一起来。从 11 世纪到 16 世纪，

---

① 伊斯兰军事扩张止步于君士坦丁堡海堤的最直接后果，是挑拨基督教内部的不和。胜利后不久，利奥三世按照伊斯兰教和犹太教的做法，决定禁止使用宗教图标。但是，对罗马教皇而言，圣像破坏运动是可恶的。虽然君士坦丁堡在一个世纪后放弃这个禁令，东部基督徒和拉丁基督徒之间的对立却延续了许多世纪。

基督徒增加了对地中海的控制，而穆斯林则统治了印度洋。此后，在某种程度上鉴于葡萄牙人和大西洋其他海上大国的贪婪，他们希望通过“新航线的发现”，打破意大利人和穆斯林对东方贸易的垄断，突破绕过非洲通往印度的所有海上通道，把世界历史的力量关系改变成以欧洲为中心的关系。

伊斯兰势力在君士坦丁堡失败后，逐步退出了地中海，这一变化不仅拯救了基督教，也在伊斯兰世界内部产生了深远影响。一个动荡、重生的时代开始，通过融合伊斯兰与比较老的近东文明，复兴阿拉伯伊斯兰，助推了被证明属于其黄金时代的那些东西。进攻君士坦丁堡的失败也标志了伊斯兰军事扩张时代的结束，还颠覆了伊斯兰世界的内部机制，而这种内部机制曾掩盖了伊斯兰世界内部日趋扩大的裂痕。原先，战场上的胜利让阿拉伯部落可分得从败军那里夺取的战利品和贡品，这种分配制度掩盖了它们之间的对立。随着战利品和贡品数量的减少，由盘踞在大马士革的倭马亚（Vmmayad）哈里发控制的阿拉伯部落的政治体制，也开始在日益增加的非阿拉伯穆斯林皈依者中引起不满，这些皈依者日益扩大了穆斯林的人数，但他们常常感觉具有不受欢迎的二等穆斯林身份。

公元750年，倭马亚王朝在内战中被有竞争实力的家族即穆罕默德的叔叔阿巴斯（Abbas）推翻。阿巴斯王朝的新哈里发以包容非阿拉伯穆斯林为基础，管理上较职业化、效率化，没按照部落支持和群带关系的方式实施管理，主张宗教普遍主义，鼓励皈依者有平等的权利和机会。新哈里发的核心区是古代美索不达米亚高产的灌溉农田区域，阿拉伯征服者自认为是大地主。阿巴斯王朝的商业取向是东边和印度洋区域。为了加快王朝的崛起，他们建立了新城市巴格达，那里是底格里斯河和幼发拉底河相互靠近的战略要地。这一区位让巴格达便利地获得了富饶的洪水冲积平原上生产的粮食，又成为通往波斯和东方的主要交叉路口。正是阿巴斯王朝的巴格达，使伟大的伊斯兰文明第一次开始繁荣。从公元762年到1258年，除中国之外，巴格达是当时最大、最宏伟的城市；然而，1258 年蒙古入侵者摧毁了巴格达。

伊斯兰文明在水管理上无明显改进，在文明的上升期曾大力使用所谓中东技术，从淡水资源稀缺的栖息地里获得大部分淡水。这样，在维持哈里发的权力和辉煌上，水管理发挥着关键作用。他们在修复旧的水利工程设施的同时建设了新的设施。围绕着巴格达，穆斯林灌溉工程极其成功，建有五座大坝、若干横跨乡村地区的运河，幼发拉底河到底格里斯河的河水流淌其中，供农民取水灌溉农田。阿巴斯王朝的工程师[1]在底格里斯河的东部地区延长了拉旺运河，公元 2 世纪时，萨珊王朝的波斯人已着手建设这条运河，伊朗库尔河上的著名砌石水坝源源不断地给这条运河供水，建于 960 年的这座水坝，灌溉着甘蔗、水稻和棉花地。

中东地区的水利技术和农作物在伊斯兰世界的扩散，支持了伊斯兰文明的发展。地下坎儿井的使用增加了家庭用水的供应，北非和西班牙则利用提水车、汲水吊杆来灌溉农田。在伊斯兰控制下的西班牙，到处都是低水平的分流坝，等到基督教国家从西班牙驱走穆斯林后，这些分流坝成为这些国家的一个重要收获。

从文化和政治的角度看，与阿巴斯王朝具有竞争性的宏伟城市也在兴起。古达奎弗尔河上的科尔多瓦成为西班牙伊斯兰文明的首府，长期由倭马亚王朝孤独的后裔家族管理。古达奎弗尔河灌溉了周边的平原，也是运送粮食和商品到科尔多瓦市场上的通道。10 世纪时，开罗以令人眼花缭乱的新城市面貌发展起来，什叶派的法蒂玛王朝正式在开罗声称他们才是正宗的伊斯兰哈里发。法蒂玛王朝的经济基础是尼罗河富饶的农田、大规模的海洋贸易，以及通往地中海东部和红海的骆驼商业路线。14 世纪早期，著名的穆斯林旅行家伊本·白图泰（Ibn Battutah），也有人称其为“伊斯

---

① Pacey，10.；Smith，*Man and Water*，16，18.

兰的马可·波罗”，惊异于开罗巨大的规模，这样描述，“开罗有 12 000 个用骆驼托水的送水工”[1]，他们走遍了开罗的大街小巷和市场。

在炎热、干旱的土地上修建的宏伟的穆斯林城市，诸如科尔多瓦、开罗、巴格达和格拉纳达，展示了伊斯兰文化的辉煌和实力，这些城市建有以喷泉、流水花园环绕的华丽宫殿，古罗马时代的公共澡堂，给人一种置身于人间天堂的感觉。在伊斯兰缺少河流的土地上，只要条件允许，伊斯兰工程师都会在传统磨坊里利用水力磨面，还生产新产品和商品。底格里斯河上浮动的水作坊日夜在工作，供应巴格达所需的面包，而在美索不达米亚南部的巴士拉城，潮汐推动着作坊里的生产。除了食品生产外，巴士拉的水力作坊还加工甘蔗：首先粉碎甘蔗，然后提取甘蔗汁，最后熬制成结晶的糖。另外，一些水车传动装置推动大型杵锤，用来准备毛织品；杵锤还用来锤击水中的植物纤维，制成造纸用的纸浆。

叙利亚奥龙特斯河上的大型水轮

① Ibn Battutah, 15.

公元751年，在中亚怛罗斯之战中，穆斯林军队俘虏了懂得造纸术的中国技工，这些俘虏把造纸方法传到伊斯兰世界，并在撒马尔罕建立了一个造纸作坊。[①] 之后，造纸技术传到了巴格达。在中国，桑树皮长期以来被用作造纸的基本原料。由于伊斯兰世界缺少桑树，因此，碎布、亚麻等成为桑树皮的替代品。最初的手工造纸过程分为两阶段，而水在造纸过程中有着举足轻重的作用。首先，把磨损的碎布之类的东西放在桶中浸泡，捶薄、粉碎这些织物，再用锥形棒将其搅拌成纸浆，接下来，逐渐用水车驱动的纸浆搅拌设施替代手工搅拌。然后，把纸浆倒进热水桶里搅拌，经过一个金属格子模塑的挤压，生产出方形纸张。再把这些纸张挤压、挂干，随后用石头尽可能地把纸张弄平，最后，沉浸在混合着明胶和明矾液体的桶里将其变硬。巴格达的水动力纸浆制作技术向西传到了西班牙，差不多100年后，才传到基督教盛行的欧洲。

纸的发明对于通过书籍迅速传播知识起到了促进作用。例如，公元900年，巴格达就有了上百家书店。[②] 书籍推动了人类在科学、艺术、哲学和数学领域启蒙时代的到来，与此相关的是经济繁荣、相对包容与和平。公元9世纪早期，由哈里发马蒙（al-Mamun）创建的巴格达“智慧宫”，就把希腊文、波斯文和梵文手稿译成阿拉伯文。最终，经伊斯兰学者之手，这些书籍集中到了科尔多瓦，尽管君士坦丁堡和拜占庭帝国正让这个文明衰落，但盛行基督教的欧洲重新获得了亚里士多德的著作以及希腊人自己的思想遗产。这个重新发现后来在欧洲的文艺复兴时期开花结果，推进了后中世纪西方文明的诞生。穆斯林学者的许多原创性发现也传到欧洲。代数、三角学的正弦和正切、星盘及其他航海和地理测量仪器、酒精的蒸馏，以及很多医学治疗，都是非常显著的。伊斯兰的炼金术极大

---

① Gies and Gies，42.

② Pacey，41.

地影响了西方科学知识和方法的发展。伊斯兰的仪器制造者甚至制造了依靠水车驱动的精致的水钟齿轮链，与中国使用这一技术的时间大体相同。阿维森纳（Avicenna）和阿威罗伊（Averroes）是众所周知的影响西方主流哲学发展的独特思想家。

然而，在迈向 12 世纪末的某个时间里——有些历史学家把阿威罗伊 1198 年的去世作为一个断代时间——伊斯兰最辉煌的时代戛然而止。为什么思想活力突然枯竭，物质增长停滞不前？为什么伊斯兰文化突然在更灿烂的文明下黯然失色？至今这仍是一个令人费解的历史之谜。

1258 年 2 月 20 日，蒙古人洗劫巴格达是标志着伊斯兰文明衰落的最大创痛。手持火枪的蒙古勇士横跨欧亚草原，从中国一直征战到近东地区这个中欧的门槛边，对曾经辉煌无比的城市展开了抢劫、纵火、掠夺和杀戮。按照蒙古人的习俗，要屠杀成千上万的居民。在一次早有预谋的、以蔑视为象征的行动中，最后一位哈里发在蒙古铁蹄的蹂躏下丧生。由于巴格达周边的灌溉渠道和水利工程均被毁坏，任何农业生产都无法恢复，阿巴斯王朝的首都随之也完全成为瓦砾。非穆斯林入侵者在伊斯兰腹地实施异教徒的规矩还是首次。由于历史的偶然，基督教欧洲幸免于蒙古人的征战，伊斯兰和中国则均领教过。1241 年，在欧洲人准备俯首就擒之际，成吉思汗的儿子及继承人元太宗窝阔台去世的消息传到了易北河岸，蒙古指挥官不确定谁会填补喀喇昆仑的权力宝座，于是，自动撤军到俄国。最后，他们忽略了相对不那么富裕的中世纪欧洲，入侵了比较富裕的其他区域。

早在蒙古骑兵入侵伊斯兰世界之前，伊斯兰文明就处在严重衰退中了。如同公元 7 世纪阿拉伯军队推翻波斯帝国和拜占庭帝国一样，伊斯兰经济繁荣的基础已经在内部停滞。造成停滞的基本原因是，水资源管理步履蹒跚，技术上囿于伊斯兰淡水资源缺乏的痼疾。例如，美索不达米亚的农业生产力随着游牧的伊斯兰教皈依者日益增强的政治影响而显著倒退，正是这些伊斯兰教皈依者成为阿拉伯哈里发军事力量的主要人力来源。伊斯兰教皈依者中最突出的是土耳其人，1055 年以后，名义上是阿巴斯王朝领导着巴格达，实际控制权却掌握在土耳其人手中。淡水稀缺限制了当地具有统治地位的阿拉伯人的人口规模，为此，才会出现对土耳其人的依赖。阿巴斯王朝的奠基人曾努力重建、维护底格里斯河和幼发拉底河上的灌溉水利工程及纳赫拉万运河系统，曾在 11 世纪把可耕种农田面积扩至最大，但游牧的土耳其人沉浸在草原牧民的传统中，跟随羊群和马群在水源和季节性牧场上游荡。在土耳其人的影响下，政治集权被削弱，美索不达米亚的灌溉系统受到破坏。[①] 对水利设施维护的力不从心，导致泥沙淤泥堵塞了灌溉和排水渠道。两河流域之间的冲积平原因排水不畅，遭受内涝侵蚀，土壤盐碱化严重。如同古代的情况一般，土壤盐碱化造成农业减产，人口水平随之衰减。

忽视对灌溉系统的维护在 1200 年曾引发幼发拉底河和底格里斯河的重大破坏性改道。底格里斯河返回巴格达以北其原先的东向河道，造成两个相关联的灾害，因为改道导致大规模浇灌农田干涸，同时还摧毁了 400 英尺宽的纳赫拉万运输和灌溉运河，以及下游它支撑的农业灌溉网。与美索不达米亚农业衰退同命运的，是 12 世纪埃及灌溉系统的萎缩和坍塌。伊斯兰世界这两大粮仓同时陷入危机。正如经常发生的那样，尼罗河洪水泛滥与否决定着埃及的繁荣和在此基础上的政治系统。尼罗河充足的洪水曾支撑过阿拉伯统治的前 300 年。公元 945—977 年，尼罗河洪水量低，致使大量农田减产，从而为公元 969 年什叶派法蒂玛王朝征战埃及铺平了道路。两个尼罗河洪水量低的时代，也最终破坏了法蒂玛王朝的统

---

① Smith, *History of Dams*, 81; Pacey, 20; Mc-Neill, *Rise of the West*, 497.

治，当时出现了同类相食、瘟疫和水利工程设施毁损[①]。在长期正常状态之后，1200年，极低量洪水再次“光顾”埃及，严重的饥荒导致埃及三分之一的人口死亡。这一灾难助长了埃及人的怀疑：上游埃塞尔比亚的皇帝一定抢夺了尼罗河的水，从而对他们造成了威胁。1252年，马穆鲁克（Mamluks），即土耳其族出身的白人穆斯林奴隶骑兵，夺取了埃及的权力，在那之前，埃及的灌溉农业已经终止，尼罗河粮仓能够支撑的人口规模退回到公元7世纪的水平，即阿拉伯征战者从拜占庭帝国手中接管下来的人口。19世纪和20世纪，土耳其和英国领主在埃及开展水利工程建设，尼罗河灌溉系统才再次得到复兴。

在伊斯兰控制下的西班牙，存在的问题主要是有效开采现存水资源的失败，而不是水利工程设施的衰退。[②]当基督教欧洲重新征服西班牙时，他们继承了具有先进社会管理程序的灌溉网，其中包括瓦伦西亚著名的水法院，这是欧洲最古老的民主制度，通过这一制度选举出来的法官公开裁定灌溉争议，至今已有1 000年的历史了[③]。但是，西班牙灌溉网的基础延续的是中东传统，小规模河流引水坝，用于灌溉、水动力和水补给。穆斯林工程师很熟悉古罗马人在西班牙建设的大型蓄水坝和水渠，然而，他们从不去尝试改善用水效率，基督徒后继者却做到了这一点，进而帮助西班牙迎来了1492年之后的繁荣，费迪南德国王和伊莎贝拉女王的军队从伊比利亚半岛驱逐了最后的摩尔人。

破坏伊斯兰文明的另一个主要水软肋是，那里缺少小河流。[④]伊斯兰“河水赤字”不仅抑制了伊斯兰文明安全的大规模内部运输网络的快速发

---

① Smith，*Man and Water*，18；Temple，181.

② Collins，21；Smith，*Man and* Water，16.

③ 全体被选举的合议庭成员每周举行圆桌会议，公众可以听全部讨论，听对农民有关的水和基础设施争议的裁决。裁决是基于常识做出的，现在未找到当时的会议记录。

④ Pacey，44.

展，还降低了伊斯兰文明开发中世纪时期兴起的水力资源这种潜在竞争势的能力。虽然穆斯林水利工程知识比欧洲人要先进，由于伊斯兰世界天生缺少快速流动的小河流，故此，水车之类的技术从未发挥重要作用。当欧洲人在学习如何应用许多小河流的水力和交通潜力，来发展欧洲的早期工业，进而助推其在历史上的主导地位时，伊斯兰治下的西班牙却继续在磨坊里、提水时使用水车技术。使用水动力产生的能量是早期工业发展的一个开创性因素。12 世纪中叶，欧洲人在水动力方面与伊斯兰世界旗鼓相当。

伊斯兰文明在 12 世纪以后迅速衰退的另一个关键因素是，它不能维持海上霸权。事后看来，公元 718 年君士坦丁堡之战的失败对伊斯兰世界是第一次重大打击，当时，它有可能把地中海变成伊斯兰的湖泊。这就给欧洲开始建立其海上力量打开了一扇大门。11 世纪末，欧洲人开始接管关键的海上贸易通道，并逐渐把伊斯兰势力驱逐出地中海海洋贸易之列，迫使伊斯兰文明更多依赖它缺水的沙漠资源。

然而，伊斯兰与控制富裕的跨印度洋长距离贸易这一最大机会失之交臂。在印度洋范围内，穆斯林被证明是胆小鬼，总是靠近海岸航行。只在绝对必要时，他们才会航行到大海深处。他们并不是未知世界的勇敢探险者。在非洲，穆斯林向南旅行，到达过非洲大陆和马达加斯加最大岛屿之间的莫桑比克海峡，旅行到此为止，他们驻足不前了。具有讽刺意味的是，莫桑比克海峡在阿拉伯历史上被称之为“法兰克人的通道”，15 世纪末，被穆斯林称之为“法兰克人”的欧洲人，通过这个海峡，绕过南部非洲的海角，航行至印度洋。为什么伊斯兰航海家在已了解这些水域的情况下，没有绕过这个非洲海角，进入大西洋，这是世界史上错过战略机遇的一个案例。实际上，原因不难理解：几乎没有任何经济利益刺激伊斯兰航海家这样做，毕竟他们控制了世界上收益最高的贸易通道。

伊斯兰海上势力的衰退很大程度上缘于没有把自己真正转变为海洋文

明。当伊斯兰文明占领其海洋的第二前沿时，它从未把海洋前沿吸收进起源于沙漠的文明中，形成新的综合体。尽管亚历山大港是一个天然良港，处在地中海和向东贸易通道的中心位置，但没有成为“穆斯林的威尼斯”。伊斯兰应对了缺少河流、良港和危险海岸线的窘境，而伊斯兰文明并没有真正克服这一缺失。从文化角度讲，伊斯兰文明从根本上维持着其陆地导向。这样一来，当基督徒在海上对伊斯兰发起挑战时，伊斯兰世界很容易受到包抄。

那些长期被动地生活在陈旧水利工程技术中的社会，通常会被应对挑战、把握机遇、找寻创新方式开采水资源的国家和文明所超越，这是历史上反复出现的教训之一。穆斯林未能战胜若干次挑战，首先是中国人的帆船，但后来中国人自动退出海洋；而后是1498年早期葡萄牙航海家瓦斯科·达·伽马航行到印度洋。事后看，事情常常是这样：一种文明似乎超越了另一种文明，伊斯兰文明替代了拜占庭和波斯，但另一种已经集聚了一段时间的优势，会瞬息之间，突然全部释放出来。航海、造船、海上武器发展一直为相对便宜、快捷和安全的运输和贸易稳步地扩大着机会。直到达·伽马绕过非洲海角，横跨印度洋，进入印度的卡利卡特港，海上实力的崛起才明显浮现出来。在十多年的时间里，葡萄牙的坚船利炮控制了穆斯林横跨印度洋到达香料群岛的最富裕的海上通道，这些战船上配备的加农炮的有效射程达200码（182米）。葡萄牙人不仅完全打开了通往印度的水上通道，而且打破了长期以来通过地中海连接威尼斯和亚历山大港的东方贸易通道。威尼斯人向埃及统治者建议，重新启用尼科法老完成的连接尼罗河—红海的“苏伊士”运河线路，作为应对措施。然而，这一建议化为泡影。故此，传统的陆上骆驼和海上商业路径最终衰落，当然，它曾为伊斯兰文明带来过大量的财富。

15世纪，在土耳其人领导下，与伊斯兰军事力量的复兴有着最弱联系的海上实力也出现了。土耳其人来源于远东的游牧部落，与蒙古人有血缘关系。在9—11世纪，许多土耳其部落进入了中东地区的伊斯兰领地，皈依伊斯兰教，常常作为雇佣军。随着时间的推移，他们成为伊斯兰军事力量的核心和政治控制者。蒙古人的霸权一结束，奥斯曼土耳其人就把自己的军事势力扩张到了现代土耳其的安纳托尼亚高地。

1453年，在年轻的"征服者"穆罕默德二世（Mehmet II）指挥下的土耳其人，让整个欧洲基督教社会不寒而栗，他们最终占领了君士坦丁堡，作为土耳其的首都。借助匈牙利工程师制造的大型加农炮，穆罕默德二世对坚不可摧的金角湾的总攻，推进了攻占这座历史古城的战斗的最终胜利。穆罕默德二世的军队从陆路拖来70只划桨船，在守卫金角湾入口的拜占庭帝国卫队背后部署船只，发起进攻。在随后的200年里，土耳其人充当了反对基督教欧洲新圣战的主导军事力量。16世纪，强大的土耳其伊斯兰军队袭击了希腊、巴尔干地区和匈牙利；1529年，包围了中欧多瑙河上的维也纳。1520—1566年，苏丹·苏莱曼（Sultan Suleyman）大帝统治下的土耳其让罗马感觉到威胁。1683年，土耳其军队第二次包围维也纳。

通过重新夺回圣地的十字军东征，欧洲曾经对阿拉伯人主导的扩张做出回应；对土耳其人领导的第二次文明冲突所做的反应包括一系列控制地中海的海上战斗。虽然土耳其的新型船只已恢复了伊斯兰世界的海上力量，并在1570—1571年控制了具有战略地位的东地中海塞浦路斯岛；然而，土耳其人在应对大西洋上的风暴和大洋环流时仍无法与欧洲的船只、航海训练和海上战术水平相比。1541年，苏莱曼的前宰相阿里·帕夏（Lufti Pasha）越来越关注于，土耳其军队容易在海上受到基督徒军队的攻击，而土耳其人的战斗力适合于陆地作战。1571年10月7日，基督教联合舰队和土耳其舰队之间的海战，证实了帕夏的看法。这场战斗发生在希腊海岸勒班陀附近，离结束罗马内战的亚克兴战场不远。持续四小时的勒班陀四战役不仅标志着基督教欧洲世界对伊斯兰海上军事力量的决定性胜利，而且成为了海战史上的一个转折点，因为火枪首次在主要海战中发挥作用。[①] 土耳其人采用的战斗方式自古有之，试图在船上开创陆地作战的条件。土耳其海上作战的士兵主要用剑和弓箭这类近距离武器；驾船者和水手努力向敌船开近，士兵用铁钩把敌方的船钩住，进而可以在甲板上做近距离搏杀。相对比而言，基督徒的战船用兵器作战，展示了即将出现的海战新时代。他们的船只上安装了加农炮，士兵用火枪或火枪钩作武器，而这种武器能够在一定距离内点燃敌方船只并打击敌人。威尼斯人展示了全新类型的战舰——三桅战船，比传统的战船要大很多，装备有六人划的 50 英尺长桨和大型舷炮。1588 年，这场海战发生之后 17 年，英国人大败西班牙无敌舰队，这是历史上的又一场大海战，使用了远距离火炮，从而完成了向现代海战的转变。勒班陀之战，基督徒获胜，但双方共死亡 30 000 人。[②] 小说《堂吉诃德》的作者米格尔·塞万提斯（Miguel Cervantes）参与了这场战役，他骄傲地展示了自己在这场战斗中致残的左手，以证明他在这场战斗中的作用。勒班陀之战实际上限制了土耳其帝国在海上的行动，以及沿着世界海上通道获得资源的途径，从而削弱了土耳其帝国的野心。

与欧洲人的海战表明伊斯兰文明从国际主导地位上衰退，这部分归因于伊斯兰文明内部的水资源脆弱性。伊斯兰的邻居对水资源所做的事情也决定着这一结果。贯穿历史，文明对其面临的水挑战来说是可变的，而且处在不断变化之中。有些文明很快兴起，缘于栖息地的水资源条件，他们更青睐于使用可行的技术和组织形式来开采。例如，因为半干旱的洪水河流流域提供了灌溉机会，所以，那里的水利文明兴起得最早，那里的人拥

---

① Lewis，*Muslim Discovery of Europe*，32.

② Howarth，18—21.

有可开采的水资源。靠着使用骆驼穿过严酷的沙漠栖息地运送商品，伊斯兰世界的这种贸易发展延续了更长的时间。还有一些区域的水资源条件更为恶劣，那里的社会面临更为严峻的挑战，以致在社会间的不断竞争中，那里的社会形态降级到从属的起点位置。

次撒哈拉非洲的命运基本上也如此，当地的地理条件呈现出难以克服的障碍。赤道附近的热带雨林区域，如热带低地地区，是生态非常脆弱的栖息地，不适合发展大的、先进的文明。那里的土壤永远处于水饱和状态，难以清理出农业用地；卫生条件也不适合于人类居住。除非通过河流，不然出行非常困难。实际上，那里显赫的文明基本围绕比较干燥的、适宜的热带雨林和过渡性草原地带，如围绕尼日尔河、塞内加尔河上游和冈比亚河发展的帝国。但是，在很长一段时间里，这些文明在大沙漠和不可穿越的大海背后，孤独地发展着，从而限制了它们与其他社会在文化上、经济上进行交流，恰恰是这类交流，始终在推动着每个时代的文明。毫不意外，水技术—阿拉伯骆驼商队的超级竞争优势，以及之后欧洲人航海技术的超级竞争力，推动了这些相邻文明的发展，它们最终解除了次撒哈拉非洲帝国的外部障碍。从贸易到抢劫再到统治，按照这种国际历史发展的必然过程，穆斯林和欧洲人通过贸易、征服和殖民地化的方式，把剥削关系强加给非洲，进而表达自己的优势。这种不平等的最完整符号，就是大规模的黑人奴隶贸易。阿拉伯人垄断了奴隶贸易好几个世纪。当然，欧洲的船只出现在非洲的大西洋沿岸，并且提供了较便宜、安全的海上航线，以及新大陆的新市场，引致的结果是奴隶贸易易手欧洲人。

在旧大陆文明的西北边缘，大海环绕着的那些寒冷、潮湿的欧洲地区，也继承了水资源，可是，对这些水资源的开发、利用极具挑战性。在千年的历史中，非地中海的北欧地区一直都属于穷乡僻壤。当地栖息者用航海技术打破海洋对半岛形式大陆的束缚之时，他们获得了世界史上最具有发展潜力的水资源优势之一。对于先前的大部分历史来讲，海洋实力主要有助于较小的国家抵御有着强大军事实力的陆地大国的入侵；通过利用海上航行困难重重这一条件，通过延长和袭击敌人的供应线，海上实力得以平衡。但是，随着深海航行的到来，控制整个世界海洋通道骤然间成为一种压倒一切的优势。中国自愿选择闭关自守，在航海技术的推进下，欧洲人居于一个全球非凡的主导地位，而且延续了500年。

第二部分

水与西方世界的影响

7. 水车、犁、货船与欧洲的苏醒

中世纪后期，中华文明和伊斯兰文明的辉煌渐渐黯淡，在这一时期，另一种文明开始在旧大陆欧洲边缘繁荣。旧大陆欧洲边缘上的基督教与那里重新发现的希腊—罗马根基在文化上相结合，较早显现的、半干旱的地中海南部与缓慢生长的、较寒冷的北温带的不同资源在经济上相融合，由此而振兴的西方文明，将奠定一个占据世界财富和政治秩序长达500年的优势，这在世界史上还无先例。此后一系列有关水的挑战和反应，标志了欧洲历史发展的轨迹。把一种巨大的水障碍转变成生产扩展的载体，从而释放出水固有的潜能，历史就这样一次又一次地重复着如此的演进过程。最引人注目的是，两个关键的历史转折点推动了西方世界，其一是15世纪末和16世纪前期，在“欧洲航海发现”中出现的携带长程连射炮的跨洋航行；其二是逐步利用水动力，先是工业中利用水车，到18世纪末，工业中开始利用当时发明的现代蒸汽机。推动西方崛起的还有其独特的政治经济秩序，这种秩序从西方最具活力的中心发展起来，具有自我膨胀的特质，蓬勃发展自由市场和代议制的自由民主。古希腊航海城邦国家播下了这种代议制自由民主的种子。

欧洲大陆呈半岛地理形状，三面环海，南边是温暖的、湖泊式的地中海；北边是寒冷的、暴躁的、半封闭的北海和北部孤独的波罗的海；西边是波涛汹涌的浩瀚的大西洋，在大部分历史时间里，大西洋一直是西方最大的不可逾越的前沿，也是其防御前沿，因此，这种地理形状培育了西方自然海洋导向的历史中心观念。欧洲大陆没有如埃及的尼罗河或中国的大运河那样统一的交通大动脉式的内陆河道，故此，欧洲人走向海边，在那里交流、做生意。多瑙河向东流入黑海，莱茵河向北流入北海，它们可能对欧洲大陆的某些区域起到支柱作用，然而，两条河均不在早期欧洲地中海社会文明的主要方向；实际上，这两条大河曾经给罗马人提供了防御性的屏障，以抵御欧洲东北部的游牧野蛮部落的入侵，因而，这两条河可谓是罗马人的“中国长城”。集中的大水利文明总沿着一些古老的半干旱栖息地区域内具有动脉性质的可灌溉河流展开；与此相类似，欧洲文明很大程度上依赖于宽阔的海洋、雨水滋养的农业，以及许多可航行的小河流，来孕育它由市场连接起来的、友好竞争型小国的独特政治历史，并逐步发展自由民主。

在公元600—1000年所谓的“黑暗时代”，落后的北欧逐步从古罗马帝国人烟稀少、野蛮部落游荡的腹地，变成适宜定居的、自主生长的基督教文明区域，新的耕种技术、可以扩大雨水浇灌耕地面积的排水技术，以及利用小河航行和水流动力的技术等，结合在一起，成为推动该区域发展的关键动力。公元6世纪，拜占庭查士丁尼（Justinian）皇帝重新征服罗马腹地失利之后，（地图9：欧洲和几条中世纪海上贸易通道）莱茵河、多瑙河两岸的北欧陷入了野蛮部落和定居社会之间长达几个世纪的权力争斗之中，这些争斗最终导致一种分散的封建政治制度和庄园经济，而庄园经济与城墙包围的独立城邦和不受监管的贸易相联系。公元5世纪末，这个区域最重要的野蛮人法兰克人成为基督徒，与罗马教皇建立了政治联盟，这对拉丁教会的生存、扩散是至关重要的。公元800年的圣诞日，教皇利奥三世在圣彼得大教堂加冕查理曼大帝为“神圣罗马帝国皇帝”。在查理曼大帝的顶峰时期，以莱茵河流域为中心的法兰克王国，几乎控制了包括现代法国和德国、多瑙河上游和意大利北部在内的全部区域。

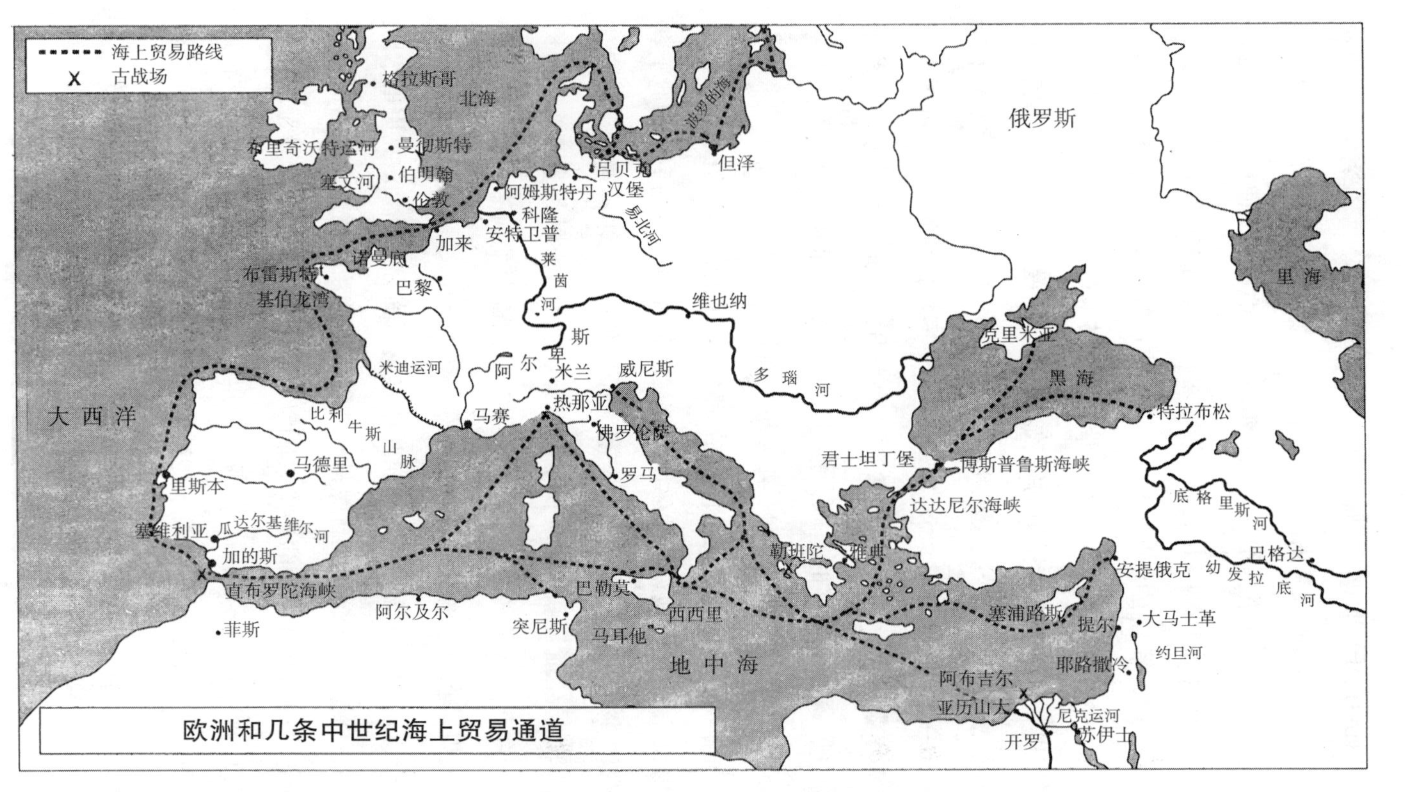

地图 9. 欧洲和几条中世纪海上贸易通道

但在公元9—10世纪，新野蛮部落的袭击浪潮，包括令人恐惧的斯堪的纳维亚的诺曼人或维京人的袭击，使法兰克王国和其他统一行政管理区的稳定受到破坏。斯堪的纳维亚的古挪威人或维京人，使用吃水很浅的长型船只，以在欧洲河流的上下游和海边对定居部落发动袭击而谋生。由武装骑士保护的、带有围墙的城堡，最终促使这些野蛮人定居下来，过上文明的生活，接受基督教，同历史上那些经历转变的野蛮人一样，定居生活鼓励他们以新的热情去接受新的宗教。居住在诺曼底地区的古挪威人成为1066年征战英格兰的诺曼人；此后不久，他们参与了从穆斯林手中夺回西西里的战斗，领导了1096—1099年的第一次十字军东征，占领了耶路撒冷和基督教圣地。大约在1000年，大部分北欧地区都已经基督教化了，市场力量获得了足够的基础去推进950—1350年那场商业革命的早期发展，正是这场商业革命推动了西方早期经济的腾飞。

北欧一直具有发展的自然条件。尽管处在亚寒带纬度，但来自加勒比的温暖的大西洋环流，使得北欧的西北部属温带气候带，几乎全年适于农业生产。那里淡水和其他自然资源丰富，降雨充沛，几乎没有尽头的蜿蜒曲折的海岸线，给航运和贸易提供了不少天然良港。北欧许多可航行的长河流大部分向北流，延伸的长度超过地中海欧洲部分的河流，这些河流都具有成为大规模水上运输网络的骨干河道的潜力。

在整个罗马时代，该区域大规模开展农业面临着一个无法克服的水障碍，那里的重黏土过度沉积，自然排水功能不佳。浓密的森林和沼泽覆盖了大部分平坦的、常常积涝的平原。适合地中海和中东地区干燥、较轻土壤的耕作方法，如用一头或两头牛拉着简单的、木质犁浅耕的方法，在这个地区行不通。因此，北欧靠雨水浇灌的农田仅限于坡地，人们使用刀耕火种的方法开垦补丁大小的地块，毕竟坡地排水顺畅；还有个别地方，土壤的自然渗透力强，适宜使用人力进行小规模的农业耕种。因为这个地区的农业生产徘徊在饥饿水平，该区域人口规模小，人口寿命不长。

唤醒北欧经济农业革命突破口的是重型轮式犁的出现。[①] 一组由四头至八头牛拉着的铧式犁，有着铁质的深弯曲犁刀，犁出的深沟槽能产生高高的地垄，大范围释放重土壤的肥力。除了使用成本不菲的铁犁刀外，关键的技术性突破是拉犁的牲畜和轮铧犁之间的落点，而该落点充当着支点的角色，能把较大的力点放到较重的犁头上，从而改善这种机械在不平坦地形耕作时的移动性。大约到10世纪，这种重型轮式犁才在北欧地区广泛应用。

北欧的地形条件有了巨大改变。森林被砍伐，沼泽地的水被排除，荒野被转成适宜耕作的粮田。重型轮式犁的使用使人类可以对土壤实施强有力的水分管理，如此一来，集中耕种农田被延伸到新的气候带，在依靠自然降雨的土地上，历史性地扩大了农业用地面积，进而也扩大了人类在地球上的印记。农业生产和生产力的剧增，为农业革命奠定了基础，而这场农业革命在11—13世达到顶峰。从8世纪中叶到13世纪，欧洲明显出现了干燥、温和气候，1—2℃的变化诱导了农业的扩大。[②] 欧洲人口剧增是极大地影响农业变化的证据，700—1200年，欧洲人口增加了一倍多，达到6 000万—7 000万人。重型轮式犁的广泛使用，促使那里的人口密度提高。

重型轮式犁也是中世纪经济社会体制转型的一个重要催化剂。这种犁的确很有力量，当然，成本也很高；为此，它鼓励大规模农田耕作，共用稀缺的畜力，推动农民之间的合作劳动。以栅栏分割个人所有田的数量减少，出现了由农民村庄委员会管理的集体土地，而村庄委员会解决土地纠

---

① White, *Medieval Technology*, 43. 重型轮式犁取代了过去的爬犁，它由锋利的犁刀和犁壁组成，通过调整犁刀的角度，就可以翻耕草地和肥沃的洼地，并且翻起的土被放到一边。10世纪，欧洲人引进结实马颈轭后，马替代牛成为了人们青睐的拉犁牲畜。

② Gimpel, 29—30, 205—206. 费尔诺冰川在三千年的前进和退缩表明，公元前1000年是一个寒冷的时期，在罗马时代后期，气候逐步变暖。750—1215年属于中世纪温暖期，随后是一个短暂的寒冷期，一直延续到1350年才结束。在这个寒冷期可能引发了黑死病。从1550年至1850年，欧洲经历了一个小冰河时代，随后是一个世纪的温暖期。

纷并对整个农田管理进行决议，它们是代议制民主的早期形式。这些委员会形成北欧自给自足村庄社区或庄园的基本特征，与主导卢瓦尔河和阿尔卑斯山以南地区的[①]、在干燥土壤条件下以刮犁耕地的个体经济和社会结构形成明显对比。

重型轮式犁成为新三种农田三年轮作制度的基础，三年轮作制度起源于9世纪法国北部，在此后三百多年时间里普遍应用于西北欧地区。围绕村庄的农田被分成三种：第一种在秋天种植小麦或黑麦；第二种在春天种植燕麦、大麦、豆类植物；第三种休耕，让土壤补充肥力。村庄里的农民常常包括拥有自己土地的自由农民，以及在领主庄园里干活的佃农。领主提供一般的服务，如铁器加工，用水轮动力磨坊把小麦加工成面粉；佃农一般使用庄园的磨坊来加工他们十三分之一的粮食或面粉。这种以村庄为中心整合封建领主、诸侯、骑士和农民为分散管理协会成员的庄园经济，构成那个时代的政治经济制度。

10世纪遍及北欧的重型轮式犁

① Gimpel，44.

使用重型轮式犁开垦欧洲积涝的平原，使得农业产量提升、人口增长，进而激活了这个区域潜在的其他水资产，促进了经济的进一步扩张。1000 年之后，商船使欧洲漫长的内陆河流、北部海岸活跃起来，这些商船常常是武装起来的，转运来自自由商业城镇和季节性商品交易会上的农产品和原材料，如木材、金属、石蜡、皮毛、羊毛甚至腌鱼，货物经由这些商船运往各地。在北海，许多早期商人是过去驾驶长船的古挪威劫匪的后裔。

11 世纪出现的平底货船，把变化莫测的、孤独的北海变成了活跃的贸易通道，大型货船在那里航行，水手不足 20 人。这种新货船是一种较大的、坚固的单帆船只，船底圆滑，用改进过的中心尾舵替代了传统的长桨舵。最大货船的载货能力超出传统船只六倍，到 12 世纪末期，最大货船的载货能力已经达到 300 吨。另外，在这类船只上还增加了射手平台，高甲板货船被证明是很好的战舰。12 世纪，武装船队成为航行在自由德国海港城市之间的主力船队，开始主导波罗的海和北海的海上商业。吕贝克城地处划分两个海的那块陆地瓶颈靠近波罗的海一侧，强大的汉萨商业协会（即著名的汉萨同盟）曾经以吕贝克为首府，有自己的成员、法律和习俗，成员差不多遍及 200 个自由贸易的城镇。汉萨同盟延伸到北海沿岸的纵深地区，甚至到达莱茵河，发展内河贸易。科隆是较晚加入汉萨同盟的城市，它位于莱茵河上下游航道和陆路交通的交叉口。[①] 正是其所处的地理位置使科隆成为当时德国最大的城镇，到 14 世纪时那里的人口达到 20 万人。

尽管北欧内河贸易的规模常常小于海上贸易，但它建立的是一个大规模的、便宜的水上交通网，刺激着该区域的经济活动，当然，其刺激程度无法与中国的大运河同日而语。地方建设并维护着防洪堤和相互衔接的交

① Braudel, *Structures of Everyday Life*, 51.

通运河。14 世纪以后，在现代荷兰和比利时这类低地国家（它们广袤的农田通过良好的排水系统来开拓），85% 的商业交通是通过水、航行堰和运河闸的使用来实现的。[①] 船夫常常把他们的船只集中到繁忙河道的下游，有时甚至要付不菲的费用，才能通过河闸抵达下游。有趣的是，这些河闸犹如现代高速公路上的自动收费站。

在贸易和农业收益的推动下，北欧的财富伴随着快速的经济发展迅速超过地中海地区那些老中心的财富，当时，私商和市场经济力量正助推那些老中心的商业回升。历史学家罗伯特·S. 洛佩兹（Robert S. Lopez）写道："10 世纪到 14 世纪的商业成为经济中最具活力的部分，商人是变革的主要推动者。""商业革命"逐渐侵蚀了地主和官员的控制权，"让城市市场成为城市生活的主要聚集点，而不是那些公共场所或教堂广场"。[②]

在 11 世纪和 12 世纪，随着新市场活动而蓬勃发展的城市中心凸显出其在该区域的重要性。一旦有可航行的水道，或有重要的河流流过，或建立了被人青睐的港口，那些地方就会形成城市商业中心。北欧最有活力的城镇群就出现在几个低地国家，莱茵河、默兹河和斯凯尔特河流经那里。这些城镇包括根特（14 世纪时是这一地区最大的城市，人口达到 5 万人）、布鲁尔、安特卫普和后来的阿姆斯特丹；其他一些大中心包括吕贝克、伦敦和巴黎。类似的情况也出现在地中海地区，当时在意大利北部就涌现了一批大的城邦，人口超出 10 万的有威尼斯、热那亚、米兰、佛罗伦萨。

由于水上航运至关重要，欧洲商业革命的中心市场都在中世纪主要城镇和城邦的桥梁和码头附近，或者沿着这些桥梁和码头分布。因此，这些市场的选址并非偶然。像城镇一样，从 11 世纪到 13 世纪，桥梁建设就是一个主要的建设项目，常常转变成每一个城镇的中心市场。商店和住宅环

---

① Gies and Gies，221. 堰指的是一种改变水流特征的小型水利工程，它可以拦截河水形成一段水堰，有多种功能，如保持水的流速，让水深满足航行的需要等。

② Lopez，86—87.

绕着桥而建，承继了中世纪城镇建设的遗产，如公共饮水池、河流下的污水排放系统。12 世纪末横跨泰晤士河的“老伦敦大桥”、横跨塞纳河的大跨桥，以及至今横跨佛罗伦萨阿尔诺河的那座石桥，附近都挤满了商店和市场。在这些桥中，只有塞纳河上的这座大桥有特点，桥拱下建有 13 个浮动的水动力磨坊，利用了桥下快速的水流，生产 14 世纪巴黎每天需要的面粉。早期的许多桥梁都是教会下令建的，12 世纪末，“建桥兄弟会”在法国南部德阿维尼翁建了一座著名的 20 拱桥，横跨洪水经常泛滥的罗讷河。[①] 当桥梁成为提升城镇贸易和商业的基础设施时，市民社会的行政管理部门便负责建设桥梁。这一工作恢复了古罗马公共基础设施建设投资的传统，也成为西方政府和私人市场相结合的自由和民主的传统。

有几座桥位于非常重要的中世纪商业中心，如威尼斯的里亚托桥。威尼斯是那个时代地中海最具实力的海上贸易大国，这座桥就在其核心位置。1264 年，木质的里亚托桥替代了旧的浮桥。之后，修缮过几次，直到 16 世纪末，才建成今天我们所看到的石头桥，沿岸是两个塞满了商店和商行的市场。银行、肉铺、鱼市，水果和蔬菜贩摊，杂耍和其他表演，甚至一些老弱者，成为堤岸上的一道常景。倘若深入观察，从围绕里亚托桥的威尼斯商人的复杂关系中，已依稀窥见早期市场资本主义的层次结构体制：桥上那些小商人正与较大的批发商讨价还价，以商品换钱；每天早上，那些较大的批发商在凉廊客厅购买、出售、签署交易合同和运输合同，这就是早期的商品交换；以后，那些较大的批发商把交易地转向银行柜台，成为银行家，他们通过记账转账结算进行交易，把积累的资本收益变成新的贷款和新的投机经营股权。许多现代金融方式在那个时代就有了，包括借贷、现代会计资产负债表复式记账格式，甚至早在 14 世纪，

---

① 有趣的是，僧侣与桥梁的关系同样在东方存在，佛教僧侣在喜马拉雅山区建了许多拉索桥，因为他们把修建这些桥梁视为自己的责任。

汇票制度就在帮助距离遥远的商户开展业务。那个时代还出现了历史上著名的主权贷款违约事件——英国王室拖欠意大利银行贷款，导致银行倒闭，引发国际金融危机。

一方面是由市场供应和需求组织的城镇商业，另一方面是庞大的、传统的庄园经济，以易货贸易和自给自足的农业为主体，这两种不同的、对立的经济在贸易上有交集，并且相互共存了几个世纪。当然，更具效率的市场快速扩大，覆盖了欧洲越来越多的经济资源，甚至把庄园经济挤到悬崖边，并最终成为历史。在14世纪极具破坏性的、减少人口的饥荒和瘟疫爆发之前，经济发展正显现出横跨分离政治环境的欧洲市场经济基本模式。

城镇和庄园对水车的使用截然不同，这显然说明了城镇超越庄园的竞争发展机制对欧洲的影响。水车在庄园几乎没有超越传统的磨面功能。但在城镇商业市场力量的影响下，水车成为“机械革命”（11—13世纪）的基本推动者，而这场“机械革命”促进了欧洲早期工业革命的腾飞。

水车是公元前1世纪发明的，是文明史上的分水岭之一。古代以牲畜拉动的戽水车，主要用于灌溉农田，是水车发明的雏形，不过，与戽水车相比，安装了叶片的轮式水车，以无休止的水流驱动这些叶片，把捕捉到的水流能量用于生产。实际上，水车是历史上首个机械引擎。人类在其黎明时刻掌握了火的使用，在其发展早期学会了航行。自那时起，水车给人类提供了第一个最大的技术成就——利用无生命的自然力。在随后差不多两千年的时间里，水动力将是人类主动利用自然力达到顶峰的象征。

简单的卧式水车主要用来磨面，水轮与固定在它上边的石磨平行，水流驱动水车运转。比起古代用两个奴隶或一头驴子拉动的手磨（其功率大体相当于半马力），水车驱动的磨功率要大好几倍。经过改良的直立式水车的马力约比手磨大五六倍。通过凸轮轴和传动装置，直立式水车把旋转动力转化为推动石磨或其他设备高速旋转的动力。当然，水车的可靠性随着水流的波动和气候条件而变化，如干旱、洪水和冰冻。在中世纪末期，上射式直立水车是推动欧洲早期工业革命的至关重要的一项重大革新。控制稳定的水流直接从上方落到水车叶片上，一般是构筑人工水池或在河流上筑坝，通过闸门调节引水沟或槽中的水量，然后倾泻到水轮上，因此，上射式直立水车比起下冲式水车的效率要高三五倍，而且人们还可以使用能产生更大动力的水车。达·芬奇最早提出，上射式直立水车是最有效的设计，比工程师得出这一结果早 250 年。况且达·芬奇出色地解决过许多水力学问题，包括运河水闸、水泵、桥梁、轮船以及水轮存在的问题①。在中世纪的欧洲，一些独特的上射式直立水车的动力相当于 40—60 马力（29—44 千瓦）。从威尼斯到布列塔尼和多佛这些沿海区域，甚至曾尝试利用海水的潮汐动力驱动磨坊的工作②，尽管这些实验通常居于水动力利用主流历史的边缘。

虽然水车无处不在，但在 11 世纪之前，水车所产生的动力一般不过 1 马力，很少被应用于工业。由英国新诺曼统治者汇编的《英格兰土地财产清册（1086）》，也称《末日审判书》（Domesday Book），是 1066 年征服英国后，新诺曼统治者为了评估可能征税的资产而作的国家资产评估。书中这样记录着，塞文河和特伦特河以南有 5 624 个磨坊，为 3 000 个聚居点服务，或者说，一个聚居点大约有两个磨坊。在人口众多的富裕的欧洲

---

① Smith, *Man and Water*, 147; Gies and Gies, 258, 265. 那时，人们认为水所产生的动力是恒定的。达·芬奇认为这个看法是不正确的，水做功的潜力依赖于水的落差减去水轮的阻力及其推动的机器本身。他认为，水功率的大小取决于水入射水轮叶片的角度。这样，上射水轮功率最大。但是，当时的数学计算并不支持达·芬奇的理论；这个难题留给了现代市政工程师约翰·斯米顿（John Smeaton），他在 18 世纪中期的实验中解决了这个难题。达·芬奇所绘制的早期水轮设计图提供了大功率水轮的最早模型，最佳入射角度为时钟 10 点和 2 点的位置。

② White, *Medieval Technology*, 84, 85. 11 世纪，威尼斯附近的亚德里亚海和英格兰的多佛出现了潮汐动力驱动的磨坊。

大陆，这个比例大体类似。9 世纪初，查理曼大帝就对这些随处可见的磨坊征税了。在 12 世纪法国历史年鉴中，可以查到在河流上筑坝推动水车运转的相关记录，其中一个记录描绘国王[①]如何通过摧毁水坝而逼迫他围困的城镇投降，而这个水坝事关被困城镇几家磨坊的水车用水。14 世纪早期，靠近巴黎塞纳河不到 1 英里的河段上就集中了 68 家磨坊。主要城市的大桥下也可以看到在水上浮动的磨坊。实际上，在居住区域内，每一条适宜的小河上都有若干个磨坊，它们通常相距四分之一英里到半英里。到 18 世纪工业革命袍笏登场时，欧洲水力磨坊可能超出 50 万个，其巨大的马力总和，标志着西方物质文明进入了高级阶段。[②]

水车广泛应用于欧洲早期工业

水车对世界史的最大影响是，在欧洲，水车最大程度地应用于早期工业，尤其是 11 世纪以后，它刺激工匠对机械齿轮、飞轮、凸轮轴、传

① Smith, *History of Dams*, 144. 这位国王是菲利普·奥古斯都；这个城镇是古尔奈；作者是威廉·布勒东。

② Braudel, *Structures of Everyday Life*, 358.

送带、滑轮、传动系统和活塞等整套机械系统的实验研究，实际上播撒了如何进行工业生产的种子。令人惊讶的是，宗教寺院是水动力用于工业的技术先锋。圣本笃（St.Benedict）创立了隐修方式，公元529年，他在意大利南部的卡西诺山制定了修道院的“本笃会规”，从此以后，欧洲的僧侣一直在致力于体力劳动，作为对他们社区行动的一种物质的和精神的支持。在中世纪早期，自给自足的修道院社区，在保存古籍、重新学习经典、让异教徒皈依基督教等方面发挥着重要作用；鲜为人知的是，这些修道院还推广和传播了许多水利技术，包括修筑和维护堤防、沼泽排水、桥梁建设，把水动力应用到众多的修道院活动中。

在使用水车技术上最有抱负的修道院先锋当属急速扩大的熙笃会，成立于11世纪末的熙笃会，其属下的修道院有意识地靠河建设，以便利用河流的水动力，因为那里常常有大型作坊。历史上几乎没有哪个人能比12世纪克莱尔沃熙笃会修道院院长圣·伯纳德（St.Bernard）更好地利用了水动力，该修道院位于法国东北部的山谷里。他们开凿了2英里长的水渠，把奥布河的水引到修道院。引用一位当代观察者的描述，引去的水首先流入谷物加工作坊，水车推动石磨研磨谷物，分离谷壳和面粉。[①] 接下来，水流入下一个建筑，流进用于浸泡的热水器里，然后再推动重锤捶打漂洗的皮毛。制革之后，水又流进许多较小的水道里，用水车推动锯子锯木头、榨橄榄油，为做饭、清洗、洗浴供水，最后，把所有的垃圾冲走。在12—13世纪，熙笃会在英国、法国、丹麦和意大利，把水动力用于铸铁厂，以致这些国家在几个世纪内一直是产铁大国。

水车技术从修道院流传到日益发展起来的欧洲商业城镇，市场驱动水车应用于工业。用水推动锯木作坊钻木和钻金属，碾碎啤酒麦芽。人们在

① Mumford, 258—259; see also Gies and Gies, 114—116, and Gimpel, 66—68.

采矿中使用水车砸碎矿石、推动矿井的通风装置运行、提升绞车、排除矿井中的水，以及把采集的矿石运到地面。

当然，在造纸、纺织、锻造等新工业上利用水车动力技术，最大程度地影响了欧洲经济的崛起。在巴格达、1000 年的大马士革和 1151 年的穆斯林西班牙，已有那种安装了巨大水动力搅拌捣浆装置的造纸作坊。1276 年，在意大利的法布里亚诺，基督教欧洲的第一座造纸作坊开业，此后不久，其成为水印纸的开拓者。因为造纸生产需要使用大量的清水，所以，大部分造纸作坊选址在附近城镇的上游，这很可能污染城镇。大规模生产降低了造纸成本，从而刺激了新兴商业——制书业的发展，12 世纪，制书业在修道院和伊斯兰文明繁荣的中心城市发展起来。这就为作为 15 世纪里程碑的印刷机的发明铺平了道路，通过书籍和知识在公众中的广泛传播，印刷机帮助欧洲社会向民主方向发展，给西方人文主义和自然科学的兴起奠定了基础，这是最初的信息革命。

服装纺织业在欧洲历史上也具有特殊位置。纺织业是最早走向国际的主要产业之一，其原材料供应商、中间产品商和最终产品生产商以市场活动的网络连接起来，这个网络从英格兰出发，向北延伸，直到地中海的欧洲。水车机械化推动了漂洗工使用搅拌器，13 世纪中国的丝绸纺织机到达西方时，水车又推动了丝绸纺纱机。大约在 14 世纪，意大利卢卡的一间丝绸作坊使用一台下冲式水车，带动了 480 个纱锭的运转。[①] 在 18 世纪的英格兰，由水动力驱动棉花和其他低价织物的纺织，实现了世界史上第一个完全机械化的工厂，这是工业革命到来的最早标志。

水车在中世纪欧洲发明高炉炼铁技术上发挥了决定性作用。12 世纪，

---

① Gies and Gies，178—179；Lopez，133—135；White，*Medieval Technology*，44. 欧洲最早涉及水动力驱动的漂洗机可以追溯到 983 年，地点是托斯卡纳，1108 年出现在米兰，1010 年出现在德国，1040 年和 1050 年出现在格勒诺布尔，1080 年出现在鲁昂。

教堂需要巨型铁钟，[1] 或许宗教需求最早刺激了高炉炼铁在技术上的突破。在随后的几个世纪里，欧洲铁铸造厂从木材富足的森林区，迁移到水流湍急的河岸边，方便使用持续的水动力。水车逐渐代替了铁匠的手臂，水动力驱动锻锤，锻锤的力就极其均匀，当时，巨锤大致有 1 000—3 500 磅重，而轻锤大致 150 磅重，撞击速度可以达到 200 次 / 分钟。14 世纪末，水车广泛用于巨大的皮制风箱鼓风机，其特点是能够不间断地运行数周，最终让炉温达到 1 500℃。这种强力鼓风机能够熔化铁矿石，促使欧洲首次出现了铁水浇铸工艺。转瞬间，水动力鼓风机推动传统的小规模手工制铁业转变成欧洲最早的大规模工业之一。大约在 1500 年，欧洲的铁产量达到了 6 万吨。铁钉虽小，却是人类最有用的发明之一，对其需求的急剧飙升，刺激了水动力驱动的轧制作坊：两个铁滚筒把铁压成条形，然后转盘机械地把条形铁切割成钉子。在锻造作坊，安装在木轴上的机械锻锤把大面积烧红的铁锤制成各种形状的农业和工业工具。铁和当时迅速蔓延的火药“联姻”，造出了枪支和火炮，与此同时，用先进武器武装起来的欧洲船只和士兵，开始破坏性地征服世界。

大约在 1150 年，与先进的中华文明和伊斯兰文明一样，欧洲在早期工业上使用水车产生的动力，当然，那时欧洲的其他技术以及总的经济发展均比较落后。令人不解的历史问题之一是，为什么这种崭露头角的机械力，仅仅在欧洲持续发展成 18 世纪工业革命的直接先导？伊斯兰文明没有如此发展，部分原因可用这样一个事实做出解释：伊斯兰世界缺少全年不断流的小型河流，进而那里缺少水动力和内河航运，只能采用缓慢的陆路骆驼贸易网络，形成伊斯兰独特的历史发展轨迹。[2] 中国的主要障碍之一是，拥有过剩的廉价劳动力，在机械革新方面没有那么迫切，如果减

---

① Lopez，145. 有关铸造，参看 Gimpel，66—68。

② Pacey，44，White，*Medieval Technology*，82.

少就业，甚至可能威胁已建立的社会和政治秩序。京杭大运河的交通网络使国家对经济有了较强有力的指挥权，这就削弱了私人市场力量的创新动力。无论何种原因，实际的结果就是，中国引以为豪的技术和科学知识没有严格地应用于工业生产。

与上诉情况相反，水资源帮助欧洲创造了更有利于发展市场驱动的工业，创造了发展多元化、自由民主国家的物质条件。依靠降雨的犁耕农业、无数既可通航又能提供能量的小河，有利于多个自主分散的区域的兴起。国家间的自然竞争、商人的航海贸易、自由选择条件最优越的港口，这些因素都利于发展私人产业和个人政治权利。为什么议会民主和资本主义首先在欧洲出现，在思考这个问题时，人类学家马文·哈里斯（Marvin Harris）提出了一种逆向水利理论。他提出，在北欧，

> 没有尼罗河、印度河或黄河，冬天有雪，春天下雨，给农作物和牧场提供了充沛的水分，人口比水利区域的人口要分散一些……[1]
>
> 与水利社会的君主不同，欧洲中世纪的国王不能控制或掌握农田灌溉的水。降雨与城堡里的国王无关，生产过程中没必要组织劳动大军……封建贵族能够抵制真正建立政府制度的任何一种努力。

缺少对水资源的控制，不是中央集权的专制国家，就不能够牢牢地控制一个很大的区域，为自主、合作的庄园式村庄和以市场为中心的竞争的城镇留下了宽泛的空间，以便使社会的政治经济规范成形。在罗马时代，奴隶制曾经阻碍了节约劳动力的革新；到了中世纪，奴隶制消失了，廉价劳动力缺少了。然而市场寻求收益的逻辑，使欧洲把潜在的水动力应用到机械化的技术革新上，以克服劳动力短缺。国家间的竞争进一步推动了欧

---

① Harris，167，169.

洲商业和工业革新，而这种革新不受集中指令的约束。正是这条为发展而开拓出来的道路，最终推动了欧洲经济的崛起。

950—1350年的商业革命和机械革命，推进了北欧和地中海欧洲之间由市场驱动的交换，逐步把这两个区域合并成一个经济区域。一开始，南北之间贸易的中轴是陆路，集中在一系列季节性的交易大会上，吸引了整个欧洲的商人，以他们带到交易会上的商品样品为基础，协商贸易合同。从12世纪末到14世纪早期，最大的交易会有六场，全年轮流在法国东北部的香槟地区举行，因为从地中海到北海、从波罗的海到英吉利海峡的主要道路和河流，都经过、流过香槟地区。但是，香槟交易会很快在13世纪衰落，因为地中海和北海之间的大西洋沿岸海上通道中，出现了更便宜、快捷和可靠的交易会。正是这种私人商业驱动了大西洋沿海贸易通道，把欧洲的两个不同的环境分区结合成一个动态的统一市场，点燃了欧洲迅速起飞和西方文明崛起的引擎。

1297年，著名的佛兰德斯船队第一次从热那亚航行到布鲁尔。大约到了1315年，从威尼斯和热那亚到北海开通了定时航班。经过235年，到1532年，佛兰德斯船队在意大利和低地国家之间航行，直到18世纪，这两个地区都是欧洲经济的枢纽；而后，欧洲经济中心转移到英格兰。佛兰德斯船队转运了大量的羊毛、原材料和腌制品，以及从东方运来的奢侈品和香料。

大西洋沿岸贸易兴起的关键因素是，打破了穆斯林对直布罗陀海峡的控制。在历史长河中，谁控制了这个8英里（12公里）宽的海峡，谁就掌握了权力和财富的来源。罗马人称其为“大力神之柱”；在古代的若干世纪里，这个海峡一直由一个已经消失很久的城邦国家塔提苏斯控制着，至于这个城邦国家的起源至今仍是不解之谜。塔提苏斯古王国地处西班牙瓜达尔基维尔河口，那里盛产银、铅、锡矿（生产青铜不可缺少的原料），因而，该地因矿产市场而繁荣，不再需要从布列塔尼和康沃尔进口青铜。尽管腓尼基人在加德斯，即现代的加的斯，建立了贸易殖民地，但是他们仍无法动摇塔提苏斯古王国对大西洋的垄断。公元前 500 年，塔提苏斯古王国从历史上消失之后不久，迦太基的腓尼基人派遣哈姆里克（Himlico）船长，沿着塔提苏斯古王国的贸易道路，去探索北大西洋。此后差不多两个世纪里，迦太基控制了直布罗陀海峡，垄断了那里的贸易。罗马人在布匿战争中打败了迦太基人，控制了直布罗陀海峡。对直布罗陀海峡的控制帮助罗马帝国通过海上实力，控制了西欧和西北欧主要河流的出海口，在从莱茵河到易北河边界的延伸行动失败后，支持奥古斯都皇帝派遣船队去北海。因长期把持直布罗陀海峡而获利的下一个文明是伊斯兰文明，伊斯兰军队通过占领直布罗陀海峡两边的西班牙和摩洛哥，进而控制了直布罗陀海峡。

1291 年，欧洲人突破了直布罗陀海峡，当时热那亚的贝尼代托·扎卡里亚（Benedetto Zaccaria）摧毁了摩洛哥舰队。[①] 扎卡里亚是一个富有传奇色彩的人物，其功绩充分折射出欧洲早期崛起的向上精神。热那亚当时的竞争对手是威尼斯，而威尼斯的马可·波罗与扎卡里亚是同时代的人物；实际上，马可·波罗被囚禁在热那亚的监狱，在那里谈论过丝绸之路及东方神话，而扎卡里亚正在从事一项影响欧洲历史的冒险活动。扎卡里亚一生尝试过很多职业，爱琴海上的海盗、若干个国家的海军指挥官、征战叙利亚的十字军军官、一个希腊岛屿的统治者、西班牙海港的总督，以及欧洲最强大的明矾大亨，其船只涉足从佛兰德斯到黑海克里米亚的许多重要港口。扎卡里亚是热那亚共和国上层商人阶层的成员，热那亚在 11 世纪末已是地中海大国，[②] 在扎卡里亚摧毁摩洛哥舰队后，意大利西海岸的其他城

---

① Lopez，139—141；see also Norwich，*History of Venice*，202. 关于控制直布罗陀海峡的历史，参见 Casson，65；Cary and Warmington，45—47，60.

② Lopez，94.1293 年，热那亚仅海上贸易一项就比法国的所有收入要多三倍，这足以说明热那亚当时的实力。

邦国家，包括比萨、阿马尔菲，联手把穆斯林海盗从他们的海域驱逐出去。

作为年轻的贩运羊毛、布匹和染料的商人，扎卡里亚于1274年抓住机会，给拜占庭帝国海军提供帮助，借以交换明矾石开采权。他曾经在小亚细亚地区做过调查，发现了一处品位极高的明矾石矿。明矾石经过加工，成为明矾。中世纪，明矾用途甚广，最重要的是在纺织品印染中用作固定剂，在皮革加工中用作硬化剂。因为最高等级的明矾才能最好地固定颜色，所以，在意大利、佛兰德斯和英格兰印染中心的竞争中，明矾质量的优次是经济上获胜的一个关键因素。因为明矾结构蓬松，所以，陆路运输过于昂贵，而从地中海的海上路线运输到这些国家，具有相对优势，毕竟地中海是那个时代最好的明矾仓储地。亚细亚有一个明矾采石场的等级比扎卡里亚准备开发的那个还要高；通过政治斡旋，扎卡里亚能够让那个矿场的出口权临时中止，直至他的利益得到保证后，再开放进口权。扎卡里亚用巨型桶来加工明矾，在陆地上，他用堡垒来保护这些桶，在海上，则用巡逻船来保护这些桶。经过武装的士兵护卫运输明矾船只的安全，以确保其安全到达纺织品市场。为了寻找最佳的市场价格，扎卡里亚自然而然地向北航行。1278年，其船只穿过直布罗陀海峡抵达了英格兰。在经济利益的诱惑下，1291年，扎卡里亚的船队与伊斯兰的摩洛哥船队进行了决战，从而让欧洲人在大西洋上的航行畅通无阻。作为海上勇士和战斗到最后一刻的十字军战士，扎卡里亚死于1307年或1308年，给他的后人留下了中世纪最早、最大的私人商品帝国。

虽然热那亚在佛兰德斯—地中海海上贸易中是先锋，但最终的既得利益者还是热那亚的竞争对手威尼斯。点缀在上亚得里亚海潟湖岛屿上的威尼斯共和国，一直是最早领导地中海欧洲在10世纪复兴的意大利城邦国家之一。追根溯源，威尼斯一开始便与大海结缘；实际上，纪念这门婚事的节日象征是，海水每年侵蚀掉这个岛屿一圈。公元5世纪，为了躲避野蛮人的入侵，来自乡村的罗马公民一直在保护他们那里的沼泽和岛屿，从那时起，威尼斯的命运就与城市社会如何应对水环境的最大挑战联系在一起。威尼斯没有农业，土壤还在下沉，而且平坦、泥泞、常常被水浸泡的岛屿需要不断排水，为的是在潟湖湖床建筑房屋、铺设道路。除此之外，为了避免海洋潮汐，需要修建人工堤防。让人避之不及的疟疾、瘴毒等沼泽类的疾病时常发生。1321年，但丁（Dante Alighieri）担任有关波河航行权的特使，[1]但是威尼斯领导层不乐意接受这个协议，但丁被迫经疟疾流行的沼泽地带返回拉文纳，实际上，正是因为途经那里，这位《神曲》的作者、职业外交家感染了疟疾，之后不久便离世了。

除了鱼和潟湖里的盐外，威尼斯的自然资源非常匮乏，因此，威尼斯人从一开始就依赖商业和海上实力。公元6世纪，威尼斯人的平底驳船沿着意大利北部、中部的河流航行。公元9世纪，威尼斯人在当时最大、最富裕的基督教城市君士坦丁堡的庇护下，冒险进入穆斯林控制的地中海。10世纪，威尼斯自诩为海上贸易大国。只在地中海及其东部地区、欧洲的港口航行的威尼斯商人，与东方交换如香料、丝绸、象牙之类通过海路运来的奢侈品；从伊斯兰亚历山大港来的骆驼商队，托回西方世界的商品，如铁、木材、航海物品、奴隶以及威尼斯的盐和玻璃，再从海路运走。

作为航海时代商人主导的共和政体，威尼斯恢复了古代雅典的民主、自由市场的传统。当然，中世纪的欧洲在商业上苏醒，在这种有利环境下，希腊传统深深扎根，蓬勃发展，并且被移植到欧洲的其他地方。威尼斯成为历史上维持最久的共和制国家，时间长达1 100年，成为现代资本主义制度的重要先驱之一。而威尼斯的贡献就在于追逐收益和商业；那些积极参与投机商业活动的领导人，不止一次抗拒罗马天主教，甚至接受被驱逐出教会的惩罚，而不是服从于染指威尼斯商业利益的教皇的

[1] Norwich，*History of Venice*，204.

指令。

大约在1082年，威尼斯以地中海大国身份，在实力上已与君士坦丁堡旗鼓相当。也是在这一年，威尼斯同意给拜占庭帝国提供海上帮助，以抗击诺曼人对这个区域的入侵，而获得的利益就是拜占庭帝国同意免除威尼斯商人的通行费，以及授予一些其他专门贸易的特权。1203—1204年，威尼斯成为地中海地区的控制者，年逾八旬且双目失明的恩里科·丹多洛（Enrico Dandolo）当选总督，他以令人惊讶的狡猾、对风险的估计和军事胆略，改变了诺曼人入侵埃及的第四次十字军东征的战略取向，并让其违背教皇的意愿，把枪口对准了君士坦丁堡，最终成功包围、攻陷了这座城市，而威尼斯人所要做的，只是给十字军东征提供船只。[①] 在此之前400年，穆斯林曾经包围过这座城市，因为没有控制住金角湾而失败，威尼斯人则成功了。攻城的士兵首先控制了用于上升、下降跨越金角湾出入口铁链的巨大辘轳。接着，在丹多洛指挥下，威尼斯、诺曼人分别从两侧攻入君士坦丁堡。自君士坦丁皇帝建立这座城900年来，该城的城墙第一次被攻破[②]—— 250年之前，如果土耳其人能够控制住这条跨海峡的铁链，君士坦丁堡早就不在基督徒手中了。在随后的几个月里，威尼斯人与诺曼人在政治上达成交易，最终夺取了君士坦丁堡。按照惯例，对这座城市进行了三天的血洗和抢劫，根据与诺曼十字军签订的协议，丹多洛为威尼斯争取到拜占庭帝国最好的部分：君士坦丁堡八分之三的面积归威尼斯所有，[③] 包括金角湾临海部分，威尼斯人还得到了在拜占庭帝国范围内的自由贸易权，但是，其竞争对手热那亚和比萨不能享有这个权利；威尼斯人选择了从威尼斯到黑海的一连串港口。这样一来，威尼斯明显成为第四次十字军东征的赢家，而这次十字军东征

---

① McNeill, *Rise of the West*, 514, 515.

② Norwich, *History of Venice*, 122—143.

③ Ibid., 141.

最初攻击埃及或圣地的目的未达到。

基督教欧洲对地中海的重新控制，北海航运的兴起，直布罗陀海峡连接起地中海欧洲和北欧这两个区域，刺激造船、航海和帆具方面进行一系列突破，改造了14世纪早期的欧洲海上运输业。坚固、易操作的无桨船只第一次出现，船只在所有气候条件下全年运行成为可能。这些船只成为15世纪末"发现新大陆"的那些跨洋航行船只的前身。

13世纪，在地中海区域航行的船只配备中国人发明的磁罗盘，因为地中海太深了，仅依靠沿着海底的道路来摸索航行很不可靠，而这种凭感觉的航行方式，在北海却很通行。大约在1280—1330年，[①] 帆和船只设计经历了一个根本性的改善，两种重要的船舶设计成形。威尼斯的船厂开始生产有两根桅杆（以后有三根桅杆）的大型船只，配备了三角形的三角帆，并且这种帆对逆风有高度机动性。虽然船只配备了传统船只那样的船桨，但这些船桨在进出港时才使用。1300年，较大、较坚固的船也采用了新的北海海船的模式。用重叠木板错落地搭建并配有中央尾舵的船只最终成为大西洋沿岸贸易的主要工具。直布罗陀海峡处在西风带上，只有一个矩形帆的船只在地中海航行极其不灵活。为了克服这种缺陷，船只设计者在船上增加了第二个桅杆，或后桅，并在桅杆上安装了三角帆。热那亚人就采用了这种新型船。他们扩大了船体的规模，到1400年，这种船只可以装载明矾和其他商品的总重量达到600吨，比起北汉萨同盟船只的载重量高出两三倍。在地中海沿岸首次露面的新船只需要的水手较少，以弩作为防御传统帆船撞击和水手登船的手段。

船只的新设计和导航设备改进的结合，使地中海的航运总量、速度产生了飞跃式提升，从意大利至埃及港口、地中海东部地区和小亚细亚地区

---

① McNeill，*Pursuit of Power*，70.

港口的往返时间缩短了一半，从一年一次，减少到不到半年一次。过去若干世纪的习惯是，在外国港口过冬；而提速后，意大利船只在2月启程去东地中海，5月返回，重新装货后于8月初离港，圣诞节时再次返回。所有季节都可以航行的船只扩散到了大西洋和北海。历史上第一次出现了价格一致的商业运输网络市场，扎卡里亚明矾船队、佛兰德斯船队以及沿着欧洲的三个海岸线从波罗的海到黑海的其他船队，一起服务于这个商业运输网络市场。巨大的经济推动力帮助欧洲的增长在14世纪中叶多次灾难性事件中得以维系下来，这些灾难性事件包括寒冷的气候、饥荒、农民暴动和黑死病等，仅黑死病就使欧洲人口减少了四分之一——三分之一。直到1480年之后，欧洲人口才回到鼠疫发生之前的水平。①

海上运输的整合重新调整了整个区域的竞争市场环境。波罗的海的居民突然之间能够用从南欧进口的盐来保存过冬的鲱鱼和白菜。腌制的鲱鱼成为其出口到地中海地区的主要商品。15世纪，波罗的海的鲱鱼迁徙到北海，成为荷兰人渔网中之物，这至今仍是历史上的生态之谜，由于鲱鱼的迁徙，致使北方地区的商业力量集中到荷兰。大约在1500年前后，改变历史发展进程的另一个自然变更是，布鲁日的港口被泥沙淤积，大西洋沿岸的船队只得停靠附近的安特卫普港，于是，该港口成为南北贸易的北方中心。但是，所有这些都不及出现在欧洲的那个与水有关的重大突破，对历史的发展更具影响。

---

① McNeill, *Pursuit of Power*, 70.

8. 发现的远航（地理大发现）与海洋时代的到来

欧洲北部区域和地中海区域的资源不同，通过海上运输，这两个区域融合为一个由市场驱动的海洋文明——包括许多有自主权的竞争国家，为跨洋航行这样一个历史性的时代转折点搭建了舞台。15世纪90年代的三次不为其他世界所关注的突破性航行，即克里斯托弗·哥伦布（Christopher Columbus）到达中美洲、瓦斯科·达·伽马围绕非洲海岸到达印度、约翰·卡伯特（John Cabot）从英格兰到北美纽芬兰，成为欧洲"发现的远航（地理大发现）"的标志性事件，并且在瞬间解开了大西洋信风和大洋环流的秘密，让欧洲人能够在地球的大洋深处往返航行，让16世纪摘得"海洋探索世纪"之桂冠。海洋探索让有着难以克服的水障碍的、在暴雨中飘摇的欧洲，变成了具有动态航海优势的欧洲，而这一优势也让西方文明走上了全球霸权的历史道路。仅仅在大西洋航行之后25年，费迪南德·麦哲伦（Ferdinand Magellan）率领的船队就完成了第一次环球航行。亚当·斯密在他1776年发表的《国富论》中，把哥伦布的美洲航行、达·伽马的印度航行看作"人类历史上两个最伟大、最重要的事件"。[①]

大西洋的开放迎来了称之为"现代"的时代，在这一时代，海上实力

① Smith, *Wealth of Nations*, 281.

及对世界海洋航线的控制，成为获取全球霸权和财富的关键，而主导陆地的重要性退而次之。以海洋为中心的新世界体系，把地球上的所有区域更紧密地束缚在一起，并建立起一个国际交流和海洋贸易的网络，直至今天的全球一体化经济；而这个网络一直在时空上不断地增厚、加强。尽管这个时代始于1500年前后，但大约在最初的200年时间里，这个长期的时代轨迹在世界几个主要文明中始终不是很清晰。西方文明在大西洋所处的位置和超强的海上实力，使它获得了世界一流的海上贸易高速通道，加上市场力量的刺激，西方文明在“现代”这个时代的收获要比其他几个文明大一些。无论以陆地为中心的文明何时突破边界、跨过狭窄的水体或开放平原或沙漠，其扩展一般是区域性的。另外，在地中海和印度洋，控制轴在海洋线路上的变化，主要引起的是区域权力关系的调整。但是，对比而言，向全球海洋的开放，让欧洲人一跃成为不可抗衡的力量，重新调整了未来世界差不多500年的权力平衡。

一艘葡萄牙人的小型卡拉维尔帆船，成为欧洲海洋融合及突破大西洋的标志，在15世纪上半叶，这叶小舟率先开始了远洋航行。船身70英尺（21米）长，排水量仅50吨，由20个水手操纵，携带最少量的补给，这些特征表明设计这样船只的目的就是专门用来探险用的。内置的尾舵、搭接起来的坚固圆船体、平船底，足以让这只船在浅水区和一些危险海角航行。两根桅杆挂着矩形帆，以获得动力；另外一根挂着三角帆，可以让船只灵活地在逆风中航行；这些设置给探险者服了一颗定心丸，当他们遇到未知的大洋环流和海洋风向时，还能有机会回家。哥伦布和达·伽马的船队都配有卡拉维尔帆船。

卡拉维尔帆船把北海、地中海和航行传统结合了起来。从地理上讲，葡萄牙就是天然的助产士。里斯本拥有欧洲大陆最西端极佳的天然港湾，葡萄牙还有与可航行河流相连接的其他大西洋港湾，因此，葡萄牙曾作为拥抱佛兰德斯船队的港口而繁荣过。在地中海没有任何“窗口”的葡萄牙，不断受到伊比利亚半岛上正被西班牙合并的那些大邻居的威胁，同时，葡萄牙的存在和富裕极端依赖于本国能够开发海洋。1385年之后的两个世纪，葡萄牙与英格兰结盟而获得独立，直到1580年菲利普二世国王宣称西班牙对葡萄牙的霸权之前，小葡萄牙通过它在“发现时代（地理大发现）”的先锋地位和卡拉维尔帆船，对世界历史产生了巨大影响。

给卡拉维尔帆船赋予精神的是历史上非常特殊的人物之一，航海家亨利王子，他是葡萄牙国王和英国女王的三儿子。他高高的个子，一头金发，1418年在他大约二十多岁时，建立了世界上第一个科学研究院，目标是通过未知的大西洋水域到达非洲海岸，发现未知的大陆并探索海洋。1460年亨利王子病逝。在葡萄牙最南端的萨格里什海角的城堡里，聚集了那个时代最博学的一批人，船长、导航员、地图绘制家、天文学家、数学家、船舶仪器制造者、造船商和其他专家。指导他们合作的科学方法，对那个时代而言，还是反常的，在人类历史上也是罕见的。逃避西班牙宗教迫害的穆斯林天文学家和犹太族地图绘制家，来自热那亚和威尼斯的大师级水手，德国、斯堪的纳维亚的商人，来自世界的旅行家，甚至非洲的部落首领，在亨利王子的城堡里分享他们的知识和观察报告。专家们系统绘制他们在大西洋及其沿岸了解到的信息，设计衡量纬度的方法，尽可能积累已知世界的具体信息。亨利王子每年派船去探险，这些船只带回了航海日志、填满新数据和观察结果的图表，专家们把这些新获得的知识添加到地图上，用以规划新的航行方案。

当时，正处在文艺复兴的黎明时期，亨利王子的事业旨在探索纯知识，发现这些知识本身的根据。然而，他还具有十字军精神，试图找到传说中消失的祭司约翰的东非基督王国。亨利王子是苦行僧、禁欲者，据说至死都没娶妻。还有个动机，虽然起初并不重要，那就是整个欧洲都激荡着商业繁荣的热情。亨利王子及其同胞也被这种诱惑所困扰，期待找到黄

航海家亨利王子

金、象牙和奴隶的来源，而象牙和奴隶是中间人从非洲带回，印度洋送来的是胡椒、丁香、桂皮、生姜和其他奢侈品，人们企图绕过非洲之角到达印度。实际上，1444 年之后，亨利王子在萨格里什海角建立的非传统研究院，以及那些航行，越来越多地得到公众的支持，这些都源于 1444 年的一次航海探险带回了 200 个非洲奴隶，这也是欧洲首次直接卷入非洲奴隶贸易。[①]

在历史进程中，环球航行和非洲海岸探险在两个方向上尝试过多次。希罗多德曾记述过发生在公元前 600 年的一次最著名的远洋航行，当时，埃及国王尼克得到神谕，告诫他不要把红海与尼罗河、地中海连接起来。三年后，他组织了一队腓尼基水手，做特殊航行，向南通过红海环绕非

① Boorstin，167—168. 1445 年以后，每年有 25 艘轻快帆船从西非运回奴隶、黄金和象牙。

洲，到达非洲的西海岸，再通过直布罗陀海峡返回埃及。[①] 然而，唯一的问题是，希罗多德曾记述过的这次航行可能根本没发生过。学者认为，这次航行是完全可行的，事实上，从技术层面讲，从东向西环绕非洲航行，比从反方向航行要容易些，但我们没有支持这次航行的证据，更重要的是，如果航行真发生过，一定会留下历史的遗迹。另一些东非海岸探险者包括希腊的托勒密，继承了亚历山大大帝的规划，最远航行到非洲之角，发现青尼罗河的起源在现代埃塞俄比亚的阿比西尼亚高原。罗马时代的希腊航海家到达奔巴岛和桑给巴尔岛，而罗马军事探险者沿着尼罗河侦察，设想入侵非洲深处，到达苏德沼泽和维多利亚湖。穆斯林的独桅帆船曾经到达过莫桑比克，但是，从来没有超出马达加斯加岛和非洲大陆之间那令人恐惧的海洋，找到未知的陆地。

另外，在掌握了非洲西海岸线的情况下，沿着大西洋向南远航的成功也是有限的。最值得一提且记录完好的航行是迦太基人汉诺（Hanno）的航行，大约在公元前 5 世纪，汉诺成功建立了非洲海岸殖民地。不过，关于他航行的确切距离究竟有多远，人们一直在争议；但是大部分人承认，他到达过塞内加尔河鳄鱼出没的水域，跨过了塞拉利昂，在接近几内亚湾炎热、静止的信风带前就折返了。不太成功的远航是波斯探险家撒塔司佩斯（Sataspes），他曾经向无情的薛西斯王解释，因为在海角受到当地人的攻击，他们不得已把船停下，终止了环非洲的航行；撒塔司佩斯曾经因强奸宫女而被判处死刑，薛西斯王下令给予缓刑，没立即执行，却让他完成这次远航。公元前 2 世纪末，一位希腊探险家仅仅航行了摩洛哥海岸一部分区域。1000 年以后，穆斯林商人中没人去冒险探索非洲西海岸，因为他们的骆驼商队垄断了西非撒哈拉沙漠以南的贸易权。毫无问题，航行到非洲大西洋海岸是危险的，正如热那亚的维瓦尔第（Vivaldi）兄弟在

① Cason，118，120—123；Cary and Warmington，62，128，131，229—230.

1291年的遭遇那样，他们组织了两艘船，装满了交易物品，向非洲西海岸航行，之后再也没有这两条船的音讯了。

古希腊作家曾预言，环球航行困难重重，简言之，根本不可能，理由就是气温太高，大西洋几乎无风；海水浑浊，水浅，海藻淤塞，故而不能航行。当亨利王子殷切期盼希腊知识得以在欧洲恢复之时，希罗多德有关尼克法老策划的腓尼基人环非洲航行的故事，以及托勒密宝藏的再开发，都让他下决心去探索打开通往印度的大西洋之路。但是，古典知识的恢复也让希腊式的对大西洋的恐惧复归了，包括相信：在一个确定的点上，水会凝结，船只固定在那里动弹不得，水手无一能返回家乡。

就像需要应对自然挑战一样，克服希腊人的担忧也对亨利王子梦想的实现构成挑战。在亨利水手心中淤积的那些巨大心理障碍中，博哈多尔海角是其中之一，这个海角地处非洲西北海岸加拉利群岛以南。亨利的探险家认为，在这个不大的海角以外，海水太浅，充满了复杂的大洋环流和海风，没有船只能从那里返回；而在今天的非洲地图上，这个海角并不起眼。为了征服博哈多尔海角，在1424—1434年的10年间，亨利王子先后派出了15批探险队，而迷人的船长带着丰厚的回报，努力向更远的海洋推进航程。但是，这些探险船总是在通过这个海角之前就折返了。等到第十五次航行时，探险船终于大胆地向西，进入深海，然后向南航行，最后发现，他们已经成功地绕过了可怕的博哈多尔海角。一旦克服了博哈多尔海角的心理障碍，按照亨利王子系统的科学方法，加上探索精神，发现剩下的非洲海岸就不过是时间问题了。在亨利王子去世的1460年，葡萄牙船只通过了佛得角，那里靠近富裕的塞内加尔河和冈比亚河的入海口，最远到达了今天的塞拉利昂。恰恰就在亨利王子离世的那一年，达·伽马出生了，他将完成亨利王子环绕非洲航行的遗愿，去破解大西洋最后的谜团，并开创跨洋航行的伟大时代。

达·伽马乘坐的旗舰圣加布里埃尔号（船舶数字图书馆）

控制跨越印度洋航行的反季节季风，对航行来讲相对简单，但是，大西洋的主要特征是全年以相同方向刮的三个大信风系统。中央信风系统从西北非向西刮到加勒比海，夏季，中央信风从更北的伊比利亚半岛向加勒比海方向刮，从而使葡萄牙和西班牙获得天然优势，亨利的水手很容易利用这个中央信风系统。在通过称之为“赤道无风带”的纬度之后，再向南是第二信风系统，它稳定地从非洲刮到南美地区。再向北，是第三条信风带，向西刮到“新大陆”，春季，第三信风带基本上是向东运动的风，容易返回与英国处于同一纬度的终点。除开信风系统外，南北半球的极地纬度都在抵消由西向东的风系统；纬度40度以南，自西向东的风围绕非洲海岸进入印度洋，因为风力强劲，所以海员称之为“咆哮的西风带”。遮断并连接信风系统的是若干强大的大洋环流，尤其是来自加勒比的墨西哥暖流，流向欧洲的西北部。在南美，是向南流的巴西海流。历史学家费利佩·费尔南德斯-阿梅斯托（Felipe Fernandez-Armesto）这样写道，“从整体上考虑，信风系统类似一个代码连锁密码。一旦其某一部分被破解，剩下的问题就会迎刃而解。”①

15 世纪 90 年代的三个突破性航行，解开了亨利王子及其继承人一直试图破解的大西洋密码。1493 年，热那亚船长哥伦布为西班牙第二次横跨大西洋设计了可行的往返航线。1497 年，意大利航海家约翰·卡伯特（John Cabot）从英格兰的布里斯托尔出发，到达加拿大的纽芬兰。这次为英国效力的往返航行基本上利用了春季的西风，为英国以后的北美殖民者做了重要探索。第三个突破性航行是，1497—1499 年葡萄牙人达·伽马从里斯本出发，绕过非洲角到达印度的航行。这次航行揭示了南大西洋信风系统和大洋环流系统的秘密，最终解决了环球航行一直以来存在的问题。欧洲航海家一旦破解了大西洋的密码，他们的坚船似乎一夜之间就可以在全世界的任何一个大海里航行。随之而来的，是独享“新大陆”的财富——发现去印度和香料岛便宜又快捷的新水路。“地理大发现”把欧洲变成历史上第一个跨越世界的海洋文明。

亨利王子去世后，葡萄牙国王敏锐地捕捉到非洲的商业诱惑，把与几内亚人交易黄金、象牙、奴隶和胡椒的垄断权，出租给富裕的里斯本公民费尔南欧·戈麦斯（Fernao Gomes），以换取他将进一步探索海洋的承诺，以及国家与他一起分享收益。五年之内，戈麦斯以获利为目的沿非洲海岸的航行长度，等于航海家亨利王子 30 年的航行长度。大约在 1481 年，戈麦斯探险的经济收益非常巨大，而风险却日益减小，于是，葡萄牙国王把贸易和探险垄断权收回，交给很快成为葡萄牙国王的约翰二世，也就是他的儿子。约翰二世积极继承了亨利王子的遗产。作为航

---

① Fernández-Armesto，406. 大西洋信风带存在许多例外，例如，几内亚湾是一个信风带，向非洲大陆压去，实际上产生了一个危险的海岸，这也可以解释为什么这个区域的西非文明在航海方面如此落后。在遥远的北方，维京人在探索冰岛、格陵兰和北美，占有顺时针洋流的优势，这股洋流从斯堪的纳维亚半岛向西移动。

海家的亨利王子的研究院像是一门科学的雏形，在很大程度上不失为当时欧洲正在发展的私人市场和政府之间政治经济联姻的标志。以亨利王子个人身份出现的国家，有效地承担了这项投机性基础研究的前期成本，直到这类研究逐步获利，足以吸引私人资本做进一步开发为止。一旦实际的收益货币化，企业家和政府就通过政治协商的税率、租赁费和其他收入分配安排，平等分享新财富。这个模式非常类似现在西方国家通用的政府资助研究模式。

1488 年 2 月，葡萄牙船长巴塞洛缪·迪亚兹（Bartholomew Diaz）的两只帆船绕过了非洲最南端的好望角，欧洲海洋时代的突破即在眼前。然而，在一场强暴风雨后，迪亚兹的船员发生暴乱，倘使这一不幸事件没发生的话，迪亚兹将是从海上航行到印度洋的第一位欧洲人。1488 年 12 月，迪亚兹船长艰难地返回了里斯本的码头，而没有营造出欧洲历史上的一个转折点。实际上，正是迪亚兹的航行致使约翰二世国王拒绝了哥伦布的提议，国王曾野心勃勃地想象，迪亚兹的后继航行将会为葡萄牙赢得水路到达印度的巨大荣誉。而自 1484 年以来哥伦布一直在争取资金，以便能够向西航行，跨越大西洋。他始终认为，到达印度的距离不会超过地中海的长度。约翰二世国王的专家比哥伦布的认识要正确得多，他们认为，到印度的距离远远比地中海长。1492 年以前，哥伦布的盲目信念和不屈不挠的毅力分别遭到英格兰和法国的打击，然而，功夫不负有心人，哥伦布最终得到了西班牙国王费迪南德和女王伊莎贝拉的青睐，恩准资助他航行到西方未知的世界，以庆祝他们夺回伊比利亚半岛上穆斯林占领的最后一个堡垒格拉纳达。1492 年 8 月 3 日，哥伦布的三艘船启航，船上带着西班牙宗教裁判所下达了限期离境驱逐令的许多犹太人。两个半月后，也就是 1492 年 10 月 12 日，他看到了西印度群岛，该岛海域的潮汐与哥伦布出海的潮汐非常相近，一年后，哥伦布带着 17 艘船、1 500 人，返回了这个“新大陆”，建立了首个西班牙永久居民点。

历史真实地记录了西班牙横扫“新大陆”所产生的深远影响。西班牙人手持火枪，无意间携带着欧洲人的如天花和麻疹之类的疾病，消灭着他们遇到的土著美洲人，仅一个世纪，美洲土著人就从 2 500 万减少到几百万人。1519—1522 年，染上疾病的中美洲阿兹特克帝国向西班牙征服者投降。1531—1535 年，南美洲的印加帝国倾覆。大约在 1513 年，西班牙人横跨美洲陆地抵达了太平洋，这比麦哲伦从西班牙出发做的第一次环球航行，早了六年[①]的时间。西班牙船队在太平洋上航行，所服务的殖民地从现代墨西哥和美国交界处的格兰德河，一直延伸到划分现代乌拉圭和阿根廷的普拉特河。西班牙水手发现的新大陆食物，如土豆、玉米、南瓜，给欧洲人口增长和长期的健康提供了巨大的支撑；然而，西班牙人痴迷的是黄金白银。16 世纪 30 年代，西班牙人开始把大量黄金白银运回旧大陆。据说，在哥伦布动身时，费迪南德国王劝说道，“如果有可能的话，以人道的方式获取黄金；当然，不管有什么风险，还是要获取黄金。”[②] 当西班牙人登上 13 000 英尺（3 962 米）高的安第斯山脉之际，他们发现了波托西名副其实的金银山，这笔财富填充了西班牙的国库，诱惑了西班牙几十年的野心。16 世纪 70 年代，通过扩大蓄水大坝和渠道网络来推动水车，水动力银矿碎石场出现。[③]1626 年，在一座大坝坍塌之后，采矿业一蹶不振，再也没有给西班牙经济带去什么动力。

新大陆的金银把西班牙变成了富裕、强大的国家，推动了西班牙查尔斯五世及其儿子菲利普二世的哈布斯堡王朝的建立，他们唯我独尊地追求

---

① 在旧世界贸易中，欧洲已经接触到许多疾病，因此，欧洲人的免疫力大大优越于美洲印第安人。

② Timothy Green, “The World of Gold : The Inside Story of Who Mines,” *Who Markets*, *Who Buys Gold*, London : Rosendale Press, 1993, 11 ; Bernstein, 121.

③ Pacey, 70.

把欧洲统一成在其政治庇护下的天主教区域；这一追求激起了影响现代西方社会宗教和政治的长期战争和冲突。欧洲货币经济中流入如此之多的金银，也刺激了持续的通货膨胀，到16世纪末，欧洲的物价上涨了三四倍。这种超出预计的通货膨胀实际上导致了财富的隐形再分配，北欧新兴的资产阶级商人、海洋商人和私人资本家仰仗他们对物价上涨做出的快速反应，扰乱了基于土地的传统贵族社会的静态经济和阶级关系，包括西班牙本身。

为了防止地理大发现引起忠诚的天主教国家西班牙和葡萄牙发生土地争夺战，教皇从北极到南极画了一条分界线，西边归西班牙，东边属葡萄牙。可是，西班牙出生的博基亚家族的教皇亚历山大六世，是个出了名的肆意妄为者，在画这条线时，偏心西班牙，甚至没给葡萄牙人留下在非洲航行的空间。当然，占有霸权优势的葡萄牙在教皇的调解下，于1494年与西班牙签署《托尔德西里亚斯条约》[①]，把葡萄牙的主权和划分线向西推进了865英里。

葡萄牙和西班牙之间的这条新分界线，为葡萄牙实施绕过非洲之角继续探索第一条通往印度的全水路航线扫清了障碍。葡萄牙国王选择了37岁的达·伽马，一个小官吏的儿子，无论从航海还是政治上而言，达·伽马都有资格承担这项比哥伦布的航行更具挑战的任务。他是训练有素的专业船长，胆大、无情又具有外交手腕。他的航行经历让他掌握了许多未知海域的信息，历练了岸上和船上应对各种复杂情形的经验，他们曾经在4 500英里的航行距离内，96天没有见到陆地，大致三倍于哥伦布在航行中看不见陆地的时间，而达·伽马必须管理处在这种情况下的水手。[②]

---

① 1500年，佩德罗·卡布拉尔（Pedro Cabral）在穿越大西洋时，赶上了葡萄牙第二次印度洋探险所需要的信风，于是，他发现了巴西，因此，这个新的分界线让葡萄牙有理由宣称对巴西的权利。

② McNeill，*Rise of the West*，570.

1497年7月8日，达·伽马带着装满三年航行所需物品的四只船，离开了里斯本海湾。迪亚兹船长一直陪伴达·伽马到达佛得角群岛。为了避开变化莫测的几内亚海湾，他开始了几乎与到达巴西一样距离的著名的西南向绕行路线。这个大弧线使他穿越了大西洋信风，赶上了强大的远南西风带，又把他的船队带回了非洲海角。1497年11月22日，他终于绕过了非洲海角。随之而来的是长距离的荒凉海岸线和无人航行过的海洋。艰苦的航行以及修理船只花费了一个月的时间，1498年3月，达·伽马的船队终于通过了莫桑比克和马达加斯加之间那段不可逾越的航道，从而打破了穆斯林帆船到达非洲海岸的纪录。进入了印度洋文明世界后，达·伽马的船队停靠在莫桑比克繁荣的穆斯林港口。穆斯林商人的黄金、珠宝、香料、银器令他兴奋不已，迷失的基督王国内陆和海岸的消息同样令他振奋，当然，最终证明这条消息是虚假的。继续向北航行，他在靠近现代肯尼亚和坦桑尼亚的桑给巴尔海岸若干重要港口之一的马林迪抛锚，大约早于达·伽马100年，中国航海家郑和曾经到过这里，并带走一只长颈鹿送给了明朝皇帝。达·伽马运气不错，雇了一个阿拉伯向导给他的船队引航23天，横跨难以捉摸的阿拉伯海。据历史学家考证，这个向导可能是艾哈迈德·伊本·麦基（Ahmad Ibn Madji），是那个时代最著名的阿拉伯航海家。1498年5月20日，达·伽马到达了他计划中的目的地——印度马拉巴尔海岸的卡利卡特。随后三个月，达·伽马与当地的印度统治者进行了艰难的外交谈判，并解释了他寻找“基督徒和香料”[①]的使命。虽然达·伽马展示了未来与葡萄牙进行贸易往来的益处，但是，他拿不出像样的礼品，加之卡利卡特的穆斯林商人的敌意，故此，达·伽马与印度统治者没有达成任何条约。

横跨阿拉伯海的归途一路逆风，达·伽马的船队受挫。在三个月的航行中，许多水手死于坏血病，甚至有艘船到了缺少升帆水手的地步。不管

① Muslim Discovery of Europe，33.

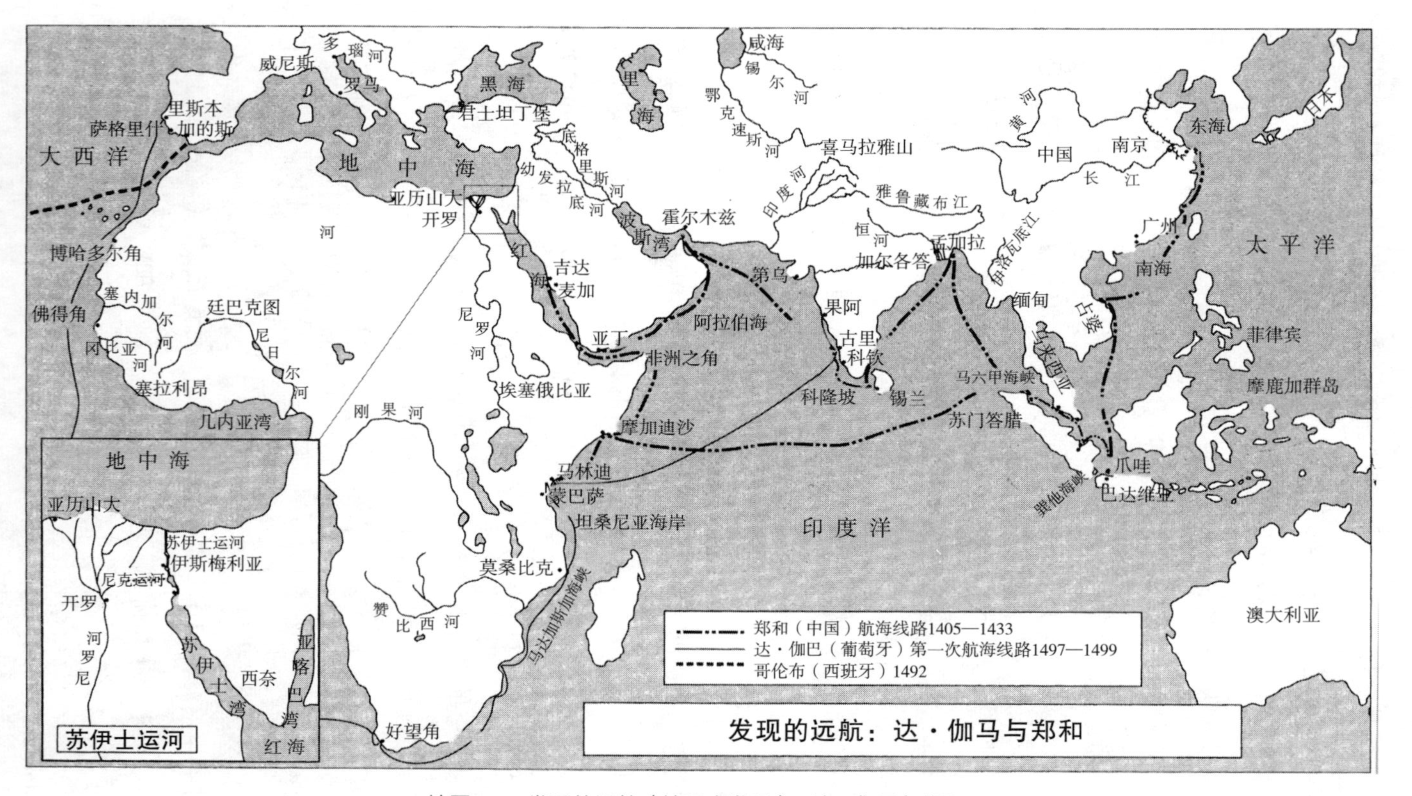

地图 10. 发现的远航（地理大发现）：达·伽马与郑和

地图 11. 苏伊士运河

路途如何艰险，1499年夏天，达·伽马胜利返航。船队出发时有水手170人，仅有不到三分之一的人回到了葡萄牙，（地图10和11：发现的远航：达·伽马与郑和，苏伊士运河）但是，达·伽马带回的胡椒和其他商品的价值，是他航行成本的60倍。[①] 葡萄牙人对印度群岛财富的渴望让其振奋，达·伽马的这次航海之行让他们意识到，自己虽没有什么东西值得拿来做交易，却有交易对手拒绝不了的绝对优势——长程海炮，以及大西洋小分队远距离海战的新方式。

长程海炮是不多几个深刻改变世界历史进程的军事革新之一。在陆地上，“火药革命”改变了长期的权力平衡，包括大炮摧毁了以城墙围拢的堡垒，1453年，奥斯曼帝国的土耳其人就是用大炮攻陷了君士坦丁堡。在火药发明之前，海战是用冲撞、登船肉搏来展开的，[②] 因而，把大炮用于海战，其影响更为深远。13世纪，在地中海海战中，弩是用来阻止敌人接近并登船的利器，这是发射导弹进行海战的一个进化阶段。正是在大西洋，海洋大炮最为成熟。14世纪末，英国拥有了海上火炮，而地中海的威尼斯军舰直到15世纪中叶才配备了海上火炮。[③]

在船上使用大炮要克服的困难是大炮巨大的后坐力。坚固的轻型多桅杆船只以及在大西洋上航行的其他类似船只，意外地得到了欧洲文明赐予的最后一个礼品。这种坚固的轻型多桅杆船只被证明具有超级平衡功能，厚重的甲板能够吸收15世纪中叶法国人和勃艮第人长射程大炮的后坐力。在创造历史的“航海大发现”伊始，重长管炮可以精准打击的长度为200码（182米），这一距离足以阻止敌方船只采用传统的冲撞、登船攻击方式，葡萄牙的海船一般都配备有这种重长管炮。“毫无疑问，配备长射程武器船只的发

---

① Clough，188.

② McNeill，*Pursuit of Power*，100.

③ Braudel，*Structures of Everyday Life*，388—389.

展，预示着欧洲人在世界格局中占据了优势地位。”① 历史学家保罗·肯尼迪（Paul Kennedy）写道，“有了这样的战船，西方有实力控制海洋贸易航线，对所有的社会构成海上威慑力。葡萄牙与其穆斯林敌人在印度洋的首次大冲突，清晰地显示了这个判断…… 葡萄牙船员在海战中是无敌的”。

在展示其海上军事优势方面，葡萄牙人没有耽搁时间。他们几乎每年都派遣武装舰队去印度洋，以武力免费抢取在正常交易中得不到的收益。达·伽马在首次印度洋航行结束之后两年半，又开启了第二次武装航行，这次带有20艘船。他坚定地回到印度马拉巴尔海岸，表现出他冷血的意愿。达·伽马劫持了一艘船只，船上载着从麦加返家的穆斯林朝圣者，他抢劫了船上的财宝，并烧毁了这艘关着好几百乘客的船只，其中包括妇女和孩子。他继续航行，到达卡利卡特，竟然拒绝了当地统治者的友好提议，反而要求统治者立即投降，同时驱逐那个镇上的所有穆斯林。为了表示他的决心，他炮击了这个港口。当二十多名渔民和商人出海与他做器皿买卖时，他居然把他们吊死，肢解了遗体，然后把他们的部分遗体送还给那个统治者，并附短信，要他用这些尸体做咖喱。船只装满宝物后，他启程回葡萄牙，却留下几艘船在那里驻守，这是欧洲人第一次在印度水域驻扎海上力量。

葡萄牙人的势力范围，随着每一艘战船的出航迅速扩张。为了应对伊斯兰贸易受到的逐步增强的威胁，埃及的马穆鲁克和奥斯曼的土耳其人联合派遣大型帆船队从红海出来。伊斯兰和西方之间争夺阿拉伯海控制权的决战，于1509年在印度的第乌港打响，那里靠近宽阔的坎贝湾口。葡萄牙战舰装备了重型大炮，尽管水手不多；而伊斯兰的战船比较大，不过是用桨驱动的。由于装备差距过于悬殊，没等伊斯兰船只靠近葡萄牙人的船队，葡萄牙人就摧毁了敌人的帆船，伊斯兰船只火力微弱，运用的还是撞击、登船之类的陈旧战术。第乌港之战后，葡萄牙人马上宣称它对印度洋的霸

① Kennedy, *Rise and Fall of the Great Powers*, 26.

权。1510年，果阿陷落。1511年，葡萄牙人控制了马来西亚和苏门答腊之间的马六甲海峡，这条海峡还可通往香料群岛或印度尼西亚的摩鹿加群岛。大约在1515年，葡萄牙永久性地占据了波斯湾终端的霍尔木兹海峡和锡兰（现代斯里兰卡）。红海口的亚丁没有落入葡萄牙人手中，而红海是亚历山大港的供应航线，商品在亚历山大港被中转到威尼斯人船上，然后再分送到地中海地区的市场。1516年，一艘葡萄牙船航行到中国的珠江，在广州抛锚。大约16世纪中叶，葡萄牙人掌握了一条港口链，即从几内亚湾出发，绕过好望角，到达东非海岸，跨过印度洋，抵达马六甲海峡，再到中国澳门西侧的珠江口。葡萄牙在释放海洋航行潜力及影响世界的海洋实力上，起到先锋作用，这对于人口仅有100万的国家来讲，是一个惊人的成就。

葡萄牙海上实力骤然兴起的影响四处散播。权力平衡被打破了，贸易得另辟蹊径。威尼斯—亚历山大港对东方贸易的垄断被击碎；在达·伽马历史性航行展开的四年中，里斯本的胡椒价格只是威尼斯价格的20%。[1]大约1502年，威尼斯人与埃及人开始考虑重新开凿法老尼科的旧苏伊士运河[2]，以减少运输时间和成本。1521年，葡萄牙人认为，自己有足够的实力来拒绝威尼斯人购买它全部进口香料的提议。威尼斯人的实力从未复苏过。伊斯兰世界由于丧失了对富裕的印度洋贸易的垄断权，遭遇便宜、快捷、安全抵达印度的水路航线的竞争，伊斯兰世界的衰退也不期而遇了。葡萄牙人的船只包揽了伊斯兰世界西非陆上贸易，每艘船能承载相当于5 000—6 000头骆驼组成的商队的货运量。在伊斯兰世界内部，奥斯曼土耳其人很快征服了埃及和叙利亚的马穆鲁克帝国。通过陆地和地中海，土耳其人从东部对欧洲构成新的军事压力。整个16世纪，土耳其人控制着地中海，牵制了威尼斯[3]和西班牙大部分海军力量。因此，欧洲内

---

① Boorstin，178.

② Lewis，*What Went Wrong*？ 13.

③ Cameron，121.

部实力的重心在16世纪更大程度地偏离了地中海，而青睐于被隔绝的、西北大西洋上的实力。

在欧洲人加速征服海洋的过程中，另一个值得一提的水的革新发挥了补充作用。对于长距离航海来讲，保存船上新鲜的淡水，曾经是老生常谈的最大挑战之一。虽然有无数谨慎的方案，但仍无法让船上的淡水长期保持新鲜。探险者登上任何一个未知的海角之后，首要做的事就是找到淡水源。在那个时代，饮用变色、咸的、有细菌的、被污染的水还很正常，甚至停泊在一个文明的港口，也不一定保证有淡水供应，船员只能以含有酒精的啤酒或葡萄酒，或煮热水来代替饮用水。①15世纪，欧洲人改进了装水的木桶，能够让水保鲜更长的时间，因而，海员的饮水条件有些许改善。这种木桶使达·伽马的船队航行到印度，让麦哲伦在1519—1522年实现第一次环球航行成为可能。麦哲伦的水手曾误入了后来被命名为“麦哲伦海峡”的水域，他们在白雪皑皑的狭窄海湾徘徊了38天，航行了334英里。麦哲伦海峡连接着大西洋和太平洋，麦哲伦花了一百多天的时间，穿越广阔的太平洋，该海域的辽阔出乎麦哲伦的预料，1520年11月28日，绝望的船员在航海日记上这样记载，他们喝的水是黄色的、变质的。②

“发现时代”的先行者葡萄牙和西班牙赚取了财富，刺激了海洋时代欧洲的其他国家分享来自大洋的奖赏。他们并不承认教皇为伊比利亚半岛上的天主教徒所做的全球瓜分。在随后300年的海洋航行时代，在确定西方文明的政治、经济和宗教特征，以及西方创造的相互联系的殖民世界体制中，欧洲内部争夺霸权的斗争是主要力量。

新大陆财富大量流入西班牙的一个早期影响是，刺激西班牙哈布斯堡

---

① Braudel, *Structures of Everyday Life*, 227. 巧克力和咖啡是作为药物引入欧洲的，药性很有可能是热的缘故。中国一般出售的是煮沸的水。

② Boorstin, 265.

王朝的统治者查尔斯五世及其儿子菲利普二世，试图通过婚姻、武力或战争，把他们家族的控制权扩大到欧洲的诸多国家，从而形成一个统一的、独裁的天主教帝国。英格兰和法国这些不太有实力的国家，扰乱了西班牙人的野心，英格兰、法国的统治者委托私掠船，即国家批准的海盗，去抢劫来自南美东北部加勒比海沿岸一带装载了黄金白银的西班牙宝船。[①]1566年，荷兰私掠船加入了英格兰和法国的海上抢劫行列，在荷兰，菲利普二世的军队正在残酷地镇压反对西班牙称霸的清教徒，这些引发暴乱的清教徒旨在寻求宗教自由和政治自由。英格兰女王伊丽莎白隐蔽地或公开地用钱来支持荷兰人反对他们共同的敌人哈布斯堡的天主教，给荷兰私掠船提供避风港。有一次，当一艘携带供给的西班牙船只因恶劣天气不得不在英国港口抛锚避风时，英国人截获了船上给西班牙军队提供的补给。大约在1576年，运宝船被抢劫、西班牙在地中海抵抗穆斯林土耳其人需要增加军费开支，以及菲利普自己的王朝野心，这几项结合起来，迫使西班牙拖欠了国际银行的贷款，[②]终止支付在荷兰作战的西班牙军队的军饷。为此，西班牙军队哗变，洗劫了西班牙控制的荷兰最富裕的城市安特卫普。

阿姆斯特丹所在的省也反叛西班牙人的统治，于是，私人资本流向了阿姆斯特丹周边，刺激了这座城市的兴起，使它成为欧洲金融、贸易和市场资本主义的重要中心。1579年，荷兰的七个省份联合起来反对西班牙，并很快形成了以商业为中心的荷兰共和国。西班牙统治的荷兰南部省实际上屈服于西班牙军队，而北部省通过决堤的方式，利用洪水来阻止西班牙军队的进攻，由于那些地方陆地低于海平面，北部省就把战斗引向海上航线，这样一来，西班牙人不再占有陆上优势了，大约在16世纪80年代，荷兰的清教徒暴乱已经升级为拥有自身动力的全面国际斗争。这就导致了

---

① 南美北东部加勒比海沿岸一带包括卡塔赫纳、哥伦比亚、巴拿马、洪都拉斯、韦拉克鲁斯和墨西哥。

② Trevelyan，238.

西班牙和英格兰之间不可避免的军事冲突，而这场冲突的结局则是1588年英格兰与西班牙无敌舰队的海战。

强大、富裕的西班牙与弱小、相对贫穷的岛国英国之间的斗争，是海上实力对军事上无敌的敌人产生同等影响的历史范例之一。英格兰依赖海上力量来保护自己。而另一方，菲利普二世则计划动用西班牙远洋舰队和其他船只，控制英吉利海峡，打通由上万人组成的陆地入侵的通道，这些军队从西班牙控制的荷兰的敦刻尔克出发，从多佛海峡摆渡到英格兰。按照当时正在展开的海战革命，战船其实就是移动的炮，即用舰载大炮远距离打击敌方舰船，但是，西班牙无敌舰队的海战任务只完成了一部分。自伊丽莎白的父亲亨利八世以来，英格兰皇家海军一直是海战革命的先锋。英格兰皇家海军在战船的侧舷窗上装配了远射程轻型大炮，发射重17磅的炮弹；皇家海军实行船长制，船长在船上指挥一切，不考虑社会身份。在海上航行中，皇家海军的船只相对灵活和快速。相较之下，西班牙海军的海战革命大幅落后于英格兰皇家海军。西班牙战船配备重炮，发射重50磅的炮弹，但射程较短；逆风航行灵活性较差，维持贵族发令制度，船上配备大量采用登船作战战术的剑士和火枪手。

英国历史学家乔治·麦考莱·特里维廉（George Macaulay Trevelyan）提出，在不同战术背后，“西班牙和新英格兰之间，存在着更深层的社会差异。正在复兴和改革的去封建制度的英格兰，私人企业、个人动机、阶级平等的氛围与日俱增，这些在商人和海员中表现尤其强烈”。[①]“新大陆”的金银让西班牙富裕起来，然而，中世纪阶级层次结构、政治集权，以军队为中心的军事权力，立足于传统农业的国家指令性经济，在西班牙仍保持不变。简言之，英格兰和西班牙之间的无敌舰队之战，隐含了未来西方文明两种政治、经济和社会发展倾向之间的较量。

---

① Trevelyan，233.

为了领导英格兰的防御，伊丽莎白开始从私掠船着手，抢劫来自南美东北部加勒比海沿岸一带的西班牙船只。在私掠船中，最重要的人物是弗朗西斯·德雷克（Francis Drake）。尽管在正式头衔上位居第二，实际上，在制定和执行英格兰海战的战略规划上，德雷克却是一号人物。在许多方面，德雷克赋予振兴国家的精神以人性。16 世纪 40 年代，德雷克出生在一个清教徒的佃农家庭，在天主教起义中全家逃离出来，有一段时间，家人生活在旧船上，沿泰晤士河漂泊。13 岁那年，德雷克在沿北海港口运货的一艘小商船上学徒。为了探寻财富和冒险，23 岁的他参加了西印度的航行。然而，这次航行一开始，他们的船就遭到西班牙船的攻击，致使他们的资金亏损殆尽，在那次航行中，他任副指挥。但德雷克的才干引起了伊丽莎白女王的注意，故而授权他从事私掠活动。这样一来，德雷克开始了他作为英格兰最大私掠者、探险者和海上创新者的生涯。

弗朗西斯·德雷克

16 世纪 70 年代，德雷克沿着南美东北部加勒比海沿岸展开了掠夺性远征。在此期间，他的命运发生了逆转，不仅发了财，还收获了名望。1577年，女王委任他指挥历史上最大的袭击远征，隐蔽地奇袭太平洋上的西班牙船只和定居点。德雷克在他75英尺（22米）长的旗舰“戈尔登汗德号”上航行了三年，创造了历史上首次由一个船长指挥的环球航行奇迹。德雷克只用了16天时间就通过了迷宫似的麦哲伦海峡，然后向北，沿着南美太平洋沿岸航行。他轻而易举地从毫无防备的西班牙前哨基地抢得10吨多的黄金、白银、珍珠和奇石，[①]不久，德雷克的船就在吃水线以下航行。船只继续向北朝着加拿大航行，但是，德雷克没有找到通往大西洋西北方向的航线，有一段时间，他在旧金山海湾抛锚，宣称那里属于英格兰所有。有一次，德雷克的船在珊瑚礁搁浅，几乎丧失了所有的东西，尽管如此，他还是在1580年经太平洋回到了英格兰，给英格兰带回了一个在印尼摩鹿加群岛做香料生意的条约。伊丽莎白女王对西班牙人指责德雷克海盗抢劫的抗议置之不理，在德雷克返回英格兰时，亲自登上“戈尔登汗德号”，为其封爵。

德雷克在英格兰西南部的普利茅斯港定居若干年，任该港口城市市长一职，组织了早期的淡水供应系统建设。这个供水渠道长17英里，被命名为“德雷克水渠”，该水渠使用了300年。16世纪80年代中期，德雷克重返与西班牙抢夺在新大陆利益的战场，其行动非常成功，致使西班牙的国际借款能力受到冲击。1586年，菲利普二世最终决定直接入侵英格兰，教皇西斯笃五世——罗马复兴水利的教皇之一——对此表示祝福；德雷克得知这一消息后，立即指挥30条船，突袭了里斯本的加的斯港和圣文森特角的西班牙船只。当然，这次袭击给西班牙以重创，让菲利普国王的作战计划推迟了整整一年。1588年，搭载着8 000名水手和22 000名战士的由130艘船组成的西班牙无敌舰队，装备停当，开始封锁英吉利海峡，作为入侵英格兰的先头部队。

---

① Bernstein，*Power of Gold*，138.

击败西班牙无敌舰队一直被奉为英格兰神圣的民族神话之一。实际上，这个结果与其说是人的英雄事迹，抑或像胜利者声称的那样，是神的帮助，还不如说是偶然的大自然力量决定的一场滑稽闹剧。西班牙无敌舰队虽然由25艘强大的战船领导，但是，还包括许多航行缓慢、皈依天主教的波罗的海诸国的商人船队，他们在逆风中航行困难。故此，对于规模大体相同但较灵活的英国舰队来说，几乎毫不费力地通过航行中的第一战斗法则获胜：始终占据并保持在敌人的上风位置。尽管占有这个优势，轻型的英国炮却不能击沉一艘西班牙船只。对于西班牙人来讲，他们重型炮弹的铸铁竟然非常低劣，有几次在非常接近英国船只的情况下，炮弹竟然崩裂了。因而，大部分战斗不过是双方相互之间徒劳无功的射击，双方的舰队随着英吉利海峡的潮汐和风，向着狭窄的多佛尔海峡漂去。[1]

当西班牙舰队抛锚，希望支持入侵军队的跨海行动时，英格兰派出了八艘火船顺着大洋环流向木制的无敌舰队冲去，其实这是最古老的海战战术之一。为了避免着火，无敌舰队起锚躲避。在弹药已严重不足的英国舰队的追赶下，无敌舰队被驱赶出了英吉利海峡，进入北海，逾越了重新汇合点，无法返航。顺着海风，无奈的无敌舰队只能北上，绕过苏格兰和爱尔兰，进入大西洋，再返回西班牙。然而，9月的大西洋气候条件十分恶劣，因给养不足和疾病，许多船只分道扬镳，有些船只被迫停靠在多岩石的海岸线上。最终，无敌舰队仅有一半的船只返回了西班牙，没有完成它们的使命。

虽然这场战斗有滑稽的一些方面，但是，西班牙无敌舰队的这场战斗确定了西班牙在改变历史的海洋活动中的地位。这场战斗拯救了英格兰的独立，也拯救了荷兰共和国，确保了北欧清教徒改革以及航海事业、市场经济和新兴自由民主国家的生存。同时，这场战斗标志了西班牙称霸实力

① Howarth，24—33；Davis，*100 Decisive Battles*，199—204.

的衰落，欧洲的力量开始向北大西洋国家转移，[①]这些国家利用先进的长程火炮基础上的海战实力，把人口仅为西班牙人口一半，即500万人的小国英国，变成了19世纪拥有2 400万人的大英帝国。1595年，伊丽莎白女王派德雷克去巴拿马抢占西班牙人的两个定居点，以便勒索西班牙。德雷克不辱使命，成功夺取了农布雷德迪奥斯，但不幸的是，他自己感染了痢疾，永远留在了那里。[②]人们为他举行了海葬。

随着西班牙和哈布斯堡王朝争夺欧洲霸权实力的衰退，海洋时代的欧洲和世界权力的新支点，转移到两个小海洋贸易国家荷兰和英格兰。比起欧洲其他国家，这两个国家给了私人企业、市场经济、宗教和政治自由以及代议制下的政府更大的活动空间。在随后的两个世纪，两国成为现代资本主义和自由民主的先声。通过它们的殖民地和作为全球实力的影响，两国的政治经济模式被输送到世界上相当广泛的社会。

荷兰人最早成熟。而荷兰是以海上贸易中间人发达起来的商人阶层支配的共和国，联合省延续了古希腊和中世纪威尼斯直系血亲的传统。地处荷兰省的重要港口阿姆斯特丹，酷似威尼斯。它在13世纪兴起，一度无法适合人居住，常常被洪水淹没，道路泥泞不堪，整个区域的四分之一低于海平面，经过排水、抽水、清淤、堤防建设、筑坝、筑堤和水闸建设等一系列艰苦的劳动和土地修复，才建起了阿姆斯特丹这座城市。按照高级水利工程和兴旺社会之间相关联的历史模式，荷兰在其长达一个世纪的黄金时代，水利建设创造了世界级的标准，直到今天，依然是水利建设的先

---

① Braudel，*Afterthoughts*，84—86，98. 历史学家布罗代尔认为，直到1500年，欧洲经济的中心几个世纪以来都在意大利，然后这个中心移到了安德卫普，1550—1600年，由于北方连年战争，欧洲经济的中心又回到了地中海的热那亚，在1590—1610年，再次返回阿姆斯特丹，一直维持到18世纪，之后，欧洲的经济中心转移到伦敦。1914年，世界经济的中心跨过大西洋，转移到纽约。

② Bernstein，*Power of Gold*，138.

锋。[①] 更值得一提的是，荷兰共和国高度分散，民主属性直接来源于13世纪建立的地方水理事会，该理事会负责管理水利设施，维护启用低地或"低洼开拓地"。地方水理事会的成功及其合作成为七个北方省份采用的管理体制的核心成分，至今地方水理事会还在发挥作用。1581年，这七个北方省脱离西班牙，形成了荷兰共和国。

类似于威尼斯，阿姆斯特丹的城市景观特征，是按照半圆形同心圆设计的渠道。与威尼斯的雷亚托桥相对应，阿姆斯特丹的核心是阿姆斯特河上的一座大坝，它控制着流向北海巨大入口的水流。从16世纪到17世纪末，"大坝广场"是世界市场经济的主要集散地。荷兰共和国本身就拥护自由贸易、海上自由，保障私人物权。来自波罗的海、北海、大西洋沿岸、地中海以及更远的香料群岛的货物，都在此卸下，储存到大坝周边的码头仓库，然后由商人代表在附近的交易所里买卖。商业银行通过签署信用证、贴现汇票和其他现代资本主义的金融手段来支撑贸易。那里出现了早期的股票市场。黄金、白银从四面八方汇入，让荷兰共和国享有了与世界其他主要金融中心相当的重要优势——较便宜、丰富的金融服务。1575年，阿姆斯特丹大约有3万人，而在其后100年的时间里，其人口翻了约七倍，达到20万人。

作为几乎没有耕地的、与威尼斯极其相像的小国，荷兰依靠它无与伦比的运输效率和给其他国家商品添加的价值而获得财富。通过控制超过一半进出波罗的海的运输，[②] 荷兰靠着主导南北欧之间的运输贸易而兴起。这个运输贸易的主体是转运葡萄牙船只从印度洋港口运来的货物。

荷兰共和国突然兴起这一里程碑式的事件可追溯到1592年，当时，西班牙无敌舰队已经覆灭，荷兰的暴乱还在继续；同年，西班牙的菲利普二世国王停止了荷兰转运里斯本港口货物的运输活动。[③] 面对突然不能进入

① Smith, *Man and Water*, 28—33; Kolbert, 123—127.

② Cameron, 121—122.

③ 西班牙于1580年控制了葡萄牙。

里斯本这个中转贸易中心的困境，荷兰商人只得直接航行到印度洋的市场，来解决目前的问题。在随后的 10 年里，荷兰常年有 50 艘货船从当地出发，穿梭于印度洋和大西洋之间，往返航行大约需要几个月的时间，运回胡椒、肉豆蔻、丁香、茶叶和咖啡等商品。1602 年，私人和公共利益团体投资合作，创建了有限责任股份公司——“荷兰东印度公司”，这家公司享有主权国家所拥有的区域垄断贸易权，在很长时间里，东印度公司是西方资本主义最有名的象征。在很短的时间内，荷兰人控制了印度尼西亚香料岛和锡兰港口的贸易。与葡萄牙人相比，荷兰人更有效地利用了这个控制权。他们支配了香料群岛的两个战略海上通道——苏门答腊和马来西亚之间的马六甲海峡、爪哇和苏门答腊之间的巽他海峡，后者处在从非洲好望角到达香料群岛的直接海上通道上。[①]1619 年，荷兰人在爪哇岛的巴达维亚，即现在的雅加达，建立了新的殖民中心。荷兰人的成就再次确认了葡萄牙的经验，海上实力能够让海洋航行时代的小国发挥出不成比例的全球影响。

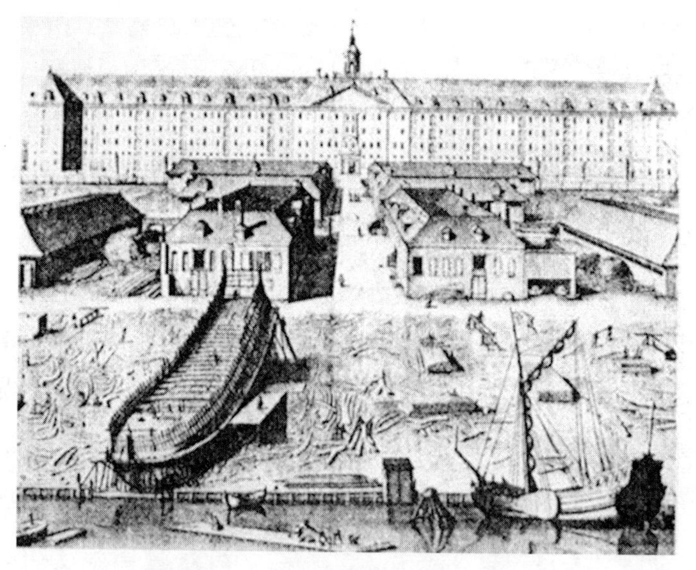

荷兰东印度公司在阿姆斯特丹的库房和木码头

① Braudel，*History of Civilizations*，263—264.

同一个时期，荷兰殖民主义者还出现在世界的其他地方。值得一提的地方是地处北美哈德逊河入海口的“新阿姆斯特丹”——一个皮毛交易点，当时，东印度公司雇用探险家亨利·哈德逊去找寻一条到达印度的西北通道，而哈德逊以失败而告终，结果却有了这个交易点。到了20世纪，“新阿姆斯特丹”的英语名字变成了纽约，成为继阿姆斯特丹、伦敦之后的世界金融资本主义的中心。市场经济具有前所未有的创造财富的能力，在海洋民主竞争中能够承载起反对如西班牙这类传统独裁王国的超级军事力量，这也许是荷兰共和国黄金时代留下的最大遗产。

在荷兰领先的领域，英国紧紧相随。英格兰无法在香料岛与荷兰抗争，于是便成功地在印度取代了葡萄牙，并迅速在北美扩大殖民地。1652—1674年，英国—荷兰为了商业主导地位，曾经引发过三次战事，当然未决胜负；在1665年的第二次战争中，英国夺取了“新阿姆斯特丹”。然而，17世纪后期，路易十四在欧洲争霸，对英国和荷兰均构成威胁，两国于是暂时搁置了它们的冲突，一起与法国作战。

1662—1683年，法国若干次地全力建设强大的海军，以配合它实力强劲的庞大陆军。1689年，当英格兰帮助荷兰应对法国的围攻时，法国海军明显比英荷联盟的海军占有优势。法国本可以抓住在决定性时刻占上风的罕见时机，但是由于财政问题，它推迟了这个战争计划。[①] 三年后，即1692年，路易十四有能力聚集起24 000人的法国军队和船只，来进行这场跨过英吉利海峡入侵英格兰的战争，然而，英国—荷兰的联合海军此时已恢复元气，占据了海上优势。1692年6月2日，在诺曼底拉霍格海战中，英国—荷兰联合舰队完全摧毁了法国的入侵舰队。随着法国海军的崩溃，加之财政负担的加重，路易十四放弃了重建强大国家海军的想法，

① 因为缺少食物和淡水、船上卫生条件恶劣而引起的疾病，大大影响了法国船员的身体健康，于是，法国海军缓慢地失去了它的优势。

而青睐采取传统方式，把海军外包给法国私掠船，原因就是费用便宜。那时，英格兰正在着手大规模扩建海军。结果，18世纪早期，英国海军在世界大国中获得了至高无上的霸权；1730年，英国海军比其他三四个国家的海军合力还要大。

英国位居海军霸主地位①的关键因素是，1688年英国“光荣革命”之后，英国政府能够为战争从私人资本市场筹集大量便宜的资金。给荷兰的威廉三世及其英国妻子玛丽带来王位的“光荣革命”，牢固确立了一种荷兰风格的市场经济，确立了议会控制下的宽松的君主立宪这一国家制度。扩大金融市场机构、广泛鼓励私人投资，以此作为推动经济发展的引擎。由这一系列改革确立的私人资本市场的信心，给英格兰提供了较之于竞争对手大得多的资金优势，如君主政体的法国，偿还债务仅仅依赖于君主的心血来潮和一厢情愿。许多世纪以后，海上商业和民主政治传统之间的长期关联，已经产生了一种经济上的动态机制，足够把自由民主的模式提高到文明的最前沿。

英国海军在长距离航行时代的主导地位，既能保护其岛国免受陆地上强大对手的入侵，也能在欧洲国家中赢得控制海外殖民帝国竞争的胜利。在维持长距离殖民地供应线、给英国商船提供安全通道上，海上实力让英国占有了很大的优势。一旦出现战事，超级海上实力能使英国船只极其容易地沿着敌人的海岸线进行攻击，并建立滩头阵地。17世纪中叶，英格兰能够在任何气候条件下封锁敌人的港口，遏制对手的商船、军事支持或海军的反攻。

1756—1763年，世界范围内发生了“七年战争”，众所周知，在美国，即是“法国—印第安战争”，超强的海上实力让英国驱逐了法国，成为举世无双的殖民地大国。1758年，英国夺取了新斯科舍省布雷顿角岛

① Lambert，104.

上的法国要塞路易斯堡，这样，英国控制了圣劳伦斯河，让英国士兵和殖民地美国盟军克服了挡在前面的巨大屏障，打开了通往魁北克的通道，1759 年 9 月，英军占领了魁北克，这是迫使法国放弃加拿大的决定性事件。法国本想把英国居民点限制在阿巴拉契亚山脉以东地区，但是，英军切断了法国沿密西西比河关键河段上已建立的延伸到新奥尔良的一系列堡垒，这样，英军入侵俄亥俄河流域，摧毁了法国在北美其他地方建立殖民地的野心。

法国试图夺回失去的殖民地的反攻战略是，直接入侵英格兰；然而 1759 年夏秋进行的两场大海战，使英国粉碎了法国进攻英国本土的企图。第一场大海战发生在直布罗陀海峡周边。第二次也是最具破坏性的大海战，发生在布列塔尼西南方向的基伯龙海湾，时间是 1759 年 11 月 20 日，当时，被英国舰队已经包围 6 个月的法国舰队，趁英军因大风而短暂撤回时，试图逃离包围圈。

“七年战争”之后，法国在世界范围内撤退，包括从印度撤军，于是印度很快成为英殖民帝国经济上的皇冠宝石。1757 年初，英国的超级海上力量和运输能力就足以使“英国东印度公司”的罗伯特·克莱夫（Robert Clive），从印度当地叛军及其法国盟军手里夺回加尔各答的孟加拉港。1757 年 6 月，克莱夫率领 3 000 名英国的和印度的士兵，在普拉西打败了由法国支持的拥有 5 万—6 万人的印度军队，至此，“英国东印度公司”加强了英国在印度的殖民统治。在这场战役中，水以季节性洪水的方式发挥了举足轻重的作用。法国支持的印度军队的火枪在雨中无法射击，他们以为英国人的武器同样无法使用，于是就向驻守在胡格利河岸边芒果树丛中的英军进攻。但是，在人数上处于绝对劣势的英国军队，并没有让他们的火药沾水。[1] 英国军队分割了进攻的印度军队，然后用火枪各

---

① Davis, *100 Decisive Battles*, 241; Lambert, 122; Keay, 381—393.

个击破。

“七年战争”的成败警示人们，在长距离航行时代，强大的海上力量是大帝国形成的必要条件，在随后的几十年间，法国向海军大规模投资，以便其舰队规模与英国的旗鼓相当。1781 年，法军通过阻断英军对弗吉尼亚约克镇的补给，迫使康沃里斯（Cornwallis）将军的部队向乔治·华盛顿投降，结束了美国的独立战争；这样，法国间接打败了英国。一代人以后发生的“拿破仑战争”也证明了海上实力平衡的决定意义。1797 年，随着法国军队横扫欧洲大陆，拿破仑·波拿巴提出，法国对欧洲永久的霸权依赖于赢得制海权和征服英格兰。[①] 实际上，法国和英国之间的决战，不仅是在航海时代对英国全球霸主地位的挑战，也是自亚历山大大帝以来最辉煌的将军指挥的无敌陆军和海上超级力量之间的军事才能的历史性较量。

1798 年夏天，英国人从地中海撤离，以保护它的北方港口免遭法军攻击，29 岁的拿破仑狡猾地利用了这次英军撤离的机会。按照法军统帅的密令，拿破仑攻占了马耳他，调动 31 000 人、400 艘海上运输船和 13 艘战船，征战埃及，把大量启蒙时代留下来的学术成果运回欧洲，当时一些训练有素的学者的使命是，研究埃及的一切，以求纯粹知识上的进步。随着这些征战的开展，拿破仑控制了整个地中海。如果拿破仑能够紧紧攥住他所掌握的，他知道，他会掌握地中海东部地区、奥斯曼土耳其帝国和通往英属印度的红海的命运。因此，拿破仑没有耽搁时间，亲自考察了成为废墟的尼科法老的古代“苏伊士运河”，命令法国调查员研究直接连接地中海和红海的新运河。当时，由于法国调查员的误算，红海比地中海高 33 英尺（10 米），这样，必然需要修建运河闸门和其他复杂的工程，根据这个计算，拿破仑的运河计划流产了。

英国认识到法国的战略性漏洞，于是派出了它最年轻的指挥官之

---

① Kennedy, *Rise and Fall of the Great Powers*, 124.

一—— 40 岁的霍雷肖·纳尔逊（Horatio Nelson）——与法国争夺地中海的控制权，以恢复英国在地中海摇摇欲坠的指挥权。海上战术和指挥技巧过人的纳尔逊，被证明与在陆上指挥作战的拿破仑一样才华横溢。纳尔逊出生卑微，在战斗中失去了一只手臂和一只眼睛，然而展现了战斗勇气，船员们和他的情人汉密尔顿夫人，对他的礼貌、魅力、风度以及奉献精神追捧有加，纳尔逊成为英国皇家海军的骄傲。自弗朗西斯·德雷克爵士以来，从未有过像纳尔逊这样的国家海军英雄。

纳尔逊的船队进入地中海之际，正是拿破仑如日中天之时。纳尔逊在忙乱的跨海搜索中，竟然与其敌人擦肩而过，为此，他必须调转航向，向法国人征服了的埃及驶去，1798 年 8 月 1 日下午，纳尔逊看到了法国海军的船队。该船队恰巧在浅浅的阿布奇湾抛锚，那里靠近亚历山大港，附近有尼罗河的一个入海口。因为偶然的原因，法国司令官命令许多水手去岸上挖井，原因是船上淡水储备不多了，因此船上人手不足[①]。纳尔逊认为这是不可多得的机会，立即悬挂起准备进攻的信号旗。“尼罗河战役”或称“阿布奇战役”，可能在海战编年史上会一直是另类，因为整个战斗是在黑暗中展开的，直到现代，才有人解开了这场战斗之谜。虽然当时双方的战船数目相等，但英国炮手的效率更高，是法国炮手开炮速度的两倍，打击目标也更为精确。当时法国船只处于静态，纳尔逊恰恰把握住了这个优势，一次打掉几只船，而保持自己的船只在其他法国船只的射程之外。黎明时分，法国人的损失才清晰可见，13 艘战舰中的 11 艘被击沉。

纳尔逊获胜的影响是巨大的。英国人即刻重新控制了地中海航线，重拾国家自信和战斗精神。通过控制海上补给线，英国海军动摇了拿破仑在埃及的部署，以致这位大将军悄悄撤回了他在埃及的军队，回法国争夺权力。看到拿破仑大军罕见地后撤，陷入困境的欧洲大陆国家秘密与英国建

① Davis, *100 Decisive Battles*, 275.

立了新的反法同盟。在拿破仑看来，“尼罗河战役”迫使他放弃了切断英国通往印度及其殖民地财富通道的野心。拿破仑把他的战略重点再次集中于海军和陆军，目标是直接入侵英格兰本土。

这就设定了拿破仑海战的战场特拉法加。尽管拿破仑军队的规模是英国军队的三倍，但要入侵英国这个岛国，他需要足够的海上实力，必须在短短几天内控制住英吉利海峡，以保证军队安全渡海。阿布奇海湾灾难之后多年里，拿破仑一直在购买荷兰占有的船只，这也迫使他控制从北海到直布罗陀海峡的每一个欧洲大陆港口。英国人的反应则是，竭尽全力封锁法国人控制的港口，这一长达一年的行动在海军历史上绝无仅有。1805年，拿破仑命令其战舰突破英国人的封锁，在加勒比海的马提尼克集结，准备入侵英吉利海峡，因为法国军队在英吉利海峡已做好准备。但是法国战船在港口停靠多年，战斗力大大衰退。布雷斯特的船队不能出征，土伦的舰队驶向大海，而纳尔逊目睹了这一行动。为此，纳尔逊横跨大西洋捕猎法国舰队。1805 年 10 月 2 日，法军和英军最终在地处直布罗陀和加的斯港之间的西班牙特拉法加交火。纳尔逊与船长们经过多次晚餐间的讨论，最后达成了创新性的海战战术，该战术充分发挥了英国海军的优势——船只灵活，水手经验丰富。纳尔逊没有让他的舰队与敌舰在平行位置上开炮，而是将其舰队编成两队，为确保万一有闪失还保留了第三支预备队，只用两队攻击夹在中间的敌舰。这样一来，纳尔逊创设了两个独立的战斗，每一场海战都拥有战术优势。英国人在特拉法加的大胜无可争议。英国没有一艘船只沉没，死亡人数仅为 100 人。但是，人员伤亡竟然包括纳尔逊本人，法国狙击手从桅杆上近距离射击，击中了他的肩膀和胸膛。[①]

特拉法加战役终结了拿破仑入侵英格兰的任何机会。英国人对海上的控制能够通过对法国港口的封锁而达到阻挠法国军队补给的目的，同时全

---

① Howarth，75.

面肢解了法国在加勒比海、非洲和摩鹿加群岛的海外据点。与遥远国家如美国和俄国的远洋贸易，帮助英国经受住了拿破仑施加给英国的在欧洲大陆范围内商业禁运的考验。随着拿破仑在俄罗斯的惨败，禁运最终转为机会，英国船只自由运送自己的军队到欧洲大陆，为最终打败拿破仑助一臂之力。1815 年，拿破仑败走现在比利时的滑铁卢。

“拿破仑战争”的结果确认了一个观念：在长距离航海和舰载大炮时代，海上实力所有者如果能够把调动海洋自然力方面的优势提高到可与陆地超级实力所有者抗衡的程度，那么，这种海上优势就允许不大的、民主的航海国家主导全球霸权的斗争。英国这个岛国之所以能战胜其在欧洲大陆上的对手荷兰共和国，部分原因在于，英国把它的资源集中到海军实力上，不用担忧陆地防御的负担；而荷兰人之所以失败，恰恰因为它要兼顾海上和陆地，古代腓尼基人败于相邻的陆上帝国美索不达米亚，就是类似的例子。贯穿整个航行时代，从无敌舰队到拿破仑，每一个入侵英格兰的计划终告失败。甚至第二次世界大战中的英国战场，希特勒的纳粹德国陆军、坦克、长程导弹、空军的压倒优势，也不能克服英国海军和英吉利海峡提供给英国的防御优势。

特拉法加战役是使用木船进行的最后一次大战。在随后的一个世纪，甚至到第一次世界大战爆发，没有哪个国家能够挑战英国海上霸权的地位。19 世纪，英国的海上实力不可战胜，因为它应用了另一个前所未有的创新——蒸汽驱动的工业革命，它汇集了英国乡间小河的动力。

9. 蒸汽动力、工业与大英帝国时代

工业革命，促使拥有木船和航海时代海上实力及殖民财富的英国，转变成历史上第一个全球主导经济体以及全球称霸的政治帝国。从1760年开始，在国王乔治三世长达60年的统治期间[①]，促成英国私人市场经济自发腾飞的那场工业革命，彻底改变了人类社会的方方面面，从日常生活、社会组织、人口到政治关系，工业革命的历史意义，可与5 000年前人类文明初始时期的灌溉"农业革命"同日而语。创新性地应用水力，构成了这场工业革命具有催化性质的支点。创新性地使用水力不仅仅包括对传统水车新使用方法的开拓，尤为重要的是，突破性地使用了蒸汽——一种原先没有利用过的水的形式。

从地理环境上讲，英国拥有丰富的海洋资源、内陆水资源，通过那个时代的技术集群，这些资源得以开发利用。英国海军和商业船队占有了岛国许多天然良港、蜿蜒曲折的海岸线、天然的防御海域、英吉利海峡有利的大洋环流和海风等资源优势，与此同时，早期工业企业家着手利用乡村间许多流速大、长年不断的河流和溪流，这些河流、溪流不仅易于航行，也能够利用水车产生大量动力。实际上，19世纪光环笼罩下的英国或许能通过对海洋的控制而指挥全球，但是，大英帝国依赖的经济实力基本上

① 乔治三世登基那天，其祖父因血管破裂，死在皇家洗手间。

还是其繁荣的内陆水道。

英格兰的工业革命诞生于两个交叉的小工业阶段，这些小工业沿着英国中部乡村区域的小河发展。第一阶段以兰开夏郡为中心，首先是水车动力的利用，然后是蒸汽动力在棉纺织工厂的使用，推动了第一阶段工业革命；在一个中心位置上，传统家庭手工作坊被重新组织，从而形成了具有专门功能的标准化、机械化的制造系统。第二阶段以什罗普郡这个以铸铁生产著称的地区为中心，19 世纪后期的重工业以此为源头发展起来。通过蒸汽动力、铁与英国超级海军相结合，英国的海上实力变得所向披靡，从海岸线一直延伸到外国的内河水路上。英国的工业生产力加速发展，经济财富日益增加，扩宽对中产阶级的收入分配，成为一种自身蔓延、发展的现象，这完成了英国自由市场从海上贸易边缘向世界经济社会中心的历史性转移。

正如历史上常常见到的那样，需求是伟大革新之母，是需要点燃了这场工业革命。在大约 200 年的时间里，从莎士比亚、德雷克、伊丽莎白女王时代，到美国殖民地独立战争的前夜，当英国人在海上与敌人鏖战时，英格兰国内因早期对森林无节制的砍伐，正遭受着突如其来的燃料危机。当法国和欧洲大陆的其他国家享受着丰富的木材资源时，英国人正在燃料短缺中挣扎，家庭取暖、铸造大炮、生产舰船，这些都需要木材和木炭，因此，生产成本稳定攀升。当时，欧洲依然处在小冰河[①]时期（15 世纪中叶—19 世纪中叶）的阵痛中，英国的气温比 20 世纪早期的气温低 1—2℃，农田和树林逐渐萎缩，泰晤士河常常结冰，这更加剧了燃料的短缺。

---

① Ponting，99—101. 在 1564 年至 1814 年期间，泰晤士河 20 次结冰。在 1590 年至 1603 年的 13 年间，法国罗讷河结过三次冰。甚至西班牙塞维利亚的古达奎弗尔河在 1602—1603 年的冬天还结过冰。相比之下，小幅温度变化能够产生很大的影响，1200 年结束的温暖气候，曾经把英国的葡萄园向北推进了不少，粮食作物的种植向苏格兰南部高原发展，甚至格陵兰的南部沿海地带都可以居住人了。

在英格兰中部和北部地区接近表层的地方，储藏有丰富的煤矿资源，作为昂贵木柴的替代品。虽然煤能提供热，但是唯有木炭燃烧达到的温度能在炼铁炉里炼铁。1709年，塞文河蔻布鲁克岱尔村的铁匠亚伯拉罕·达比（Abraham Darby）独立重复发明了中国很久以前就使用的程序——把煤炼成焦炭用于炼铁炉，这项发明让人们看到了希望，煤有可能让英格兰突破燃料瓶颈；实际上，由于燃料缺乏，英国铁产量严重不足。①

然而，两个现实困难继续困扰着英国，使其难以摆脱燃料短缺的困境：一是运输方面，如何把煤源源不断地从矿区运出来。泥泞不堪的道路，致使马车运输缓慢、昂贵且时间上无法保障。沿海城市附近的煤矿可以通过海上运输，以供伦敦和其他一些海港的锅炉使用。但是，为了满足日益增长的工业区域的需求，需要采用其他的运输方式。二是煤矿工人挖掘更深的煤层时，会遇到地下水。为了排水，他们在山坡上挖水渠，用马来拉动提水泵抽水，或者在可能的情况下，使用水车。但是，煤采掘得越深，地下水越多，以致他们难以挖掘足够的煤来满足这个国家不断增长的基本需求。

因而，英国的燃料荒一直在持续。1760年，煤和木材成本高昂的短缺正迫使英国从瑞典和俄国原始森林中的炼铁厂进口所需铁产量的一半。在美国独立战争前夜，英国新造船只的三分之一正外包给其殖民地——美国木材丰富的东海岸地区的船厂。②除非燃料危机能够即刻解除，否则，英国刚刚起步的工业革命将面临流产。这个依然微弱的帝国的持续力恐怕会遭人质疑。英国历史学家特里威廉写道："许多家庭的炉子是冰冷的，如果1760年之后旧的经济体制依然维持不变，有一个事实无法确信，即

① 焦炭几乎是纯碳，是煤的转化物。转化方式类似于木材转变成木炭，在密封的容器里加热，去掉杂质，仅留下作为残留物的焦炭。

② Pacey，114.

当时的 700 万人是否还能像以前一样继续舒适地生活在这个岛上。”[1]

然而，两大水工程上的突破拯救了英国的工业革命。第一个是无法预料的内陆交通运河的大规模建设，加之英格兰迅速发展的私营部门完全提供了建设这些运河的资金，促成了除中国之外的独一无二的国家层面的水路交通网的形成，这个水路交通网又刺激了英国经济的发展。英国运河时代的开拓者是年轻的贵族、布里奇沃特公爵弗朗西斯·埃杰顿（Francis Egerton），1759—1761 年他出资建设了一条里程不长却影响很大的布里奇沃特运河。布里奇沃特公爵继承的遗产中包括一座大型煤矿，他正是从那里挣到了可观的收入。但是，在布里奇沃特公爵钟爱的妻子跟别人走后，他把全部热情转向个人的梦想，即以他的煤矿为始点，建设一条运河，通向正在发展的曼彻斯特的工业作坊。他估算这条运河能使煤价降低一半，这样，他在地方煤市场会占有更大的份额。[2]

尽管曼彻斯特离这个煤矿不过 10 英里（16 公里），但沿途的地形地貌使这条运河的建设面临复杂的挑战：丘陵地形，没有几条溪流能补给运河以供载起船只。当然，布里奇沃特公爵坚信这条运河的技术可行性，因为在欧洲大陆旅游时，他参观过法国的朗格多克地区，亲眼见到了欧洲历史上最神奇的米迪运河。[3] 这条运河建于 1666—1681 年，由路易十四国王认可，当时路易十四国王正致力于扩大法国海军，150 英里（241 公里）长的米迪运河，创造了一条保险的内陆水上捷径通道，以连接法国的大西洋和地中海，不必再通过直布罗陀海峡并绕过西班牙。这条运河流经的内路区域很快随着新经济活动而活跃起来。这一水利工程奇迹，后来被伏尔泰称为一个辉煌的成就，升降高程达到海拔 620 英尺（188 米）；实现这

① Trevelyan，430.

② Bernstein，Wedding of the Waters，40—45.

③ Ibid，38—40. 推动米迪运河建设的是国王路易十四的收税人皮埃尔男爵，他与财政部长关系密切，男爵把其全部财富都投到了米迪运河的建设上。

一升降高程需要建设328个建筑物，包括103个闸门、给运河供水的水坝、桥梁和500码（457米）长的运河隧道，可以说是欧洲第一。布里奇沃特公爵心知肚明，虽然困难重重，但是，这条短短的运河能够建成。另外，他打算把他的全部财富都压在这个工程上。

建设运河的一个主要挑战是，维持缓慢的水流，如此一来，人们就能够较容易地在两个方向拉拽船只。一种工程方案是按照自然的地形高程，中国秦朝在2 000多年前建成了灵渠。但是，这样做需要一个比较平缓的地形和长长的沟渠。古代亚述人和罗马人建过渡槽，以便让水依靠重力平缓地流过丘陵地带。在丘陵区域使用较多的现代方案是，人为地把运河分成若干个梯级段落，在不同水位的段落之间，使用机械升高或降低运河船舶。在中世纪早期，人们常常在运河段落之间竖起单个的平直闸门。当下游船只接近时，打开闸门，船只迅速通过。而船只向上游行驶要困难一些，需要使用绳索和绞盘之类的工具，用人和牲畜来牵引船舶；人们常常先把船舶从低海拔的水道拉到一个滑道上，然后注水，让船只上升到较高的海拔。中国大运河最初就是依靠简单的冲水闸门和大量的人力来抬高船只，疏通水道，维护堤岸，直到公元984年才出现了创新的双门水闸，以往两个闸门之间注水或放水的方式，利用水的浮力提高或降低船只。在欧洲，14世纪时，低地国家建设了有闸门的航行运河。达·芬奇对米兰大规模的运河网颇感兴趣，该网包括1485年建设的伯格东运河，升降高度为80英尺，共有18个闸门，达·芬奇专门设计了一个现代版的船闸室，闸室有面对上游的V形闸门，这样，来自下游的水压有助于封闭闸门，防止它漏水。达·芬奇的设计推进了能升降长陡峭山坡的阶梯式连续船闸闸室的建设。17世纪，法国人成为运河工程建设的先锋，直到19世纪，法国人依然为其水利建设技能而自信，正是米迪运河建设者的后嗣，开凿了苏伊士运河。

当布里奇沃特公爵修建运河时，英国人的运河建设技术还远远落后。布里奇沃特公爵选择詹姆斯·布林德利（James Brindley）做这个项目的总工程师，而布林德利是自学成才的专家，年轻时尝试过多种工作，包括在某个区域的诸家水力作坊做维修工，这些工作经历为他积累了技能和经验。布林德利和布里奇沃特公爵选择了不建运河闸门的建设方案，改用渡槽来维持运河的平缓坡度。给运河补给水，是他们面临的困难，而有些地方的地下水位很高，常常淹没煤矿，他们必须给煤矿排水。如果布里奇沃特运河最终成功的话，布林德利会成为那个时代自学成才的奇人，以英国主要运河工程师而出名。当400个劳工辛勤建设这条先锋运河时，当时几乎没有人相信运河会成功，在解决技术挑战之前，似乎只能依靠布里奇沃特公爵个人的运气。消息不胫而走，大家都说他疯了。在他最困难的时候，曼彻斯特和利物浦的银行甚至拒绝给公爵开一张500镑的支票。然而，布里奇沃特运河的成功开凿最终成为那个时代鼓舞人心的奇迹之一。人们从四面八方涌来亲眼目睹这条运河，尤其是观赏艾维尔河上的三孔运河桥，12吨重的船只在离河200码（182米）高的运河桥下通过。其实，这条运河还有公众看不到的奇迹，刚刚挖掘出的煤炭正通过这座煤矿的地下运河运出来。实际上，以地下运河的方式把煤运到曼彻斯特的实际成本比公爵计算的成本还要低。飙升的煤矿销售量让布里奇沃特公爵成为英国最富的人之一。

曼彻斯特市政厅内纪念布里奇沃特运河开通的壁画

布里奇沃特运河开凿的成功激起了英国运河建设的高潮。在几十年的时间里，蓬勃发展的私人运河给英国创造了大规模的经济内陆水路网，通过水路把煤运到英国中部、北部、泰晤士河流域和许多海港。布里奇沃特和布林德利继续投资并建设了从曼彻斯特到利物浦的运河，从特伦特河到默西河的运河——从北海到爱尔兰海，横跨了英国中部地区。总之，整个运河建设给当时英国 1 000 英里的内陆河道，新添了 3 000 英里可航行的内陆水路网。[①]

私人驳船和运河运营收费公司推动了运河建设高潮，运营公司从伦敦日渐发展起来的金融市场里筹集资金，[②]而这种运作机制在自由放任经济萌芽阶段给英国资本主义注入了“动物精神”，当时，这种依然不为人所熟悉的、可自我调节的“看不见的手”，以及其致富机制，正开始被提及，最著名的当属亚当·斯密的《国富论》。运河的蓬勃发展激发了伦敦金融家进一步为工业投资承担风险的意愿，而这种承担风险的意愿也刺激了资本积累和新一轮低成本放贷和投资。半个世纪后，英国建设运河的潮流横跨大西洋，抵达美国东部地区，美国人复制了英国建设运河的经验，于1825年建成了363英里长的伊利运河，取得了和英国明显相似的刺激效应。

自罗马时代后，英国通过建设新的运河网络，第一次迅速改善了英国的交通，而交通运输业的发展是克服英国燃料荒、开启工业革命的必要条件，但并非充分条件。英国首先要寻找解决煤矿透水的问题，因为煤矿透水限制了采煤量。康沃尔以及英国中部和北部区域的矿主一直在讨论排除矿井积水问题。人们尝试了各式各样的方法，最有效的方式还是使用水车驱动水泵抽水。然而，水车需要设置在水源附近，大部分英国矿山缺少这

① Cameron，174.

② “光荣革命”（1688—1689）在支持私人资本积累和投资的政治和经济层面发挥了关键作用，私人资本积累和投资对于推动工业革命的企业制度和创新至关重要。

种水源来推动水车。这就需要另谋他途。在这种情况下，由追逐利益的市场推进的蒸汽机的发明，将会在开发富足的自然资源方面给英国带来重大突破，也将会创造一个建立在工业动力和工业生产基础上的全新社会。

虽然水是地球上唯一一种随自然温度变化而呈现液体、气体和固体的物质，但是，人类文明基本上只利用了水的液体状态。对蒸汽膨胀力的认识可以追溯到二千多年前"亚历山大港的英雄们"。达·芬奇曾经绘制了一个理论上由蒸汽驱动的风箱和大炮。当然，一直没有人把这个有关蒸汽的科学知识转化为应用技术。到 17 世纪末，法国出生的物理学家丹尼斯·帕潘（Denis Papin）与物理学家罗伯特·波义耳（Robert Boyle）在伦敦一起发现了气压，随着这一科学发现，他们发明了一个实用的蒸汽压力锅，并撰写了有关基本设计的理论论文，而第一台蒸汽机则基于这一原理。1698 年，英国军事工程师托马斯·萨弗里（Thomas Savery）制造了第一代蒸汽泵，[①] 排除了康沃尔锡矿中的水，尽管这些蒸汽泵的运行非常不稳定，还容易发生爆炸。

来自达特茅斯的铁匠托马斯·纽科门（Thomas Newcomen）制造了历史上第一台成功的常压蒸汽机，他曾经铸造过萨弗里的蒸汽泵。1712 年，一家煤矿使用纽科门蒸汽机，每个冲程可以把 10 加仑（0.037 立方米）水提升 153 英尺（46 米）。但是，纽科门蒸汽机也存在很多缺点，因此，它的使用很受限制。体积庞大的纽科门蒸汽机，本身需要一幢二层楼的房子，而产生的马力比一台好的水车没大多少。另外，它需要燃烧大量的煤，把水变成蒸汽，因此，它只能在煤矿使用。另外，纽科门蒸汽机的热效率非常低。在煤炭市场受到运输瓶颈约束的时候，纽科门蒸汽机抽水速度太慢，不能克服煤炭短缺和英国的燃料饥荒。1734 年，英国煤矿安

---

① Bronowski and Mazlish, 314; Cameron, 177—178; White, *Medieval Technology*, 89—93.

装的抽水泵不足百台。[①]

推动英国工业革命腾飞的历史突破，等待着超越纽科门蒸汽机的新蒸汽机的发明。1769 年，33 岁的苏格兰人詹姆斯·瓦特第一次注册了一种蒸汽机专利，1776 年，开始商业使用。瓦特蒸汽机第一批使用项目之一就是抽取煤矿的水，[②] 在那座煤矿，第一小时内，抽空了满满 57 英尺（17 米）深的水坑。同时，另一台蒸汽机用来驱动风箱，把空气注入由著名铁匠约翰·威尔金森（John Wilkinson）发明的炼铁炉子，而且在铁铸造方面的明显效果很快就呈现出来。瓦特蒸汽机划时代的意义使瓦特成为 18 世纪苏格兰启蒙运动的著名人物之一，与他齐名的还有哲学家大卫·休谟（David Hume）、政治经济学家亚当·斯密、地质学家詹姆斯·赫顿（James Hutton）、化学家詹姆斯·布兰克（James Black）、诗人罗伯特·彭斯（Robert Burns）。在不到一个世纪的时间里，瓦特成为美国钢铁大王（苏格兰移民）安德鲁·卡内基（Andrew Carnegie）的一本谄媚传记中的对象，被永远地用作衡量电能的一般度量单位——瓦特。

瓦特是数学仪器制造者，还是土地测量员，具有科学头脑，与格拉斯哥大学的许多科学家有交往，他的父亲是造船工程师、建筑师和航海设备制造者。在少年时代，瓦特制造仪器模型，后来到伦敦仪器制造行业做学徒。出徒后，他回到格拉斯哥，于 1757 在格拉斯哥大学建立了自己的仪器制造作坊。1763 年，学校要他修理一台纽科门蒸汽机的实验模型。瓦特惊讶地发现纽科门蒸汽机浪费了其本身热能的五分之四，于是，他着手研究如何提高纽科门蒸汽机的效率。纽科门蒸汽机的核心是气缸，当气缸充满蒸汽时，蒸汽抬高气缸上的活塞。冷却气缸时，水蒸气凝聚成水，从而产生真空，这时，大气压又把活塞推回到气缸。把任何东西与这个活塞

---

① Pacey，113.

② Lira.

相连，如泵，就能够上下移动做功。通过反复试验，瓦特发现，纽科门蒸汽机浪费蒸汽的主要原因是，需要在每个冲程之间直接冷却被加热的气缸。1765年，他有了解决这一问题的技术突破：使用一个分离的蒸汽冷却器，让气缸始终保持热度，这样便可把纽科门蒸汽机的效率提高一倍。瓦特很快有了让纽科门蒸汽机效率翻两番的设计。该设计更为紧凑，因而比纽科门的那个庞然大物更神奇。

瓦特与蒸汽机

瓦特革命性的现代蒸汽机能够排出矿井中的透水，这大大加快了英国采掘煤、锡的产量，而抽出的水作为新运河交通网络供水的补充资源得到有效利用。实际上，瓦特差不多将瓦特蒸汽机的商业使用推迟了10年。造成这种状况的原因是，他经常放下其作坊的工作，跑去当土地调查员，当时，运河的开发正如日中天。瓦特也遭遇了商业和技术问题。他的第一个生意伙伴约翰·罗巴克（John Roebuck）曾经委托瓦特建造蒸汽机，来帮他排除矿井里的水，但他从未因此而获得太大的收益，在那个时代，苏格兰还没有高技术的铁工来完成高质量、高精度的大型气缸和活塞，因此，约翰·罗巴克破产了。迫于无奈，约翰·罗巴克于1775年把他合伙人的份额卖给了马修·博尔顿（Matthew Boulton）。马修·博尔顿是伯明翰有名的钮扣制造商，他正好搬到瓦特重新落脚的地方，而瓦特当时正在寻找拥有高技能的铁匠。瓦特很快在铁匠约翰·威尔金森（John Wilkinson）的作坊里找到了他所需要的铁制品的质量：威尔金森用为英国海军制造大炮的新的工具镗床，制造了瓦特所要的精确气缸。1775年，按照议会颁布的法律，拥有瓦特蒸汽机25年专利的博尔顿和瓦特，从事蒸汽机的生意。

博尔顿和瓦特的合作是商务史上最引人注目的一个例子。博尔顿的商业头脑与瓦特的技术匠心互为补充，加上博尔顿的诚信、正直，两人的生意兴隆起来，还没有早期商务活动常常出现的对发明者贪婪的剥削。实际上，博尔顿不厌其烦地遮掩着他开始时的困境，多次扭转了资金困难的局面，尤其是在开始的十几年。博尔顿和瓦特成为伯明翰著名的“月光社”的积极会员，1785年，他们两人被选为“英国皇家学会”的会员。

博尔顿是天生的推销员，他出色地兜售着蒸汽机：“先生，这里卖的是世界希望有的东西——动力。”① 在创新过程有组织的科学—产业系统化的基础上，科学家瓦特设计新的蒸汽机方案，来满足博尔顿发现的市场机会。1781年6月21日，博尔顿建议瓦特利用回转运动，那将是瓦特蒸汽机的第二次大突破。他在给瓦特的信中写道：“伦敦、曼彻斯特和伯明翰的人都痴迷于蒸汽机工厂……我并不催促你做出什么决定，不过，我想在一个到两个月的时间里，我们应该推出一个利用回转运动的专利技术。”② 对于从矿井或河里抽水而言，最初上下运动的蒸汽机还是能够调动较大量

---

① 1瓦特等于七百四十六分之一马力。瓦特想象，在规定的时间里，一匹马从矿井中可以拉起来的煤量为“马力”。当时他计算出，一匹马在一分钟内可以把33 000磅煤提高1英尺。

② Matthew Boulton, “Document 14, 21 June 1781: Matthew Boulton to James Watt,” in Tann, 54—55.

的淡水，以满足日益增长的城市需求。但是，从沿着英格兰河流而建立的那些靠水车驱动的纺织厂和其他围绕水车而运转的制造厂中，博尔顿看到了即将出现的更大的市场。1782年，瓦特把回转蒸汽机与独立兴起的机器生产系统结合在一起，从而给英国工业革命挂上了加速挡。

工业生产制是水动力和中世纪机器革命的直系后裔。1771年，理查德·阿克莱特（Richard Arkwright）在诺丁汉创建了历史上第一个由水力棉纺织机组成的现代工厂。9马力的水车推动1 000个纱锭生产出优质棉纱，与传统家庭手工作坊相比，产量和生产率要大很多。这家工厂很快就生意兴隆。阿克莱特并非发明者，只是一个组织生产、销售和筹集资本的天才生意人。他在兰开夏纺织区游街串巷给人理发，不仅如此，他还是假发制造商。当时，小批量的纺织工作都由家庭作坊来完成，当他发现水力棉纺织机是一大商机时，牢牢抓住这一机会。手动纺纱机设计的改进，加之从印度运回大量便宜的原棉，两者的结合推动了纺织业的迅速发展。阿克莱特的水力棉纺织机受18世纪早期达比丝袜厂的启发，该厂使用直径13英尺（3.9米）的水车和纺织机织袜，而这种纺织机的设计来自从意大利[①]。水力纺棉机出自一个名不见经传的发明家的创意，阿克莱特迅速切断了这个发明家与任何奖励的联系，包括成为英国最富裕的人，甚至获得爵位头衔。

一旦抓住这个商机，阿克莱特迅速主导了繁荣起来的早期英国棉纺织业。10年间，300个工人使用水力，昼夜开工，驱动几千台纱锭机运转。这些工人大多是妇女和儿童，在若干男工监督下，专司其责。尽管英国技术出口受到很大制裁，然而，一名寻求致富的英国纺织厂的工人，凭着他清晰的记忆，很快就把阿克莱特水力工厂的设计带到了美国，而这名工人成为新英格兰活跃的水车动力纺织厂的技术骨干。1785年，蒸汽机开始

---

① Pacey，103，107. 最初的丝袜厂建于1702年，但是失败了。后来的业主偷偷地复制了意大利丝袜厂的机器设计，才得以成功。

在纺织厂出现，当时，阿克莱特安装了一台博尔顿和瓦特的蒸汽机，成立了世界上第一个由蒸汽动力驱动的纺纱厂。1790 年，出现了适用于蒸汽动力的、具有更大马力的塞缪尔·克朗普顿（Samuel Crompton）混合功能纺织机，[①] 并成为未来棉纺织厂的新标准。

从流水水车驱动工厂到蒸汽驱动工厂，这种技术转型引发了社会组织方式的根本变化。早期水流动力的工厂一直坐落在偏远的乡村，在那里选址容易利用全年不断流的水动力，实际上，与南欧竞争者相比，英国的溪流具有比较优势，因为南欧的一些溪流在夏季常常枯竭或流量很小。劳动力常常以留宿童工的形式到这些乡村工厂工作。随着蒸汽机的使用，一切发生了改变。工厂从乡村河流流域搬了出来，选择落户城镇，靠近市场，毕竟那里领取工资的劳动力和煤等关键投入都比较丰富，也便宜。简而言之，蒸汽机让工业城市化。大型纺织厂出现了。1782 年，曼彻斯特仅有两家工厂，20 年后有了 52 家。[②] 英国的棉布产量飙升，而生产成本和销售价格大幅下跌。[③]

棉布出口商很快在全世界占有了市场。1789 年，使用印度棉花作为原材料的英国工厂，能够生产出成本比印度手工编织的纺织品的成本还要低的商品。在这种形势下，英国的蒸汽动力工业生产制与英国殖民主义政治经济和军事扩展相互联系，在 1789—1802 年的 13 年间，英国用于纺纱的原棉进口翻了 12 倍，[④] 从 500 万磅上升到 6 000 万磅，是前 90 年进口量的五倍。从这个事实中我们可以认识到制造业贪婪扩张的强度，以及它对地方和边缘地区的影响。保障海外原材料市场的供应和英国制造产品的终端市场，成为英国政府政策的核心，以及 19 世纪大部分时间里英国海军的使命。

---

① 纺棉机得名于阿克莱特的水力设备与詹姆斯·哈格里夫的非水动力驱动的珍妮纺纱机（1764）的结合。尽管纺棉机随处可见，克朗普顿却从来没有因为他的发明而得到什么，他一直处在贫困中。

② Cameron，181.

③ McNeill，*World History*，368.

④ Heilbroner，*Making of Economic Society*，81.

蒸汽机对工业生产制扩展的影响是惊人的。若干世纪的家庭手工业，一夜之间，变成了按照精确的时间安排，许多就业者在同一个工厂，从事相互合作的、标准的机械生产机制。大约从1780年起，英国工业开始以年均1%—4%的速度增长，[①] 这种高速增长大约维系了一个世纪。

瓦特继续改进蒸汽机，试验蒸汽压力、阀门、气缸的设计，尽力在专利受到侵犯前有所改进，侵犯专利的人中就有铁匠约翰·威尔金森，他盗窃了博尔顿和瓦特设计的关键。1788年，按照博尔顿的建议，瓦特增加了一个控制蒸汽机速度的设计；1790年，增加了一个压力表。与二十多年前第一次出售的蒸汽机相比，18世纪末的瓦特蒸汽机动力大多了，燃料使用效率不错，蒸汽机的尺寸也变得较小且轻便。一般的蒸汽机可以产生25马力的动力，[②] 当然，有些特殊的蒸汽机达到100马力。64岁时，瓦特心满意足地、健康地、富裕地退休了，他在那个时代，得到了他认为应该得到的声誉。1800年，博尔顿和瓦特维持25年的合伙公司解散。1819年，瓦特去世，享年83岁。

到1800年，大约出售了500台博尔顿和瓦特蒸汽机。[③] 这些蒸汽机的使用成为那个时代活力的一个缩影。大量的蒸汽机用来给煤矿和锡矿抽水，有些给炼铁炉鼓风，从而让英国高质量铸铁的生产量快速上升。到18世纪末，蒸汽机直接用来给工厂提供动力，如纺织厂、羊毛厂、啤酒厂、面粉厂和陶瓷厂。1786年，所有伦敦人惊讶地看到，在世界上最大的面粉厂，两台蒸汽机正在推动50对石磨一起工作。博尔顿和瓦特蒸汽机被大量用来抽取河水，以满足日益扩大的城市供水系统。

随着城市人口规模和密度的不断增长，用于饮用、环境卫生和家庭其他

---

① Simmons，20.

② Tann，6—7. 英国政府试图保护其工业领导地位，限制向海外出售大型瓦特蒸汽机。

③ Ibid.，6—7.

方面的城市淡水输送日益成为人类的重大挑战。17 世纪，在城市河流周边安装水车驱动的水泵，是自古罗马引水渠以来的、欧洲家庭用水供应体制的第一个进步，当然，水被污染、供水不足是常见的问题。1608 年，在巴黎的塞纳河新桥下就安装了一个下冲式水车驱动的水泵；1670 年，在圣母院桥下又增加了另一台水车水泵。17 世纪最大、最著名的供水系统，是 1684 年在塞纳河上建设的给路易十四的凡尔赛宫皇家喷泉和花园供水的系统。[1] 这个供水系统有 14 台下冲式水车，每一个直径为 40 英尺（12.19 米），由塞纳河上的一个水坝供水，推动 259 个水泵，每天分三个阶段，把 80 万加仑（3 028 立方米）水提升到 500 英尺（152 米）的高度。1582 年，在泰晤士河的伦敦桥下建成了一台水车泵。但是它在 1666 年的伦敦大火中被烧毁，在蒸汽机驱动的水泵用于消防之前，火灾也是城市生活中另一个不变的灾难。

设在城市的水泵可用来救火

① Smith, Man and Water, 100—106. See also Braudel, *Structures of Everyday Life*, 227—231.

1726年，泰晤士河和塞纳河都第一次使用了早期的纽科门蒸汽机。1752年以后，伦敦增加了更大型的纽科门蒸汽机的使用。现代市政工程之父约翰·斯密顿（John Smeaton）对纽科门蒸汽机的效率低下颇有感触，进而对该问题展开研究，并找到提高纽科门蒸汽机效率的办法。在大体相同的时代精神下，不久，瓦特也在开始探索如何改善纽科门蒸汽机。1778年，伦敦安装了最早的博尔顿和瓦特蒸汽机，把水抽到贯穿全城的木质水管网，每周三次给住户送水。1782年，皮埃尔兄弟雅克和奥古斯特（Jacquers and Auguste）在塞纳河上的两个地方安装了大功率的蒸汽机，把河水提升到110英尺的高度，至此之后，巴黎的人均日用水量为1—3加仑（3.78—15升），而伦敦使用瓦特蒸汽机的平均日送水量是巴黎的三倍。作为一个历史上屡见不鲜的模式，巴黎首先得到供水服务的是富裕的圣奥诺雷区，而巴黎有2万个送水工，[①] 他们每次提两桶水，每天30次，焦虑地思考着这份注定要消失的职业。在美国费城，1815年在斯库尔基尔河上建成费尔蒙水厂，以解决城市供水存在的问题——水源受到工业污染、供水不足且水有异味等，这个城市供水系统得到了人们的赞赏。费尔蒙水厂很快变成了费城最挣钱的企业，它所使用的蒸汽机是由美国工程师奥利弗·埃文斯在高压系统基础上设计的，瓦特回避了这个高压系统，他认为这一设计太危险。在费城，水被抽到山顶的水库里，然后通过重力再把水送到铸铁管的供水系统。由于若干次爆炸，造成供水系统瘫痪，1822年起，埃文斯的蒸汽机就没再被使用。而由低技术且更可靠的水车替代，1860年以后，再由水轮机替代。

将蒸汽动力用于工厂，使用蒸汽机推动风箱致使英国炼铁炉温度升高，也是一场革命。蒸汽动力促进了高质量、低成本铸铁的大规模生产，以致铸铁很快成为工业时代的重要建筑材料。在此之前，英国有限的锻铁供应一直主要用于制造海军的大炮和其他设备。蒸汽动力和铁构成了一种

---

① Braudel，*Structures of Everyday Life*，230.

动态的协同效应，激发起自我增强的经济膨胀循环圈，蒸汽动力和铁成为工业革命第二个大规模生产阶段的核心技术群。蒸汽动力推进了铸铁产量的提高；更多的铸铁用于制造耐用设备和各式各样可使用蒸汽动力的设备。在1788—1839年的半个世纪里，英国的铁产量上升了20倍，几乎达到了140万吨。[①]

蒸汽机和铁的相互促进作用体现在博尔顿、瓦特和铁匠约翰·威尔金森之间的关系上，威尔金森在制造瓦特蒸汽机精确部件的同时，也使用蒸汽机来推动他自己的铁炉风箱。他还使用一个重达20磅的蒸汽动力铁锤，以每分钟150下的速度锻造铸铁。威尔金森对铁的使用有过许多创新，包括1797年制造的第一艘铁壳内河驳船，在塞文河上运输铁和煤；他还在塞文河沿线的科尔布鲁克代尔镇首次建成一座主跨约30.5米的铸铁肋拱桥和一台由蒸汽驱动的脱粒机。威尔金森的主要客户是英国军方，他们依赖威尔金森的大型炼铁炉来制造加农炮和火炮，霍雷肖·纳尔逊（Horatio Nelson）和其他人使用这些大炮打败了拿破仑。几乎直至生命的最后一刻，威尔金森都在不断进行铁的生产实验，他甚至设计了一口埋葬自己的铁棺材。

自相矛盾的是，人们使用早期蒸汽机来提升水的高度，加速传统水车的转速，博尔顿在伯明翰他的小金属作坊里也这样做。使用蒸汽动力和全铁材料制成的大型水车大大提高了水车产出的动力。19世纪早期，最大动力的水车可以产生250马力的功率，依然比烧煤的蒸汽机成本效率高。19世纪30年代，随着法国水轮机的发明，人们更加关注利用水的落差产生动力。例如，19世纪后期，纽约默赫克河上的马斯图东纺织厂生成了1 200马力的动力，设计方案是让水通过若干直径102英寸（2.6米）的水管，进入一个巨大的水轮机，推动长达10英里的传送带，带动7万个纱

---

① Heilbroner, *Making of Economic Society*, 81.

锭和 1 500 台织布机，日产 6 万码棉布。[1] 除使用蒸汽机外，水动力的使用还在增长。19 世纪中叶以后，蒸汽动力方明显替代了水动力。

1878 年巴黎世博会展出的施耐德大汽锤模型

两千年来，水车产生的动力一直是人类可以最高限度调动的地球上无生命的能源，蒸汽机的出现打破了水车产生动力的约束条件。蒸汽最终彻底改变了人的物质存在的速度、规模、流动性和强度，人类社会的根本属性被重新塑造，人类社会也被推入了全新的、原先难以置信的历史方向。西方是这种巨大利益的第一个受益者，西方经济似乎在神奇力量的驱动下腾飞起来。

几十年间，蒸汽动力推动着铁制列车、内河船只、远洋炮舰、大型疏浚机械和推土设备的发展。巨大的水利工程重新“雕刻”着地球表面。大规模生产的工厂淹没了手工作坊。那些在古代灌溉农业文明下出现的小城镇演变成巨大的都市区。这些最神奇的变化，是人类历史上第一次通过高强度使用水和其他生产性资源而产生出的财富造就的，人的生活标准、健康及寿命都得到明显提高，并延续到未来，人类的人口数量也打破了历史纪录。

---

① Ponting，276.

除了相对短暂的局部性爆发外，人类高强度使用水和其他生产性资源产生的财富来是前无古人的。原先的经济一直都是靠慢慢积累，因此只是支撑着社会人口的微小增长。稳定是从生到死、一个世纪接续另一世纪的日常生活所不变的条件。例如，从1500—1820年的300年间，人均的世界平均经济生产总值，每100年仅上升了1.7%。[①] 工业化早期，即1820年之后的80年，人均的世界平均经济生产总值几乎翻了一番，到20世纪末，这一数值又翻了四番。从1820年到2000年，个人生活标准发生了史无前例的飞跃，整个世界人口也从10亿飙升到了60亿。随着经济繁荣的突然来临，一种新的革命的社会思想——期望进步——渗透到人类政治学、经济学以及社会学当中。

淡水供应的扩大总是与原先的增长曲线的突破相伴生，这件事没有出现过历史异常：从灌溉农业开始的每一个时代，文明的发展似乎都经历过它那个时代水资源利用或开采的大飞跃。而工业革命加剧了这个模式。从1700年到2000年，淡水需求量的增长比人口增长快了两倍以上。[②] 仅20世纪，相较于对社会的影响，世界的水需求量翻了九倍，能源使用量增加了13倍。实际上，大量使用淡水与便宜的化石能源，推动了工业时代前所未有的财富和人口的增长。淡水供应的扩大刺激着对淡水新用途和已有用途的更大需求。

就像所有关于水的大突破一样，蒸汽把水特殊的、潜在的能源潜力转变成生产力。然而，蒸汽动力的影响特别深远，因为它要求人类在所有用水领域实施进一步的改进，不管是工业、农业和矿业的经济生产，家庭饮用、烹饪和其他日常使用，还是商业、交通，至少就能源产生本身来说，它蕴含着一系列的技术进步，这些技术进步可以满足人类成倍地提高对自

---

① McNeill，*Something New Under the Sun*，6—7.

② Ibid，120—121.

然能量利用的目的。

如同河流灌溉成为古代水利国家的支撑点，蒸汽动力给现代工业社会的特征打上了一个不可磨灭的印记。蒸汽动力的可移动性，在历史上首次让人自由地在任何时间把动力送到所需要的地方。与之相矛盾的是，蒸汽动力的可移动性，既促进了社会的民主化，也加深了等级控制的基础。一方面，小规模的蒸汽动力推进了生产的分散化、活动的多样性和利益的多元化；另一方面，在既有的部门，蒸汽动力的使用或能较好地开发规模经济，实现经济权力和财富的垄断聚集。蒸汽动力的成本效益在战争问题上不明显。蒸汽动力孕育了国家对有组织暴力的有力控制，推进了比较巩固的民族国家的兴起。

由于蒸汽动力的出现，人们比以前想象的要运动得快，运动得远。从古代到19世纪，人们通过帆船、划船或骑马，一天的行程只有100英里（160公里）；蒸汽动力通过船或铁路却能让人一天的行程达到400英里（643公里）。[1] 不同地域间的通讯、贸易和大规模人口迁移的速度加快了。这样，就历史性地战胜了标志交通和通讯革命的距离，发展了21世纪的海洋、海陆联运、集装箱运输和通讯网络，奠定了综合信息时代社会的基石。

1802年，理查德·特里维西克（Richard Trevithick）在什罗普郡制造了第一辆蒸汽火车，也叫“铁马”。修建起的长长铁桥承载了火车过河及跨越不同地形的工作，以蒸汽火车运输煤、其他货物和人，替代了运河和驳船运输系统。1869年5月10日，美国横贯大陆的蒸汽火车铁路钉下了犹他州普罗蒙特里角的“金色道钉”。1888年，神话中的东方列车亮相，旅途是从伦敦到巴黎再到伊斯坦布尔。

在航运中，铁制船舶和蒸汽动力取代了木制船只和风帆。美国人罗

---

① McNeill, *Rise of the West*, 766—767.

伯特·富尔顿（Robert Fulton）购买了博尔顿和瓦特蒸汽机，并安装在他那100吨级的汽轮上，于1807年在哈德逊河上首航，开创了内河汽轮商业航行的时代。富尔顿的这艘蒸汽轮并非第一艘河流汽轮，在美国也不是第一艘。1778年，性格古怪、运气不佳的美国发明家约翰·菲奇（John Fitch）以自己的名字在特拉华注册了一只船，但没有建立起一个成功的商业模式。很快，蒸汽轮在美国的五大湖和密西西比河上现身；在欧洲大陆莱茵河、多瑙河、罗讷河和塞纳河上也能找到它的身影；它还出现在地中海、英吉利海峡和波罗的海。1819年，萨凡纳号船安装了90马力的蒸汽机驱动桨轮，成为跨大西洋的第一艘蒸汽助力的船舶，整个行程历时27.5天，其中使用蒸汽机航行了85小时。1838年，定期跨大西洋航行开启。过去这条航线一般需要两个月的航行时间，到1857年，只需要九天。大约在1866年，经过10年努力，赛勒斯·W.菲尔德（Cyrus W. Field）在大西洋下设置了一条通讯电缆；到1900年，大西洋下共铺设了15条电缆，推进了大陆间的交流。① 如果没有这些基础设施的发展，很难想象欧洲5 500万—7 000万人如何能在1830—1920年的90年间，移居美国、澳大利亚和其他国家，去缓解那里长期短缺的劳动力，这种劳动力短缺对美国西部开发构成威胁，而对欧洲来说，出现了生产过剩引起的失业，失业引发了欧洲社会的动荡，如1848年的社会动荡。

海洋蒸汽机的大时代终于在1870年以后降临了，其基础是19世纪40年代螺旋桨的开发，19世纪50年代混合发动机的发展，19世纪60年代钢船体的发展，以及1869年苏伊士运河的开通。例如，蒸汽轮在中国和欧洲之间的航行耗时缩短了一半，而货运量增加了三倍。世界范围内蒸汽轮航运网定期把美国大平原、阿根廷和澳大利亚的粮食运到欧洲，

---

① Gordon，212.

通过苏伊士运河把印度和东南亚的小麦、靛蓝类染料、大米和橡胶运往欧洲。[①]

随着对先前水运的改进，较低成本的蒸汽动力助力重新调整世界地缘政治平衡。蒸汽机让地球上所有的社会成了欧洲快速发展的工业原材料供应方，同时也是其潜在的市场。殖民地和君主国之间形成了相互依赖的从属关系。在欧洲之外，由拥有土地的农民推动的多样性的自足经济，让位于种植单一农作物的大规模、专门化的佃农经济，农产品主要出口到欧洲以及那些原先自己制造商品而现在依赖进口的经济体。在应运而生的世界经济新秩序下，一些殖民地的劳动力缺乏训练，几乎没有什么发展途径能够增加它们在世界财富中的份额，这些殖民地成为富足的具有主导地位的西方工业制造中心的供应方。

1869 年，苏伊士运河开放，其主河道供蒸汽轮专用，旁边一条小型的淡水渠用于帆船航行，苏伊士运河产生的革命性效应增强了殖民地世界秩序的相互联系。在苏伊士运河航行的英国蒸汽轮，仅需三周时间就可以到达印度，而绕过非洲之角航行到印度，需要三个月的时间。因此，苏伊士运河开放一年内，大量的印度小麦出口到英国。由于英国控制了印度的土地税政策，因此，即使在 1876—1877 年印度突发饥荒期间，依然能保证小麦出口。在 19 世纪 80 年代，印度的粮食出口量占世界粮食出口总量的 10%。苏伊士运河的开放和蒸汽火车的使用，使英国成为历史上第一个统一整个印度次大陆的统治者。为了巩固其对粮食出口的控制，英国同历史上的其他统治者一样，扩大了它在印度水利灌溉上的投资。维修旧的穆斯林水利工程，如印度南部的高韦里大坝、德里附近的亚穆纳运河，扩大了沿印度河流域的可灌溉农田面积。1882 年英国非正式地控制埃及后，为了保护苏伊士运河，在印度受训的英国工程师被送到埃及，在尼罗河发

① Cameron，208.

挥他们的专长。

苏伊士运河的开放，让欧洲使用蒸汽机和铁的海军，可以出现在世界的任何地方。在接踵而来的文明之间的冲突中，“发现的远航（地理大发现）”伊始就已显现的西方优势，昭然若揭。对欧洲而言，英国通过把蒸汽动力支撑的工业与海军优势相结合，成为不可挑战的主导力量。英国的全球经济、殖民地和海军治下的大不列颠强权延续了近一个世纪。早在1824—1825年，蒸汽驱动的英国炮舰就航行到缅甸的伊洛瓦底江，并征服了缅甸。随后20年经过设计改进，这种蒸汽船摇身而变为带有利炮的坚船，组成具有杀伤力的“无敌舰队”，渗透到敌国的心脏；而原先的帆船在海岸线上就会遭到敌方的攻击。英国战舰在中国沿海航行，强迫中国开放港口，进行鸦片（在印度种植，由英国运输）自由贸易，从而导致了1839—1842年的“第一次鸦片战争”，但这场战争让沉睡了400年的中国如梦初醒；1853年7月，美国马修·佩里将军（Matthew Perry）的“布兰克舰队”驶入东京湾，用战舰强迫日本开放对西方的国际自由贸易。日本对这个创伤的反应是实施明治维新，追赶工业化的西方。对位居其次的伊斯兰社会，西方工业化所产生的巨大优势，对其构成了长期的、创伤性的挑战，[①]促使伊斯兰社会的统治者开始思考如何对工业化所产生的巨大优势做出反应：他们努力模仿西方的发展道路，这是其中一端；或者进行自我更新，向宗教的新原教旨主义转变，这是另一种极端。

在整个大不列颠强权时代，维持海上优势一直是英国政策的核心。随着蒸汽机和铁的使用所带来的战舰设计上的革新，19世纪早期的战船很

---

① Braudel, *Structures of Everyday Life*, 102. 就蒸汽和钢铁时代的西方强权模式而言，历史学家布罗代尔提出，“从市场到殖民地不过一步之遥。被剥削的只剩欺骗或反抗，随之而来的就是征服。……当文明之间发生冲突，后果是巨大的”。

快发展成为更强大、长程炮火更精准的快速武装战船。从无敌舰队时代就存在的枪炮射程问题着手，到 1900 年，英国舰载火炮的射程达到 3 英里（4.8 公里）；第一次世界大战时期，其火炮射程达到 9 英里（14 公里）。在第二次世界大战时期，配置在航空母舰上的导弹，其射程已经延伸到上百英里，由轰炸机导航。潜水艇是一种比较早期的革新，荷兰人使用的桨推进的潜水艇 1620 年首次在泰晤士河航行；第一次世界大战时期，潜水艇与 1866 年出现的鱼雷[①]相结合，成为一种致命的杀伤力武器。鱼雷是英国工程师罗伯特·怀特黑德（Robert Whitehead）发明的，这个设计把电和铁结合在一起。从 1866 年到 1905 年，在将近 40 年的时间里，鱼雷的射程延长了 10 倍，达到 1 英里，而在此之后不到 10 年的时间里，其射程延伸到 11 英里。[②]到 20 世纪末，从潜水艇上发射的洲际导弹能够跨洋巡航几千英里，发射摧毁文明的核弹头。

19 世纪末，英国海上战略的核心是维持针对法俄同盟的优势，维持控制地中海的战略地位。当军事化、工业化的德国参与海上军备竞赛后，英国的海上军事战略发生了改变。英国的反应是 1906 年推出的"无畏战舰"——这是海上超级大国的最后一搏。"无畏战舰"级的战舰使用石油做燃料，推动巨大的涡轮发动机，用强化的合金钢作船体，比当时任何战舰的航速都要快 10%；它还配置了长程、精准的重炮。虽然"无畏战舰"的优势没维持多久，但它依然让英国控制着大西洋的海上供应和通讯线，帮助英国打赢了第一次世界大战。例如，1914 年 8 月第一次世界大战开始时，英国舰队掐断了德国五条跨大西洋的电缆，[③]迫使德国使用无线电报通讯，而英国截获这些电报就容易多了。著名的 1917 年"齐默尔曼电报"，建立了与墨西哥的联盟，从而让美国在第一次世界大战中站

---

① Williams，136.

② McNeill，Pursuit of Power，284.

③ Gordon，212—213.

在英国一边。到第二次世界大战，德国的“俾斯麦号”战舰在船舶动力、舰载雷达控制等方面，建立了新的军舰技术标准；1941 年，在德国海军能够在大洋中与英国海军抗衡之前，英国以高昂的代价成功击沉了“俾斯麦号”战舰。但是，在第二次世界大战中，航空母舰这种新型的海军武器，正在超越“俾斯麦号”之类的战舰，美国也随之成为新的海洋超级大国。

美国是一个大陆型岛国，地理上占据着先天优势，雄踞世界上两大洋——大西洋和太平洋之间。海上优势转移到美国，意味着这样一个历史过程的完结，即从古代地中海和印度洋的历史中心海洋轴线，缓慢地、断断续续地完成了向欧洲时代的大西洋的转移，然后继续向西，完成了 20 世纪向大西洋—太平洋中心的转移，最后完成了向 21 世纪全球化时代真正覆盖世界网络的转移。

历史上大型水利项目的建成常常预示着世界权力的转折点。1869 年完工的苏伊士运河和 1914 年建成的巴拿马运河都是衔接大洋的运河，这两条战略运河都展示了那个时代土木工程的力量，可能只有用蒸汽机时代的机械才能建成这两条运河，而且两者对全球商业和权力平衡具有世界性的影响。苏伊士运河展示了大不列颠强权时代的巅峰，而巴拿马运河标志了世界霸权向美国的转移。1870年，英国占有世界商业贸易总量的四分之一，[①] 工业生产总量占全球的 30%。英国人口数量在一个世纪里增加了三倍，赶上了其历史竞争对手法国和西班牙。这个人口增速反映了英国的富裕程度。当然，到了 1914 年，美国和德国在经济上追了上来。

从苏伊士运河 1869 年 11 月 17 日奢侈地开放那一刻开始，这条长达 101 英里（165 公里），连接地中海和红海、直通印度洋的运河，就成为

---

① Cameron，224.

了英国殖民帝国的战略大动脉。令人啼笑皆非的是，英国最初反对这个由私人投资、法国人承建的运河项目，缘由是法国人打算利用这条运河削弱英国人对通往印度航线的控制。而自从纳尔逊（Nelson）在尼罗河大败拿破仑的地中海舰队以来，其间不过三代人的时间，在此期间，法国人企图破坏英国人控制通往印度主要航线的权力。尽管英国人对现状很满意——使用蒸汽轮船从伦敦到印度的时间已经缩短到不足一个月，在亚历山大港和苏伊士之间使用蒸汽火车，但他们依然对法国人的意图有所怀疑。

拿破仑的工程师曾经考察过尼克法老经过尼罗河的古代“苏伊士”运河废墟，他们错误地计算了红海和地中海之间重要的高程差，以致他们决定放弃使用简单技术在红海和地中海直接开凿运河的计划。1832 年，这些拿破仑时期的被放弃的计划落到了该区域有经验的外交官费迪南德·德·雷塞布（Ferdinand de Lesseps）子爵的手中。他被建设苏伊士运河的前景所吸引。比较精确的调查很快揭示，红海和地中海的海平面高程实际上是相似的，开凿运河不必沿途修筑船闸。

起初，埃及权倾一时、野心勃勃的军事独裁者穆罕默德·阿里没有注意到德·雷塞布的计划；当时，穆罕默德·阿里名义上是奥斯曼土耳其的大都督。但实际上，他是独立于君士坦丁堡的。穆罕默德·阿里是马其顿人，曾经做过小烟草贩子，因为与拿破仑同年出生，常常自许是穆斯林的“拿破仑”；他最初作为奥斯曼军队的一员来到埃及抵抗法国人的进攻，在被法国人赶进大海之后，被英国军队所救。多年来，穆罕默德·阿里聚集着政治权力[1]，他最重要的行动是，把他的马穆鲁克对手召集在一起，无情地屠杀了他们。最初他讨好奥斯曼宗主国，后来则努力实现在埃及建立自己的王朝和区域帝国这个从未成就的目标，为此，他不断策划军事冒

① Cameron，27—29.

险行动。穆罕默德·阿里强烈反对德·雷塞布的运河计划，因为他正确地预见到，这条运河最终会让欧洲大国控制埃及，他的独立梦将成为泡影。

19 世纪 50 年代中期，穆罕默德·阿里的两个继承人萨伊德（Said）和伊斯梅尔（Ismail）逆转了穆罕默德·阿里的政治谋划，认为这条运河恰恰是可以把埃及与奥斯曼帝国从形体上、法律上分开的一种手段，能够重新激发埃及帝国的荣耀。于是，德·雷塞布抓住了机会。[①] 他成立了一家私人公司来建设这条运河，获准运行 99 年。英国有投资者意欲入股，但没有得到英国政府的同意，于是遭到拒绝，结果 25 000 个法国投资者控股，埃及占 44% 的股份。

与有着组织天才、充满能量和意志坚强的德·雷塞布相比，英国政府反对派从政治上扼杀这个项目的任何计划，被证明都是错误的。修筑苏伊士运河花了 10 年的时间，这是德·雷塞布预计工期的二倍。高昂的成本几乎让埃及政府破产。如同古埃及一样，开凿运河雇用的是受到胁迫的农民。在项目建设的最初几年，因为霍乱，几乎有一半的劳工死亡；接下来是劳工暴乱；使用锄、铲和筐之类的传统手工工具进行挖掘，以致工期一再推迟。直到后来进口了蒸汽动力的大型挖掘机和推土机，从欧洲引进了训练有素的工人，才最终完成了这个项目。

1869 年 11 月苏伊士运河落成典礼，这是 19 世纪的大事之一。埃及总督伊斯梅尔决定告知天下：埃及属于现代欧洲文明，为此，伊斯梅尔不顾国库亏空的实际情况，大肆操办苏伊士运河落成典礼。伊斯梅尔花钱请了 6 000 人参加。奥地利皇帝和其他皇室成员、艺术家，如埃米尔·左拉（Emile Zola）和亨里克·易卜生（Henrik Ibsen），以及那个时代的知名人物等成千上万的人站在苏伊士运河两边，欢呼游艇通过。尽管德·雷塞布毫无工程背景[②]，不过是一个企业的掌门人，然而人们还是赞誉他为

---

① McCullough，49.

② Ibid.

伟大的“工程师”。开罗修建了一座歌剧院，朱塞佩·威尔第（Giuseppe Verdi）应约为苏伊士运河落成写了一部歌剧《阿依达》，尽管这部歌剧直到苏伊士运河落成之后两年才上演;《阿依达》讲述了埃及军官和埃塞俄比亚公主之间的爱情故事。当时，埃及正因为失去了对尼罗河的掌控而面临历史性的灾难，尼罗河水的85%源自埃塞俄比亚境内，而这个埃及军官背叛了入侵埃塞俄比亚的计划，因为他爱上了身为埃及奴隶的埃塞俄比亚公主。

苏伊士运河落成时，英国终于承认了它在苏伊士运河上的战略利益。1875年，当埃及因在非洲大肆进行军事侵略而在财政上捉襟见肘时，埃及总督决定向英国出售它在苏伊士运河公司44%的股权，约合400万英镑，英国首相本杰明·迪斯累里（Benjamin Disraeli）迅速采取行动，从罗斯柴尔德财团寻求资金来购买这份股权。[①] 当然，埃塞俄比亚最终把埃及打得落花流水，埃及的财政每况愈下。最终，反对欧洲的民族主义者发动的一场军事政变结束了这场危机，这场军事政变似乎预示着，埃及会拖欠外国贷款，威胁到37 000名欧洲人在埃及的生活，以及对苏伊士运河的掌控。英国首相威廉·格莱斯顿（William Gladstone）最终制定了一个挽回局面的政策，他本人曾是迪斯累里购买运河股权的热心评论者。1882年夏，格莱斯顿以恢复法律秩序、抑制民族主义情绪为借口，与法国进行外交斡旋，并且单方面采取军事行动。英军首先轰炸了亚历山大港，使用骑兵突袭了民族主义者的军队，短短35分钟结束战斗。英军占领了苏伊士运河，从此没再离开。虽然英国人年复一年地许诺不会永久占领埃及，然而，英国人仍旧在20世纪的整整50年中非正式地控制了那里。

英国人很快了解了埃及先前的统治者已经认识到的经验：要想控制这个国家，就必须控制尼罗河。因此，英国主动把控制重心放在从维多利亚

---

① Ferguson，231.

湖到地中海的白尼罗河河段上。英国人还征服了苏丹、肯尼亚和乌干达。在印度旁遮普邦从事灌溉项目的英国工程师被调到埃及，帮助设计整个尼罗河盆地的水利工程，目的是让河水的流量达到最大，以发展埃及农业。而穆罕默德·阿里在19世纪上半叶开始的改革，19世纪末开始显现，现代化的堤坝、水闸和运河，第一次给埃及提供了全年可使用的灌溉系统，埃及一年可以有两季收成，有时甚至是三季。自5 000年前埃及文明诞生以来，这是埃及单一作物农业首次发生重大变化，其人口也很快从400万飙升到1 000万，是过去3 000年人口峰值的两倍。英国工程师试图采取消减或分流等手段，改造穿过苏丹苏德大沼泽的白尼罗河，从而增加流入埃及的白尼罗河水流量。但实际上，流入苏德沼泽的白尼罗河水的大部分都蒸发了。当然，与1902年建成的阿斯旺大坝相比，英国人的这些水利工程相形见绌，毕竟阿斯旺大坝是世界上最大、最复杂的大坝之一。按照大坝的设计，在洪水早期来临期间，采用低坝形式的阿斯旺大坝，允许河流里裹挟的肥沃淤泥通过下层水闸流到下游去。在当时的水利史上，现在称之为低坝的阿斯旺大坝，还是前所未有的。阿斯旺大坝的建设，带动了尼罗河流域及其三角洲地区的农业灌溉面积和农业产量的大增，埃及政治稳定，人口持续增长。

英国对苏伊士运河及尼罗河盆地的控制，使其把殖民主义的触角推进到“瓜分非洲”的新阶段。横跨整个非洲大陆，欧洲势力使用军事手段在整个非洲大陆夺取土地。1898年，英国军队在尼罗河盆地附近与法国发生了历史上称为“法绍达事件”[①]的滑稽战争。战争的缘由是，1893年，一位法国水文学家及其同窗法国总统，提议在苏丹法绍达的白尼罗河上建一座法国大坝。按照法绍达大坝的设计，法国人掌控了尼罗河和埃及的命运，也阻碍了英国人向东非的扩张，因为法国人已完成了从大西洋到印度

① Collins，57—59.

洋的殖民竞赛。法国人的这个狡诈浪漫的设想，在现实的评估面前将暴露出不堪一击的面目。因为在法绍达方圆100英里范围内，几乎没有一块石头可以用来建设大坝。而且白尼罗河提供给埃及尼罗河的水量，不足埃及尼罗河水量的五分之一，还几乎不携带珍贵的淤泥；即使截断白尼罗河水，阻止它流到埃及，也不会达到预期的效果。这是法国水文学家所不知的。1896年6月，一队远征军从马赛出发，几个勇猛的法国军官和塞内加尔步兵开始了他们2 000英里的艰苦行程，他们要在两年时间里横跨非洲，到达刚果河。穿过苏德沼泽后，他们占领了法绍达。1 300升红葡萄酒、50瓶绿茴香酒和一架机械钢琴是他们远征所带的辎重。[①]

英国人对法国人的计划感到震惊，以为他们要征服苏丹，以控制白尼罗河。这就预示着这场滑稽戏变成了一场闹剧。英国霍雷萧·赫伯特·基钦纳（Horatio Herbert Kitchener）将军率领军队前往法绍达。1898年9月，在摧毁了喀土穆附近的伊斯兰马迪赫国之后两周，基钦纳到达了法绍达，与法国人对峙。法国人不过有12名军官、125名塞内加尔殖民地士兵；而英国军队则至少有25 000名士兵，还包括大炮和一支蒸汽轮战船队。基钦纳通知法国人离开。双方没发一枪一弹，和平解决，甚至分享了法国葡萄酒。但是从外交关系上讲，法国人觉得实在羞耻。法绍达事件点燃的是一个具有爆炸性且延续数月的国际事件，几乎引发了一场若干国家间的广泛战争，如同一场殖民时代的“古巴导弹危机”。最后，法国人分批撤离，当英国军乐队奏响法国国歌时，英国人则把法绍达这个名字从非洲地图上抹去。双方不计前嫌，强调他们相互的国家利益，包括苏伊士运河的收益。1899年，在苏伊士运河入口处的塞得港，竖起了一尊高度超出30英尺（9米）的德·雷塞布雕像，他伸出右手以示欢迎，好似纽约港的自由女神像。

---

① Barnes，n.p.

塞得港旧景

在世界大战中，两国都拒绝德国人使用苏伊士运河，虽然国际条约规定苏伊士运河为向所有船只开放的国际水路。1956年，苏伊士运河又成为两个帝国撕下最后伪装、开启中东地区冷战时代的象征。艾森豪威尔（Eisenhower）政府国务卿约翰·福斯特·杜勒斯（John Foster Dulles）不经意间给苏联在这个地区产生影响打开了一扇门，给反西方的泛阿拉伯主义煽风点火，这是美国战后外交政策的重大失误之一。

"苏伊士运河事务"始于1952年，当时，纳赛尔（Gamal Abdel Nasser）上校领导的军事政变推翻了法鲁克王朝。在战后超级大国美国的默许下，纳赛尔与英国谈判，要求英国从苏伊士运河撤军，1956年撤军完成。在阿斯旺尼罗河河段上修建一座巨型高坝，大规模增加埃及的农田灌溉面积，改善埃及的电气化，是纳赛尔的雄心壮志。他希望这座阿斯旺大坝成为现代金字塔①。该项目具有经济和政治象征意义，预示着埃及人，像古埃及文明中的那些法老一样，再次控制尼罗河。与英国人谈判撤出苏伊士运河的同时，纳赛尔还在西方筹措资金，来完成耗资巨大的阿斯旺大

① Waterbury，98．1964年，纳赛尔说："古代，我们为死者修筑金字塔。现在，我们为活着的人修筑金字塔。"

坝的建设。与英法领导人一样，杜勒斯不太信任纳赛尔。杜勒斯本人甚至也不喜欢纳赛尔。总而言之，杜勒斯不能容忍纳赛尔在冷战中坚持中立政策，而把埃及人的计划拿到西方和苏联之间做协商筹码，当时苏联正致力于在中东地区拥有战略实力。1955 年秋，纳赛尔从苏联购置了大量军火，包括 200 架战斗机和 275 辆坦克，加速埃及向其邻国以色列发起战争的计划步伐，杜勒斯对纳赛尔的这一行动感到震惊，同时也感到愤怒。

1955 年冬至 1956 年，杜勒斯做出一项战略，同意世界银行、美国和英国给埃及提供大规模贷款、赠款，用以建设阿斯旺大坝，目的是让纳赛尔处于西方的影响下。纳赛尔认为，那些严格的条款，包括世界银行监督埃及经济之类的条条框框，冒犯了埃及且太傲慢，然而，杜勒斯并不为之所动。因为杜勒斯知道，尽管苏联已经答应修建阿斯旺大坝，但其技术能力不足以完成阿斯旺大坝的建设。他认为苏联人或纳赛尔不过是虚张声势。因此，杜勒斯静等纳赛尔出牌。几个月后，纳赛尔屈服了，1956 年 7 月 19 日，埃及派大使去杜勒斯在国务院的办公室，最终签署了这个协议。然而，杜勒斯对纳赛尔的恶感并未消退，他想要给纳赛尔、给苏联，留下一个更强烈的印象——美国主导这个地区。杜勒斯的政策无疑是弄巧成拙的误判。一方面，杜勒斯强烈要求英国高级官员推诿和“放长线”，另一方面，他开始向埃及大使说明为何美国目前不能支持阿斯旺项目。埃及大使听后很激动，他请杜勒斯不要撤销这个协议，并告诉杜勒斯埃及已有获得资金的另外一个渠道，只等与苏联签协议。尽管埃及大使声称他首选与西方合作，杜勒斯还是被激怒了，他把埃及大使的话看成是对他的敲诈，因此，他说：“好吧，既然你们已经弄到钱了，就不需要我们的钱了。我撤销我的协议。”①

恼羞成怒的纳赛尔不仅与苏联签署了建设阿斯旺大坝的协议，在协议

① Fineman，46—47，48.

签署一周之后的1956年7月26日，纳赛尔还做了一件让杜勒斯始料未及的事情，他单方面宣布苏伊士运河国有化。当纳赛尔在亚历山大港向众人宣布之前，他使用预先约定的信号①，秘密通知军队占领苏伊士运河。

这是改变20世纪历史的动作。由于担心激起广泛的中东战争，艾森豪威尔总统和杜勒斯支支吾吾，而英国首相安东尼·艾登（Anthony Eden）则声称，英法两国无法容忍纳赛尔“用手指按住我们的喉咙”的行为。②而英国和法国最担忧的，则是埃及拿苏伊士运河要挟西方，掐断中东向欧洲运输石油的这条生命线，以及其他殖民地国家效仿埃及而产生的连锁反应。此外，它们还担心经济成本。于是，英法联手企图夺回苏伊士运河，推翻纳赛尔。③为了实施这项计划，它们拉入了埃及的大敌以色列。在独立战争（1948—1949年）中，以色列曾与埃及和其他阿拉伯国家起过冲突，因为埃及对以色列人封锁蒂朗海峡的亚喀巴湾；直到1956年，以色列仍不被允许使用苏伊士运河，也没有船只在红海和印度洋航行。为此，以色列人早就准备与英法合作，夺回苏伊士运河。1956年10月29日，未来的以色列总理阿里尔·沙龙率领以色列伞兵，降落在西奈半岛上距苏伊士运河仅25英里的地方，开始向苏伊士运河挺进，同时控制了西奈半岛东端的蒂朗海峡。按照他们的计划，英国人和法国人假装在中间和平调解，以保障苏伊士运河航运的统一性。英法要求以色列和埃及立即停火，双方从苏伊士运河后撤10英里。以色列军队原地不动。埃及人则不能不动，因为只有埃及军队在苏伊士运河10英里范围内，埃及人成为对付的目标。这种情形不由令人联想到1882年英国和法国轰炸了埃及的空

① “金石盟”，*Economist*，July 29，2006，23；Fineman，40. 杜勒斯不会为苏伊士运河的国有化太震惊，因为法国大使预先警告过他可能的后果。

② Anthony Eden，quoted in Fineman，62.

③ 运河当时70%的运力是英国的；法国人焦虑不安，因为它正在阿尔及利亚与纳赛尔支持的叛军作战。

军基地，然后又以“维和部队”身份登陆。当纳赛尔拒绝撤出时，英国和法国占领了苏伊士运河的北部。

与1882年相比，1956年的世界完全不同了。冷战政治和战后独立运动已经让世界权力关系的殖民帝国主义轴心黯然失色。苏联为埃及利益出头。埃及军队封锁了苏伊士运河，禁止油船通过。世界范围的投资者开始抛售英镑，使英国陷入金融危机。杜勒斯和艾森豪威尔——这个全球权力决定者，感觉到了他们被英法共谋给出卖了。当艾森豪威尔听到英法联合攻击的消息时，他给英国首相艾登打电话：“安东尼，你是不是疯了？你骗了我。”[①]

恰逢匈牙利革命开始——尽管最终失败，担心新的冷战爆发，艾森豪威尔决定英法必须从苏伊士运河撤出。艾森豪威尔甚至威胁说他要阻止国际货币基金组织向英国政府提供紧急财政贷款，以稳定英镑。在这种情形下，英国同意撤出苏伊士运河。而实际上，1956年11月7日，当英国军队撤出苏伊士运河时，已离苏伊士运河不远了。法国被激怒，但是它无法单独行动。历史的经验是，在危机到来时，英国总是比法国和大陆欧洲早一步与美国达成共识。于是，在苏伊士运河事件期间，法国成为“欧洲大陆六国共同市场”的基本推手，其中不包括英国。直到1973年，法国领导人一直拒绝英国的欧洲联盟会员资格。在苏联背书的情况下，美国谴责以色列，羞辱英国和法国，而且第一次组建了“联合国维持和平部队”，派遣6 000名头戴蓝盔的士兵前往苏伊士运河和西奈半岛。

英国、法国和以色列撤军，纳赛尔受到突然降生的泛阿拉伯运动的欢迎，凯旋而归，管理重新开放的苏伊士运河；在中东事务中，第一次给予

---

① Dwight D. Eisenhower，quoted in Urquhart，33. 美国人感觉被出卖源自两方面，部分原因是交流不畅。对于不愿意支持苏伊士运河的任何军事行动，美国人并不完全清楚。而盟国并没有在行动前求得批准，错误地估计美国人在行动后会支持他们，自以为了解美国人的偏好。

苏联一席之地。然而，1956 年的事情依然没完，德・雷塞布的雕像被愤怒的埃及人推倒。苏伊士运河事件的溃败，加速了英法这两个全球殖民帝国日薄西山的进程，使得一个世界政治时代结束，它曾随着蒸汽机推动的工业革命而达到巅峰。

直到 19 世纪末，燃煤的蒸汽机时代才结束。用以满足工业社会永无止境需求的新型能源，开始推动更大、更易于管理的动力的发展。传统蒸汽机技术的上限大约在 5 000 马力，已无法匹配快速旋转的发电机发电；电是一种多功能的新能源，大部分用蒸汽驱动的机器改用电力驱动，从而产生了一个全新的技术群。说来奇怪，电力时代恰恰是以重新启用水落差获得能量的传统方式推进的。水轮机比水车的效率要高很多，水通过固定的渠道从高处落下，推动鳍状的水轮机叶片转动。19 世纪的大部分时期，在需要大马力的地方，水轮机替代了水车，因为水轮机的动力效率最终超过了蒸汽机的效率。1879 年，托马斯・爱迪生（Thomas Edison）发明了电灯泡，从此，电力时代到来，而水轮机是最有效的发电方式。1886 年，在美国尼亚加拉瀑布区段建成了世界上第一座使用水轮机的大型水电站。[①]在 10 年时间里，这个水电站使用了 10 台 5 000 马力的压力水轮机发电。1936 年，胡佛大坝的水轮机能够生产 13.4 万马力或 10 万千瓦的电力。

随着化石燃料的使用，汽轮机的效率也迅速提高，很快成为一种主要的电力生产方式。1900 年仅能生产 1 600 马力的蒸汽机，到了 1910 年，功率竟翻了三倍。1906 年，"卢西塔尼亚号"跨洋轮船使用一组能产生 68 000 马力的蒸汽机，开创了使用高速船舶航行的广阔时代。热电厂中靠煤、油或天然气驱动的蒸汽机逐步成为与水轮机并驾齐驱的另一种发电设备。

水力产生了它自身的政治、经济和社会革命。电可以大量输送给远

① 第一座水电站是 1882 年在威斯康星州阿普尔顿福克斯河上建造的。

离水电站的城市和工厂。那些因贫煤而不能发展蒸汽动力，却有丰富水资源或“白煤”的国家，骤然间拥有了进入工业时代的能源。多山的意大利就是这样的例子，由于水电的开发，意大利不仅成为一个工业国家，而且成为能够独立发展的民族国家。丰富的水电把意大利从蒸汽动力驱动的工业中解放出来，而过去，贫煤的意大利要花费比英国高八倍的价格来买煤。[①]1885 年，统一的新意大利建设了第一个小水电站。到 1905 年，意大利使用的水电能源超出所有欧洲国家。1937 年，意大利几乎完全使用水电。意大利人在阿尔卑斯山修筑大坝，而北部山区的湖泊用作蓄水发电的水库。米兰成为世界上第二个有路灯的城市。水电给意大利的水利遗产增添了现代篇章，实际上，意大利的水利史可回溯到古罗马大规模排水工程和引水工程。1870 年，一个四分五裂的区域形成了一个民族国家。许多人怀疑，是否真能用法律统一这个区域。恰逢其时，意大利从水电中大获收益，伦巴第地区实施了土地排水、灌溉工程。

水电的传输帮助工业革命在欧洲、美洲和世界其他地方兴起。大约在 1920 年，环境清洁、资源可再生的水电厂生产了美国五分之二的电力；到 2000 年，水电依然占世界电力的五分之一。优秀的水电场地越来越稀少，汽轮机不断得到更新改造，使用石油或核燃料的大型热电厂正生产出更多的电能。这些热电厂不仅在汽轮机里使用水，还用水作为冷却剂。人们从河流抽取大量的水，吸收大量的热，冷却之后，再释放回河流。正如大部分开车的人所知的那样，燃油内燃机的一项重大革新就是使用水作冷却剂。20 世纪后期，人类从水中获取动力指数的增长达到了令人惊叹的程度。大型大坝上使用的现代水轮机能够产生 100 万马力（75 万千瓦）以上的电力；而汽轮机甚至更强大，能够生产 170 万马力（130 万千瓦）的电力。

---

① McNeill，*Something New Under the Sun*，175.

水产生能量的过程——从简单地、直接地在渠道里引水推动水车，到燃煤蒸汽机，利用急流或蒸汽压力发电的涡轮机，再到成为大型核电站和燃油或气的热电厂的冷却剂——凸显了人类历史上水功能的基本特征：随着每一种新技术群的出现，水的使用总是在改进和拓展。从使用煤来克服燃料饥荒的蒸汽机开始，煤成为燃料而产生蒸汽，在推进20世纪工业急剧发展的关键过程中，水和不同形式的能量一直是共生耦合的搭档。19世纪，在利用水能资源的规模上和获益上，没有任何一个国家超过英国。而在20世纪，美国超过英国，成为第一。

然而，在英国或美国充分利用新工业社会所有带来收益的机遇之前，两国必须找到应对城市水污染的有效方式。城市水污染是人类所面临的若干重大环境挑战中的第一个，而若干重大环境挑战正是工业生产制度的副产品。

第三部分

水与现代工业社会的形成

10. 公共环境卫生革命

1858 年的夏天，是伦敦历史上最炎热和最干燥的夏天之一。在 6 月的前两周里，炎热的天气让下水道散发出来的恶臭，弥漫了整个伦敦城。这些下水道与泰晤士河相通，英国报纸的通栏标题上出现了“恶臭”的提法。在可以鸟瞰泰晤士河的议会大楼里，在那些用石灰漂白粉浸泡过的窗帘背后，议员们突然发现，他们躲不掉袭来的恶臭，他们需要立即做出反应。实际上，日益恶化的不卫生的给排水状况，并非一日之寒，伦敦人已经面对这个问题几十年了，一直没有很好的办法去解决它。当时的主流医学理论认为，如此污浊的空气会传播疾病。来自泰晤士河的这种毒气，不仅关系到议员们的健康安危，而且伦敦人正在日益惶恐不安。所以，议员们必须对此事件紧急处理。这场发生在 19 世纪中叶的伦敦环境卫生危机，以骇人听闻的形式表现了出来。“恶臭”以它特有的形式，前所未有地成功吸引了政治家们的注意力。

在此之前仅仅 10 年里，两次霍乱的流行就夺取了 25 000 名伦敦人的生命。在整个伦敦城，下水道里的垃圾、污水和人的粪便，均进入渗井，流入泰晤士河。而伦敦人则抽取泰晤士河水作饮用水，人们正在使用他们自己制造的污水。即便这样，受到污染的水不也不足以维持城市快速发展中人口的用水需要。当时，伦敦街头的每个水龙头大约给 20—30 户人家供水，供水频率为每周三天，每天供水一小时。因此，伦敦人受着慢性疾病、短寿和婴儿高死亡率的困扰也不足为怪。据说，当时伦敦一周岁以内婴儿的死亡率高达15%。[①] 群众集会要求改革伦敦的给排水系统和卫生系统的呼声、作家查尔斯·狄更斯（Charles Dickens）和科学家迈克尔·法拉第等社会名流的呼吁，都不足以唤醒国会议员们给中央公共市政当局赋予有效权利，以应对这个瘟疾引发的危机。

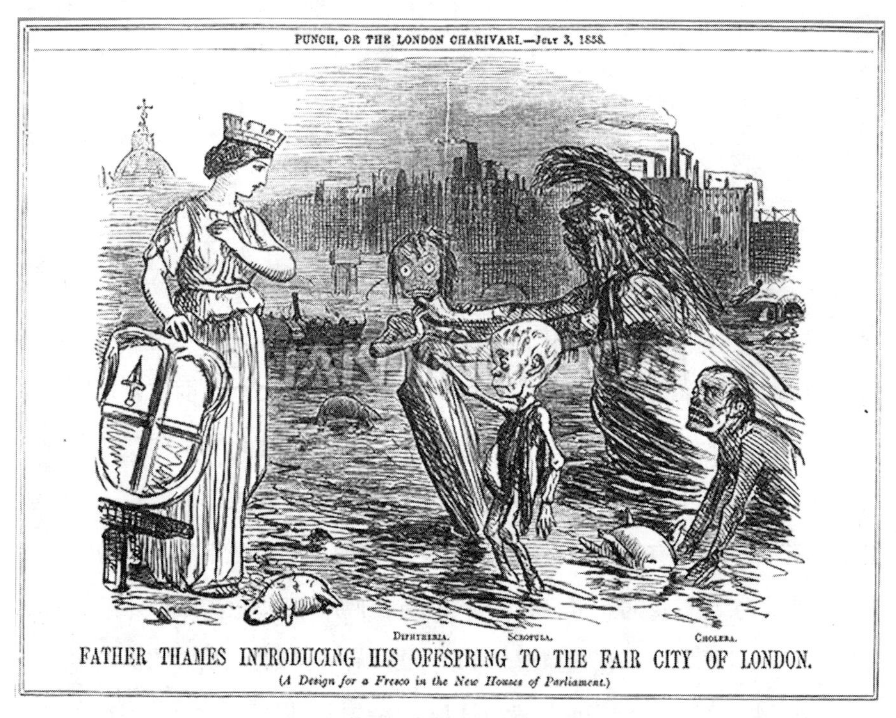

19世纪污染严重的泰晤士河

伦敦的“恶臭”是城市化的环境副产品或者说副作用，而城市化与早期工业化相伴而生。伦敦的“恶臭”绝不只是一种滋扰，或者说绝不只是让标榜自由民主的大英帝国的社会道德陷入了窘境。伦敦的“恶臭”威胁到充足健康的劳动力大军的维持，以确保给新工厂不断输送廉价劳动力。1858年6月17日，伦敦的气温突然下降，让这场“恶臭”有了一个喘息，

---

① Pacey，187.

伦敦“时报”叹息道，“真可惜，温度表昨天下降了10度”。[①]

幸运的是，“恶臭”并没有在1858年炎热的夏天里迅速消失。议会最终还是要给大伦敦的“恶臭”滋扰立法。1858年7月15日，下议院议长迪斯累里抓住时机，介绍了净化泰晤士河河水、建设与世界先锋城市身份相当的公共卫生下水系统的相关项目及资金法案。经过曾经年复一年无果的争论，这项改革法案终于在这个夏天经过18天讨论得以通过。这项法案是19世纪“公共卫生觉醒”的转折点。这个觉醒引发了一场公共卫生和环境革命，并在20世纪取得了一系列成果，彻底消除了婴儿死亡的老祸根，在疾病的细菌理论研究上有了科学性突破，使得人类寿命得到跳跃式的延长，城市和全球人口前所未有地增长，在民主政府和自由市场之间政府主动管理的作用扩大了。

最初，工业蒸汽动力和大规模制造业生产促进着城市的迅速集中。在一个世纪的时间里，像曼彻斯特、伯明翰、利兹和格拉斯哥这些工厂城镇的人口，就激增了5—10倍。伦敦和巴黎这类大都市的人口也膨胀了。在19世纪初，伦敦的人口在历史上第一次超出了古罗马100万人口的大关，而在随后的60年里，人口总量翻了三番，达到了300万。人口密度的提高给早期建设起来的城市公共卫生设施和给排水系统造成巨大压力。在几乎全部的人类历史上，城市一直都是不卫生的、疾病缠绕的死亡陷阱，依靠来自乡村的移民补充当地人自然生育率衰减所导致的人口数量不足。到19世纪中叶，这个有悠久历史的城市需要有创新性的反应来应对这些挑战，以免与城市发展相联系的工业革命和自由民主体制倒于对城市环境的挥霍。

人的生命离不开水，但水也能摧毁人的生命，贯穿整个历史，水与人的矛盾的两个方面同时并存。一方面，每日饮用2—3夸脱（2.2—3.3

---

① Pacey，187.

② *Times*（London），June，18，1858.

升）清洁的淡水，才能维持一个人的生存：[①] 人们需要使用几加仑（1加仑≈3.78升）水来做卫生的饭菜；使用大约10—20加仑（37—75升）水来做个人卫生。然而，与此同时，饮用污染的水和滋生疾病的滞留水，也是引起人类疾病的主要源头，使人减少寿命，增加生理上的痛苦。与水有关的最常见疾病是痢疾和腹泻。人类从狩猎采集转变到灌溉的农业文明，这个转变增加了人类接触暴露在灌溉河渠中的滞留水的机会，这些滞留水可以导致疟疾、黄热病、登革热、血吸虫病和几内亚龙线虫病，从而让人类健康和寿命受到明显负面的影响。那时，城市的迅猛发展和加剧的工业化，使得通过不卫生的公共环境而传播的致命性水生疾病，不仅包括上述疾病，还包括霍乱和伤寒等流行病，变得更加严重了。

当时，虽然没有认识到水生疾病的科学理论，但社会已经认识到，水与疾病存在联系。几乎每一个地方的淡水消费都受到社会预防性传统的约束。除非水来自一个得到认可的水源，否则，几乎没有人去直接使用未知来源的和没有处理过的水。公元前5世纪，希腊的"医学之父"希波克拉底（Hippocrates）推荐要将水煮沸，以消除水中的杂质，因为杂质让水浑浊，污染了水的味道。从古代开始，中国人就喝热茶和煮沸的水，城镇大街上有很多这样的茶馆。中国的智人们相信，水具有的特殊品质取决于它的来源：春雨贵如油，暴风雨则是危险的；融化冰雪而得到的水、来自山洞钟乳的水，都是可以治病的。按照希波克拉底和现代科学的忠告，如果对水心存疑虑，把它煮沸好了。世界上许多地方的人们都视雪水为奢侈品，供皇室使用，或供那些为了利用这种水的特殊力量而愿意支付成本的人使用。古罗马人特别推崇来自他们喜爱的泉的水质，如来自阿奎马西亚水渠的泉水，这种泉水通过蒂奥利郊外的多孔石灰岩渗漏，呈现出自然

---

① Peter H. Gleick, Elizabeth L. Chalecki, and Arlene K. Wong, "Measuring *Water* Well-Being : Water Indicators and Indices" in Gleick, *World's Water*, *2002—2003*, 101.

纯净和冰冷的品质。[①] 在中世纪和现代，法国人都喜欢使用以高压状态保持在地下的原水，通过钻探，它们自动喷到地面上来 [②]；这样的喷水井用 1126 年最初发现它的地方的名称阿图瓦来命名。[③]

当欧洲人把茶、咖啡和巧克力分别从中国、伊斯兰的近东和地理大发现时期的墨西哥引入欧洲时，也许因为茶、咖啡和巧克力都用热水冲泡，所以，欧洲人认为它们有医疗作用。大约在相同的时期，另外一些消毒饮料，即从谷物中蒸馏出来的酒，也流行起来。希腊人和罗马人在古代就有蒸馏酒，一直延续到公元 9 世纪，以后传入欧洲流行开。医生和药剂师们强调现代蒸馏酒的医疗特性；但是，蒸馏酒流行了两个世纪之后，人们注意到街头酗酒者明显上升了。如果对水心存疑虑又没有好的处理办法，不妨滴上几滴醋，作为一个自制洁净水的权宜之计。当然，在半干旱的地中海地区，从希腊和罗马时代开始，酒精饮料一直都很流行。现代意大利人常常把他们的酒与水混合在一起。日本人则热衷于清酒或米酒之类的饮料。啤酒是最古老的可以安全饮用的纯净水。喝啤酒提高了古代巴比伦人、埃及人、中国宋代人和很晚的北欧人的健康水平。从 19 世纪中叶开始，城市里的富人常常增加很大的开支，对购买来的水进行处理，以过滤掉水中的杂质。

在公共环境卫生革命之前，古罗马一直处于城市淡水供应和公共卫生的历史巅峰。实际上早在罗马人之前，就有公共卫生设施，但是没有达到罗马人公共卫生设施的规模，通常仅限于上层人物使用。罗马倾覆后的 1500 年是公共卫生的黑暗时期。同样，公共水利工程的状况显示了罗马后继城市的命运。从公元 6 世纪起，拜占庭的君士坦丁堡开始逐渐衰落，同一时期，君士坦丁堡的注意力从建设新的蓄水大坝、引水渠和巨大的蓄

---

① Braudel, *Structures of Everyday Life*, 230.

② Smith, *Man and Water*, 108. 1841 年，一口著名的喷水井极大地满足了当时巴黎的供水需要，人们用了 8 年时间来挖这口井，挖到 1 800 英尺的深度时，终于出水了。

③ Braudel, *Structures of Everyday Life*, 241—242, 248.

水池，转移到巩固现存的供水系统，以抵挡随后出现的对君士坦丁堡的多次围困。在16世纪的土耳其伊斯兰统治下，君士坦丁堡有了一个巨大的复兴时期，而支撑这个城市复兴的基础是，大规模突击建设引水渠和实施水利更新项目。所有这些都是在奥斯曼帝国1453年征战之后进行的。另外，罗马文明的意大利共和国后裔威尼斯，之所以增长不能够超过罗马的一个零头，原因之一是它长期缺少淡水。虽然建设了复杂的雨水收集系统，通过公共广场里的水井收集雨水，再用细腻的沙子过滤雨水，对其做沉淀处理，但是在干旱发生的时期，或当暴风雨引起海水进入潟湖再渗入水井时，威尼斯还是不能摆脱缺水的命运。所以，每天都有一个船队从大陆上把淡水运送到威尼斯来。[①]

在欧洲其他地方，依稀尚存的罗马人建设的基础设施和使用的水利技术均已废止。黑暗时期和中世纪的基督教欧洲依靠的是最基本的供水技术：从井、泉和河里提水而已。尿盆直接在窗口倒干净，或者把粪便导入地下污水池，这些污浊之物流到城市的街道上，甚至会流入供水设施里。北欧的情况更糟糕，气候潮湿、缺少排水系统或下水处理系统，最终饮用水源受到污染。防止污染的规则是有的，但是常常形同虚设。有人对18世纪后期的巴黎做过这样的报道，塞纳河是巴黎的主要饮用水源，但是当印染工把染料扔进塞纳河的某条支流里，塞纳河每周总有三天是有毒的[②]。

随着城市的迅速增长，早期工业化的条件更为糟糕。大量腐烂的垃圾与人畜粪便混合在一起，产生了难闻的气味，给不堪重负的嗅觉增加了更大的负担。城市历史学家芒福德这样写道，“整个街区有时甚至都不能从地方的水井里提到水。有时，在闹饥荒的时候，穷人不得不在中产阶级居

① Braudel, *Structures of Everyday Life*, 228. 这种送水的船夫在欧洲无处不在，他们甚至形成了自己的行业公会。

② Ibid., 229.

住的地方，挨家挨户地一边讨面包，一边讨水”。[1]当淡水变得如此珍贵时，首先要满足饮用、做饭，个人卫生暂时搁置起来。公共澡堂是古罗马的一大传统，一直到15世纪依然流行。后来逐渐衰退成为妓院。到工业时代，公共澡堂被关闭了。

主动应对19世纪早期公共卫生环境恶化和淡水供应紧缺挑战的，是英国北部和苏格兰的一些新工业城镇。苏格兰人通过修建水坝蓄水和设置第一套现代水过滤系统，复兴了罗马人公共供水的理想。詹姆斯·瓦特对格拉斯哥水利工程特别有兴趣。当时，有六台蒸汽机正在驱动抽水机从克莱德河下的铸铁水管里抽水。爱丁堡安装了新的泉水管，建设了一座新的大坝和引水渠，这样，在19世纪中叶，爱丁堡的六座水库每天的人均供水量达30加仑（110升）泉水。[2]英国北部工业城镇紧随其后。到1850年，这些城镇建设了十几座供水坝，以解决那里的供水短缺问题。但是，伦敦这个世界的最大城市，在公共环境卫生危机发生之前，供水状况远远落后于英国北部的工业城镇，处在瘫痪状态。

伦敦是跨越全球的大英帝国的首都，但这座城市的生活条件却变得如此恶劣，以致引发了公共环境卫生的觉醒和公共环境卫生革命，这场革命最终传遍了全世界。伦敦最初是由罗马人建立起来的，所以，伦敦继承下来一个供水管网，这个供水管网把公共水池和公共澡堂与泰晤士河的一条支流连接起来。到了中世纪，伦敦的生活用水来自水井、泰晤士河和泰晤士河的支流，如福利特河和沃尔布努克河，它们现在仍然埋在伦敦的街道下边，人们从路面看不见它们。私人经营的送水业用水桶把水送到千家万户，到1496年，私人送水行业的人数已经很多，足以形成自己的行会。

---

① Mumford，463.

② Smith，*Man and Water*，111.

他们用黏土管、铅制管和掏空的树干在伦敦范围内送水。家庭用水的抽取是免费的，但是，商业用水，如啤酒制造、餐馆、鱼贩则要交纳抽水维护费。1613 年，一家私人公司开始建设伦敦市第一条长距离送水工程，以满足伊丽莎白时代人口增长的用水需求。1723 年，源自乡村的水量可以满足一家私人供水公司每周三次供水的需要，当时，伦敦有六家这样的私人供水公司，每周三次供水[①]，一季度的收费标准是 3 先令。因为泰晤士河的高度大大低于伦敦那些需要送水的地区的高度，所以，随着抽水技术的提高和人口的增加，使用泰晤士河水的比例日益提高。1582 年，伦敦桥下安装了第一个水车泵；1726 年，蒸汽机驱动的水泵开始使用，这是纽科门蒸汽机最早的使用项目之一。

水车和蒸汽机都不能解决常年水量不足和水质恶化这类问题。在 19 世纪的前 60 年里，伦敦人口增长比有效供水能力的增长快三倍。同时，流入泰晤士河的污水量也相应增加，从而使泰晤士河的污染越来越严重。与伦敦百姓极度紧迫的用水需求相比，抽水站在处理污染河水方面的作为，可谓收效甚微。早在 1827 年，就有一本小册子，因为揭露抽水口与下水口紧挨在一起引起的不愉快而制造了一次政治轰动。这位作者这样描绘泰晤士河的状况，“130 多个公共下水道正在把污水排放到泰晤士河里，污水里包括粪便和垃圾：医院的垃圾、屠宰场的垃圾、颜料、铅、肥皂厂的生产垃圾、药作坊和工厂的垃圾、各式各样的动物垃圾和蔬菜垃圾。”[②]1828年，切尔西供水公司引入了当时很先进的过滤系统，试图最大限度地消除外部污染物；许多私人供水公司后来也把进水阀迁至更远的上游地区，避开泰晤士河里最重的污染区。然而，迅速枯竭的渔业证明，伦敦人正在进行一场不可能获胜的战斗。人们在泰晤士河里抓到最后一条三文鱼的时间是 1833 年。

---

① Halliday，21.

② Smith，*Man and Water*，112—113.

泰晤士河强大的潮汐属性加剧了产生1858年“恶臭”事件的不卫生条件。泰晤士河的水位随大潮和小潮之间的变化而涨落。在最大潮时，河水倒灌进伦敦街道和下水道，这时伦敦街道比潮水水位几乎低了30英尺（9米）。当潮水退去，下水道里的水流了出来，而此时，下一轮潮汐又升起来了。这样，在逐渐随着下游河水流向大海之前，泰晤士河的污水在伦敦下水道来回逛荡了好多次，从而引发了传染病。

1858年“恶臭”事件还反映了另外一个恶化的环境状况。几个世纪以来，伦敦人一直把他们的粪便倒进化粪池，而这些化粪池常常溢出。著名日记作家塞缪尔·皮普斯（Samuel Pepys）这样描述1660年10月20日这一天，“我走向我的化粪池——我的脚踩着了一堆粪便，我发现特纳先生办公室的那幢房子周围已经流满了粪便，正在向我的化粪池里流”。[①]1810年，按照每五家人一个化粪池计算，估计伦敦当时已经有20万个化粪池。有些化粪池因为付费，已经被“倒夜香”的淘粪工人清理干净了，这些淘粪工人把人的粪便送到乡村，用作肥料。但是，淘粪的费用不菲，相当于工人一周支付工资的三分之一，因此，难以调动自由市场的力量来扩大这项公共卫生项目。当时，英国农民拿鸟粪——固化的南美鸟粪——做肥料更便宜和方便些。所以，以商业化淘粪的方式改善伦敦公共环境卫生的方案，最终在1847年被搁置起来了。这样，化粪池排放的总量，伴随伦敦和泰晤士河的恶臭，继续发展。

具有讽刺意味的是，因为使用抽水马桶这项卫生史上里程碑式的成就，这场危机在19世纪上半叶加剧了。据说，在当时那个不卫生的时代，伊丽莎白女王曾经声称，“无论我需要还是不需要”，每月都洗一次澡。因此，英国诗人和发明家约翰·哈林顿（John Harington），在1856年给他的教母伊丽莎白女王发明了一个抽水马桶，作为她的“必需品”，现代厕所起源于约

① Pepys，“Entry：Saturday 20 October 1660.”

翰·哈林顿。[1]哈林顿的抽水马桶具有现代抽水马桶三个基本要素中的两个：在水箱的底部有一个阀，一个把粪便冲走的设计。但是，哈林顿一生只造了二个抽水马桶，一个在他自己家里，一个在里士满的女王宫殿里。两个世纪过去了，无人知晓这项发明，直到1775年，钟表匠亚历山大·卡明斯发明了一个改进版的哈林顿抽水马桶。三年以后，当另一个自学成才的发明家约瑟夫·布拉马（Joseph Bramah）开始出售一种改进了阀设计的抽水马桶时，哈林顿抽水马桶才开始商业化；1797年，哈林顿出售了6 000个抽水马桶。

哈林顿在其著作《埃阿斯的变形》中建议人们使用的抽水马桶

现代抽水马桶的第三个要素是一个可靠的冲水机器，这个要素的发明与民间英雄——托马斯·克拉普尔（Thomas Crapper）有关。与民间传说不同，克拉普尔并没有发明抽水马桶，也从未获勋。克拉普尔只是登记了一个有效冲洗厕所的机械发明专利，正如他在推广词中所说的那样，“每

① Halliday，41.

推一次，一定量的水就冲下来”。[1]在1861—1904年，伦敦水暖生意市场一直都在出售用他的名字做品牌的抽水马桶。克拉普尔的名字抓住了从第一次世界大战战场归来的美国兵的想象，在这些美国兵心中，克拉普尔是一个永生的战士。使用克拉普尔做这种马桶的通俗表达，可能再缩写一下形式，把克拉普尔做一个动词来用，甚至描述了抽水马桶的目的。

1810年以后，马桶在伦敦流行起来，而在1830年之后，马桶的使用量明显加大。抽水马桶引起伦敦用水量的激增，从1850年到1856年，伦敦用水量翻了一番。增加的水量把化粪池里和下水道里排出的污水冲到了泰晤士河里，这样就进一步污染了泰晤士河水。在大潮来时，这些脏水倒灌进已老化的下水道里，再流到住宅的房基下。

1831—1832年，伦敦第一次发生了霍乱疫情。一个公共环境卫生改革运动终于在这种逼迫下发展起来。公共环境卫生改革运动一直倡导把抽水马桶直接与下水道连接起来。1848年，英国政府对此做出规定。埃德温·查德威克（Edwin Chadwick）是公共环境卫生改革运动的一个领导人，在1842发表了《英国劳工卫生状况报告》（*Report on the Sanitary Condition of the Labouring Population of Great Britain*），这个报告强调了不卫生状况与城市穷人疾病缠身和恶劣社会条件之间的联系。查德威克是一名律师，终生致力于社会改革。为了改变肮脏的公共环境，查德威克倡导一个全新的上下水管道系统，这种上下水管道系统既提供丰富的、清洁的淡水，也把污水远远排泄到远离人类聚居区的地方。1848年，当另一场霍乱疫情正在向英国迫近时，议会建立了一个中央卫生委员会，[2]由查德威克领导，重建国家的环境卫生基础设施。

那时，无人知道究竟是什么引起了霍乱。已经有的看法是，霍乱可能是通过恶臭的气味传播的；所以，查德威克提出，把恶臭的垃圾和粪便

---

① Halliday，42.

② McNeill，*Plagues and Peoples*，240.

从居住区街道下面冲到河里去。弗洛伦斯·南丁格尔（Florence Nightingale）至死都坚定地相信有关疾病的瘴气理论，南丁格尔因为护理那些备受折磨的霍乱病人而名扬天下。

现在回想起来，查德威克律师的公共环境卫生政策是具有远见的。但是，先于建设清洁饮用水的供水管线，就把下水道的水冲到泰晤士河，是一个悲剧性的错误，导致了1848—1849年霍乱的灾难性流行。事实上，把污水冲到泰晤士河的做法是对霍乱病理属性的错误理解。一位年轻的伦敦麻醉师，约翰·史诺（John Snow）医生，对律师查德威克的看法提出了挑战，史诺医生相信霍乱是通过污染的水传播的。把下水道的水冲到泰晤士河里，增加了各类垃圾粪便与饮用水的混合，所以他坚持认为，把下水道的水冲到泰晤士河里的做法扩散了这种流行病，并不能有助于疾病的控制。[①]

英国公共卫生改革倡导者本杰明·迪斯雷利

① Biddle，41.

霍乱是第一个迅速蔓延的全球疾病，也是19世纪最令人恐慌的疾病。早上感染了霍乱病菌，病人晚上就可能因为急性脱水而死亡。突然胃痉挛、剧烈腹泻、呕吐、发烧等一系列症状可能表明染上了霍乱。霍乱病人脸色憔悴，面颊凹陷，皮肤因为毛细血管破裂而变黑、变蓝，血液循环系统崩溃最终导致死亡。霍乱病人的死亡率高达五分之一——二分之一。

1817年，在靠近加尔各答的恒河三角洲出现了霍乱，然后，在世界范围内的六个地方迅速流行开来，霍乱疫情以汽轮的速度在几个大陆之间跳跃式蔓延。船上储备饮用水的木桶存储了受到霍乱细菌污染的水，霍乱病患者的粪便分泌物也是霍乱病传播的来源。不干净的饮用水、从污染的河流中提取洗澡水，都会夹带霍乱病菌。战士把霍乱带到了战场，在行进过程中，又把霍乱病传到各处。霍乱疫情通常出现在港口城市，然后沿着河流、运河和商业通道蔓延开来。

1817年出现在恒河三角洲的第一次霍乱，在亚洲流行，[①] 没有到达欧洲。1826年出现在孟加拉的霍乱则成为全球流行病。这场霍乱1830年传播到莫斯科，1831年传播到匈牙利，导致10万人死亡，然后传播到了波罗的海沿岸，并由船只带到了英国。1831—1832年霍乱给伦敦和巴黎的好几千人带来了厄运。检疫没有起到任何作用，倒是给拥挤在城市里的穷人们造成了物资匮乏，他们因为卫生条件极端恶劣而备受煎熬。巴黎发生了暴乱，暴徒疯狂地用石头把医生砸死。在伦敦，人们指责医生谋杀霍乱病患者，为了解剖他们的尸体。[②]1832年，这场霍乱传到了爱尔兰，然后，随着到蒙特利尔和魁北克的迁徙者，又跨越了大西洋。向南，到达美国，打击了底特律和沿伊利运河周边的许多城镇。当时，纽约丧钟频频敲响，许多人逃往北曼哈顿的草场。1833年，这场霍乱到达墨西哥。1831

---

① McNeill, *Plagues and Peoples*, 232—233.

② Karlen, 133—139.

年，霍乱第一次攻击了麦加，到麦加朝觐的人们又把这场霍乱带回了伊斯兰遥远的国土，夺去了当时 13% 开罗人的生命。

1848—1849 年、1853—1854 年两次在伦敦肆虐的霍乱流行病，进一步引起了人们对疾病起源的争论。在一项跟踪不成比例发病人数的医学案例研究中，约翰·史诺找到了证明霍乱源于水的理论的确切证据。距史诺医生的苏荷诊所不远的布罗德街上，有一口免费的公共水井，当时，围绕这口水井的街区，挤满了贫穷的伦敦居民。随后的研究表明，这口水井附近有一个可能污染了的下水道。史诺医生说服地方管理机构拆除泵水手柄，以防止霍乱的进一步蔓延。但是，他没有能够说服政府专门委员会去调查霍乱病，因为政府专门委员会认为霍乱源于气味。史诺医生于 1858 年过早地去世了，终年 45 岁，在他去世之前从未停止过对霍乱病流行原因的先锋理论的宣传。

英国议会对公共环境卫生改革的愿望随着霍乱疫情的爆发而摇摆不定。甚至在 19 世纪中叶的五年时间里，霍乱夺走了成千上万人的生命，也没有提供足够的动力，去改变局部利益与自由市场经济意识形态之间盘根错节的关系，持有这类看法的人们反对让伦敦众多分离的政府部门实现任何形式的集中，反对扩大政府对公共事务的管理功能。但是，泰晤士河的臭味愈演愈烈，对下一场流行病爆发的担心与日俱增，这一切不断地提醒人们：那些反对改革的人不可能拿出他们可行的补救办法。

19 世纪中叶的公共环境卫生危机，是工业市场经济内在矛盾的早期显现：虽然环境的可持续性是工业市场经济继续扩大生产的必要条件，但工业市场经济也没有内在的自动修复机制来恢复被不必要的副产品污染的自然生态系统。在古罗马，国家施舍面包和建设公共的引水渠，提供了良好的公共环境卫生和社会公共秩序。在英国，多种利益之间的竞争，迫于紧急危机的压力，最终产生了一个具有充分权力的、提供公共物品的、负责任的市政机构。这场改革的最终导火索就是 1858 年的“恶臭”事件，以迪斯累里为首的议员们，再不能忽略逼到他们个人身边的公共环境卫生问题了。

“伦敦大都市工作委员会”一旦得到授权，就迅速地建立了一个世界水平的现代城市公共卫生和供水系统。约瑟夫·巴泽尔杰特（Joseph Bazalgette）长期担任“伦敦大都市工作委员会”的首席工程师，在他的指导下，伦敦建设了一个复杂的截污管网系统。这个系统的一部分沿着泰晤士河两岸展开，把城市污水引向远离伦敦中心的下游地区。在一些地势低洼的地区，通过提水设施，把污水提升起来，再并入这个系统的重力水流中去。为了承载这个截污管网系统、修建地铁、安装燃气管网以及维多利亚时代后期伦敦的其他现代化设施，1869 年，伦敦建设了三个河堤。[①] 另外一个革新是，使用当时测试不多的波兰水泥来建设下水道和隧道；实践证明，这种波兰水泥在水下具有抗渗性，能够承受比传统罗马水泥大三倍的压力。

验证这个新的下水系统的机会很快就来了。在 1866 年的霍乱疫情中，伦敦受到霍乱侵袭的社区都是没有完全与这个截污管网相连接的社区。伦敦再也没有受到霍乱的影响。1866 年的经历使官方的观点一边倒地支持了斯诺医生的假说，霍乱实际上是通过污染的水来传播的。1892 年，德国城市汉堡的经历最终让人们不再怀疑斯诺医生的假说，当时，一条街道的一侧，人们直接从易北河里取水，河水是没有被过滤的，他们感染了霍乱；而在这条街另一侧的居民，使用经过过滤的河水，完全没有发生霍乱病例。实际上，在 1883 年埃及爆发霍乱时，德国科学家罗伯特·科赫（Robert Koch）就已经宣布了他的发现，霍乱起源于污水。

科赫在路易斯·巴斯德（Louis Pasteur）和其他细菌学家的支持下，发现了霍乱杆菌，这一研究是疾病细菌理论的里程碑，也是 20 世纪公共卫生重大突破的基础。科赫获得了 1905 年的诺贝尔奖。1893 年，霍乱疫

---

① 河岸让泰晤士河变窄了，从而加速了泰晤士河水的流速，这对于清理那些没有被拦截住的垃圾有好处。

苗被开发出来，并很快得到普遍应用。霍乱研究上的突破很快在其他主要细菌疾病的原因研究上得到重复。1897 年，伤寒疫苗的发明有效地控制了伤寒，同样推进了公共环境卫生的改革。伤寒是另外一个起源于水的疾病，在 19 世纪城市化迅速发展的城市里流行，1861 年，伤寒夺去了维多利亚女王丈夫阿尔伯特（Prince Consort Albert）的生命，后来差点又夺去她儿子和之后的爱德华国王（Edward King）的命。美国医生在巴拿马运河建设过程中发现蚊子传播黄热病，随后，1915年新成立的洛克菲勒基金会在全球范围内对黄热病展开了斗争；1937 年，一种便宜的疫苗最终消灭了引起世界健康问题的可怕疾病。20 世纪 20 年代，全球控制疟疾成为一个目标。最初的成功伴随着排水条件的改善，第二次世界大战之后，广泛使用了杀虫剂，如 DDT。通过改善公共卫生、环境条件，将抗生素和疫苗的发明相结合，实质性地消灭了许多传染性疾病，从而在 1920—1990 年，使人均寿命延长了大约 20 岁，达到公共卫生觉醒时代前的二倍。[①] 在英国和大部分发达工业国家，到 21 世纪，婴儿死亡率下降至 0.5%，这个数字是 19 世纪中叶的二十分之一。[②]

公共卫生觉醒和接受有关疾病的细菌理论还推动英国采取进一步行动，保证伦敦供水的充分和洁净。保证伦敦供水充分和洁净的指导原则是，生活用水应该取自最干净的水源，在输送过程中，得到净化，受到保护，避免污染。虽然泰晤士河继续是伦敦主要的饮用水来源，但是，地下水和上游河流的水不断补充泰晤士河水源。伦敦建设了若干水厂，它们使用多种技术方法去掉水中的杂质，包括传统的慢滤池和 19 世纪 90 年代后使用凝

① McNeill, *Something New Under the Sun*, 199—200. 美国的人均寿命从 1920 年的 56 岁，提高到 1990 年的 75 岁，婴儿死亡率仍很高。世界范围人均寿命从 1900 年的 36 岁，上升到 1995 年的 65 岁。

② Cameron, 328; Economist staff, Pocket World in Figures, 2009 Edition, 83. 就婴儿死亡率而言，日本在发达国家中成就最大，比世界婴儿死亡的最低绝对水平还低 30 倍。

固剂的快速过滤技术。20世纪早期出现的另外一个转折点是，使用水加氯技术来净化生活用水。为了净化水中的细菌，人们还使用了其他化学和热消毒剂，包括铜、银、紫外线和强大的臭氧工艺。下水被引到远离人口中心的地方，再流入水中，同时，指导全社会“稀释污染”。19世纪后期，伦敦不再把污水排入泰晤士河，而是用驳船把污水运送到大海里释放。

1900年，英国在改善公共环境卫生和健康方面出现了转折点。泰晤士河的污染非常缓慢地得到改善。三文鱼在泰晤士河里消失了140年后，于1974年又重新出现。2007年，伦敦的下水道长度达到14 000英里（22 530公里），正在准备它的第一次大规模更新，在泰晤士河下建设20英里（32公里）长的污水储存隧道[①]，伦敦的这个下水道系统起源于维多尼亚时代的管网，因为这个老下水系统不再能够承受800万人口的使用。

英国的公共环境卫生革命，推进了工业化民主国家在改善供水和公共卫生方面的良性循环。1920年，欧洲和北美几乎所有富裕工业城市的居民都享受了足够和清洁的生活饮用水。在5 000年中，城市第一次成为人类自我维持的栖息地。伤寒和黄热病疫情，以及一些大火灾，让美国东部城市也像苏格兰和英国北部城镇那样，为公共卫生、饮用水和消防等目的而建设公共供水管网。1860年，在16个最大的美国城市里，有12个城市有市政当局管理的供水系统。[②]到20世纪初，芝加哥开展了让芝加哥河水倒流的工程，这是巴拿马运河项目之前美国最具野心的市政工程项目。通过改变芝加哥河的流向，这条河不再把下水道里的水送入密歇根湖里，而是把污水送到下游的伊利诺斯和密西西比的许多河流里，让其分散。起源于水的疾病在美国大

---

① “My Sewer Runneth Over,” *Economist*, March 22, 2007.

② Smith, *Man and Water*, 127. 在大量使用木料建设的美国城市里，消防是推动早期公共供水系统发展的重要因素之一。1866年，纽约市直接模仿英国，同时也因为同一场霍乱的发生，推动纽约建立了一个卫生委员会。

幅下降，到 1940 年，起源于水的疾病在美国可以忽略不计了。[①]

与此同时，污水处理厂逐步时兴起来。完全处理污水是现代社会一个默默无闻的成就，经过完全处理的污水常常已经达到安全使用的生活用水标准，当然，实际上，世界上没有哪个城市把处理后的污水用来做生活用水。现代污水处理工艺包括三个步骤：过滤掉固体，分解剩下的与微生物一起的有机物质，使用化学剂消灭剩下的细菌。经过处理的水质常常比要流入蓄水池的水质还要高。现在，伦敦不再把污水处理后剩下的污泥倾倒入大海，而是使用 850℃的砂床焚烧这些污泥，再把产生出来的热用来驱动汽轮机发电，把这些电能用于污水处理厂，多余的能量出售给英国电网。最后，把处理后的污水排放到泰晤士河里，实际上，这些经过处理的污水，比泰晤士河的河水还要干净。[②]

ABOVE AND BELOW GROUND.

巴黎下水道

① McNeill, *Something New Under the Sun*, 196.

② Halliday, 107.

随着清洁淡水供应资源的增加，维持工业文明核心的城市生态系统、公共环境卫生发挥了举足轻重的作用。从农业的乡村转变成工业的城市，没有公共环境卫生革命，人类的这个迅速转变不可能发生。在1800年，世界人口仅有2.5%或者说2 500万人住在城镇里。到2000年，有接近世界人口一半的人居住在城市。城市本身的人口也高度集中：在两个世纪以前，世界仅有六个城市的人口超过了50万人，而现在，世界上人口超过700万的城市就有29个。

11. 水疆域与美国的兴起

美国的全球优势地位与它的三大不同水文环境不无关系：美国多雨、温暖和河流密布的东半部，有可以在陆地上承载交通动脉功能的密西西比河；美国以干旱为主、旱灾频发的西半部，高原平原从格林威治以西 100° 子午线一直延伸到太平洋；美国在世界两大洋之间的海岸线，成为一个海上通道。美国把这些不同的水疆域融合成一个国家政治和经济领域，有利的地理位置和丰富的自然资源使美国成为 20 世纪的世界超级大国。

与其他大国的兴起一样，美国因地制宜地利用现存的水资源来开发水资源所在地的其他资源；美国在大规模调动水动力上有了突破的同时，也创造性地应对它所面临的其他特殊挑战。19 世纪末，美国把阿巴拉契亚山脉的东海岸州，它的边疆，通过密西西比河流域富饶的农田、堪萨斯州和内布拉斯加州大平原的干旱带，向西扩张。当时主要通过"美国佬式的别出心裁"，用那时已有的欧洲经济技术而使区域获得发展。这个区域丰富的湖泊、河流和湍急的溪流、肥沃的农田、成材的树林和蜿蜒曲折的长长的海岸线等优势，补偿了这个年轻国家缺少劳动力、资金和技术专家的不足。水车和早期的水轮机给家庭作坊的兴起提供了动力，成为以后发展美国巨大的水电资源的关键。密西西比河流域丰富的农业产品和原材料，通过运河和河流里的船得以运输，这些水构成了便宜的、长距离的内河水运网，把纽约、匹兹堡、芝加哥和密西西比河入海口新奥尔良连接起来。1869 年，蒸汽火车扩大了横跨大陆的交通网，给美国的工业崛起增加了动力。19 世纪末，大规模钢铁生产技术、电力、石油和内燃机时代，取代了铁和蒸汽的时代，这时，美国的工业是世界上生产力最高的工业。

美国依靠它的东部资源提升了自己的实力，但是，美国正是克服了另外两个水疆域的水障碍，调动了这些水障碍的潜力，才真正成为了世界超级大国。1914 年，美国完成了那个时代最伟大的水利工程——巴拿马运河。通过这个项目的完成，美国第一次显示了它的全球实力。巴拿马运河立即让美国成为海洋时代世界贸易的商业支点，开始了它横跨两大洋的强大的“大棒”海军，很容易地把欠发达的西部和发达的东部经济联系起来。

把干旱的、未开垦的、荒凉的西部土地，转变成可灌溉农业、矿业和水电业的聚宝盆，在这个转变中，水利革新产生了更大的动力。科罗拉多河上最初的顽石坝（后来更名为胡佛大坝）成为 20 世纪世界范围建设多功能巨型大坝的技术典型，20 世纪的大坝建设推动了农业绿色革命和全球工业化的巨大发展。（地图 12 和 13：美国东部和密西西比河，巴拿马运河）当中西部地区的农民能够利用更强大的水泵和灌溉技术获取巨大地下水资源时，他们把风沙侵蚀区建设成为一个大粮仓，这个深藏在高中部平原之下的地下湖泊，面积相当于休伦湖。不久，大约在 20 世纪 40 年代，美国在开采丰富的自然水资源的强度和规模上，超过了地球上任何一个时期的任何一个国家。开采自然水资源的强度和规模，既是每一个历史时代富裕和文明的可靠指标，也是推动社会进步的催化剂。

水是美国在 18 世纪末获得独立战争胜利的关键因素之一。美国革命发生在帆船时代结束和海上蒸汽机时代尚未开始的时期，这在时间上是个偶然。但是它有效地让海洋本身成为一个独立战士天然的盟友，弱化了英国

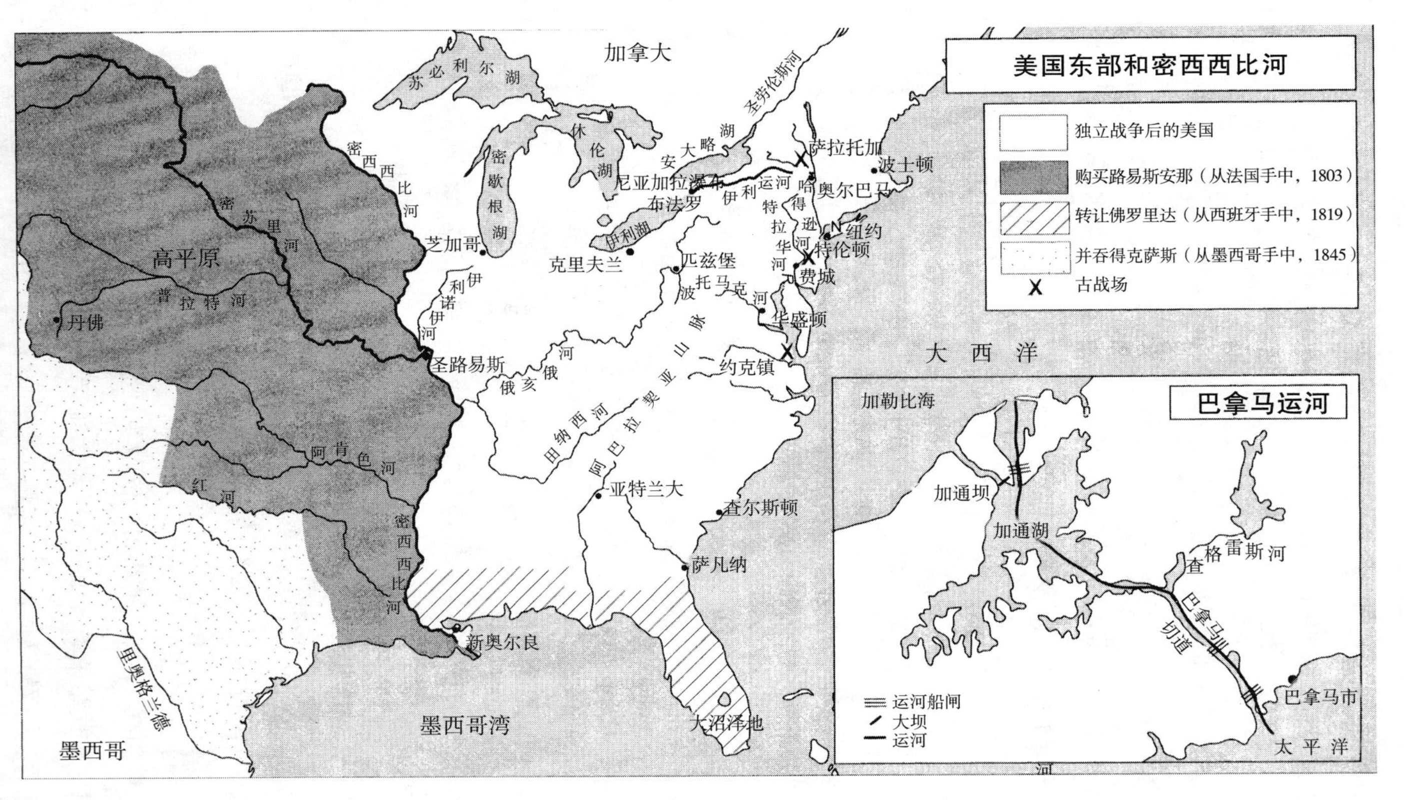

地图 12. 美国东部和密西西比河

地图 13. 巴拿马运河

最大的军事优势——海上战斗力。英国依靠六七周艰苦的跨洋航行供应线完成了运输，整个指挥系统执行起来甚为复杂。每一个英国战士、每一门大炮和步枪、每一份口粮，都必须跨海运输 3 000 英里。如果当时英国人真有蒸汽机驱动的战舰，他们在美国的内陆河流里航行可能会很容易，进而发起内陆进攻，19 世纪 20 年代，英国人在缅甸、印度和中国就是这样实施内陆进攻的。而实际上，英国人当时所具有的技术条件只允许他们采用帆船时代的战术，如封锁港口、袭击和占领港口城市，在大洋上巡逻，为沿海港口间的军队护航和提供补给。控制住反叛力量需要在内陆地区部署和长途转运大规模军队，美国大陆军使用的是打一枪换一个地方的战术，就是对军事天才拿破仑来讲，应对这种战术也是一个挑战。那个时期的英国军队，在军事上或运输上，都不可能完成这个任务。所以，英国人把胜利的主要希望放在殖民地保皇党人积极的物资供应和情报支持上。

实际上，在独立战争的决定性战役中，有三场战斗是为了控制战略性水上通道。第一次，乔治·华盛顿的军队在 1776 年圣诞节那天，突然跨过特拉华河，攻击驻扎在特伦顿的英军；第二次，因为英国军队没有控制住哈德逊河，英国将军伯戈因（Burgoyne）1777 年 10 月在撒拉拖加向乔治·华盛顿的军队投降；第三次，四年以后，当法国军队和美国军队切断了英军的海上供应线和撤退路线，康沃利斯最终在萨皮克湾的约克镇投降。甚至在独立战争还在不断展开的时候，水就已经成了唤醒大西洋两岸公共想象的符号。1773 年 12 月 16 日，殖民地的激进分子，假扮莫霍克印第安人，把属于东印度公司的 342 箱茶叶投进波士顿海湾，以反对东印度公司的茶叶垄断和英国的税收。1776 年的夏季，随着独立战争的节节胜利，中心舞台集中到了具有战略地位的纽约，当时，纽约的人口为 22 000 人，是仅次于费城的美国第二大城市，纽约除拥有天然良港，可运送士兵和为军队提供补给外，还是一个至关重要的要塞。一支军队从纽约出发，向东可以到达新英格兰地区，向北可沿哈德逊河流域而上，向西可进入新泽西地区。乔治·华盛顿将军竭尽全力控制纽约，但是，乔治·华盛顿的美国大陆军险些被摧毁，以失败而告终。在整个独立战争中，英国人一直以纽约作为它的核心基础。

乔治·华盛顿的美国大陆军在纽约被打败，被迫向新泽西撤退。1776年12月上旬，陷入围攻的乔治·华盛顿为了避免他的部队覆没，跨过特拉华河，进入宾夕法尼亚。在过河之前，他收集了河流在新泽西一侧所有能够收集到的船只。因为附近没有可以渡河的桥梁，所以，英国军队没有条件再追击乔治·华盛顿的大陆军。这样，特拉华河成了一道防御屏障，在冬天来临时，没有让英军取得胜利。当然，大陆军的这场失败让乔治·华盛顿的部队士气低落，而那些战士的服役期即将结束，富有同情心的定居者开始屈服于英国的宽大政策。这种不利情况迫使乔治·华盛顿下了一个最具有激励性的赌注。1776年12月25日，在一个寒冷的夜晚，他命令2 400名身心疲惫、衣着单薄的战士，骑着马带着18门大炮，跨过结冰的特拉华河，回到新泽西。他们在下午7点钟开始行动，摆渡船在黑暗中把部队运过河。天亮时，部队全部过了河，顶着雨夹雪的天气，向特伦顿进发。这是美国历史上最值得庆贺的一场胜利，大陆军的突然进攻，让英国的900名德国雇佣军全部投降，缴获了六门大炮和1 200件武器。大陆军无人丢掉性命，仅有四人受伤，不过有四个人在行军中被冻死。[①] 这场胜利取得了振奋人心的效果。重新服役的士兵增加了，大陆军的新兵人数激增。胜利鼓舞了摇摆不定的定居者们的情绪。独立战争得以维系下来。

冬天过去之后，独立战争重新开始，伦敦的英国首相开始对叛乱者进行新一轮征服。两支英军队伍，一支从加拿大向南，另一支从纽约向北，试图控制具有战略意义的哈德逊河。通过控制哈德逊河，英军可以切断新

---

① Morison，243—244.

英格兰反叛者与其他殖民地的联系。[①] 但是，来自大西洋另一侧的伦敦的指令，既慢又不易调整，妨碍了英军的执行。英国将军伯戈因率领 8 000 人的加拿大方面军，从加拿大开始这场战斗，英国将军威廉·豪（William Howe）的纽约方面军因为进攻费城而被钳制，没有按时形成南北夹击的态势。就战斗本身讲，因为受到爱国者的抵抗和自己后勤供应的牵制，伯戈因的部队行动迟缓。当伯戈因的部队通过哈德逊河流域的未开发地区时，遭遇到新英格兰反叛者摧毁桥梁、砍倒树木、改道溪流等系列抵抗，从而使本来就难以通行的道路更为崎岖。据说，伯戈因的部队必须重建 40 座桥梁，日行 1 英里。尽管如此，人称"君子约翰尼"的伯戈因，也没有改变他那花花公子式的生活方式，他的随从队伍长 3 英里[②]，包括 30 辆行李车、情妇和大量的葡萄酒。由本尼迪克特·阿诺德（Benedict Arnold）将军率领的大陆军和佛蒙特州的格林山兄弟会不断进攻伯戈因率领的部队，削弱其战斗力。伯戈因的部队沿途没有遇到多少保皇者，也没有与豪的部队会合。最终，伯戈因弹尽粮绝，他本人也在萨拉托加的两场血战中受到重创。1777 年 10 月 17 日，伯戈因率领他 6 000 人的部队投降。

美国人的胜利在大西洋上空回荡。有人劝说法国的路易十六，美国叛军胜算的可能很大，于是路易十六最终接受了美国大使本杰明·富兰克林（Benjamin Franklin）提出的"法美联盟"的条约。而为了解除这个"法美联盟"，英国政府也准备接受美国定居者在"独立宣言"之前提出的所有条件，包括免除令人厌恶的议会税。但是，冲突已经发展到不可挽回的程度。1778 年 2 月 6 日，法国与美国政府签订条约，宣称美国独立获得了法国的承认。在两年里，其他欧洲国家也加入了反对英国的世界战争。而英国本身为这场战争

---

① 他们在奥尔巴尼会师。双方都认为，奥尔巴尼以南的西点是控制没有架桥的哈德逊河的战略要地，因为这条河很宽，可以乘船到达那里，但是，没有拖船无法越过那里。为了保卫西点，殖民军在河岸上建设了堡垒链。

② Wood，33.

付出的代价和政治上的分裂则越来越大。但是，独断的英国国王乔治三世否决了议会中所有的不同政见，坚持只要有必要，就无情地坚决镇压叛乱。

整个新大陆都在战斗中，包括神话般富裕的加勒比岛国。相比较而言，英国和法国更关注占领这些岛国，而相对贫穷的美国殖民地则在其次。在随后的二年里，军事僵局成为主导。乔治·华盛顿没有海军实力把英国人赶出纽约，即使法国要做到这一点也很不容易。当时，英国面对着充满敌意的人民，所以，它避免在没有支持的情况下向美国内部深入。1780 年夏季，查尔斯·康沃利斯将军通过两栖袭击的方式，占领了南卡罗来纳的查尔斯顿，整个形势发生了改变。康沃利斯计划占领卡罗来纳和弗吉尼亚，那里的保皇势力比较强大，然后，给南部的叛乱殖民地造成压力。大陆军在设法阻止康沃利斯的军事行动上存在很大的困难。1781 年春天，康沃利斯开始在弗吉尼亚的约克镇建立一个基地，约克镇地处切萨皮克半岛上，由约克河和詹姆斯河作为两翼，康沃利斯计划从海上获得给养和增援部队。然而，美国人和法国人把约克镇看成诱捕康沃利斯的一次机会。

独立战争的最终一幕，从法国人在约克镇全力建设海军开始。法国人从“七年战争”惨败中汲取的教训就是必须拥有海上实力，所以，10 年来法国人一直都在依靠国债建设海军。到 1781 年，法国的海军实力已与英国旗鼓相当。一支法国舰队在弗朗索瓦·格拉斯（Francois de Grasse）将军率领下，从加勒比海出发，计划封锁切萨皮克湾的英国补给线。美法军队精心地做出了进攻纽约的假象，从而误导了英军，而实际上，他们正集结重兵对付康沃利斯。1781 年 9 月 5 日下午，关键的海战开始。格拉斯的 24 只军舰对阵英军的 19 只战舰，这些英国战舰本来准备到纽约去维修。随着切萨皮克被封锁，乔治·华盛顿和法国将军们集结了两倍于康沃利斯 8 000 人的兵力，进攻约克镇。战斗在 1781 年 9 月 28 日打响。大炮轰炸了英军阵地，若干支部队开始发起攻击，其中之一由乔治·华盛顿的爱将亚历山大·汉密尔顿上校率领，他后来成了美国的财政部长和有影响力的联邦党人。当康沃利斯意识到发生了什么时，他的两个小木制堡垒已被攻破，康沃利斯率领部队试图在暴雨中跨过约克河，但是失败了，虽然伤亡并不大。随后，康沃利斯的海上补给线和撤退路线均被切断。1781 年 10 月 17 日，也就是伯戈因在萨拉托加投降后的第四年，认识到败局已定的康沃利斯举起了白旗，开始谈判。两天以后，他投降了。美国独立战争结束。

独立战争的胜利使北美诞生了一个影响深远的共和国。对英国来讲，美国的独立战争制服了国王乔治三世恢复个人皇权的野心，以致在发挥大英帝国影响的前夜，英国建立了永久性的议会政府制度。[①] 不久以后，在欧洲大陆上，1789 年的法国革命推翻了路易十六的君主制，而这场法国革命深受美国独立成功的影响，美国在国库空虚的情况下，给予法国革命更大的支持。

美国独立战争虽然是沿着东海岸展开的，但是，争夺的主战场还是阿巴拉契亚山脉以西地区——范围广大的俄亥俄和密西西比河流域。对于美国的建国之父们来说，西线是美国命运的命脉。英国的政策一直都设想着，给阿巴拉契亚山脉以东的殖民地建立起一个屏障，那里与英国这个海洋帝国联系更紧密。但是，当地的殖民地领导人把密西西比河流域的农田和纵横交错的河流，看成繁荣美国西部的关键因素。乔治·华盛顿和富兰克林曾经都是西部农业边疆的土地投机者，他们认为，西部农业边疆才是美国富裕的主要来源。托马斯·杰斐逊憧憬拥有自给自足的、个人的、自耕农特色的西部边疆地带，那才是美国民主的精髓。当城市状况日趋恶化时，西部边疆地带那些免费的土地，是吸引定居者向西迁徙的一种力量，可以保护美国的独特性，抑制欧洲以阶级为基础的不平等和产业的不平等移植到美国来。杰斐逊和其他一些人还预想了美国大陆的命运，想实现一

① Trevelyan，389—390.

个由来已久的梦——开辟去东方的太平洋贸易通道。虽然早期美国的政治划分为推崇工业的汉密尔顿联邦党人和推崇农业的杰斐逊共和党人，但是，在向西扩张的想法上，两者是统一的。

实施美国向西发展的核心是控制大陆上巨大的河流——密西西比河。密西西比河是美国的尼罗河、幼发拉底河和底格里斯河、印度河和恒河、长江和黄河。从长度上讲，密西西比—密苏里水系是世界上第四长的河流，长度为 3 740 英里（6 018 公里），排在尼罗河、亚马逊河和长江之后，其中有七条支流有较大的水量。[①] 最重要的是，密西西比河流域土地肥沃，处在落基山脉和阿巴拉契亚山脉之间的美国心脏地带，东西沿展 1 250 英里（2 011 公里），向北到加拿大，向南到墨西哥湾。密西西比河流域的规模是尼罗河流域或恒河流域的二倍，比中国北部黄河流域的规模大 20%。密西西比河流域占据了美国陆地面积的五分之二，[②] 有上百条河流汇集到密西西比河里，包括俄亥俄河、密苏里河、田纳西河、普拉特河、伊利诺伊河、阿肯色河和红河。世界上只有亚马逊河和刚果河有如此巨大规模的汇合处。仅密西西比河流域本身，就能支撑美国成为一个帝国的宏图大志。

密西西比河既是交通通道，也是一条洪水泛滥的河流、一条可以用来灌溉的河流。密西西比河可航行的品质使它有可能成为一条天然的内河水上交通网，这个交通网几乎能够立即把这个巨大到难以想象的、人烟稀少的国家联合成为一体。尤其是来自密西西比河西部的若干支流，让密西西比河成为“多泥沙河”，除开世界上的六条河流外，密西西比河所携带的泥沙比所有河流所携带的都多，当洪水来临时，密西西比河把这些肥沃的泥沙散布到了中西部地区的农田里。在与俄亥俄河交汇处，密西西比河的河床规模翻了一倍，两岸之间的宽度常常伸展到 1.5 英里（2.4 公里），洪

---

① McNeill，*Something* New *Under the Sun*，183.

② Barry，21.

水通过那里的冲积平原，然后，在新奥尔良附近流入墨西哥湾。

密西西比河还是一条非常复杂的、汹涌的河流，既有深水航道、蜿蜒曲折的流向，也有墨西哥湾的潮汐、多重的河流暗流和流速，呈现出多样性。密西西比河易发大规模洪水，易发生始料未及的河流改道，加上密西西比河自身规模巨大，导致这条河具有特殊的河流动态机理。下密西西比河的一个不同寻常的特征是，[1] 它的最后 450 英里（724 公里）河床的海拔高度低于海平面，在新奥尔良港，河床低于海平面 170 英尺（51 米）。这种状态的一个水动力效应是，高水位比低水位时的河水流速要大很多，有时产生巨大的力量，冲毁整个天然的河岸和人们建起来约束河流的大堤。这条河流夹带而来的大量泥沙，在密西西比河的入海口形成巨大的沙洲，有时让来去墨西哥湾的船只数周和数月不能航行。

1850 年以后，美国政府不遗余力地建设和改造了几千英里长的河堤和泄洪道，像古代的河流灌溉文明一样，努力控制下密西西比河的洪水，提高密西西比河的通航能力。当然，每隔一段时期，汹涌的洪水还是会淹没最好的人造建筑物。1927 年，接连数月的暴雨使密西西比河成了巨大的陆地下水道，导致密西西比河爆发大洪水，冲毁了由美国陆军工程兵团建设的整个控制洪水的堤防。密西西比河流域的城市和农田都成了泽国，成为美国历史上最大的自然灾害之一，50 万人被迫转移。这股洪流的力量非常巨大，造成汹涌的俄亥俄河水倒流。在密西西比河的入海口，为了保护新奥尔良，不得不用爆破堤防的办法摧毁上游堤坝，把洪水疏导到其他方向上去。这次洪水暴露了美国陆军工程兵团的灾难性的错误，他们没有建设大规模水库和运河的经验，而试图仅仅用河堤来控制如此巨大的河流。之后，美国陆军工程兵团的水利工程师重新建设了大规模的溢洪道，以便在河流水位剧增时，通过这些溢洪道减缓堤防的压力。密西西比河还

---

① Barry，38—39.

被人为取直、大量截留和渠道化，接近 50% 的河水处在人造的屏障中；同时，1 700 万英亩（6.88 万平方公里）的河流周边湿地被用于开发。[①] 现在我们才认识到，河流周边的这些湿地对于缓冲洪水具有关键作用。1993 年，密西西比河再次爆发大洪水，对人类管理自然的能力再次发起挑战。1993 年的洪水仅仅是 1927 年洪水力量的三分之一，但是，洪水还是漫过了堤坝，把中西部 120 万英亩冲积平原变成了巨大的湖泊，数月仍未消退。

在结束了独立战争的 1783 年“巴黎和约”中，美国第一次获得了在密西西比河上通行的权利。通过漫长的、复杂的多国协商，美国的主要代表约翰·杰伊（John Jay）、本杰明·富兰克林和约翰·亚当斯（John Adams）始终坚持，有时还采取一些必要的诱惑，以求让美国获得支配阿巴拉契亚山脉以西，一直到密西西比河地区的权利。各方最终同意，密西西比河为独立的美国的西部边界，英属加拿大为它的北部边界。南部边界是西班牙的佛罗里达，它延伸到了整个墨西哥湾，包括密西西比河在新奥尔良的战略出口。[②] 西班牙控制的佛罗里达成为了从密西西比河以西到路易斯安那领地的陆上桥梁，在 1763 年的“七年战争”中，法国人被迫把路易斯安那领地割让给了西班牙。

“巴黎和约”留下了若干悬而未决的领土争议和商业争议，美国在 10 年间不断与英国协商这些争议。为了避免与英国发生战争，保障美国向西扩张的基础，乔治·华盛顿政府在 1794 年与英国签署了一个有争议的条约，[③] 旨在解决许多领土和商业争议，让美国与英国统治的西印度群岛

---

① Clarke and King，70.

② 在这个关键时刻，美国人因违背了两国秘密达成的协商惹恼了其法国盟友，尽管该协商没有形成文字，即它们分别与英国人秘密交易，让法国和西班牙拥有直布罗陀的利益，交换条件是允许英国人对阿巴拉契亚山脉以西的土地享有权利。

③ 英国虽然在革命战争中失败了，但是，在 1812 年战争之后，英国并没有放弃它和英属加拿大占有密西西比的愿望。英国的战略是，在阿巴拉契亚山脉以西地区建立土著的印第安人国家，作为包围美国的缓冲地带。

建立起正式的商业关系。当时，西班牙人出于担心美国人和英国人算计它在路易斯安那的领地，采用了一系列绥靖政策，同意从密西西比河以东许多有争议的地方撤出，给美国在密西西比河下游和新奥尔良过境点自由航行权。新奥尔良是一个通往墨西哥湾和加勒比海的重要门户，这是美国从英美条约中得到的意想不到的收获。[①] 革命后的法国，重新恢复了与英国旗鼓相当的霸权地位。在拿破仑·波拿巴掌权的新战争时期，法国把乔治·华盛顿政府1794年与英国签署的条约看成美国公然改变中立立场的行为，偏向了英国。于是，法国和美国的关系恶化。1798年，两个原先的盟友在加勒比海上不宣而战。这场恶战导致了一系列戏剧性事件的发生，1803年的“路易斯安那购地案”成为历史上最大的土地交易之一。因为拥有了路易斯安那，美国便牢牢地控制了整个密西西比河流域。那时，欧洲大国在权力平衡的每一次变化都导致殖民领地不断易手，在这样一个时代，美国合法地抓住密西西比河流域那些它还没占有的地方，依然不易。实际上，在拿破仑不切实际的计划中，就包括了在美洲西部——佛罗里达和加拿大——建立法国领地。美国人预计法国人有一天会入侵美国，所以，18世纪末，美国人开始积极地强化它的海军和陆军。1798年，纳尔逊在尼罗河战役中困住拿破仑的埃及军团之后，美国人对法国人入侵的担心暂时松了一口气。但是，这种担心很快又因为美国和法国之间一个失败的“和平协议”而重新燃起。1801年，西班牙把它对路易斯安那领地的权力秘密地归还了法国。1802年，美国人对战争的担心与日俱增，当时，拿破仑派遣了成千上万的法国军队到达海地附近，以镇压法国殖民地生产蔗糖和咖啡的奴隶的暴乱。西班牙人也突然撤销美国人在新奥尔良的交通权，关闭了美国人利用密西西比河到达加勒比海的通道。美国人对

---

① 西班牙有理由担心。汉密尔顿正在华盛顿游说，用武力打击西班牙，夺取路易斯安那和佛罗里达。

战争的担心骤然上升。

尽管杰斐逊总统是著名的亲法人士，但是，他也对拿破仑对美洲的计划感到震惊。于是，他在 1802 年 4 月给驻法国的美国大使罗伯特·利文斯顿（Robert Livingston）写了一封信，要求他协商一个解决办法，因为"法国人占领新奥尔良的那天，我们一定会把我们自己嫁给英国舰队和英国"。[①] 随着战争的弦越绷越紧，杰斐逊几个月后给美国在巴黎的大使去信，对谈判条件做出了指示。美国打算出 1 000 万美元的价格购买新奥尔良和全部佛罗里达。新奥尔良的价格是 750 万美元。如果法国拒绝出售的话，他们打算协商一个永久通行权。如果所有的建议都失败了，美国大使们就要开始与英国秘密会谈，建立起比较紧密的同盟关系；当然，杰斐逊总统希望避免这种结果。

美国人始终没有行动，在这个关键时刻，谁也没有预料到，情况的突然变化让这个年轻国家获得了优势。法国镇压海地奴隶暴乱的军事行动严重受挫，不仅仅是暴乱奴隶的抵抗，更严重的是，法国 33 000 人的军队里流行起黄热病——加勒比海热带地区水生的蚊子传播了这种疾病。成千的战士身亡或者丧失战斗力。水生疾病改变历史，并非第一次，也不是最后一次。拿破仑被迫放弃海地，也放弃了他重建法国新大陆帝国的梦想，以挽救他入侵英格兰的战略。按照拿破仑的新政治考量，路易斯安那在美国人手里，比留在那里让英国人抢去要好。

于是，1803 年 4 月 11 日，即法国断绝与英国外交关系的当天，拿破仑的部长塔列朗（Talleyrand）在与利文斯顿大使的会见中，突然提出"你们打算为整个路易斯安那开个什么价？"[②] 这一询问着实让利文斯顿大使目瞪口呆。在神志恢复过来以后，利文斯顿开价 400 万。塔列朗说，

---

① Thomas Jefferson to Robert Livingston，April 18，1802，quoted in Tindall，338.

② Talleyrand，quoted in Morison，366.

“太少了！想想看，明天见。”1803 年 4 月 30 日，这笔历史上最大的土地交易之一成交—— 1 500 万美元。美国得到整个路易斯安那，包括新奥尔良、佛罗里达的西部狭长地带，和德克萨斯的一部分。至此，整个肥沃的密西西比河流域进入了美国的版图，这是美国成为中西部帝国的关键。1803 年 12 月，路易斯安那的交易迅速完成，同月，法国人从海地撤军，海地成为世界上第一个由原先的奴隶建立的独立国家。

当然，杰斐逊并没有仅仅靠协商让美国赢得西部边界。在路易斯安那购买协议达成之前几个月，他安排了著名的 1804—1806 年“刘易斯和克拉克远征”（Lewis and Clark Expedition），这支探险队沿着密苏里河寻找到达太平洋的西北水路。杰斐逊从实际出发，考虑到建立一个可靠的水上交通路径将会促进定居和贸易，通过实力去占领那些还没有被人占领的地区。在刘易斯和克拉克远征队出发后，他又派出了其他探险队，探索红河和沃西托河以及密西西比河的源头；但是这只探险队误入歧途，追踪阿肯色河，到达了这条河在落基山脉里的源头。

19 世纪初，虽然关于西密西西比流域边界有了口头的承诺，但实际上，那里不过是没有人烟的荒野。当时，美国人口约为 400 万，其中大部分生活在东部沿海地带。通过阿巴拉契亚山脉的交通线路，把东西两个区域通过商业、迁徙和共同的政治命运联系起来。就在“巴黎和约”签署之后，乔治·华盛顿带着一个革命前就吸引他的项目回来了，这个项目是：把岩石林立的波托马克河变成可以航行的河流，这条河流将会变成通过阿巴拉契亚山脉到达密西西比河的基本通道。作为一个政治家，乔治·华盛顿想先建立起必要的内河航行，以便把西部的定居者与美国联系起来，而不是让他们与北部的英国和南部的西班牙联系起来。作为沿波托马克河的最大土地所有者，作为俄亥俄河流域 33 000 英亩滩涂地的业主，乔治·华盛顿从这些水路里获得了丰厚的收益。1785 年，他个人调查了波托马克河，寻找把它与俄亥俄河连接起来的途径。在此之后，他成了波托马克运河公司的董事长。乔治·华盛顿在得到弗吉尼亚那些受益最大的有影响人物的支持后，从私人投资者那里筹集资金[①]，建成了这个项目。但乔治·华盛顿最终却失败了：河流中石头林立，瀑布散落在不同河段，有的地方河床太浅，开发波托马克河的技术挑战太大了。1788年，乔治·华盛顿从执行经理的位置上退下来，去担任美国的第一任总统。

这样，西部农业边疆的居民点开始缓慢发展。美国这个新国家，在它的东部，有肥沃的、雨量充沛的农田和其他水资源，助力它的发展。从一开始，美国漫长的海岸线和它的英国遗产孕育的是一个充满活力的海洋文化。捕鲸和捕鱼成为东北地区的主业。干鱼和鲸油，在从未被人采伐过的树林里运出的木材，中部殖民地里剩余的农产品，正通过从波士顿、巴尔的摩到查尔斯顿的天然良港，装满大西洋沿岸上下穿梭的轮船，进入加勒比海，横跨大西洋，到达南欧。这些货物常常使用美国造的船只运输。新英格兰蕴藏着丰富的森林资源，最引人瞩目的就是高达120英尺的白松，它是做桅杆的理想木料，所以新英格兰在长达一个世纪的时间里，一直是重要的船舶制造中心。实际上，英国国内森林过度砍伐的状况早就刺激英国从殖民地的造船商那里购买船只；在工业革命的前夜，英国三分之一的船只来自美国造船厂。[②]

除去开亚历山大·哈密尔顿等几个明显的例外，美国建国一代中大部分人认为，在一个农业土地和原材料如此丰富，而资金、劳动力和技术专家如此短缺的国家里，不太可能迅速发展工业。当然，美国的优势是大量的河流和溪流所拥有的便宜的水动力。实际上，自殖民化以来，有好的水动力和可航行的河流的地方，一直都是定居者们选择的落脚地。人们建造了许多便宜的木制的和铸铁的水车，给城镇里的磨坊、锯木场、小铁厂

---

① Bernstein，*Wedding of the Waters*，70—71；Achenbach，19—20.

② Heilbroner and Singer，43，see also Pacey，114.

和铸造厂的风箱和游锤提供动力。实际上，由于有了便宜的水动力和木炭燃料，在独立战争时期，殖民地的铁匠们生产的生铁和铁条的数量比英国多，大约相当于世界生铁和铁条产量的七分之一。但是我们几乎没有道理认为，这个开端给美国自身的工业革命提供了跳板。[①]

美国工业革命的一个不可能的引擎就是纺织业。英国使用先进的生产工艺、蒸汽驱动的工厂，以低廉的成本生产出高质量纺织品，从而在纺织业上日益成为全球主导。另外，为了保护它的纺织技术的垄断地位，英国严格实施禁令，不允许机械出口，不允许纺织技工移民。美国工业的开始与一个雄心勃勃的英国青年塞缪尔·斯莱特（Samuel Slater）的到来不无关系，他打破英国的禁令，跨过大西洋，来到美国寻找他的幸运。斯莱特从少年时代开始就在棉纺厂里学徒，后来在棉花纺织大亨理查德·阿克莱特（Richard Arkwright）作为合股人的一家纺织厂里，做到了监工的位置。斯莱特技术娴熟，而且有着超常的记忆，他努力记下了阿克莱特整个工厂的设计。1789 年，斯莱特装扮成一个单纯的农村孩子，航行到了美国。斯莱特马上与罗德岛的富商摩西·布朗成了生意伙伴，摩西一直试图建立一个有效的棉布厂，然而却一直不成功。一年之内，斯莱特在罗德岛波塔基特的黑石河畔，复制了整整一座阿克莱特式的纺织厂。但是，开机那天，机器的运行不正常。原来斯莱特没有记住梳棉机齿的正确角度。经过烦琐的调整，美国第一个自动棉纺厂运行起来。这家工厂有三台梳棉机和一台带动 72 个纱锭的纺纱机，与阿克莱特的工厂相比，斯莱特的工厂太小了，阿克莱特 1771 年最初建厂时，就有 1 000 个纱锭。斯莱特的工厂雇用了九个年龄 7—12 岁的孩子。到了 1801 年，这家工厂使用黑石河的瀑布作为动力，雇用了 100 个工人，有了盈利。

斯莱特训练的机械工和纺织工促进了新一代水动力下棉纺厂的发展。但是，这些工厂大部分失败了，因为它们的产品无法与英国进口的产品竞

---

① Heilbroner and Singer，63—64.

争。1807年，杰斐逊总统实施的外国贸易禁运使商务环境发生了重大变化，而这一变化拯救了濒临消亡的、还处在襁褓中的纺织业。贸易禁运的初衷是阻止处于中立地位的美国船只在公海上航行，以免被法国或英国所捕获，当时，拿破仑发起的战争正在如火如荼地进行。如同许多禁运一样，这场禁运也带来了始料未及的后果。进口和出口都冻结了，包括英国的纺织品。任何一家美国制造商都能生产替代进口的商品，突然间，它们取得了收益。仅在1809年一年，美国就建成87家新的棉纺织厂，是前一年的六倍。农业先锋杰斐逊的禁运政策促进了美国的工业化，反而成就了杰斐逊的政治对手汉密尔顿的主张，这是美国历史上的笑话之一。

当然，在没有把英国自由企业文化移植到美国的土壤里之前，早期工业还不能真正在美国扎下根来。实际上，美国水的地理分布会进一步促进自由企业文化的成长。美国的沿海经济把美国与欧洲海洋时代的自由市场贸易传统联系了起来。美国温和、雨量充沛、小河遍布的环境条件，鼓励自给自足的、具有一定资本的独立社区的生存，来保护它的私有物权不受中央政府的任何过分指令的冲击。在任何情况下，出于解决实际问题的需要，中央政府的指令是鼓励经济领域的市场企业精神的。在有效的自然资源和有效的人力资源的条件下，因地制宜地让事情运行起来，并且做些必要的充满智慧的小修小补，进一步孕育出了一套适用于美国条件的独特的实践创新。挣大钱鼓励了“美国佬的聪明才智”，而“美国佬的聪明才智”带来了许多刺激私人企业发展的工业原创设计。1787年，奥立弗·伊凡斯（Oliver Evans）建成了一个全自动的水动力面粉厂，把小麦加工成面粉的全过程完全不需要人工。伊凡斯后来发明了高压蒸汽机，用以给费城抽取生活用水，还发明了蒸汽机驱动的挖泥船；到1837年，在阿勒格尼山脉以西边境地区，1 200个自动化工厂已经拔地而起。[1] 就像伊凡斯的

---

① Groner，60.

面粉厂一样，伊莱·惠特尼（Eli Whitney）1793年发明了轧棉机，这种机器清理棉花的效率比人手高50倍，可以使用水力或畜力来驱动；一夜之间，棉花成了美国南部挣钱的农作物，已经弱化了的奴隶制开始恢复，以满足激增的原棉生产需要。但没有任何一项“美国佬的聪明才智”比得上惠特尼1801年发明的机械工具所产生的影响深远和广泛，这种机械工具生产出标准化的可互换的零件。标准化和零件可互换[①]，正是大规模生产方式的核心技术，而大规模生产方式成为美国工业的标志。

在纺织行业，弗朗西斯·凯伯特·洛厄尔（Francis Cabot Lowell）取得了企业管理方面的重大突破。在英国居住的两年中，洛厄尔参观过伯明翰和曼彻斯特的棉花作坊，并对此产生了特殊兴趣。出生于新英格兰望族的洛厄尔，是一个身体力行的商人，每参观一个地方，他就像以前的斯莱特一样，把工厂的布局、机器的设计等许多细节，全部记下来。洛厄尔返回美国后，从他在波士顿的富裕家族里筹集资金，雇用机械师保罗·穆迪（Paul Moody），在穆迪的帮助下，洛厄尔制造了美国第一个动力织布机。1813年，洛厄尔在波士顿附近的查尔斯河上建成了美国第一家完整的棉纺和服装厂，把原棉送入工厂，制作成衣。洛厄尔的这家工厂很成功，在随后的10年里，这里成为第一个经过规划的工业城镇模式。这个新城镇地处波士顿西北梅里马克河和康科德河的交汇处，附近有30英尺（9.1米）落差的瀑布，具备足够的水动力来推动这个城镇里的大规模工厂系统的运行。为了纪念这个企业的创始人洛厄尔，人们用他的名字命名了这个工业城镇。洛厄尔本人1817年去世，享年42岁。19世纪40年代，这个城镇达到巅峰，当时，洛厄尔的10家大型工厂雇用了1万名工人。城镇的水动力系统包括6英里（9.65公里）长的渠道、若干水坝和水库，利用

① 1801年，惠特尼为了证明其发明的效率，制造了10支步枪，当着亚当斯总统和杰斐逊副总统的面把拆开的步枪组装了起来。

若干瀑布，可产生1万马力以上的动力。1840年，美国共有棉纺厂1 200家、纱锭225万枚，[①]而洛厄尔的公司是当时美国最大的纺织生产厂家。这个以洛厄尔的名字命名的城镇成为拥有2万人的工业城市。到1870年，纺织业依然是美国的第二大工业产业，第一大工业产业是生产美国人每天离不开的面粉的面粉业。

究竟是什么使洛厄尔的工厂制度成为欧洲人广泛仰慕的对象呢？欧洲人到美国考察总要去洛厄尔镇，当然不是看洛厄尔工厂生产的产品，而是学习它独特的劳动管理关系。洛厄尔受到罗伯特·欧文（Robert Owen）乌托邦思想和19世纪新英格兰理想的影响，充满高尚的情操，他要让他的工厂制度证明，一个获利的产业无须与肮脏、污秽、贫穷、目不识丁和道德堕落的工作和生活条件相伴随，而那种状况正是他在拥挤不堪的英国工业城镇里耳闻目睹到的。为了吸引足够多的乡村女孩离开乡村到他的工厂来，以解决长期存在的劳动力短缺困难，洛厄尔给工人提供了良好的生活条件，付给她们较高的工资，以致她们在两三年后能够攒出一份殷实的嫁妆来。洛厄尔公司所在的小镇里，衣着整洁的女工住在有人护卫的宿舍里，一人一张床，周边是一个小花园，林木茂盛。虽然她们的生活是刻板的，每天工作12个小时，每周工作六天，但是，公司每周组织文学讲座和宗教活动让这些女工受到熏陶。查尔斯·狄更斯（Charles Dickens）对英国工厂制度做过深刻的批判，1842年他到美国访问时，赞扬了洛厄尔的工厂制度。

但是，在面对自由市场竞争严酷的现实挑战时，洛厄尔的新型工业劳动关系显示出不可持续性。生活和工作条件的改善不能与商业扩张和公司的盈利同步。1834年和1836年，洛厄尔的工厂就爆发过罢工。从19世纪40年代起，大量没有技能的文盲，低工资、俯首帖耳的欧洲移民替代了洛厄尔的那些女工，这些欧洲移民为了寻找更好的生活而跨过大西洋，当时已经有了跨海的汽轮。在1840年以前的20年间，来到美国的移民数额上升了九倍，

---

① Morison，483. 在劳伦斯河上，还有一个羊毛纺织业城正在缓慢延展。

达到每年 9 万人。仅 1850 年一年，就有 30 万移民到达美国；1854 年，接近 50 万移民到达美国。到 19 世纪中叶，外国移民结束了美国长期的劳动力短缺状态。本国的产业也已经积累了充足的资本，可支撑大规模投资。技术专家也准备就绪。其他一些增长的瓶颈，包括交通，已经得到缓解。美国正式开始工业腾飞，而开花结果则是在美国的南北战争之后了。

与英国由蒸汽机推动的工业相对比，美国工业革命的特征是对水力资源的创造性利用。对水车和动力设计的试验已经稳定地提高了功率，最终超过了蒸汽机的极限。洛厄尔的纺织业为发展具有开创性的水轮机提供了支撑。水轮机是水车的发展——利用具有落差的水，通过封闭的管道，冲击叶片，让水轮转动起来，产生巨大的能量。19 世纪中叶，人们利用水轮机来推动锯木场的锯子，以及大型纺织厂的精密齿轮、凸凹轮、滑轮和传送带。大约在 19 世纪 40 年代，洛厄尔公司在梅里马克河的一家工厂开始使用具有 190 马力的水轮机。[①] 洛厄尔公司负责水动力的首席工程师詹姆斯·弗朗西斯（James B. Francis）做出了一个里程碑式的革新。1848 年，弗朗西斯把科学分析、理论、测试以及洛厄尔的著名机械车间的专业工艺结合起来，设计了一个高效率的新型混流式水轮机。19 世纪末，这种水轮机的鼎盛时期到来，当时，人们把一台发电机安装在改进了的混流式水轮机的转轮上，显示出 [②] 水轮机是产生大规模电力的最有效的驱动装置。

1831 年，英国科学家迈克尔·法拉第（Michael Faraday）发现，在铜线圈内旋转磁铁能够产生电，此后，许多发明家一直都在寻找各式各样的方式，开发这种新能源。[③] 同时，电力时代的腾飞要求一种产生大规模电力的生产工具。随后，人们对从大规模瀑布中获取电力做了探索。特别值得一提

---

① Smith, *Man and Water*, 179. 1844 年，洛厄尔的阿普顿公司就开始设计乌利亚·鲍登水轮机。法国工程师让·维克托蓬斯莱 19 世纪 20 年代在水轮机上就有了重大突破。

② Ibid., 179—180, 185.

③ 人类知晓电这种现象至少可以回溯到公元前 6 世纪，希腊哲学之父米利都的泰勒斯，发现了用琥珀摩擦光滑物体可以产生静电。

的是，人们在 19 世纪 80 年代和 90 年代对尼亚加拉大瀑布的探索，正是为了从瀑布中获取电力，最终找到了水轮机的历史性大用场。就在进入 20 世纪后不久，尼亚加拉大瀑布电力公司使用 5 500 马力的混流式水轮机，① 在 135 英尺（41 米）水落差下，推动混流式水轮机的转子旋转发电；两年以后，尼亚加拉大瀑布电力公司制造了能够产生 1 万马力的混流式水轮机。

电能是唯一一种能够存储和长距离传输的能量形式。电能几乎改变了人类生活的方方面面。电让城市亮了起来；家庭最终有了洗衣机、电话机和收音机。人们可以利用冰箱，在比较长的时间里储存食品，在比较长的距离里转运食品。产品运输速度提高了。机械的精确性增加了。紧凑的电机能够安装到任何一种产品中，从而提高生产力。全新的工业产业纷纷出现。例如，我们只有在有了大规模电力的情况下，才能根本有效地从铝矿中提取铝。美国、加拿大和挪威这些水电富足的国家，都成为世界上最主要的铝生产国。反过来，便宜的铝材刺激了飞机、传播、汽车制造业的发展。与钢、石油和内燃机一起，电力成为以大规模生产为标志的产业革命的基本推动力之一，这场产业革命超越了蒸汽和铁的时代。

水电帮助美国成长为新工业时代的世界领袖。美国非农场住宅使用电力的比例，在 1907—1929 年翻了 10 倍，达到 85%。1930 年，美国人所使用的电量超过世界上其他国家，② 同时，美国的工业生产占世界工业生产的 50%。在美国的历史中，水电传统甚至更大一些，因为水电技术是最终释放出这个国家干旱的、西部水文边疆所存储的财富的核心技术之一。尼亚加拉大瀑布地处伊利湖和安大略湖之间，有稳定的、全年不断的水流，适合于大规模水电生产。但是，大自然并没有给美国人提供多少个像尼亚加拉大瀑布那样的地方。于是，在世纪之交，工业技术聚焦到了建设

---

① Smith，*Man and Water*，185，187.

② Heilbroner and Singer，262.

一个人造巨型水泥大坝上来了。1936年，地处美国西南部地区科罗拉多河上的胡佛大坝建成，这个多功能的巨型大坝承担着防洪、灌溉和发电三项功能，每台混流水轮发电机组的功率达到10万马力（7.4万千瓦）。胡佛大坝以及后来以此为基础建成的巨型水坝，成为美国西部地区发展的关键性基础设施。当时，胡佛水电站是世界上最大的水电设施；胡佛水电站对它的混流水轮发电机进行过17次更新，到20世纪末，胡佛水电站能够生产270万马力（20万千瓦）清洁的可再生能源。

其他类型的涡轮机设计和应用也促进着美国的发展。在混流水轮机基础上发展出来的螺旋桨式涡轮机给快速舰船提供了动力。由于好的水电场地越来越罕见，使用石油的汽轮机和核能电厂同样沿着河流布置开来，用来生产大规模的电力，这类热电厂利用水做冷却剂。19世纪末，从密西西比河流域向东，直到东海岸，气候温和、雨量充沛、河流密布的半个美国，即将从英国手里接过“具有世界最强经济实力”的称号。但是，没有交通革命，这个全球实力平衡的历史转变是不会发生的，这次交通革命把美国许多可以航行的河流变成了相互衔接的、便宜的、内河水上交通网。在水利史上，蒸汽动力的木制船只和现代的、长距离的水道，这两项发展刺激了水上交通网的开发，美国并不只是追随这个历史轨迹，而且还在应用新技术上超越了欧洲工业国家。

乔治·华盛顿有一个愿景，就是建设一条通过阿勒格尼山的波托马克水上通道。这一愿望一直没有实现，其中一个原因就是缺少能够向上游航行的具有商业可行性的汽轮。华盛顿的愿望寄托在1784年由弗吉尼亚人詹姆斯·若姆西（James Rumsey）建造的那种蒸汽动力船上，在此之前一年，法国人已经率先在苏河上使用了汽轮。1787年，偏执的、运气不佳的银匠兼发明家约翰·费奇（John Fitch）[1] 在特拉华河上开动了一艘尾桨驱动

---

① Williams，100；see also Groner，87.

的汽轮，甚至还让参加宪法大会的代表乘船游览，然后在费城相会。但是，这只船的商业可行性还不明确，因为锅炉既不可靠，也无法保持稳定的运行时间。1802年，第一艘成功的、适用的汽船仅在一个跨越苏格兰运河的拖驳上使用了几次，就没有了下文。商业性河上汽轮完全投入运行的时间是1807年8月，地点是哈德逊河，当时，美国人罗伯特·富尔顿（Robert Fulton）制造了这艘149英尺长、由两侧桨驱动的“北美号汽轮”，后来更流行的名字叫“卡莱蒙特号”，完成了从纽约到奥尔巴尼的150英里（241公里）的航程，耗时32个小时，那时，用帆船走完这段路程需要四天时间。

罗伯特·富尔顿制造的汽轮

富尔顿是个不成功的画家、自学成才的工程师、雄心勃勃的谋士，精于商业成本计算，他当时正住在欧洲，追逐他的美术事业，在乘坐汽船时，突发奇想。以后不久，他放弃了绘画，写了一篇有关利用小运河提高内河交通效率和发明潜艇的论文，给拿破仑进攻英国出谋划策。1801 年，富尔顿来到巴黎，那时他 36 岁，遇到了美国的财政部长——罗伯特·利文斯顿。利文斯顿很快就要开始与法国谈判路易斯安那的买卖，而他在担任这个财政部长之前，已经预先获得了一个 20 年垄断纽约汽船航行的权利。于是，富尔顿和利文斯顿形成了伙伴关系。富尔顿从博尔顿和瓦特那里弄到了一台 24 马力的蒸汽机，然后带回美国，制造了他的具有历史意义的汽轮。第一次航行就有盈利，富尔顿和他的合伙人们很快在皮茨堡的莫农加希拉河上下水了一艘汽轮，从俄亥俄出发，向密西西比河下游航行，到达新奥尔良，共航行 2 000 英里（3 218 公里），仅用两周时间。以前，人们使用木筏向下游运送粮食和货物，到了下游就把木头拆了卖掉。1815 年，第一艘汽船逆密西西比河而上，用四周时间，从新奥尔良返回俄亥俄。从此，开启了浅吃水船只在密西西比河和西部河流双向驳船运输的时代。美国陆军工程军团通过清理主河道里的暗礁和沉沙，来帮助航行。在 1815 之后的五年里，有 60 条汽轮在西部河流里航行；到了 1840 年，共有 536 条汽船在西部河流里航行。货运成本骤降，整个密西西比河流域的商业繁荣起来。19 世纪 40 年代结束时，西部河流汽船运载的货物量可以与整个大英帝国相比。[①]

当时，没有跨越阿巴拉契亚山脉的水路，不克服这个长期不能逾越的障碍，西部河流汽轮商业就不可能繁荣起来。而没有这样一个跨越阿巴拉契亚山脉的通道，西部河流不会与生机勃勃的工业、农业和东部的市场连接起来。那时，绝大多数美国人依然生活在东部地区，沿着海岸线从事贸易，阿巴拉契亚山脉把东部和西部隔绝开来。就在河流汽轮时代到来之际，一个巨大的工程突破了这个障碍，这个巨大的工程就是 1817—1825 年建设的伊利运河，它打通了美国东西部，释放出了密西西比河的财富，调整了美国的历史取向，从南北向，改变成东西向，向西部的扩张开始了。

---

① Groner，88；Heilbroner and Singer，97.

当乔治·华盛顿正在憧憬一条到达西部的波托马克水上通道时，他敏锐地意识到，一群竞争对手正在试图把纽约的莫霍克河改造成为主要的西部通道。莫霍克河是唯一一条能通过阿巴拉契亚山脉的河流，流经一个500英尺（152米）深的峡谷。虽然莫霍克河有许多瀑布、急流和石滩，就像波托马克河一样，但是，莫霍克河大部分河段坡度平缓。如果把莫霍克河延伸到尼亚加拉大瀑布以南的伊利湖，莫霍克河就可能成为从纽约市和大西洋到达五大湖，通过密西西比河，再到达新奥尔良的黄金贸易航线。把莫霍克河转变成可航行水路的最初工作失败了。但是，纽约人提出了另外一个计划，沿着这条河修筑一条长达363英里（584公里）的伊利运河。这是一个大胆、宏伟的计划。早期倡导者中就有罗伯特·富尔顿。1807年，罗伯特·富尔顿在一份提交给联邦政府的关于如何改善美国内河交通的报告中，精心（具有明显的精确度）地计算了修筑这条运河的成本和收益。他乐观地提出了这样的结论，"运河，便宜和便利地从所有方向通往市场，从相互交往的和混合在一起的商业中产生出来相互利益，通过这些因素把美国约束在一起，到那时，就不可能把各个州分成若干独立的和分离的政府了"。[①]

在这条运河开工前夜，整个美国已经建成的运河不足100英里（160公里）。支持这个项目的人倾向于学习欧洲修筑运河的成功模式。实际上，引起英国修筑运河热潮的那条建于1761年、用于运煤的布里奇沃特运河，不过10英里长。法国的运河修筑工程比较复杂，1681年建成的那条把大西洋和地中海连接起来的米迪运河，长度为150英里，跨越了人口稠密的地区。伊利运河要比这些欧洲运河长很多，而且，要经过辽阔的无人居住的荒蛮地区。1809年，这个项目摆到了杰斐逊总统面前，这位通常富有

---

①　富尔顿在1797年2月5日致信乔治·华盛顿总统，提出了这个看法。当时，华盛顿刚刚收到富尔顿寄去的"*Treatise on the Improvement of Canal Navigation*（1796）"。富尔顿列举了投资运河的好处，详细叙述了在费城和伊利湖之间开挖运河的方案，他写到，这条运河"将会把国内整个连接起"。

远见卓识的领导人，热衷于改善内河航运，但是这次他却认为，这个设想很好，但是不切实际，在时间上和需要上超越了 100 年。他对失望的来访者们说，“现在来考虑这个项目，简直就是疯了”。[①]

如果不是一位纽约政治家——德维特·克林顿（De Witt Clinton）——挺身而出为这个项目呐喊的话，它可能早就夭折了。德维特·克林顿长期担任纽约市长、美国参议员，是重要政治家族的子弟，后来担任纽约州的州长。1810 年 7 月上旬，他同意乘坐富尔顿的“克莱蒙”号船，沿哈德逊河上行，在阿尔巴尼和布法罗之间，做两个月的环游探险，研究修建这条运河的可行性。考察归来，他把修建伊利运河看成他政治生涯的顶峰。在随后的七年里，他千方百计地克服所有的政治障碍、技术难题和 1812 年的战争干扰，争取到了纽约州议会的支持，由纽约州投资建设这条运河。在克林顿本人当选纽约州长后的第三天，1817 年 7 月 4 日，伊利运河工程破土动工，许多持批判态度的人们称这个工程为“克林顿沟”。

建设这条深 4 英尺（1.2 米）、宽 40 英尺（12 米）的伊利运河以及骡马栈道，存在巨大的技术困难和资金挑战。整个工程分三个阶段展开，完全使用手工劳动、畜力和炸药。欧洲运河提供了跨越河流和船闸的经验。但是，清理和开挖好几百英里的茂密丛林则是前所未有的挑战。在实践中，工作团队发现了各式各样巧妙的解决办法：如何快速地砍倒树木、清理树桩、使用犁拔出树根，等等。工程师发现，通常使用的石灰在砌筑涵洞、船闸和渠道时不稳定，而纽约州却有自己便宜的石灰石资源，变硬后具有防水能力，很像罗马水泥。[②]1819 年秋天，伊利运河的中段完成，开始注水，这个运河段落跨越了纽约州利润丰厚的盐产区。1820 年，已完成的运河段落第一次开始征收运河使用费。

---

① Thomas Jefferson，quoted in “Claims of Joshua Forman,” in Hosack，*Memoir of De Witt Clinton*.

② 纽约州的石灰石很像罗马人做防水层用的石灰石，是在雪城附近找到的。

修筑这条运河的资金问题随着“1819年恐慌”、银行贷款压缩和国家经济萧条而显露出来。这次经济恐慌源于国库在1818年急需300万美元的黄金，以偿付从法国人手里购买路易斯安那的费用时，所显露的亏空和力不从心。从一开始，对伊利运河项目持怀疑态度的人们就认为，克林顿的600万预算超出了纽约州的财力和国家有限的资本。但是，纽约州稳定的财政拨款保证了运河工程不受干扰，从而与国家的萧条隔绝开来。另外，国家经济崩溃引起资本市场借贷利率下滑。由于没有其他具有吸引力的项目，纽约州新发伊利运河债券的需求大增，降低了这个项目的成本。原先谨慎的大投资者参与了进来。当伊利债券火爆的消息传到海外，英国投机者也参加进来；1829年，外国投资者手握伊利运河790万美元债券的50%。①

德维特·克林顿于1825年庆祝伊利运河建成

1821年，9 000人从两个方向分别在伊利运河中段工地上工作。两端都遇到了最困难的地理挑战。为了穿越削开阿巴拉契亚山脉的陡峭的峡谷，人们在峡谷的激流和瀑布上，修建了一座30英尺（9米）高的渡槽。再向东，

① Bernstein, *Wedding of the Waters*, 235.

通过修建与哈德逊河交叉的 26 个桥墩的长渡槽，控制向哈德逊河的陡降坡度。最大的挑战还是在伊利运河中段的西端，伊利运河必须跨越一个六层楼高的悬崖，悬崖一直延伸到那块让尼亚加拉瀑布涌出 17 英里远的绝壁。在两年半的时间里，工人们建成了五级船闸系列，船闸高度为 12 英尺（3.65 米），在 7 英里长的石头地段上，凿出了一条运河和骡马栈道。[①]1825 年 10 月，伊利运河全线贯通，成为美国奇迹。在 363 英里长的整个运河上，共有 83 座船闸、18 座渡槽，它们承载重达 50 吨的骡马拉着的货船，全程升降高程达到 675 英尺（205 米）。克林顿州长举行了长达两周的落成典礼，在开始长达一周的（重点在阿尔巴尼）运河行之前，克林顿州长率队游行通过巴法罗，15 年以前，这段陆路路程花费了他 32 天的时间。抵达阿尔巴尼之后，他和他的随行人员再次登上哈德逊河上航行的汽轮前往纽约。在纽约湾的入口处，克林顿表演了一个象征性的水婚，[②] 把来自伊利湖的水注入大西洋。其他政要则把从世界上 13 条著名河流里取来的水注入大西洋，这些河流包括恒河、印度河、尼罗河、冈比亚河、泰晤士河、塞纳河、莱茵河、多瑙河、密西西比河、哥伦比亚河、奥里诺科河、拉普拉塔河和亚马逊河。

伊利运河立即显示了它的成功。每英里收费 4 分钱，一夜间，货运成本减少了 90%。[③] 运河开通的第一年，就向在伊利运河里航行的 7 000 条船征收了使用费，仅仅 12 年的时间，整个运河的欠债就全部还清。运输成本大大降低后，中西部地区的小麦、玉米和燕麦在整个东海岸和欧洲赢得了市场。农业生产激增，价格回落，密西西比河流域的农田面积日益扩大。佐治亚州的州长非常震惊地发现，在萨凡纳的市场上，来自纽约州的小麦比来自佐治亚州中部的小麦还要便宜。费城人一觉醒来突然发现，到匹兹堡最便宜的途径是，向哈德逊河上游走，使用运河或马车，跨过伊利

---

① Bernstein, *Wedding of the Waters*, 280—284.

② Ibid., 319. 这个礼仪性的水婚，让人联想到威尼斯人把戒指扔进威尼斯城运河，象征与大海结婚。

③ Heilbroner and Singer, 94.

运河和伊利湖以南地区。[①] 当世界市场跨过阿巴拉契亚山脉，向美国内部开放时，其他商品的东西贸易也以令人惊讶的速度腾飞了。1836—1860年，伊利运河上航行船只的总吨位数翻了 31 倍。

与它的盈利相比，伊利运河的催化作用更为神奇。就在 1825 年伊利运河开放那一年，美国有 100 个运河项目开工。到 19 世纪 40 年代后期，已经产生了 3 000 多英里（4 800 多公里）长的运河，[②] 从纽约一直延伸到墨西哥湾，这些运河把美国可航行的河流连接为一个统一的、便宜的“公路”，按照伊利运河的资金模式，四分之三的运河建设费用来自公众。若干运河从西边通过伊利诺斯河、从东边通过俄亥俄河，把五大湖与密西西比河连接起来。19 世纪 30 年代，一条运河支线把伊利湖与切萨皮克湾顶部连接了起来，早期的蒸汽火车跨越了那些无法修筑运河的地区，把运河连接起来。芝加哥、克里夫兰、布法罗、辛辛那提和匹兹堡，都成了内陆的港口城市。汽轮和运河连接起来的河流的结合，很快培育和推动了中西部地区的工业活动。

伊利运河两岸风光

① Morison，478.

② Cameron，230.

从1761年起，英国曾经历过40年的运河热，这场修筑运河的热潮把英国中部和北部变成了工业革命的发祥地。美国伊利运河引起的运河热，在许多方面与此相同，伊利运河对美国发展的影响堪比中世纪中国的京杭大运河。也如同中国的京杭大运河，美国的伊利运河开启的水路网络，把受到区域分割、地理障碍、旅行和通讯缓慢、经济和社会组织相异等诸种挑战的整个大陆国家，统一了起来。内河航运替代每个州对沿海商业的依赖，从而扩大了中央政府的覆盖范围，加紧了经济利益间的联系，从而在更广大地理范围内，展开共同的政治和文化讨论。正如京杭大运河以较强大的南北取向让中国振兴一样，伊利运河及其以后的发展，把美国传统的南北轴，调整为杰斐逊、华盛顿、富兰克林所憧憬的统一的东西大陆的贯通。随着阿巴拉契亚山脉通道的开启，定居者们开始涌入西部。1840年，五分之二的美国人生活在阿巴拉契亚山脉以西地区。在伊利运河开通之后，国民经济增长明显加速。19世纪前25年，美国经济平均增长速度大体为2.8%；[①]从1825年到1850年，美国经济平均增长速度大体为4.8%，这个增长速度是美国历史上最快的。到19世纪40年代，内陆基础交通设施的完善、大量涌入的移民劳工，和国内资本的积累，从结构上把美国变成了一个经济即将腾飞的国家。

伊利运河的繁荣也为蒸汽火车建设创造了一个平台，快速、全天候的铁路有效地扩大了内河交通网络。19世纪中叶，铁路运输总量最终超越了内河航运总量，成为美国主要的货运承载者。如同中世纪伊斯兰的骆驼帮一样，蒸汽机驱动的火车和铁路，最终成为跨越美国远西部浩瀚的沙漠和山脉的工具，并最终成为把美国的资源与气候温和的东半部大规模工业经济融合在一起的工具。19世纪70年代，汽轮船从五大湖西部把铁矿运送出来，与铁路和运河运送的煤在巨型钢厂里会合，大规模生产出多种形状的无碳铁或钢。如同铁克服了木料的弱点一样，钢令人难以置信的属性

① Bernstein，*Weddingof the Waters*，347.

也克服了铁易弯、易折断的弱点。钢材成为了大部分工业和新时代城市的基本建筑材料，在生产过程中，钢要使用大量的水来冷却。1883 年修建的布鲁克林大桥，使用了钢材做悬索，成为当时世界上最长的悬索桥。19 世纪 60 年代，大量的石油被开采出来，与石油能源和电力能源相结合，钢铁技术成为美国工业革命第二阶段领导世界经济的核心技术之一。

由伊利运河点燃的交通革命也影响了美国的城市层次结构，作为世界的和肥沃、浩瀚的美国腹地之间的主要商业门户，纽约成为美国的领军城市。在殖民时代，纽约港的吞吐量尚不及费城、波士顿和查尔斯顿，而到 19 世纪中叶，纽约港的交通量等于所有其他美国港口交通量的总和。1653 年，纽约的荷兰先驱曾经竖起过一道保护墙，那里后来成为一条街，1792 年，纽约小资本市场经纪人中的 24 位，就在那条街上的一棵梧桐树下，达成了一个他们自己的交易协议。在 1817 年以前，他们一直在当地多个小酒馆里会面，并无固定的交易场所。直到 1825 年，这些经纪人的纽约小资本市场才有了固定的交易场所，正是这些经纪人的纽约小资本市场，成为了“纽约证券交易所”的前身。伊利运河建成之后，人们热衷于运河和铁路证券，这就使纽约成为了美国最重要的金融中心。在 1815—1840 年，纽约市人口翻了三番，达到 30 万人；而到了 1850 年，纽约市人口又翻了一番多，达到 70 万人。

就西部而言，伊利运河和铁路交通的繁荣带动了密歇根湖畔的芝加哥的发展，使它成为那个区域的领军都市。1833 年，芝加哥仅有 350 人，此后，由于与伊利运河相连接的粮食和原材料运输行业的发展，芝加哥的人口迅速增长起来；1848 年，96 英里长的伊利诺斯和密歇根运河开放，把芝加哥与密西西比河连接了起来，从此芝加哥的人口增长更快，1850 年，达到 3 万。19 世纪 50 年代，芝加哥成为了铁路交通枢纽，以及美国内陆地区粮食、牲畜家禽和原材料的中西部转运点。当时，从芝加哥到纽约乘船需要三个星期，乘火车则仅要三天，所以，旅行时间大大减少。屠宰场、肉类加工企业，都随着冷冻火车车厢而出现。1890 年，芝加哥成为美国第二大城市。

像欧洲一样，迅速的城市化唤起了美国人对公共环境卫生的关注。纽约在这方面起到了先锋作用。曼哈顿岛被不能饮用的、苦咸的河水包围，仅有一处淡水源，地处曼哈顿岛的最南端。纽约成为美国最干渴的城市之一。19 世纪 80 年代，为了与纽约市的地位相符，这里建设了世界上最大的城市供水系统，向纽约市 100 万居民供水，人均日供水量达到很奢侈的 100 加仑（370 升）水，① 堪称鼎盛时期古罗马的现代化身。

从殖民时代到美国共和最早的几十年里，纽约市的生活用水品质一直都是臭名远扬的，井水苦咸，味道很差，以致几乎没有哪个居民敢直接使用它。纽约的居民早餐时饮用常温啤酒代替饮用水，在城市的许多酒吧里，人们用消毒的酒精饮料代替饮用水，或者饮用煮沸的茶水或巧克力。实际上，美国人本来就有早餐时喝啤酒的传统。19 世纪早期，下曼哈顿那个名叫“蓄水池”的唯一淡水水塘，汇集了污水、粪便、动物尸体，甚至偶然出现人的尸骨；那里唯一可以饮用的水，来自一眼孤独的抽水井，就是这一眼泉井被人们称为“茶水泵”，因为泉水很纯净，很适合沏茶，所以，纽约城的送水车都卖取自这眼泉的纯净水，但价钱不菲，只有那些小康之家才能承受。随着伊利运河的开通，纽约人口开始攀升，整个供水系统达到了它的临界状态。

水务改革在纽约已经呼吁了几十年，当然，最终还是流行病和火灾打破了政治和商业利益上的壁垒。1789 年，黄热病使 2 000 名纽约人丧失了生命；1832 年，全球流行的霍乱终于降临到纽约人头上。其实，在此之前，各种各样的疫情也周期性地出现在纽约。这种令人恐惧的以脱水和毛细血管破裂为症状的霍乱夺走了 3 000 名纽约人的性命，占当时纽约人口总数的 2%。同时，有接近 50% 的城市居民逃到 42 街以北环境较好的郊

① Koeppel，287.

区。也是因为缺少好的供水系统，才导致了1776年纽约难以抵御的大火，以及后继的许多灾难。1835年12月，纽约人刚刚从霍乱中恢复过来，一场大火，几乎摧毁了纽约市三分之一的建筑，其中包括下曼哈顿的大部分商业和物流公司的大楼。这场火灾耗尽了纽约新启用的消防蓄水池里的水，当时，消防志愿者手推车里的水冻得结成了冰。

19世纪30年代各式各样的灾难，最终推动纽约市建设了42英里长的“克鲁顿水道系统”。这个水道系统的总工程师是约翰·杰维斯（John Jervis），他是在建设伊利运河中获得经验的。这个水道系统包括一个水坝、若干蓄水池、拱桥和隧道，从纽约市以北的克鲁顿河里把水引到地处42街和第五大道的默里山蓄水池，这个场地后来被纽约中心公共图书馆占用了。这个蓄水池是按照埃及金字塔的外形设计的，建成于1842年10月，当时举行了很大的庆祝活动，市政厅和联合广场的喷泉打开了，炮台公园里礼炮鸣响，伴随教堂的钟声，人们唱起“克鲁顿颂”，[①]差不多有25万人参加了7英里长的游行，这是纽约100万居民的四分之一。一位后来成为纽约市长的人——菲利普·霍恩，在他的日记里记录了当时的气氛，“街头巷尾，人们都在谈论克鲁顿水道，全无别的话题；喷泉、引水渠、消防栓和软管，件件令人兴奋。我们的市民们，不分阶层，都对引来生活用水奔走相告，兴高采烈地接受了那笔巨额建设开支，以及由此会永远摊到他们和他们后代头上的税赋。水！水！这声音响彻了全城每一个角落，水把喜悦和欢乐带给纽约市的百姓”。[②]19世纪50年代，纽约开通了一条下水系统。澡堂成了纽约生活的一个普遍特征。令人毛骨悚然的霍乱和大火再也没有光顾纽约。像伦敦的公共环境卫生改革一样，纽约的婴儿死亡率和平均寿命都创造了历史纪录。

---

① Koeppel，280—283.

② “Croton Water：October 12，1842，” quoted in Hone，130—131.

当时，人们指望克鲁顿水道能满足人们连续60年的用水需求。然而，仅仅10年间，人们对淡水的需求量成倍增加，增加生活用水供应的压力，越来越明显了。[①]1884年，工程师们开始设计第二个克鲁顿引水系统，这个系统的供水能力将比第一个克鲁顿引水系统大三倍。甚至在1911年建成新克鲁顿引水系统之前，一个新的市政供水项目已经展开。卡茨基尔引水系统从100英里（160公里）以外，哈德逊河以西的山里，把水引入人口已经上升到350万人的纽约市。卡茨基尔引水系统于1927年建成，这个系统包括一段修建在哈德逊河河床下、长达1114英尺（339米）的供水隧道。这些项目反映了那个时代赌博性投资的时尚：当局大量购买土地，让整个乡村城镇居民点搬迁，为引水系统的大规模蓄水让路。[②]

为了让水流到日益增长的大都市的各个角落，纽约还在1917年建成了第一条深埋于地下的高压管道——[③]纽约市一号引水隧道，长18英里（28公里）。称之为“隧道挖掘工”的工人们，在这座城市和若干河流750英尺（228米）以下的地方，开凿基岩。实际上，挖掘深度相当于倒过来的摩天大楼，那里的气压对作业的工人是很危险的。1936年，纽约市二号引水隧道又增加了20英里（32公里）的长度，以提高配水能力，这个隧道在纽约的街道、地铁、地下电力和天然气供应管线之下很深的地方。纽约市三号引水隧道自1970年开始建设，直到今天还在建设中，堪称跨世纪的世界巨型工程之一。

20世纪50年代，纽约市人口达到800万，需要更大的供水量。在1937—1965年，纽约市建设了最大的特拉华河引水系统，从特拉华河把

① Galusha，35. 1842—1850年的8年间，从每天消耗1 200万加仑水上升到了4 000万加仑水。

② 与此同一时期，洛杉矶正在建设引水渠（1913年完成），目的是从250英里外的欧文河引水。

③ Galusha，113；Grann，93.

水引入纽约市，这条河流流经纽约州、宾夕法尼亚州和新泽西州。1931年，高等法院法官奥利弗·温戴尔·荷马（Oliver Wendell Holmes）回绝了特拉华下游新泽西州企图阻止这个引水工程的诉求，在此之后，特拉华河引水系统的建设得以开展。荷马法官认为，“河流不只是一种设施，还是一个宝藏。河流提供了生活的必要条件，必须在有力量支配河水的人们之间做出分配”。所以，他提出了“不拘泥于套话的公平分配”的具有指导意义的水共享原则。[①]

21世纪初，保障纽约市正常运转的供水系统依然是一个工程奇迹。尽管纽约市供水系统不无渗漏，在现代化供水系统若干关键部分发生灾难性崩溃之前，实际上，这个供水系统几乎完全靠重力输送生活用水，每天给900万人供水13亿加仑（492万立方米）[②]，人均供水量超过140加仑（0.52立方米）。纽约市供水系统的水源来自19个水库、覆盖2 000平方英里（5 179平方公里）的三个有管理的湖泊，并使用三条主要引水渠道引水。与如此庞大的供水管网相对应，纽约市下水管网的长度达到6 500英里（10 460公里），每天把等量的污水送到14个污水处理厂、89个污水泵站。[③] 历史已经

---

① Oliver Wendell Holmes，Supreme Court of the United States，No. 16，*State of New Jersey v. State of New York and City of New York*，May 4，1931，cited in Galusha，113.

② Galusha，265. 大约50%的水来自特拉华渡槽，40%的水来自卡茨基尔，10%来自19世纪的克鲁顿系统。除了中央水隧道外，这个系统还包括6200英里的主供水管道，以便给用户终端分水。

③ 芝加哥供水系统也是20世纪初工程史上一项值得一提的创新。与纽约相比，芝加哥的淡水来自门口的密歇根湖。19世纪，这个湖还是芝加哥河的下水道。1867年疾病侵袭之前，芝加哥修建了一个引水管道，深入湖里2英里，从那里获取饮用水。但是，芝加哥的人口迅速增长，这条管道所引的水已经远远满足不了人们的需求。1885年，一场大暴雨使下水道排出的脏水进入饮用水的取水口。疾病出现。芝加哥对此做出的反应是，展开一项具有创新的工程项目，让芝加哥河水倒流。到1900年，28英里长的芝加哥环境卫生和航行运河建成，把芝加哥河水向南引，把污水排入密西西比河，而不是密歇根湖。在巴拿马运河建成之前，这条运河的工程量是最大的。密苏里州对此抱怨，因为这样一来增加了密西西比河圣路易斯河段的污染。建设这条运河所积累的经验很快就用到了巴拿马运河的建设上。

再次重演——如同古罗马和其他主要文明一样，这个时代最具实力、最重要的水利基础设施，既是卓越成就的首领，也是卓越成就的关键执行者。

19世纪末，纽约市的供水系统正在迅速扩张，而美国开始把自己定位为世界正在苏醒过来的工业巨人。把20世纪变成美国世纪的关键是，美国如何面对两个还没有利用的资源，它们是遥远干旱的西部和世界两大海洋两岸的海洋环境。1848年1月24日，工人们正在靠近现在加州萨克拉门托美国河南支流的一个地方，建造瑞士移民约翰·萨特（Johann Sutter）投资的水车驱动的锯木场，[①] 他们在水沟里发现了1.5盎司沙金和金疙瘩，这是向西部进军的号角。1848年5月4日，发现金矿的消息在旧金山的小镇里不胫而走。第二年，消息传到了更多的地方。加利福尼亚淘金潮开始。1849年前往加利福尼亚州淘金的人，从陆上、海上涌来。到1853年，有超过10万人到达加利福尼亚，其中包括2.5万法国人和2万中国人。随后，成千上万的人陆续到达。在几个月的时间，旧金山挤进了2万人。[②]

淘金者在河流里淘金，在山脚下挖掘竖井。当然，最有效的方式还是古罗马人使用过的方法，用高压水枪冲刷掉山丘的岩石层，金矿的矿脉于是暴露出来。木水车把水抽起来，通过水管送到采矿场地之上好几百英尺高的地方，改进这种木水车的矿工把它叫作手摇风琴轮。然后，再通过管道和直径很小的金属喷嘴把水释放出来，通常能够产生每分钟3万加仑的压力。一时间，山坡突兀地裸露出来，恰似经历了一场环境浩劫。碎石和来自相邻农场的泥土都被冲进旧金山湾。[③]1884年，在农民的坚决反对下这种采矿方式最终取缔了。实际上，山坡上的黄金已接近开采殆尽，矿工们转移到了下一个淘金点。1880年，约翰·萨特在费城去世，享年77岁，

① Bernstein, *Power of Gold*, 223—225.

② Morison, 569.

③ Smith, *Man and Water*, 182; Bernstein, The Power of *Gold*, 14.

不请自来的住房者不断地骚扰他，无法无天的强盗冲击了他的商店和物业，最终导致了他的死亡。

寻找一条通往加利福尼亚的比较快且便宜的海上通道的努力，促进了在大西洋和太平洋之间建设一条运河的史诗般的探索。在巴拿马运河建成之前，船只需要航行 15 000 英里，绕过南美洲危险的好望角，才能到达加利福尼亚。1850 年，一个月中只有 33 艘船只到达旧金山，这段航程平均花费 159 天的时间。以后使用比较快的船只，航行时间减少到 97 天。在淘金潮开始前的 1840 年，在日益增长的大陆扩展野心的激励下，美国詹姆斯·波尔克（James Polk）总统承认了哥伦比亚对巴拿马海峡的主权，以交换美国修筑铁路通过巴拿马海峡的权利。在 1846—1848 年墨西哥战争后，加利福尼亚加紧了开发运河的行动，淘金热促使修建运河成为当务之急。1855 年，美国人耗资建成了连接两大洋的巴拿马铁路。① 此后的 10 年间，40 万人使用过这段铁路，包括前往加利福尼亚的矿工。被戏称为"海军准将"的一名声显赫的哈德逊河汽轮大亨科尼利厄斯·范德比尔特（Cornlius Vanderbilt），曾开着汽轮跨越了尼加拉瓜大湖，再用骡马，把湖泊与太平洋海岸连接起来——他计划自己在尼加拉瓜修建跨洋运河；②1855 年，范德比尔特雇用的助手威廉·沃克（William Walker），设法让自己当上了尼加拉瓜的总统。③ 在 19 世纪结束的几十年里，美国和欧洲为了追求重大利益，在沟通大洋的运河选择上（是巴拿马还是尼加拉瓜）展开多边斗争，这条沟通大洋的运河将塑造 20 世纪的世界力量。

① McCullough，36.

② Morison，583.

③ Ibid.，580—581.

12. 通向美国世纪的运河

1869年开通的苏伊士运河，明确了大英帝国在蒸汽和机器时代的霸主地位。1914年通航的巴拿马运河标志了世界力量的重新排序，美国成为大规模生产技术时代快速成长起来的世界领袖。这条建在巴拿马海峡的跨洋运河，成为一条跨越中部大西洋和太平洋的公路，把欧洲、美洲、远东联系成为一个比较紧密的、全球政治经济和军事关系网络。美国从它的变革性影响中，获取了商业和战略性的收益，在这一点上当时没有任何一个国家可以与美国相匹敌，变革性影响成为美国的基础，美国也控制着其他国家获得这种变革性影响。当时，也没有任何其他国家能够和如此大胆地面对建设所需要的庞大技术、组织和政治挑战。成功地战胜了这些挑战的美国，向世界宣布了它的工业经济霸主地位，展示了跻身世界大国的实力。两大洋之间的快速和便宜的水路也对美国国内经济增长产生了重大影响和催化效应。最后，美国竭力使用它所拥有的巨大的海洋地理优势。通过把加勒比海从一个死胡同变成一条跨越北美大陆的交通捷径，美国把远西部的矿藏和农业财富，与密西西比河流域、五大湖和东部沿海的多种工业和市场结合在一起，产生了新的协同效应。巴拿马运河还把美国的大西洋舰队和太平洋舰队结合成为浩瀚海洋中的一个巨大力量，这并非无足轻重。

巴拿马运河的建设一直都与美国海军实力的发展紧密联系在一起。美国三面环海，所以在美国历史上，海上实力和海上商业从来就发挥着基础作用。虽然在独立战争期间美国的海军羽翼未丰，英国舰队占据绝对优势，但是，约翰·保罗·琼斯（John Paul Jones）英雄般的海上胜利和对英国海岸的袭击，一直都是美国的骄傲，他希望美国海军战士的勇敢能够凭借大西洋天堑，保护这个年轻国家的实际利益。[1] 从1794年开始，美国就建立起了一个小型但很有战斗力的舰队，以保护美国商船，在英法之间如火如荼的战争中保持中立。1798年，美国与法国长达三年的准战争爆发了，在战胜加勒比海的法国顶级战舰之后，美国海军赢得了所有欧洲大国的尊重。1801—1806年，美国与北非几个伊斯兰国家进行了巴巴利战争，人们对这些战争记忆不多，但是这些战争的确让美国省去了给这些伊斯兰国家交过路费和囚犯赎金的麻烦，美国海军因此进一步赢得声誉。[2] 在杰斐逊担任总统期间，美国每年向阿尔及尔、的黎波里和摩洛哥支付200万美元，相当于美国政府年度收入的五分之一，[3] 以便美国商船可以跨越直布罗陀海峡，进入地中海。当时，的黎波里要美国支付更多的过路费，它低估了美国海军的实力。1801年，的黎波里向美国宣战，杰斐逊总统派出了海军。美国海军随后对的黎波里的轰炸和突然袭击，创造了新的海军英雄，在美国国内激起了爱国热情，让美国下决心支付军事防御的费用，而不再支付供奉或赎金。

正是在1812年的战争即英美战争中，美国最终把海军建成了一个永久性的兵种。英美战争开始之际，美国海军规模不大，准备仓促，但是，由美国“宪法号铁甲舰”为首的舰队，通过一系列小规模海战的胜利，让英军愕然，打击了英军的傲慢情绪；当时，英军刚在尼罗河和特拉法

① Love, 1:22—24.

② Morison, 350—351.

③ Ibid., 363—364.

加大胜法国海军。最重要的是，美国海军在河湖地区的指挥官，在阻止英军1814年入侵美国的战斗中，发挥了关键作用，他们在尚普兰湖和伊利湖陆上战斗中，打败了英军。通过控制战略性的北部和五大湖区，美国人的这些胜利最终迫使英国人放弃对密西西比河流域长期占领的设想，而且与美国就仍有争议的边界达成协议，以便保证英属加拿大的边界不受侵犯。[①]

英美战争之后，在追逐它注定的命运的过程中，美国利用海军力量扩大它在太平洋沿岸的陆上领地。随着美国对海军实力的信心日趋上升，1823年，美国发布了"门罗宣言"，警告欧洲大国不要干预拉丁美洲新独立的共和国，因为这个西半球是美国人的势力范围[②]。在1846—1848年的墨西哥战争中，美国舰只封锁了墨西哥港口；1847年3月，美国舰只轰炸了墨西哥港口，支持美国陆军从韦拉克鲁斯向墨西哥城挺进。按照1848年条约，墨西哥割让接近一半的国土给美国，包括处在淘金热前夜的西南加利福尼亚的大部分领土，墨西哥并且放弃了对得克萨斯的主权要求，至此，美国大陆的扩张基本完成。

19世纪四五十年代，美国海军开始声称自己是西太平洋蒸汽动力大国。1844年，美国迫使中国按照鸦片战争失败后与英国签署的条约，也给予美国贸易优惠国待遇。1853年和1854年，美国海军指挥官马修·佩里（Matthew Perry）把一艘烟囱里冒着黑烟的战船开进了东京湾，通过偶

① 1814年4月，拿破仑退位，英格兰得以有精力全力对付美国，美国计划在扫荡切萨皮克时，在尼亚加拉河、尚普兰湖和新奥尔良等三地取得胜利。结果，袭击切萨皮克导致英国军队放火烧了白宫，轰炸了巴尔的摩，正是这一事件启发了凯伊（Francis Scott Key）创作了美国国歌《星条旗》，当然，其他战役起了决定性作用。美国海军佩里船长在伊利湖的胜利、在尼亚加拉河的胜利，托马斯船长在尚普兰湖的胜利，阻止了英国拿下哈德逊河的脚步，在独立战争时英国就打算这样做。美国海军援助了新奥尔良的防御，安德鲁·杰克逊因而得名。

② 19世纪30年代，美国军舰开始出现在世界探险行列中。

尔射击几发炮弹的方式，显示出美国人所具有的强大力量，劝说日本人打开关闭了两个世纪的国门，与外国人做生意。

1861—1865年，美国国内爆发了南北战争。工业化的北方联盟军，在海军力量上，有着比以农业为基础的南方同盟军大得多的优势。这一战争再次证明，没有哪场现代战争，可以在没有海上优势的情况下获得胜利。北方联盟军的船只封锁了南方同盟军的港口，而汽轮战船控制了南方的河流。1862年，北方联盟军控制了沿俄亥俄河和密西西比河沿岸一直到新奥尔良港的全部要塞。

但是，19世纪80年代，由于对海军的投资减弱，导致美国海军在船速、火炮精度、距离和船舶动力上等技术上，远远落后于英国和正在兴起的工业大国——德国等主要欧洲国家。帆船时代提供给美国的防御性海洋缓冲区到这时已经明显减少了。1879—1883年，秘鲁和智利在它们的太平洋战争中，都使用了比美国先进的军舰，因此，美国官员的担忧与日俱增。

利用美国正在崛起的大规模发展的工业，有可能建成一支世界级别的钢铁海军，这一应对成为一个决定性的转折点，使世界实力的天平开始偏向美国，构成一个建设巴拿马运河的平台。从19世纪80年中期开始，美国逐步建立的钢铁海军，与美国在观念上改变其在世界的地位，以及其在国际事务中的海上实力相辅相成；而美国商品在出口市场上需求的迅速增长，更刺激了美国海军的发展和国际地位的提高。[①] 随着美国经济利益不断向外扩张，美国领导人深信，美国应该表现得像欧洲那样具有全球实力，强大的海军是国家繁荣和安全不可或缺的组成部分。

---

① Heilbroner and Singer，180—181. 1870—1900年，美国出口翻了三倍，制造业份额从15%上升到32%。Kennedy，*Rise and Fall*，245. 1860—1914年，美国出口增长了七倍，而进口却只增长了五倍。

艾尔弗·雷德·马汉（Alfred Thayer Mahan）船长是这种观点的最有影响的思想来源。发表于1890年的《海上实力对历史的影响》是马汉流传甚广的一部著作，影响了第一次世界大战期间一代领导人的政策纲领，影响不仅遍及美国，还远及英国和德国，包括德国皇帝凯泽·威廉二世（Kaiser Wilhelm）本人。马汉是一名职业海军军官、史学家、位于罗德岛新港的海军战争学院院长。他研究了海洋国家的兴起和衰落，主要涉及欧洲17世纪中叶到18世纪末叶的那段历史时期。马汉的结论是，海上霸权是国际商业成功和国家富裕、强大的关键。马汉认为，有利的海上地理优势只要利用得当，就能成为一个便宜、容易和安全的交通通道，从而在关键商业竞争中，让获得航海优势的国家，控制世界海上运输航线和海上战略通道。马汉写道，“一个国家的沿海地区是这个国家的边疆阵地之一。许多海湾和深水海湾都是国家富强的来源，如果这些港湾处在可航行河流的节点上，那么这些港湾更是国家富强的来源，它们是国际贸易的集散地”。[①] 马汉提出，相反，一个国家如果没有完全开发有利的海上地理资源，实际上就体现了它的潜在弱点。马汉不加掩饰地得出这样的结论，强大的国家需要一个强大的常备海军，国内和海外均应有其海军基地，用来提高这个国家的海上商业利益和在世界范围内的影响。马汉考虑到了中美洲连接大洋的运河，坚持认为，如果建设这样一条运河，“加勒比海将会从终点站，转变成世界级的公路之一。美国与这个通道的关系类似于英国与英吉利海峡的关系、地中海国家与苏伊士运河的关系”。[②] 马汉还满怀希望地推测，这样一条把大洋连接起来的运河可能刺激美国的“攻击性冲动”，[③] 实施它对全球的影响。

---

① Mahan，35.

② Ibid.，33.

③ Ibid.，26.

马汉与海权论代表作

马汉集中研究了重商主义的帆船时代的历史，事后来看，马汉对海洋实力、商业和国际地位之间关系所做出的结论，在思想上是没有远见的[*]。尤其是，他低估了工业化社会和自由贸易中产生的巨大的国民财富和强大的军事力量。不过，他对古往今来海上优势的许多一般结论在一定程度上还是确切的。马汉看法的历史意义基于这样一个事实，大国领导人正是在他的那些结论的基础上形成其政策的。

西奥多·罗斯福（Theodore Roosevelt）是马汉最重要的美国追随者。这个未来的总统在把马汉的想法变成现实方面比任何其他人做得都多。就在马汉的《海权对历史的影响》出版之际，罗斯福在《大西洋月刊》上对这本著作做了一个精彩的评论，① 那时，罗斯福 31 岁。罗斯福在海军战争学院曾就他的一本有关 1812 年英美战争海军史的著作举办过讲座，因此，

* 这只是本书作者个人对马汉思想的一个评价。——译者注

① McCullough，252.

他与马汉有过很多年的友谊。罗斯福担任过1896年获选的共和党总统威廉·麦金莱（William McKinley）的助理海军部长，这一任命有马汉的推荐之功。

作为助理海军部长，在麦金莱行政当局内，西奥多·罗斯福鼓动积极扩张美国海军和建设地峡运河。如同他的恩师一样，罗斯福把强大的海军看成美国更自信的全球外交和美国赢得海上霸权地位的象征。后来，罗斯福在他就任总统时的演讲中说，“有这样一段有名的格言：‘讷于言，敏于行，我们就会走得更远。’”[①]

1898年2月15日，美国军舰“缅因号”在哈瓦那港口不明原因地发生爆炸，导致260人死亡，助理海军部长西奥多·罗斯福敦促立即对西班牙统治的古巴叛乱进行控制。当年4月，麦金莱迫于罗斯福和其他年轻共和党人煽动起来的“记住缅因号”[②]公众舆论压力，对西班牙宣战，解放古巴。罗斯福通过实施原先在海军战争学院编制的战斗计划，成功地打击了远在菲律宾的西班牙舰队，并封锁了哈瓦那。美国的亚洲舰队开入马尼拉湾，在无一人死亡的情况下，消灭了西班牙舰队。罗斯福本人迅速与美国军队一起在古巴扎营，使用他自己雇的乐队“勇猛骑士”，登上了古巴圣胡安山，获得了“国家战斗英雄”的称号。在不到三个月的战斗中，美国控制了整个美洲和太平洋的西班牙帝国。

西美战争似乎证明了马汉有关海上实力的观点，刺激了美国建设钢铁海军的急剧升级。1890年，美国联邦政府把6.9%的财政收入投到海军上；[③]到了1914年，这个数字飙升至19%。在第一次世界大战爆发前夜和巴拿马运河开通时，美国海军是世界第三大海军，很快能够与英国和德国

---

① Morison，823.

② Love，1：388—389；Morison，800—801.

③ Kennedy，*Rise and Fall*，247. 美国海军开支从1890年的2 200万美元增加到1914年的1.39亿美元，上升了近七倍。

势均力敌。

西美战争还让建设地峡运河成为势在必行，成为美国国家安全不可缺少的东西——通过这个跨洋运河，可以把美国的大西洋舰队和太平洋舰队联合起来。在西美战争中，因为“俄勒冈号”战舰在太平洋，它要绕过南美合恩角，多航行 8 000 英里，才能到达加勒比海战场，战争因此被延长，凸显了建设地峡运河的重要性。英美两国共同管辖的通洋运河委员会于 1897 年和 1899 年分别推荐建设通过尼加拉瓜的运河。国务卿海约翰（John Hay）通过与英国达成的协议，准备了与此项建设相关的外交基础，替代了双方在 1850 年签署的条约，确认双方控制任何通洋运河：英国同意美国建设和运行这样一条运河，它受苏伊士运河中立规则的约束，即在战争与和平时期，这条运河对所有船只开放。美国可以给这条通道配备警力，但是，不建设防御要塞。

当 1900 年宣布这个条约时，西奥多·罗斯福首先对它发出了愤怒的抗议。当时，罗斯福担任纽约州的州长，战争英雄身份帮助他赢得了 1898 年的纽约州州长选举。罗斯福尖锐地指出，美国一定不能拿美国建设的运河形成的海上优势做妥协，放弃自己对敌舰进行防御的权利。公众也受到了感染。海约翰被迫重新与英国协商，1901 年 11 月中旬，美英签署了新的《海—庞赛福特条约》，删除了防御限制条款。

那时，不太适宜的情形已经使得特立独行的罗斯福无望成为共和党总统候选人。共和党领导人被罗斯福推动的反对腐败的政治机器和主导美国大商业财团的改良议程所激怒，不过他们还是要利用他的知名度，通过说服罗斯福竞选 1900 年的副总统，试图孤立他。但是，1901 年 9 月 6 日，麦金莱在纽约州的布法罗遭到暗杀，这一突发事件让共和党领导层的计划戛然而止。

西奥多·罗斯福成为了美国有史以来最年轻的总统，时年 43 岁，未来也不太可能再有如此年轻的总统了。那时的罗斯福，有着无限的活力，行动果断，胸怀美国未来的宏伟远景。罗斯福个性傲慢，在政治谋略上老谋深算，还十分善于自我推销，任职总统期间，改变了 20 世纪美国的历史进程和水的历史。首先，罗斯福把联邦政府动员成一个强有力的、积极的政策制定者，作为一种进步力量，联邦政府要纠正大商业财团对市场力量的扭曲；要承担那些超出私人企业资源或风险能力的大型公益项目，要保护野生地区，要坚守其信念，即按照文明发展的要求，人为地改造和控制地球资源，包括不可或缺的水。

地峡运河列入西奥多·罗斯福的议程，排在前面几个选项中。那时，几乎所有的人，包括罗斯福本人，都认为这个运河会建在尼加拉瓜，因为人们一般把尼加拉瓜看成一条美国的路。1513 年，西班牙探险家巴尔博亚（Vasco Nunez de Balboa）从美洲东海岸穿过现代的巴拿马来到西海岸，成为第一个看到"南海"的欧洲人，他把这个"南海"称之为"太平洋"，从那时起，人们就期盼着建设一个中美洲的运河。早在 1534 年，查尔斯五世国王、神圣罗马帝国皇帝和哈布斯堡王朝的君主，下令做第一次运河勘察。1821 年，随着西班牙在拉丁美洲统治的结束，对这条运河的兴趣再次被引起，当时考虑了沟通两个大洋的若干个运河计划，包括尼加拉瓜、墨西哥和巴拿马。

1869 年，改变世界的苏伊士运河开通，才最终促进了这条沟通大西洋和太平洋的运河的建设。1870 年，美国总统尤利西斯·格兰特（Ulysses S Grant）派出七个探险者去中美洲，探索了多个运河选址。1876 年，格兰特倾向于选择尼加拉瓜；但是，苏伊士运河的法国掌门人——斐迪南·德·雷赛布子爵抢先一步行动了。[①]1879 年 5 月，德·雷赛布在巴黎的一次大会上，公布了由他的私人部门修建一条沟通大西洋和太平洋

① 伊利运河的工程负责人德威特·克林顿对尼加拉瓜运河表示祝福；设计苏格兰多尼亚运河的英国工程师托马斯·泰尔福特也研究了巴拿马以南达里恩附近的一个水道。

运河的计划，给这个计划带上了苏伊士传统的桂冠，参加这次会议的是来自全世界的专家。这次会议表面上的任务是选择一个沟通大西洋和太平洋的运河路径、确定这条运河的技术性质，实际上会议是德·雷赛布精心策划的，预先已经有了结果。那时，德·雷赛布已经74岁了，但他还是充满着魅力、活力、外交手腕和让他在苏伊士运河的建设中大胜的自信。当时，人们提出了许多工程计划，技术委员会到最后还是投票认定了德·雷赛布的计划，在巴拿马修建一条海平面高度的运河。实际上，德·雷赛布原先就通过中介与哥伦比亚讨论过一个独家合同，在哥伦比亚的巴拿马省建设巴拿马运河。[①]

如果巴拿马运河按海平面修建，不修船闸的话，那么，巴拿马运河将

运河专家、外交官斐迪南·德·雷赛布

① 雷赛布的开场令人眼花缭乱。法国和国际主要金融机构回避了雷赛布公司最初的公开募款，但是，雷赛布采取了商业冒险活动，从八万个小投资者那里获得了筹款突破，大部分小投资者拥有1—5股股份。

会重新使用苏伊士运河的工程方式，就是第二条苏伊士运河；而实际上，巴拿马完全不同于苏伊士。苏伊士开凿的是平地，那里气候炎热、干燥，主要问题是缺水。相对比而言，巴拿马天气闷热，属热带气候条件，雨水过量，河流泛滥，经常发生泥石流，有着大量携带疾病的蚊虫。运河的一部分还必须开凿划分大陆的石头山。虽然德·雷赛布是一个富有远见的企业家，但他并非工程师，他允诺能够把工程师、技术和资金结合到一起，他计划的巴拿马运河长度仅仅 50 英里（80 公里），只有苏伊士运河的一半，所以，看起来比较容易建成。

尽管这个公司受到媒体吹捧，股票价格飙升，令整个法国沸腾；但是，公司很快在巴拿马施工现场遇到了难以克服的障碍。没有预料到的流行病爆发了。疟疾和黄热病让 80% 的工人身体虚弱，他们打寒战、发烧、口渴难耐；更有甚者，他们的头、背和腿剧烈疼痛，浑身变黑，吐血，最终死去。估计有 2 万工人和管理人员死于蚊虫传染的热带疾病，[①] 当时，人们并不知道这些疾病从何而来。而且没有任何满意的办法去驯服那条桀骜不驯的查格雷斯河，一天的大暴雨能令这条河的河水猛涨 30 英尺（9 米）；若要修座大坝控制住河水上涨的话，那座大坝将是地球上最大的河流大坝。最大的困难是持续不断的泥石流，被迫不断扩大开挖范围，以通过陆地分水岭的不稳定山区地质带，简单地清理这些泥石流就已经让运输不堪重负。1886 年下半年，法国工程师认识到，那个时代已有的开挖技术不足以建成德·雷赛布设计的与海平面处在同一高度上的运河。在很长时间里，德·雷赛布拒绝考虑其他方案。但随着时间的推移，他对一个修正方案做出了妥协，但是已经太晚了。这个公司的资金枯竭，到 1889 年年中，工程被迫终止。此时已经为这一黄粱美梦耗去了 2.87 亿美元，超出整个苏伊士运河建设费用三倍多。实践证明，对于拥有那个时代的技术的独家私

---

① McCullough，235.

人公司来讲，这个项目还是太大了。许多个人和家庭因此而赔上了他们毕生的积蓄，法国国家的骄傲受到了伤害，政府开始对失职进行调查。在追捕替罪羊中，德·雷赛布以欺诈和玩忽职守的罪名被判入狱。年事已高的德·雷赛布身心交瘁，身体被况愈下，最终于1894年去世，享年89岁。[①]

19世纪90年，试图恢复这个法国运河项目的各种努力均失败了。1901年底，西奥多·罗斯福担任总统，美国政府在尼加拉瓜建设一条运河的行动即将展开，这时，法国的股东们开始疯狂地想挽回他们在巴拿马的投资。他们替换了公司管理者，向美国人出售他们已经完成的那一部分工程，仅仅索要4 000万美元，在他们最初索要价格1.09亿美元的基础上打了6折。通洋运河委员会还是决定不在巴拿马修筑这条运河，[②]原因不是技术性的，而是因为购买法国公司的这份资产过于昂贵。罗斯福在公开场合与这场争论保持距离，私下里则召见每一位专员来白宫，单独听取他们的看法。然后，他在他的办公室里召开了这个委员会的全体会议。罗斯福带着他特有的魄力告诉专员们，他要一份有利于巴拿马的补充报告，他要这个报告得到一致通过的结果。让这个新总统对势力强大的尼加拉瓜游说集团发起挑战的诸种因素，至今没有定论。但是，有一点是明确的，罗斯福已经相信，巴拿马实际上是卓越的技术路线，让法国人失败的那些原因都是可以克服的。他可能已经发现，他支持在巴拿马修建运河对于国内政治利益集团是一个机会。另外一个动机可能是，担心如果美国不买，德国人或其他外国势力可能会染指。

西奥多·罗斯福的干预重新引发了美国社会有影响的人物对这条运河选址问题的激烈争论。参议院多数和一般大众开始都支持尼加拉瓜方案，而华尔街的银行家们、铁路大亨和共和党参议员马克·哈纳（Mark Han-

---

① 雷赛布被判五年徒刑，但是，鉴于他年事已高，没有执行。他的儿子查尔斯因参与这个项目的日常管理，也被定罪，在监狱服刑。

② McCullough，326—327.

na）则支持巴拿马方案，哈纳是麦金莱的关键政治支持者和那个时代国家政治势力的决定性人物。[1] 在与罗斯福总统交谈之后，在参议院听证会上，参议员们考问委员会的专员：为什么采纳巴拿马方案？技术专员们坚持两点，两条运河路径都是可行的，法国人已经做的那些工程的经济价值导致不同的结果。1902 年 6 月，咬得很紧的投票最终支持了罗斯福的巴拿马方案，尼加拉瓜的地震活动让巴拿马方案得到了关键的几票，其实，地震并非技术上十分重要的因素。当时，加勒比海马提尼克岛的地震导致火山爆发，从而影响了人们的情绪。就在参议院投票前夕，尼加拉瓜发生了罕见的、不大的火山爆发。尼加拉瓜政府则予以否认，试图控制舆论对这个投票的影响。然而，前法国运河公司的工程师和项目经理菲利普·博诺·瓦里拉（Philippe Bunau-Varilla）正在美国，影响着巴拿马院外集团，他以交易场所的戏剧性反应取胜：在投票前夜，他给每一个参议员寄去一张尼加拉瓜面值 1 分钱的邮票[2]，那张邮票上的图画是，尼加拉瓜湖中正在生起一缕火山烟尘，以此提醒一个不可辩驳的事实：尼加拉瓜存在地震危险。最终投票的结果是，42 对 34，巴拿马胜出。

1903 年 1 月，在美国与哥伦比亚谈判陷入僵局数月后，美国行政当局威胁放弃巴拿马，重新开始与尼加拉瓜协商。在这种情况下，哥伦比亚在华盛顿的外交长官，勉强屈从了西奥多·罗斯福专横的条约：美国将以可更新租借的方式，获得巴拿马运河区主权 100 年，巴拿马运河区主权出让价格为 1 000 万美元，另加每年 25 万美元的巴拿马运河区主权年度租赁费。然而，哥伦比亚参议院在夏季拒绝了这个条约，理由是丧失了主权和受到了侮辱，因为法国公司从他们的资产上给予的一次性偿付，要高于

① 通洋委员会第一次会议是支持尼加拉瓜选址的。巴拿马项目的说客有很大的影响力，足够让麦金莱任命几个新成员参加通洋委员会，以得到他们想要的巴拿马运河选址结果。

② McCullough，323—324.

哥伦比亚所获得的主权转让费。罗斯福怒火中烧，私下里称哥伦比亚人为“长耳朵兔子”、“土匪”、“人类文明大道上的勒索者”。他默许了一个秘密计划，让巴拿马从哥伦比亚独立出来，然后再与美国签署运河条约。法国人瓦里拉和美国的巴拿马院外集团，在纽约和华盛顿指挥着这场让世界惊愕的有预谋的巴拿马革命。巴拿马分离主义领导人都是美国所有的巴拿马铁路雇用的杰出专业人员。瓦里拉给他们提供所需要的一切，一份独立宣言、军事防御计划、国旗、通讯密码、完成这个分离计划之后的10万美元酬劳，最重要的是，向他们承诺，美国军队是这场革命的靠山。他甚至指定11月3日为他们的革命日。瓦里拉的一个条件是，新的巴拿马政府任命他为巴拿马驻华盛顿的特命全权大使，与美国协商承认巴拿马事宜和建设巴拿马运河条约。

1903年10月10日，法国人瓦里拉以私人身份，在白宫与西奥多·罗斯福总统非正式会面，确定了美国军队对他的支持。[①] 在这次会面后的三周里，三艘美国军舰航行到达巴拿马地峡。11月2日，首先到达的美国指挥官下令阻止哥伦比亚军队在事件爆发时登陆。11月3日清晨，美国国务院与美国驻巴拿马的领事联系，要求他报告这个地峡地区起义的情况；领事馆回话说，起义还没有开始，打算在下午6点开始。[②] 起义果然发生了。一个消防旅被更改为新的巴拿马军队。美国海军陆战队员走下蒸汽军舰，美军和哥伦比亚军队都没有人员伤亡。一艘哥伦比亚军舰看到了美国军舰，于是向巴拿马城开炮，打死了一个正在熟睡的中国商店老板和一头驴子，然后就溜之大吉。

1903年11月4日，巴拿马宣布独立。两天后，美国正式承认巴拿马共和国。西奥多·罗斯福总统和作为巴拿马特命全权大使的法国人瓦里

---

① McCullough，338，340，382；Morison，824—825.

② Morison，825；McCullough，364—367.

拉，在白宫举行了一个完全使用英语的仪式。条约的起草很快就开始了，瓦里拉去纽约银行家摩根（J. P. Morgan）在华尔街的总部，借了10万美元，履行他对巴拿马领导人的承诺，仅仅因为此事，条约的起草才中断了一会儿。一个巴拿马代表团迅速到达华盛顿，试图夺回他们授予瓦里拉的特权，向媒体披露美国人如何参与了这场革命。1903年，法国人瓦里拉和美国国务卿海伊匆匆忙忙地签署了巴拿马运河条约。这个条约与原先对哥伦比亚的那份条约相同，不过在瓦里拉的提议下，新增了若干条款，提高了美国在巴拿马运河区的主权，并把这个租借期更改为无限期。在购买路易斯安那一百年之际，又一桩法国—美国买卖，送给美国一个非同一般的领地，这块领地将让美国有实力在20世纪的大部分时间里不断扩张。1904年2月，美国参议院批准了这个条约，保证向法国公司偿付4 000万美元，随后瓦里拉辞去了他在巴拿马的职务，返回巴黎。

西奥多·罗斯福悍然使用海军和扭曲的法律依据干预这个地峡，承认巴拿马的主权地位，点燃了反对美帝国主义的滚滚洪流。历史学家塞缪尔·艾略特·莫里森（Samuel Eliot Morison）写道，“哥伦比亚被打了当头一棒，整个拉丁美洲都在震颤”。[①] 美国开始在加勒比海采取侵略性政策，仿佛加勒比海是美国的一个湖泊，美国经常干预加勒比海国家的金融事务和外交事务，1900—1917年，美国海军陆战队登陆这些地区多达六次。1907年，罗斯福派遣了一支庞大的美国舰队，巡行世界，展现美国的海上实力，这一事件凸显了罗斯福以及他的后继人有了超出西半球之外的帝国主义倾向。拉丁美洲的愤恨焖烧了几十年。美国总统伍德罗·威耳逊（Woodrow Wilson）为了安抚哥伦比亚的愤怒，少付巴拿马2 500万美元；巴拿马人的骚乱导致运河条约多次修正；1979年，美国把巴拿马运河的控制权归还给了巴拿马。

---

① Morison, 826.

西奥多·罗斯福是巴拿马运河最重要的推手

当然，西奥多·罗斯福对他的巴拿马行动毫无歉意。他把巴拿马运河看作不可估量的文明进步，认为其对美国的防御和富裕具有至关重要的作用。他矢口否认他在制造巴拿马革命上发挥过任何作用，在1911年的一次讲演中，他虚张声势地声称，“巴拿马事务是他在外交上采取的最重要行动[①]，我得到了这个地峡[②]，开始修筑运河，然后离开国会。巴拿马运河是不可争议的，虽然，可以争议我”。1904年，就在美国政府的工程师控制了巴拿马运河区之后不久，针对对他的批判，罗斯福总统最著名的、本能的反应是：“告诉他们，我打算让尘土飞扬！”[③]

建设巴拿马运河是那个时代最大、最复杂的工程挑战，也是人类历史上标志性技术成就之一。为了建成巴拿马运河，需要用到造就美国成

① Roosevelt，*Autobiography*，512.

② Roosevelt，“Charter Day Address，” *Theodore Roosevelt* Cyclopedia，407.

③ Nation，November 23，1905，quoted in McCullough，408. See also Morison，826.

为大国的所有特质——高产的工业生产、创新型的智慧、政府的资金投入、坚忍不拔的意志、乐观的文化，这些都成为美国成功的动力。虽然巴拿马运河的建设经历了三届美国总统任期，但是，毫无疑问，正是罗斯福确定了巴拿马运河建设的指导思想和实施方案。1906 年 11 月，罗斯福本人亲自到巴拿马运河施工现场视察了三天多。就像到前线视察军队一样，他在泥泞的建设营地里跋涉，沿着巴拿马铁路大踏步前进，他登上了一座小丘，一览未来的大坝场地，不断向每一个人询问问题，最令人难忘的是，在倾盆大雨中，火车临时停了下来，他登上了一辆蒸汽驱动的载重挖掘机，操纵这台挖掘机，把挖出来的土，送进每八分钟就要开走的火车车厢里，这台巨型机器每次可以铲起 8 吨土，比原先法国使用机器的功率大三倍多。以前，还没有哪位在位总统到海外出访，这件事本身就放大了他的影响，他随后还向国会报告了这一令人惊叹的艰苦卓绝的努力。

德 · 雷赛布的巴拿马运河建设方案是，沿着地峡挖一条深沟，让河水与海平面齐平。美国人起步谨慎，不经意间还是想让德 · 雷赛布方案复活，1906 年，美国人最终决定建设一个设船闸的运河，制定了切实可行的设计方案和施工方法。建设起大坝，拦截查格雷斯河因大雨而暴涨的河水，形成一个高达 85 英尺（25 米）的人工湖，湖泊覆盖了地峡的大部分面积。湖泊一端的巨型船闸将把船只提升起来，送入这个湖泊，然后，利用人工湖另一端的巨型船闸，把船只降下去，送入海洋。在靠近太平洋的一端，船只将通过一个长达 9 英里（14 公里）的狭窄峡谷，需要开凿划分大陆的石山和雨林。成功取决于对三大挑战的应对：遏制造成劳动力损失的那些热带传染疾病；控制查格雷斯河大涨大落的河水；最困难的是，安全通过大规模泥石流频发的山区。1914 年，巴拿马运河建成，至此，美国的运河建设大军已经开挖的土方比法国人的多八倍、1907—1914 年，巴拿马运河每年使用劳动力平均为3.3万—4万人。[①]

在巴拿马运河建设初期，仅仅是消灭黄热病和控制住疟疾一项，就足够让巴拿马运河项目成为20世纪的显著成就。而在法国人建设巴拿马运河期间，有关疾病的细菌理论尚处在不成熟阶段，人们刚刚开始发现蚊子在传染黄热病和疟疾上的作用。但是，当20世纪降临时，由沃尔特·里德（Walter Reed）领导的、在古巴哈瓦那工作的美国医生们，发现了通过消灭携带黄热病和疟疾病菌的蚊子，来抑制黄热病和疟疾的办法。于是人们开始向巴拿马丛林和城镇里的蚊子全面开战了。携带着黄热病病菌的银白色的雌性蚊子，只能把它们的卵产在盛放干净水的器皿里，所以，它们依赖紧密地靠近人类社会，才能繁殖和生长。通过在所有的窗户和门上加装纱门纱窗，熏蒸室内，覆盖盛水的容器、油槽和污水坑，消除每一个地方的积水，到1905年末，美国军医实际上消灭了来自巴拿马的黄热病。为了更大范围地消灭传播疟疾的蚊子，公共卫生队排干了上百英里沼泽的水，建设了有效的排水沟渠，铲除了丛林植被，在积水上喷洒药物，在人类聚集的地方撒播捕食幼蚊的小鱼和吃蚊子的蜘蛛和蜥蜴。疟疾从未彻底灭绝，但是，在巴拿马运河区，疟疾的确得到了充分的抑制，巴拿马运河的建设没有受到干扰。巴拿马运河项目疾病防治计划的成功鼓励了洛克菲勒基金会和其他一些人道主义组织，在20世纪头二十年，展开了全球范围内消除黄热病和疟疾的战斗。

美国人使用开山剩下的土石，建起了一个巨型的土坝，以此控制查格雷斯河。这个大坝创造了地球上最大的人工湖泊。修筑巨大的阶梯式铁门船闸所使用的水泥总量，超出了当时世界上任何一个项目所使用的水泥总量；当然，20世纪30年代建设胡佛大坝时使用的水泥总量，超过了巴拿马

---

① Panama Canal Authority—Canal History，“Panama Canal History—workforce，” www. pancanal. com/eng/history/index. html.

运河船闸使用的水泥总量。当船只进入或驶出巴拿马运河时，要通过往船闸里注水或放水的方式，把船只升高或降低 85 英尺（25 米），每一次往阶梯式船闸里注水或放水的水量为 2 600 万加仑（98 420 立方米），大体相当于纽约市日供水量的四分之一。[①] 一种新型的牵引车辆引导船只进入和驶出船闸。所有的牵引、阀门、涵洞、闸门和其他船闸控制机械都是使用电力驱动的，大约有 1 500 个马达，场地本身落水产生的电力驱动这些马达。因此，巴拿马运河的功能是集中管理，完全自我维持，无需外部能源。

在运河建设期间，来自世界各地的游客目睹了巴拿马运河当时面临的最艰巨的挑战——在这个大陆分水岭的山上，凿开一个 9 英里（14 公里）长脖梗式的水道。这个已经让法国倒下的“古列布拉切道”常常被人称之为巴拿马运河的“特殊奇观”。在整整七年的时间里，除开周日外，美国管理的劳工队伍，无论寒暑雨雪，都在夜以继日地工作着，他们炸山、搬走石头和沙土，在雨季里，他们挖出那些被山洪和泥石流吞噬掉的设备，我们根本无法想象从“古列布拉切道”里到底拉走了多少砂石。如果工程师们不采用美国工业生产线方法和技术的智慧，那么，人力早就被压垮了。这个系统的生命线是重载铁轨网，在“古列布拉切道”内，重载铁轨网在不同层面上，按精确计划运行。在那些重型轮式车辆会陷进松软地面的地方，铁轨能够以有规律间隔的方式承载设备和搬走开凿出来的石头和土。每天，工地上有 50—60 辆大型的、蒸汽机驱动的挖掘机，装满 500 车皮的碎石和泥土。当时新发明的机械掘进开挖设备，如火车卸载机、渣土摊铺机，都是法国人建巴拿马运河时所没有的设备，可以在几分钟里完成过去人工耗费数小时的工作。最后，1913 年 5 月，两台蒸汽挖掘机分别从两个方向同时挖去最后的土堆。几个月之后，1913 年 10 月，美国总

---

① Cornelia Dean, “To Save Its Canal, Panama Fights for Its Forests,” *New York Times*, May 24, 2005.

统伍德罗·威尔逊在华盛顿按动一个按钮，打开了巴拿马运河最后一个拦水堤，水流进了运河。很不凑巧，在给巴拿马运河注水的前10天，一场强烈的地震震撼了整个巴拿马运河区，震塌了巴拿马城的建筑物。然而，巴拿马运河经受了大自然的最后一个检验，毫发未损。运河按时完工，美国政府的全部建设开支为3.75亿美元。巴拿马运河开通的国际庆典，计划在1914年8月15日举行，然而，这个庆典来不了了，第一次世界大战爆发了。西奥多·罗斯福本人也未能亲见这个落成后的巴拿马运河。他于1919年初去世，享年60岁。

无论从哪个角度衡量，巴拿马运河都是一个巨大的成功。10年中，每年大约有5 000艘船只通过巴拿马运河，与苏伊士运河相当。1970年，在运河航行10—12小时的15 000多艘船只，年缴费超过1亿美元。[①] 周期性的扩大和改善，让更大的船只和日益增长的超级油轮、巨型集装箱船只得以通过，这些大型船只成了20世纪后期运输革命的支柱，正是这场运输革命支撑着迅速一体化的全球经济。[②] 早在400年以前，欧洲人“发现的远航”就已经开启了一个历史的转变，把世界海洋从限制性边界转变成统一起来的高速公路，而巴拿马运河成为这场历史转变的巅峰之作。

大卫·麦库卢（David McCullough）在他有关巴拿马运河史的论述中，做出这样的概括，“大洋之间的这50英里，是人类靠努力和智慧战胜的最大困难之一，有关吨位或收费的统计不足以表达巴拿马运河的宏伟。巴拿马运河从根本上表达了人类古老而高尚的期望，架起了一座桥梁，让人们走到一起。巴拿马运河是一项人类文明的工程”。[③]

---

① McCullough，611—612. In 1955 Suez had 14,555 ships. Morison，1,093.

② 这场革命改变了世界的港口。货船不再在港口卸货。联运集装箱直接被送上火车和卡车，送至最终目的地。

③ McCullough，613—614.

巴拿马运河通航

对于美国来讲，巴拿马运河是美国在世界文明中异军突起的一个标志。当社会的诸种动力集合在一起去开启新时代时，巴拿马运河成为一个国家的历史转折点。最后，美国能够完成把两大海洋边疆的海洋资源与大陆结合起来的愿景。在巴拿马运河开放之后，美国的出口和海外投资飙升。海外的市场和原材料直接被吸引到了美国多种工业经济的生产循环之中。1929年，世界工业产出的近一半在美国生产。

另外，巴拿马运河标志了美国海军历史上三个时期①中的第一个时期和第二个时期之间的过渡。巴拿马运河建成之前，美国不断在大陆上扩张，那时，美国海军的任务基本上集中在保护这个年轻国家的边界和航道，保护美国海上商人的自由贸易和他们得到的市场。巴拿马运河建成之后，美国在扩大通往世界的商业和军事通道时，其海军的取向就转变为，向外扩张美国的势力，跻身欧洲和亚洲事务。当时，德国为了打

① Love，1：xiii.

破英国对海洋的控制和对它的港口的封锁，使用潜水艇攻击美国和其他中立国家的商船和客船，所以，正如美国总统伍德罗·威尔逊解释的那样，美国进入第一次世界大战[①]，旨在让世界民主变得安全。从第二次世界大战起，美国海军进入第三个时期，贯穿于这个时期，在世界的所有大洋和战略通道上，都有美国海军庞大的身影出没，美国海军无可匹敌，美国本身成为无可争议的领袖，控制着国际自由世界的秩序，很少受到挑战。

巴拿马运河在大西洋和太平洋之间架起了一条便宜、快速的水上通道，也把美国下一个经济繁荣的区域指向了尚未开发的、干旱的远西部地区，那里蕴藏着的矿产和农业财富，突然出现在快速膨胀的工业触手可及的地方，突然使东方市场易于接近了。把远西部地区变为美国20世纪增长的引擎，离不开国家开发管理的大型水利项目，巴拿马运河项目是联邦政府投资和管理的，它的成功为开发西部大型水利项目，提供了现成的模式。19世纪后期，英国和法国盛行的是比较正统的、自由放任的市场经济观念；与此相对比，美国特有的“体制”把政府看成一个推动者，帮助私人开发国家的资源。纽约州政府给伊利运河的建设提供了资金，联邦政府早期采用了刺激内部改善的政策，给跨美国大陆的铁路建设提供奖励，1882年以后，愿意去密西西比河以西开发土地的小农场主，得到了政府的奖励，这些都是混合经济模式在19世纪运行的案例。为了满足工业时代所面临的庞大机会和艰巨挑战，美国在巴拿马运河开发上，开启了一个更加完整的、主动改革的混合经济体制。西奥多·罗斯福本身就是实施政府引导政策的主要推手，在他之后的20世纪里，他的年轻的远房堂亲，富兰克林·罗斯福（Franklin Roosevelt）总统，建成了若干巨大的、多功

① 1917年，美国三艘商船被德国海军击沉，以致造成重大人员伤亡。导致这次攻击的直接原因是，美国截获了齐默尔曼的电报，暗示德国墨西哥结盟，这将威胁到美国的安全。

能的大坝，它们把人烟稀少、干旱的西部地区转变成灌溉便宜的农田，并生产出足够的电力，支撑采矿业和工业的发展。而这些使用公共资金建设的大坝，进一步增强了国家引导治理的大趋势，20 世纪的许多政府主导的社会，都具有国家引导治理的特征。

13. 巨型大坝、富水和全球社会的兴起

开发远西部地区，给美国提出了一组非常陌生的水挑战。虽然，作为一个整体的美国陆地水资源富足，但是，最好的水资源还是集中在美国气候温和、河网纵横的东部地区，那里的年降水量超出20英寸（508毫米）。20英寸（508毫米）的年降水量，是维持小规模的、没有灌溉系统的农场所需要的最少年降水量。从密西西比河流域向西，就进入了半干旱的、无树的高原草地，西堪萨斯、内布拉斯加和得克萨斯大草原，那里是美国的干草原，自然降雨逐步减少，而且很不可靠。超过西经99° 和西经100° 之后，水成为限制开发的主要因素，因为没有免费的土地了。只有在丰水年里，大平原才会有足够的降雨来维持耕作。1865年，农业边疆大体是沿着东堪萨斯和内布拉斯加的西经96° 展开的。在随后的25年的连续寒潮影响下，自耕农在丰水年里，越过了西经100° ；但是，在频繁出现的枯水年里，他们被迫返回西经100° 以内。在1870—1880年的10年间，堪萨斯、内布拉斯加和科罗拉多的人口增加了100万—160万。[1]然而到1890年，也就是10年大旱中的第三年，以及1885年—1886年的严冬之后，堪萨斯和内布拉斯加的人口减少了四分之一—二分之一。[2]落基山脉

---

① Smith，*Virgin Land*，174，184.

② Reisner，*Cadillac Desert*，107.

以西的大部分流域和低地地区都是沙漠，比北非还要干旱；许多区域年度降水不足 7 英寸（177 毫米），几乎不能居住，如现在的凤凰城和洛杉矶。西部的降水量，包括冬季山上的积雪，都是非常有季节性的，那里时常发生长周期的干旱。有些地方，从淡水量上看，足够维持耕作，但即使这样，在需要降雨的时候，却常常无雨。另外，远西部大部分地区的常年地表水限制在发源于山区的三大河体系，即西南部的科罗拉多河、西北部的哥伦比亚河、加利福尼亚中央谷的圣华金河和萨克拉门托河，它们通常远离大部分可耕地，处在崎岖的地形中。

简言之，缺水是美国远西部地区特定的地理条件。所以，为水而战与为权力和财富而战的赤裸裸的较量不可分离。1958 年的一部好莱坞电影——《锦绣大地》，把对水的权利描述为一种家族纠纷事务。正像作家和幽默大师马克·吐温（Mark Twain）调侃的那样，在西部，"威士忌是用来喝的，水是用来争抢的"。通过开发世界上第一批巨型的、多功能大坝，从 20 世纪 30 年代起，美国成功地把西部不多几条处在自然状态下的河流，转变成为廉价灌溉、水力发电、蓄水和防洪的动力引擎，这些大坝的建设凸显了 20 世纪的水利创新。远西部的沙漠被神奇地转变成地球上最富裕的易灌溉的农田。干旱的西部水文边疆给美国兴起的文明增加了强大的新动力。沙漠中出现了大城市。由联邦政府引导的开发成为这个国家政治经济的标准特征。美国的筑坝技术迅速地在世界范围内传播，从人类对水的集约化利用中，产生出巨大的物质利益。

比起美国多雨的东部地区，远西部地区所面临的水挑战，与古代美索不达米亚专制的水利社会所面对的水挑战，有共同之处；当然，美国的远西部地区更艰苦、更恶劣、更辽阔，（地图 14 和 15：美国西部，加利福尼亚水渠）而美国的东部地区的确孕育了独立的、自耕农的、创业型产业的市场民主和分散的政治权力。实际上，把干旱的西部并入美国的主流文明，就在纯技术挑战中加入了诸种政治、经济和文化挑战。美国跨世纪的大历史学家，弗雷德里克·杰克逊·特纳（Frederick Jackson Turner），探索过这些范围广泛的挑战，1893年，他在一篇题为“边疆在美国历史中的意义”的讲座论文中，建立了这样一个主流范式：不是移植到新大陆来的老欧洲价值观或南北利益冲突的相互作用，而是连续向西扩张的边疆经历，形成了美国独特的个人主义的、民主的、实用的和多元的特征与制度。特纳在他对美国历史的经典分析中提出，与用免费土地来吸引边疆开发者政策的结束相伴而生的是，逐渐偏离个人主义的倾向，而转向合作的、大商务联合的社会倾向，增加了对政府帮助的依赖。他认为，用免费土地吸引边疆农业开发实际上已经在1893年完成。特纳预见到，定居远西部所面临的自然挑战，不可避免地会加快这样一种倾向：“当人们触摸到了远西部干旱的土地和矿藏时，没有任何一个征服者可能再沿用旧式个人开拓者的方法了。必须建设宏大的灌溉工程，供水设施化需要合作，所需要的建设资金不是小农户可以承担的。简而言之，本省的地文本身决定了这个新边疆应该是社会的，而不是个人的。”[①] 特纳充满希望地预计，自耕农的边疆精神可能通过把这种边疆精神本身与新的民主形式结合起来，才能延续下去，因为美国正面临大国历史上一贯存在的集中、专制的倾向：国家对半干旱环境条件下的灌溉河流实施管理和对灌溉用水进行分配。

当特纳在芝加哥向美国历史学会选读他的里程碑式的边疆论文时，事情已经很清楚了，私人单独灌溉不可能开发远西部地区。在远西部地区实施灌溉可以追溯到公元前1200年，那时，西南地区的土著部落已经开始挖掘灌溉渠道，种植粮食。公元500年，阿兹特克人与玛雅人的北方邻居，

---

① Turner，258. Ibid.，294. 特纳写道，避开或跨过大平原和荒漠不再是问题。问题是如何征服这些被抛弃的土地。……问题是如何让珍贵的水去滋润碱性的土壤和灌木丛。

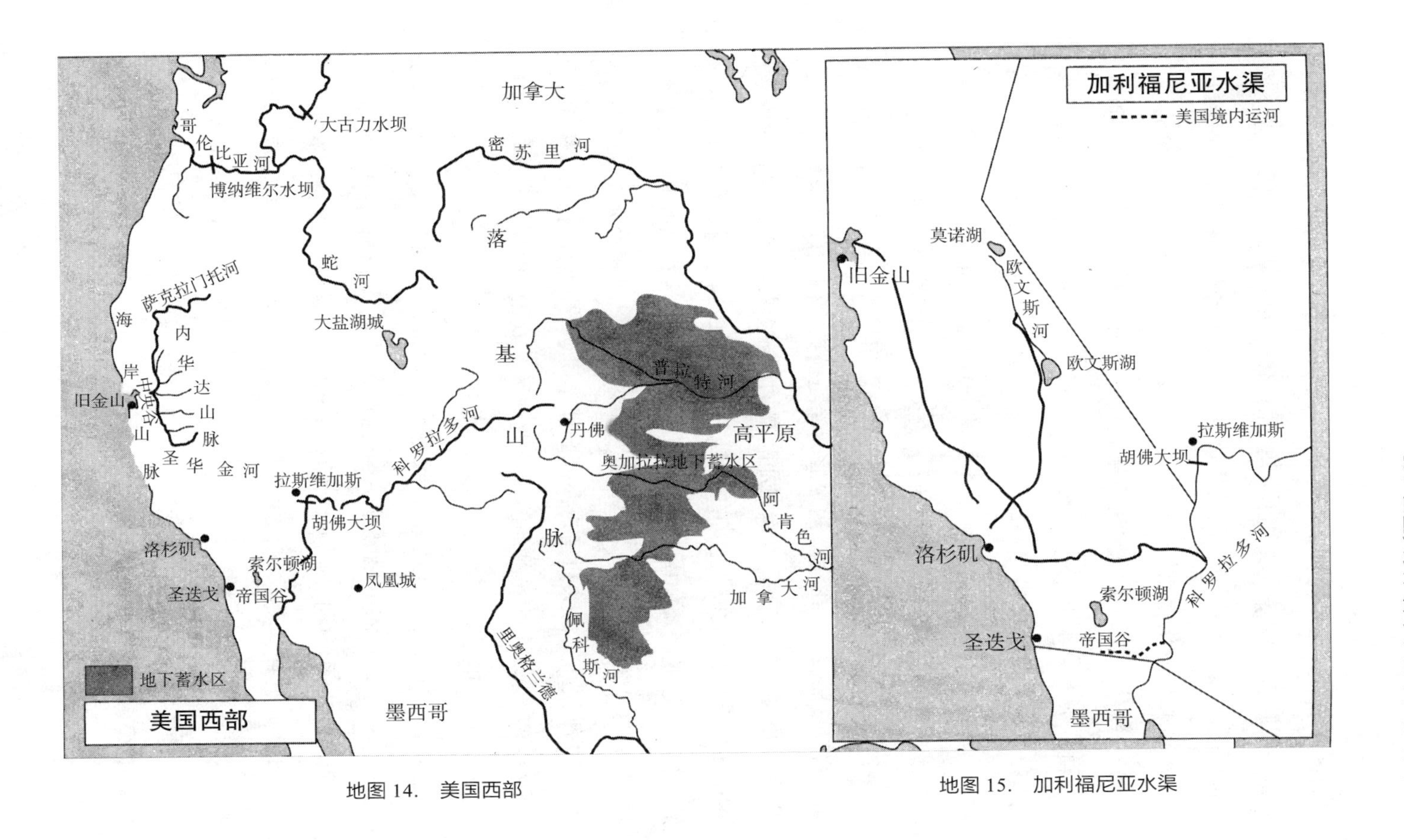

地图 14. 美国西部

地图 15. 加利福尼亚水渠

高级的霍荷卡姆文化，就围绕亚利桑那州中部的盐河建立过大规模渠道网，盐河是科罗拉多河的一个支流。但是到了16世纪，霍荷卡姆人已经消失了，他们很可能是长期干旱的受害者，由于大规模灌溉造成土壤的盐碱化，而土壤的盐碱化导致生态系统退化，从而难以抵御长期干旱的侵扰。19世纪60年代后期，美国定居者来到这个区域，他们重新挖开或重新开通了霍荷卡姆人留下的一些灌溉渠道。1847年，摩门教徒迁徙到了犹他州，正是他们开始了现代的西部农业灌溉。通过集中组织、宗教纪律和辛勤劳动，摩门教徒们建立起许多小型的农业社区，他们把山上溪流里的水，引到短小的渠道里，种植土豆、豆类植物、玉米和小麦。在1850—1890年，犹他州的这批摩门教徒把他们的农田扩大了15倍，以供给二十多万人的粮食需要。[①] 在淘金潮之后，伴随横贯美国大陆的蒸汽火车线在1869年的开通，灌溉农田开始在加利福尼亚成为抢手货。投机的房地产财团围绕水渠安置小农场组成的社区，有时，还有私人投资建设的水坝，把流过加利福尼亚肥沃的中央峡谷地带的河流和溪流拦截起来，再把水引到水渠里；这些河流包括国王河、圣华金河、克恩河和萨克拉门托河。从19世纪70年代开始，受到乌托邦社区理想启迪的人们，在东科罗拉多定居下来，那里是另外一片西部灌溉农业地区。到1909年，卡罗拉多的可灌溉农田比加利福尼亚的可灌溉农田还要多。

当然，总的来说，在把自然状态的远西部地区改变成农业田园方面，美国19世纪的农业灌溉者并不比他们的先驱霍荷卡姆人强多少。到19世纪80年代中期，这个地区大部分溪流流域最好的灌溉农田都有水了。如果按照有意义的规模去开发西部农业的话，需要在不多的几条大河上修筑比较大的水坝。但是，建设这样大型的水利工程必须有巨大的风险资本来抵押，必须解决复杂的水权问题。随着19世纪80年代后

① Worster，77.

期干旱的破坏和1893年的经济大萧条，为建设大型灌溉项目所获得的资金几近枯竭，土地价值下降。1889年春季，私人在宾夕法尼亚的约翰斯顿建造的水坝悲剧性地坍塌了，洪水夺去了2 200个人的生命。[①]这一事件让私人企业修筑大坝的方案付之一炬。在整个19世纪90年代，西部私营部门和被选举的领导人，越来越频繁地敦促联邦政府领导大型水利建设。

由于约翰·威斯利·鲍威尔（John Wesley Powell）的大量开拓性的工作，联邦政府主持水利灌溉建设的基础已经建立起来。鲍威尔出生于1834年，19世纪50年代他探索了密西西比河。作为联邦军官，鲍威尔曾在夏伊洛战斗中失去了右小臂，尽管如此，他还是在1869年勇敢地领导了又一次掩人耳目的探险，一行九人乘四条木船，开拓性地进入科罗拉多河和科罗拉多大峡谷。1874年，在国会的一次听证会上，作为国家西部地理开发探索者的鲍威尔，对这个国家视若神明的地区发起挑战，极大地震动了国会和美国。鲍威尔宣称，因为小规模的、东部类型的农业没有灌溉，超过西经99°或西经100°的整个美国西部几乎都是非常干旱的，即使有灌溉系统，有效供应的水资源也只够浇灌非常有限的农田，那些有限数量的农田能够养活的人口也很有限，远远小于设想中增加灌溉面积而应该供养的人口数量。那时，许多公务员拿这样一种观念来安慰自己，雨会随犁耙来的，在整个美国大陆上，小自耕农处处占有无尽的优越性。1878年，鲍威尔在他影响深远的《关于美国干旱区域干旱土地的报告》（Report on the Arid land of the Arid Region of the United States）中，更深入地解释了他的看法。这个报告使他得到了一个任命，成为联邦政府为开发西部土地和以后对水资源灌溉进行科学研究而成立的一个新部门的领导。

---

① Reisner，*Cadillac Desert*，107—108.

鲍威尔在科罗拉多河上探险时乘坐的船只

在这个岗位上，鲍威尔积极倡导在政府领导下建设蓄水大坝，他为此进行了令人敬畏的斗争。鲍威尔的看法是，每一条河里自由流动的水都应该从自然的河床里开发出来，为国家的经济服务。政府应该保护天然的储备水和汇集水的公共土地，如山上的森林，而不是把与水相关的土地卖给木材公司或其他私人，从而使水源最终枯竭。鲍威尔并不担心美国可能重复古代水利社会专制的历史。实际上，他倡导的是，以自然流域重组的政治单元为基础，开展他理想中的、技术控制项目。鲍威尔坚持认为，他的计划将能够使 125 万小农场主种植 1 亿英亩（6 亿亩）可灌溉农田。①

鲍威尔的一家之言激怒了既得利益者，干扰了当时流行的政治神话，即美国政府的灌溉项目基于农庄类型的小型用地，是对理想化的杰斐逊自耕农而言的。1893 年，在洛杉矶举行的全国灌溉大会上，鲍威尔以事实为依据指出，大的私人农场主已经控制了西部所有最好的可灌溉农田，这一判断引起一片哗然。那时，流行的灌溉思潮，从保守的政客和强大的私人利益所有者那里获得了巨大的力量，发出与鲍威尔这个古怪的水财富管理模式大异其趣的声音。一年以后，鲍威尔辞去这份政府工作。1902 年，他在缅因州默默无闻地去世。

---

① Worster，132—139；Smith，*Virgin Land*，196—198；Reisner，*Cadillac Desert*，45—50.

然而，在鲍威尔去世之前，他目睹了联邦政府管理的西部灌溉工作已经崭露头角，这令他心满意足。1902 年《垦荒法案》的主要推手，正是美国伟大的水总统西奥多·罗斯福，因为威廉·麦金莱总统被暗杀，1901 年 9 月，西奥多·罗斯福就任美国总统。罗斯福是鲍威尔的崇拜者，曾经在西南达科他州荒地里住过的罗斯福，激情满怀地相信鲍威尔的处方，即在联邦政府支撑的灌溉工程帮助下，开发那些干渴却肥沃的土地。当时，罗斯福总统正在敦促重新讨论通过美国中部地区的海上通道，在日理万机之中，1901 年 12 月 3 日，罗斯福还是在给国会送去的第一批信息中宣称，他决心通过联邦水保护和灌溉项目，打开西部。罗斯福总统说，“在这片干旱的区域里，正是水，而不是土地，在调整着生产”。[①] 这一看法与鲍威尔和弗雷德里克·杰克逊·特纳的看法如出一辙。“如果那些白白流走的水能够被留住，用来灌溉农田，美国西部就足以承载比今天全美国人口还多的人口。”

按照 1902 年《垦荒法案》，西部地区出售公共土地的所得全部用于联邦灌溉工程。内务部里新设了“垦务处”，管理联邦灌溉工程事务。政府灌溉赠款仅支持规模小于 160 英亩（971 亩）的家庭农场，在多年的实践中，违反这一条款的事件比比皆是。罗斯福还很赞赏水与森林之间存在紧密联系的观点。森林是天然的水库、土壤的保护者和大洪水的制约者。罗斯福提出，“森林和水的问题，也许是美国最至关重要的内部问题”。[②] 在总统任期即将结束时，罗斯福建立起著名的西部公共公园系统，旨在局部性保护森林。

“垦务处”（1923 年更名为“垦务局”）最终成为世界历史上最大的政府水技术管理机构，一种古代中东祭司精英和中国专业官吏的现代民主版

① T. Roosevelt，“State of the Union Message，December 3，1901.”

② Ibid.

本。但是，这个灌溉项目开局不利。在实施灌溉项目的最初 20 年里，整个项目覆盖的土地面积太小了，在快速膨胀的西部农业中，犹如沧海一粟。这个灌溉项目的经济基础也似乎并不确定。虽然水补贴的数额不菲，补贴期也延长了，但是，1922 年，一半参与灌溉项目的农民都在拖欠偿还他们的水贷款。[①] 富裕的土地投机者像秃鹰一样追逐着垦务工程师们，无论在什么地方，只要这些政府出售的土地有可能出售给新的小农场主，土地投机者就会迅速负债购买这些土地。现存的私人土地业主也享受着来自联邦政府灌溉项目的红利。20 世纪 20 年代初期，美国农业部门随着农产品价格的大幅下滑而进入萧条期，这场农业部门的萧条也是引起 20 世纪 30 年代大萧条的因素之一。[②] 尽管政策目标不对和失去了目标，如果公共管理机构真没有韧性的话，那么，"垦务局"和西部灌溉项目就可能昙花一现，成为一个过眼烟云式的历史性错误的注脚。当然，事实并非如此。[③]

胡佛大坝[④]（亦称顽石坝）改变了一切。自从"垦务处"成立以来，垦务工程师们一直期待在科罗拉多河上建设一座大坝。20 世纪头 10 年的后期和 20 年代，胡佛大坝的建设才提上议事日程，政治、经济和技术力量结合起来，推进了在卡罗拉多河下游建设世界上第一座多功能巨型水坝的最初几个步骤。在这个建设项目可以展开之前，还有 10 年的政治博弈要发生。胡佛大坝最终建成，于 1936 年全面运行，是一个惊人的创举。

---

① Reisner，*Cadillac Desert*，116.

② 农业衰退的两个主要原因是，欧洲从战争中恢复过来，美国对欧洲的出口需求下降；由于农场机械化，商品价格下滑。1929 年，美国 700 万农户中，有 40% 是佃农而不是地主。

③ 1923 年，"垦务处"更名，更换领导，成为"垦务局"。

④ U. S. Department of the Interior，Bureau of Reclamation，Lower Colorado Region，30—36. 胡佛大坝是一座用水泥建造的拱形重力坝。

历史上已经建成的所有大坝，无论从规模上还是从创新上，都不能与胡佛大坝相提并论。从古罗马和中国的汉朝算起，直到19世纪，几乎没有几个大坝的高度超过150英尺（45米）。[①] 系统运用19世纪中叶发展起来的土木工程、水力学、流体力学等科学，才有可能建成如此复杂的大坝。

胡佛大坝

根据当时的计划，混凝土材质的胡佛大坝将高726英尺（221米），比1929年英国在尼罗河上扩建的第一座“下阿斯旺大坝”高六倍，比当时地球上任何水坝至少都要高出两倍。胡佛大坝的建设，形成了当时世界上最大的人造水库——长达110英里（177公里）的米德水库。米德水库

① Smith, *History of Dams*, 32, 235, 236; Billington et al., 50. 萨伯卡的罗马大坝高130英尺，1500年没有哪个水坝的高度超过它。在波斯，13—14世纪，蒙古人建造了一座190英尺高的库里特水坝，在500年时间里，世界上没有水坝能够超过它。

的库容为科罗拉多河年流量的二倍；换句话说，米德水库的蓄水量足够让宾夕法尼亚州全境（119 283 平方公里）浸泡在 1 英尺（30 厘米）深的水中。胡佛水力发电厂是当时世界上最大的水力发电厂，能够生产 170 万马力（126 万千瓦）的电力，20 世纪 80 年代，胡佛水力发电厂扩容后，能够生产 270 万马力（201 万千瓦）的电力。2000 年，胡佛大坝的供水，大致覆盖美国西南地区大约 3 000 万人、200 万英亩（1214 万亩）上好农田，惠及洛杉矶、圣迭戈、凤凰城和拉斯维加斯等大都市。胡佛大坝使用的水泥足够建设一条横跨美国大陆的公路。胡佛大坝在历史上第一次让人类利用技术手段，几乎完全控制了世界上最汹涌的河流，把咆哮的、变化多端的、不能预测的洪水，转变成仔细调节流量和分布水平的水库。对于美国水利专家们来讲，胡佛大坝还给打坝项目建立了一个可行的经济蓝图，他们可以不断效仿这个项目的模式，完成改变西部干旱状况的使命。

除开规模巨大之外，胡佛大坝的关键革新是成功的多功能设计。之前，历史上的大部分大坝和附属工程一直都是为了满足单一功能而建设的，通常是为了灌溉或防洪，或者为了改善航行条件、改善生活用水的供应，或通过水车及 19 世纪 80 年代以后的水轮机产生水动力。多用途要面对冲突性设计这一挑战，例如，控制洪水需要降低水库水位、减少库容，以便迎接洪峰的到来，而实现最大发电量则需要维持水库的最大库容；满足航行也显示出其他困难。早在 1908 年，西奥多·罗斯福就推广多功能水利，以便展开西部灌溉项目。虽然垦务官员们对旧陆军工程军团水务机构所做的工程有着根深蒂固的怀疑，但是，垦务官员们还是迫不及待地想找到他们那样做的理由，所以，开始试验把水力发电与灌溉结合起来。[1] 最初的成功是在亚利桑那州盐河上建设的 280 英尺（85 米）的宏伟大坝。

---

① Billington et al., 90—91. 对于美国陆军工程团来讲，多功能最具有争议，因为它的主要使命就是航海。

这个大坝在 1911 年建成，以罗斯福总统的名字命名，通过缓解农业灌溉用水短缺和发电，给凤凰城地区的经济生活提供了明显的帮助，很久以前，已经消失了的霍霍卡姆人曾经在那个地区生活过，他们留下了一些疏浚的渠道，这个大坝正是通过这些渠道给当地的农场供水。项目很关键的一点经验是，出售大坝产生的电力所得到的收益，足够偿付这个大坝的建设费用。

水电销售产生的收入用来负担农业灌溉补贴，这种方式后来成为胡佛大坝和后继大坝时代采用的财政模式。在整个 20 世纪 20 年代，美国领导人多次拒绝在美国东部的田纳西河上开发多功能大坝，因为这样做可能会使联邦政府在私人电力产业里扮演很大一个角色，① 所以，在西部地区建设大坝更适当一些。在西部地区，南加利福尼亚的农业、城市和铁路游说集团，具体地提出了在科罗拉多河上建设一座集灌溉、防洪、水力发电为一体的大坝的诉求，科罗拉多河是西南地区的生命线。

泥泞、湍急的科罗拉多河，在海拔 14 000 英尺（4267 米）的落基山脉上形成，经过 1 440 英里（2 317 公里）的行程，跨越深深的峡谷和沙漠，包括激流，开凿了亿万年的科罗拉多大峡谷，最后降至海平面高程，流经美国七个州，到达加利福尼亚—亚利桑那边界以南的墨西哥三角洲，经过加利福尼亚海湾，最后注入大海。科罗拉多河的年平均径流量大约在 1 400 万亩英尺（172 亿立方米），② 从流量上讲，这条河的规模相对小，仅仅是巨大的密西西比河和哥伦比亚河的很小一部分，相当于萨斯奎汉纳河、特拉华河、哈德逊河或康涅狄格河，但是，科罗拉多河的每一滴水都

① 20 世纪 30 年代，西部的私人电站生产 350 万马力电力，而 1920 年，政府电站仅生产 5 万马力电力。胡佛电站最初生产的电力为 170 万马力电力，从而极大地改变了西部电力的政治经济态势。

② 1 英亩英尺意味着 1 英亩地上有 1 英尺高的水，等于 325 851 加仑水，或 1233. 5 立方米水。

是珍贵的，因为它流经了美国大陆最干旱的大盆地。在 1 000 英里（1 600 公里）的范围内，科罗拉多河是唯一的重要水源。数千年来，科罗拉多河三角洲的潟湖和丘陵，是罗德岛规模的二倍，那里曾经是美洲虎、土狼、海狸、水禽、鱼类和无数种植物的天堂。

修筑大坝以前，自然状态下的科罗拉多河流速变化无常。春季到来时，山上的融雪造成科罗拉多河的河水猛涨，有时，从山上咆哮着奔腾而下，一泻千里，流速达到每秒 30 万立方英尺（8 495 立方米），相当于 230 万加仑，撕裂山坡，粉碎石块；在干燥的季节，科罗拉多河的河水缓缓地流下，蜿蜒曲折，流速不到春季时流速的 1%。科罗拉多河的径流量逐年不一，变化幅度高达50%，取决于这个流域是处在湿润还是干旱的周期里。最为突出的是，科罗拉多河巨大的、狂野的水能，使它的河水里充满了泥沙，以致呈现红褐色，堪称世界上泥沙最多的河流。[①] 来自山坡的沉积物在河床坡度陡降段里积累起来，倾泻到科罗拉多大峡谷外的下游河段里，那里的河流泥沙含量超过了密西西比河泥沙含量的 17 倍[②]。西南地区的人们这样描绘科罗拉多河，“太稠了，不能喝；太稀了，不能耕”。[③] 年复一年的泥沙积累，使科罗拉多河的河床不断升高，在大洪水到来时，河水会漫过约束它的沙堤，肆虐横行，冲出新的泄洪道，流向大海。在河上筑坝之前，科罗拉多河野马般的洪水，周期性地把南加利福尼亚和墨西哥干燥的低地变成巨大的泽国，当洪水被蒸发掉之后，留下十分肥沃的土壤。

正是这令人恐惧的洪水成为胡佛大坝的助产士。19 世纪 90 年代，私人开发商已经开始实施一个野心勃勃的计划，准备清理一条古代科罗拉多

---

① Billington et al., 136. 科罗拉多河径流量从 2 500 立方英尺 / 秒到 30 万立方英尺 / 秒。

② McNeil, *Something New Under the Sun*, 178.

③ Michael Cohen, “Managing across Boundaries : The Case of the Colorado River Delta,” in Gleick, *The World's Water*, *2002—2003*, 134.

河的泄洪道，即人们所知的阿拉莫河，用它来做灌溉渠，把河水引到南加利福尼亚沙漠里的那些低洼的、泥沙淤积而成的肥沃农田里，那里年降雨量不足 3 英寸（76 毫米）。1901 年，阿拉莫河水开始流向那些农田。人们在墨西哥边界以北的科罗拉多河上开了一个口，阿拉莫河从那里开始，向南流了 50 英里，通过墨西哥，然后，向北流入南加利福亚的洼地，人称沙顿洼地。有 2 000 家农户居住在那里，被浇灌过的洼地长满了庄稼。这个地区的人们因为水的到来而增加了信心和希望，他们把这个地区的名字从“死谷”，改成“帝国谷”。[①] 然而，1904 年，自然淤积的泥沙开始绞杀这条分水渠道。灌溉工程师们一边开始疏通阿拉莫河，一边决定从新开的河口上临时引水。因为当初的设想是短期使用，因此，这个绕道仅仅建设了不太结实的木制闸门。很不幸，1905 年，科罗拉多河的春季汛期早到了两个月，而且异常凶猛。临时的闸门被冲走，科罗拉多河的洪水冲进了这条古代的河道。沙顿洼地顿时一片汪洋，淹没了好几千英亩的基本农田，成为今天陆地上的“沙顿海”。农民们向罗斯福总统呼吁，动用政府力量来封闭这个支流，然而没有结果。财大气粗的南太平洋铁路公司在那个区域有很大的经济利益，迫不及待地在那里修筑了铁路。直到 1907 年，这个支流还是开放着。农业在那里只能缓慢地复苏。但是，1905—1907 年洪水的阴影刺激着人们去游说联邦政府，在科罗拉多河上筑坝防洪。帝国峡谷的农民也呼吁联邦政府，在美国边界里，建设一座“全美”灌溉渠，从而避免墨西哥人对至关重要的科罗拉多河水实施可能的影响。1920 年，修筑大坝和灌溉渠的政治力量已经聚集起来，可以在华盛顿严肃地提出议案了。

1924 年，迅速成长的洛杉矶提出自己出钱建设一个引水渠，从科罗拉多河引水，购买计划中的大坝生产的电力，把水送到 200 英里之外的洛

---

① Reisner，Cadillac Desert，122—123.

杉矶来。在这个200英里的路程中，引水渠要穿越一座悬崖，所以，需要使用大坝产生的电力把河水扬起来，从而使这个称之为“顽石峡谷”的项目在经济上可行。洛杉矶迫切需要从科罗拉多河引来的水。国内战争结束时，地处沙漠边缘的洛杉矶尚是一座尘土飞扬的乡镇，人口1.3万，经济上依赖它的柑橘园和连通周边的铁路线，1867年，南太平洋铁路公司的一条支线修到了洛杉矶，1885年，一条铁路线把洛杉矶与埃切森的堪萨斯城、托皮卡和圣达菲连接起来。1905年，洛杉矶的人口增长到20万，地下水和小小的洛杉矶河的河水已经不足以支撑如此规模人口所需要的供水量，洛杉矶河是一条溪流，冬季有几周下暴雨，年度径流量仅占加利福尼亚全境径流量1%的五分之一。如果洛杉矶的城市领导人不去完成历史上名声最不好的供水争夺战之一，洛杉矶的人口可能还会徘徊在这个不高的水平上。1974年，一部叫作“中国城”的电影叙述了这样一个故事：洛杉矶的市政水务机构完全控制住了欧文斯河的水流，这条河流地处内华达山脉一条在上一次冰河时期形成的峡谷里，距洛杉矶250英里（402公里）。1907—1913年，洛杉矶市政水务机构修建了一条令人赞叹的引水渠，把欧文斯河的河水输送到干渴的洛杉矶。

当时，洛杉矶市的水务主管叫威廉·穆赫兰德（William Mulholland），他为人有趣但有些粗俗，作风专制，是一个爱尔兰移民，年轻时跨过巴拿马地峡，沿着巴拿马铁路来到加利福尼亚。他是一个自学成才的工程师，做过清理沟渠的工人，最后成了现代洛杉矶水系统无可争议的权威、建设者，甚至是这项工作的代名词。在那个遥远的欧文斯河[①]上，穆赫兰德想象了能够给洛杉矶一代人供水的水源，对他来讲，当时可行的选择真是凤毛麟角。为了得到欧文斯河的水，穆赫兰德和他的手下无所不为，包括欺骗、撒谎、间谍、侦探和贿赂。一个在联邦垦务局特派到地方

① Reisner, *Cadillac Desert*, 53, 60, 73.

的官员，充当了穆赫兰德在联邦垦务局里的线人，穆赫兰德还付给他钱，他后来成了穆赫兰德的副手。除此之外，穆赫兰德还在华盛顿从事精明的政治拉拢，最终导致联邦垦务局放弃了把欧文斯河的水用到欧文斯河流域农业灌溉中去的计划。[①] 穆赫兰德派人冒充牧场和度假村的开发商，买下那些能够让洛杉矶得到这条河的水权的农田，同时，买下那些将来可能建设水库的最合适场地。[②] 穆赫兰德给欧文斯河流域农民造成的另一个伤害是，穆赫兰德首先把欧文斯河的水引到洛杉矶干渴的郊区——圣费尔南多谷，一个包括铁路和有轨车老板、公用设施老板、报业大亨、土地开发商和银行家在内的紧密联系的辛迪加或私人联合会，秘密地购买了那里便宜的土地。[③] 当人们得到这个引水渠时，圣费尔南多谷的房地产价格暴涨，一时间，百万富翁成了好几百万富翁。圣费尔南多河谷很快并入洛杉矶，以便洛杉矶的财政可以支撑它的增长。1913 年，随着欧文斯河的水真的到了洛杉矶，圣费尔南多谷可灌溉面积在五年中上升了 25 倍。在这水改道的零和经济博弈中，欧文斯河流域逐渐萎缩，圣费尔南多谷繁荣兴盛。

最重要的是，充足的淡水供应使洛杉矶的财富继续增长。这个区域的人口增长超过了穆赫兰德的预期，[④]1920 年洛杉矶的人口就达到 110 万，1930 年达到 250 万。20 世纪 20 年代早期，在这个区域，一场新的周期性

---

① 在关键时刻，西奥多·罗斯福总统表示支持洛杉矶，安排他的“森林服务处”取代“垦务服务处”的计划，声称欧文河的大部分水是用来浇灌国家森林公园的。

② Reisner，*Cadillac Desert*，68—69.

③ Ibid.，75—76. 穆赫兰德之所以让引水渠通过圣费尔南多，主要出于以下的考虑，没有被使用的那一部分水可以在那里储备起来。这样，他就可以用掉洛杉矶所得全部份额的欧文河水，这部分欧文河水对维系洛杉矶水需求至关重要，西方水权的基本法则是，“要么使用它，要么失去它”。把欧文河水引到圣费尔南多的直接后果是，圣费尔南多河谷很快被并入了洛杉矶。此事的局内人有《洛杉矶时报》的哈里森•格雷•奥蒂斯和哈里·钱德勒、铁路大亨爱德华·哈里曼和亨利·亨廷顿、担保及信托公司的银行家约瑟夫·阿特里和地契担保和信用公司的布兰德。

④ Billington et al.，161.

干旱伊始，穆赫兰德意识到，洛杉矶正在再次面临供水不足的难题，必须获得新的水源，才有可能改变这种被动局面。正是在这种情况下，穆赫兰德开始游说开发科罗拉多河的河水和引水渠。为了解燃眉之急，穆赫兰德决定挤干欧文斯河的每一滴水。他把货币诱惑和强制手段结合起来，购买更多的水权，然而，最终引发了欧文斯河流域农民的强烈反对。1924—1927年，那些农民炸毁了洛杉矶引水渠的一些段落，并与洛杉矶派来的武装对峙，这是美国城市居民和农民因为水而发生的最早冲突之一。[①]当时，穆赫兰德正在努力说服联邦政府，把卡罗拉多河的河水引到洛杉矶，可是，地方上的反对意见不断，于是穆赫兰德鼓噪欧文斯河的河水不再流到洛杉矶，这个幽灵最终突破了地方上的反对意见。[②]1928年，对水的最基本的需要导致形成了“南加利福尼亚大都市水区”这样一个新的区域政治实体，它具有征税的权力，以获得购买胡佛电站水电的资金，用购买来的电力，推动引水渠泵站和满足其他需要。20世纪30年代中期，科罗拉多河的河水开始流到洛杉矶，验证了“水向山坡上流，就变成了钱”这样一个西部干旱地区流行的老话。

在胡佛大坝项目开展之前，还有一个政治障碍需要克服，那就是需要理顺科罗拉多河本身的水权。美国东部遵循与河流或溪流相邻土地所有者有权使用河水的河岸土地所有人法律传统，但是，在缺水的西部，一直沿用不同的原则。“优先占有和使用”，或更通俗地讲，“使用它，或者让它白白流失”，西部地区的用水信条是，把优先水权分配给一种水源的最早的和连续的使用者，而不考虑这些使用者的位置。20世纪20年代，胡佛大坝项目正

---

① Cadillac Desert，92—95.

② 在地方上很有势力的《洛杉矶时报》报人钱德勒是主要反对者。他在墨西哥有一些农田，把水引到洛杉矶会迅速影响到那里的农田灌溉用水，因此，他更关注其墨西哥农田短期内的价值，而不是洛杉矶的长期利益问题。欧文河流域的问题还意味着建立具有税收权的区域水区，以便筹集资金，购买水电站的电力来运转泵站——把水提升起来，通过悬崖峭壁和整个莫哈维沙漠，送到洛杉矶。

在开展时，只有加利福尼亚期待着大量使用科罗拉多河水。然而，科罗拉多盆地中的另外六个州，要求保护它们的未来使用权，避免加利福尼亚在它们使用科罗拉多河水之前，占有全部科罗拉多河水的权利。于是，1922年，商业部长赫伯特·胡佛（Herbert Hoover）在这些盆地州之间，协商出一个里程碑式的承诺，首先把这条河流划分为上游盆地和下游盆地[①]，平等地把河水分配给每一个州，这种治理方法很奇怪地响应了约翰·威斯利·鲍威尔最初提出来的概念：围绕西部的流域，来重新组织西部地区的行政区划。预计科罗拉多河用来分配的径流量，每年平均可以有1 750万亩英尺（215亿立方米），后来证明这个估计太高了，这样，每个盆地分配到750万亩英尺（92亿立方米）[②]，留给墨西哥150万亩英尺（18亿立方米），剩下的100万亩英尺（12亿立方米）会自然蒸发掉或储存下来。这个交易的关键是，加利福尼亚要同意对它的提水总量封顶；这个限度最终设在每年提水440万亩英尺（54亿立方米）。经过六年多的时间，才最终把顽石峡谷项目所有需要批准的重要方面理顺。这样，1929年，新当选的胡佛总统能够开始这个顽石大坝项目；1947年，以胡佛总统的名字更名了这座大坝。

与漫长的政治酝酿过程相比，这个集防洪、灌溉和发电于一体的巨型大坝仅用了五年就建成了。尽管大坝使用了顽石这个地名，但它并不在顽石峡谷，而是在下游20英里的黑峡谷中，距离科罗拉多大峡谷150英里。地名的误用是因为最初的立法先于大坝的最终选址而完成了。

建设这座大坝没有工程先例。像历史上许多开创性的土木工程壮举一样，胡佛大坝跃进了未知的世界。那时，面对没有预料到的问题，人们情绪高昂，因地制宜地提出解决方案，而这些解决方案汇集成最后的诗史，

---

① 上游几个州即科罗拉多、怀俄明州、犹他州和新墨西哥州，提供了卡罗拉多河水的90%流量。

② Billington et al., 158—159; U. S. Department of the Interior, Bureau of Reclamation, Lower Colorado Region, 10; Reisner, *Cadillac Desert*, 262—263.

都是美国人的别出心裁。没有任何一家美国建设企业可以单独承担如此巨大的项目，所以，六家工程公司合在一起形成一个联营企业，赢得竞标，它也宣布了柏克德工程公司、凯撒工程公司、莫里森纳得逊工程公司等全球建设巨头的未来命运。1931 年，胡佛大坝项目的第一阶段开始，使用了接近 18 个月的时间完成，这一阶段的工程是，在峡壁上炸开四个导流隧道，在建设大坝期间，科罗拉多河从这四个导流隧道里流过去。随着河流被引开，大坝施工现场的临时围堰建成。第一批大坝建设者们，有的用绳子把自己悬吊在绝壁上，清除掉绝壁上被河水冲得松动的巨石；有的在 40 英尺以下水被排干了的河谷底部开挖坝基，一直挖到基岩为止。大坝将建在这些基岩上。由于浇灌到这个巨型大坝里的混凝土所含热量将会花 100 年的时间才能自然冷却下来，所以，工程师们设计出一种即时的冷却系统，他们把 1 英寸的管道按照计算好的间隔埋设在坝体上，然后往管道里注入冷水；在两年的时间里，这个降温过程完成。当时，没有哪家美国公司能够供应如此巨大的钢管，让米德湖的落水通过阀门和钢管，驱动靠近坝底的水轮机，于是，施工者现场建造了自己的钢结构工厂。[①] 工程夜以继日地进行着。炙热的工作条件异常艰苦，常常令人窒息。1931 年中期，当已经很低的工资再次削减，“世界产业工人工会”或称“产业工人联盟”，组织工人们举行了罢工。然而，大萧条已至，联邦政府批准从附近的拉斯维加斯招收拒绝参加罢工的工人，于是，罢工流产了。[②]

1936 年，胡佛大坝全面完工。米德湖水开始注入胡佛大坝的背后。水开始流过新的水轮发电机组。胡佛大坝有着优美、弯曲的坝体，坝内的建筑装饰艺术，立即被人们认为是人类文明里程碑式的成就。1935 年

---

① Reisner，Cadillac Desert，128—129；U. S. Department of Interior，Bureau of Reclamaton，Lower Colorado Region，15—23.

② Billington et al.，174—175. 因为内华达州的法律基于健康安全的考虑，禁止在地下使用内燃机，所以，垦务局还宣布，施工现场属联邦的土地，以回避内华达州的法律。

9月，在胡佛大坝的落成典礼上，富兰克林·罗斯福总统借用了尤利乌斯·恺撒的话，“我来了，我看到了，我被征服了”。[①]

事实上，富兰克林·罗斯福已经通过作为公共工程项目模式的胡佛大坝获胜，这一公共工程项目是他推行新政、抵制大萧条的标志性篇章。在他1932年当选总统时，这场大萧条早已狂扫了美国。当时的水利建设工程大约调集了全国25%的失业者，把他们投入新大坝的建设中来，以便利用美国河流里那些没有得到管理的水资源。到20世纪30年代中期，当时世界上最大的五座大坝[②]，卡罗拉多河上的胡佛大坝、哥伦比亚河上的大古力水坝和博纳维尔水坝、萨克拉门托河上的沙斯塔水坝，以及密苏里河上游的佩克堡水坝，都在美国西部地区开工建设。实际上，胡佛大坝是水利史上一个转折点，从此，水利开发进入巨大、多功能水坝的时代。从20世纪30年代开始的30年间，美国引领了世界范围的水坝建设高潮，通过供应便宜的灌溉用水和便宜的电力，以及对防洪条件和河流航行条件进行改善，促进了生产，改造着人类社会。20世纪40年代，美国比世界上任何一个国家所控制的水资源都多。在使美国一跃而成为第二次世界大战后的全球超级大国上，美国在把没有利用的河流水资源转变成生产力和军事成果的创新性工作上，发挥了核心领导作用。

仅仅依靠胡佛大坝和罗斯福新政之后诞生的那些后继水利项目，不可能把美国经济从大萧条的泥潭中解救出来，但是，在人们对美国政治经济制度基础的效力产生疑问之时，这些项目燃起了人们对这个备受责难的政府的希望。国家建设的巨型大坝，其最持久、最广泛的影响是，易于走向一个政治和经济高度集中化的时代，尽量在形式上有所变化，但是与古代

---

① Franklin D. Roosevelt，quoted in Billington et al.，179.

② Reisner，“Age of Dams and Its Legacy.”

以灌溉为基础的水力国家的强政府政策——通过技术工程官僚和大量廉价劳动力实现——相比较，具有许多相似的特征。如同古代社会，控制和操纵大规模河水，是政治权力的一个关键因素，以期获得巨大水利工程财富收益。这既是对社会已经建立起来的权力结构的响应，也是在巩固社会已经建立起来的权力结构。在这种情况下，其特征是，给政治上夸大了的农业事务提供不成比例的补贴。

在罗斯福新政时期，美国远西部地区的所有主要河流盆地地区，都在展开大规模、多功能的大坝建设。由于对水的开采，远西部地区成为了美国战后经济增长最快的地区，超出了西奥多·罗斯福在20世纪初所做出的远景设想。

在西部地区，没有任何一条河流比西北太平洋地区的哥伦比亚河威力更大。哥伦比亚河的径流量是科罗拉多河径流量的10倍，它从冰雪覆盖的山上咆哮而下，带着季节性山洪暴发之势，穿过宽阔的峡谷。哥伦比亚河的巨大潜力，尤其是水力发电的潜力，一直都让工程师们欲罢不能。因为完全利用这条河流所产生的电力，足够那个时代居住在密西西比河以西地区的全部人口使用。[①] 有一个名叫"大古力"（大峡谷）的地方最具潜力，大古力是一个长50英里（80公里）、宽6英里（9.6公里）的峡谷，峭壁高500—600英尺（152—182米），从地质构造上看，这里是建设大坝的理想场地。[②]

20世纪30年代早期，哥伦比亚河还完全没有被施以任何控制。新当选的总统富兰克林·罗斯福决定改变这种状况。在遥远的大古力建设一座高坝，它所产生的电力和灌溉面积超出任何人的想象，可以让这个区域300万居民受益；但是，国会考虑到这一项目耗资巨大，拒绝了罗斯福总

① Reisner, *Cadillac Desert*, 155.

② Billington et al., 206.

统，于是，罗斯福利用其他资金，自己决定开始了这个项目。[①] 当时设想，从1933年到1973年的40年间，哥伦比亚河上将建起36座水坝，大体上一年一个。[②]1938年，博纳维尔水坝建成；1941年，大古力水坝建成。它们均是多功能水坝，是那个时代世界水平的巨型大坝。成千上万的人参加了大坝的建设。罗斯福的助手为了打赢大古力水坝的公关战，聘请民间歌手伍迪·格思里（Woody Guthrie）做研究助理。格思里用他那带有中西部地区鼻音的歌喉，唱出"滚滚而来，哥伦比亚河"，传达了水坝建设项目的宏壮，是人类从未有过的最伟大的工程。

当大古力水坝完成时，的确是人类从未有过的最巨大的建筑物：坝宽0.989英里（1.59公里）、高550英尺（168米），体积是胡佛大坝的三倍，产生出那个时代全美国50%的电力，能够灌溉100英亩土地。[③] 这个巨型混凝土重力坝背后，是富兰克林·罗斯福湖，距加拿大边界150英里。向哥伦比亚河下游走，博纳维尔水坝已经在大古力水坝之前先期建成发电，它用若干个巨型船闸锁定5英里长的激流，使大型船舶可以向上游航行，运送农产品，把铝土矿送到上游的电解铝生产行业，更重要的，围绕这个区域迅速扩大了电力生产能力。到20世纪80年代后期，哥伦比亚河生产了美国全部水电量的40%。[④]

如同胡佛大坝和那个时代其他一些多功能巨型大坝一样，出售大古力水电站生产的电力的收入，基本上用来补贴大坝建设和相关的灌溉项目成本。[⑤] 但是，在20世纪30年代后期，对罗斯福吹毛求疵的批判还在追问：

---

① Reisner，*Cadillac Desert*，156—157.

② Ibid.，165.

③ Worster，271.

④ Billington et al.，191.

⑤ Worster，271. 90%的成本由出售电站生产的电力来偿还；在没有强大的农业商务游说集团的情况下，联邦政府做了一项具体工作，保持现存使用者的水补不变，按照1902年的垦荒法规的规定，水补贴提供给仅有160英亩土地的小农场。

谁会买如此巨大的电力？然而，历史反复证明，有用资源的开发必然会找到难以想象和无法预见的生产性应用。当然，没人可以预测西北剩余电力的巨大需要如何到来。就在大古力水坝完成前五天，日本偷袭了美国在珍珠港的舰队。美国卷入第二次世界大战。战争动员和经济刺激引发了这个区域飞机制造业和电解铝生产的迅速发展。1942 年，大古力水电站和博纳维尔水电站生产电力的 92% 投入了战争生产中。① 这些电力大部分用来生产成千上万架用在航空母舰上的舰载飞机，航空母舰让美国在太平洋战争中获得优势。对战争至关重要的航空业也在南加利福尼亚兴起，因为那里也有来自胡佛电站的充足电力供应。

毫不夸张地讲，美国能够迅速从珍珠港的重大损失中恢复过来，以及美国最终在战争中获胜，从一般意义上讲是其超级工业生产能力，从特殊意义上看，其明显优越的水利电力的有效性，发挥了决定性的作用。实际上，历史上很少有水资源的利用如此神奇地和即刻地影响到军事结果和大国崛起的先例。在战争期间，大古力水电站还给顶级机密的汉福德军事设施提供电力，这个军事设施在华盛顿州的哥伦比亚河畔，正在帮助生产钚 -239，而钚 -239 的生产使美国成为战后的核超级大国。

罗斯福总统参加胡佛电站落成典礼后不到三个月，又另外签署了一个大规模调水和灌溉项目“中央谷水利工程”，贯穿西部地区第三大河流盆地——加利福尼亚州长 450 英里（724 公里）、宽 50 英里（80 公里）的中央谷。中央谷水利工程所输送的水量，远远大于胡佛大坝输送到南加利福尼亚帝国峡谷的水量。中央谷水利工程地处内华达山脉与海岸山脉之间的圣华金河和萨克拉门托河盆地上，从加利福尼亚湿润的北部地区，把水调到加利福尼亚干旱的南部地区。通过调水，把干旱的如同北非地区的区

① Reisner, *Cadillac Desert*, 162, 164. 到了战争中期，美国铝生产量的一半出自太平洋西北地区。在四年战争里，美国生产了六万架军用飞机。

域，转变成美国的生产首都和世界上最富足的灌溉农田集中地区。第一次世界大战期间，中央谷地区已经出现了私人灌溉项目的小高潮，大农场主开始使用油或电驱动的水泵开采这个区域蕴藏的地下水。20 世纪 20 年代，人们从大约23 500口水井里[①]抽取大量的地下水，奢侈地灌溉着中央谷南段圣华金河流域的农田，帮助加利福尼亚州超过爱荷华州，成为美国的领军农业州。但是，20 世纪 30 年代早期，没有节制地采伐地下水，导致这个地区地下含水层水位下降，于是，数千英亩的农田因为得不到灌溉而闲置起来。当地下水层空虚、干旱状况主导地表时，中央谷的大农场主不得不转向政府，寻求帮助。

中央谷的大农场主受到胡佛大坝项目大胆调水的启示，提出了他们的调水计划，把水从加利福尼亚北部水源地区，通过一系列大型渠道，调往加利福尼亚南部缺水地区；这些大型渠道覆盖数百英里，由两个新建的巨型水库供水。这个方案的核心是萨克拉门托河上的沙斯塔水坝和圣华金河上的弗里安特水坝。尽管中央谷水利工程的初衷是救助现存的大农场，而不是通过开垦计划创造出许多新的小农场。1902 年的立法曾经做过创造许多新的小农场的预见。[②]处在大萧条中的罗斯福总统也只得批准这个项目。1934 年，一场巨大的沙尘暴袭击了中西部平原，摧毁了农田，开始了国内人口向加利福尼亚的大规模迁徙。马克·莱斯纳（Marc Reisner）在他关于美国西部地区水利史的经典著作《卡迪拉克沙漠》中说道，“毫无疑问，中央谷项目是美国农民从未得到过的最瑰丽的礼品；他们无法想象靠自己的力量去建设这个项目，多年的低价电力和免息构成了价值数十亿的补贴。这个项目拯救了那里的数千家农场，也包括许多超出法律允许

① Reisner，*Cadillac Desert*，151，335.

② Reisner，*Cadillac Desert*，336—337. 接受水补的大土地所有者有食品巨人顶乔治公司、南太平洋铁路和标准石油。

范围的大农场”。[①]

20 世纪 60 年代早期，另一个完全由国家建设的巨型“加利福尼亚调水工程”接踵而来。加利福尼亚调水工程由 21 座大坝、水库和 700 英里（1 100 公里）长的引水渠、管道和隧道组成的水网来调水，其中一个段落使用了巨大能量，分五级提水，让水越过整座山，最后一级提水的高度达到 2 000 英尺（610 米）。1971 年，加利福尼亚调水工程完工，至此，加利福尼亚成为世界上水利工程最为密集的地方。从内华达山脉流出的每一条大河都筑上了大坝。

田纳西河流域管理局推动的水坝兴建工程（1942 年）

像罗斯福新政下的西部地区一样，美国东部地区随后也有了相应的水利工程。最值得一提的是田纳西流域管理局（TVA）[②]。田纳西流域管理局

① Reisner，“Age of Dams and Its Legacy.”

② Morison，960—964. 这条河长 652 英里，起源于北卡罗来纳州和弗吉尼亚州的阿巴拉契亚山脉，然后向西流。

建于 1933 年，旨在综合管理整个田纳西河盆地，其面积大体相当于英国面积的四分之三，以期提高那个地区受过欺压的居民的经济和社会福利。按照巴拿马运河管理委员会的先例，设置一个独立的公共机构控制田纳西流域管理局广泛的权力。20 世纪 20 年代，国会中的左翼一直都在阻止总统的若干国有资产私有化的计划，总统打算通过出售或租赁给大老板——如亨利·福特（Henry Ford）等——的方式，私有化马斯尔肖尔斯城附近的一座大坝、一家制造弹药的硝酸厂，以及田纳西河上的其他资产。在罗斯福新政时期，通过田纳西流域管理局，这些资产被转变成国家管理的水利工程的重要组成部分：利用田纳西河的河水发电、修筑水坝水库，提高防洪、灌溉和改善航运能力；田纳西流域管理局甚至还组织生产这个区域农民需要的硝酸盐和磷酸盐化肥。虽然田纳西河的长度仅为 652 英里（1 049 公里），却建设了 42 座水坝和水库[①]。世界上没有哪条河的拦截大坝布置得如此密集，当然，密苏里中游 700 英里河段上的大坝密度可以与之相比。田纳西流域管理局的这些开发，改变了田纳西流域：[②] 解决了春汛对田纳西农田的侵袭；改善了河流航行，直到 1963 年的 30 年间，田纳西承载的货运量翻了 67 倍，达到 22 亿吨 / 英里；电力价格下降了 50% 以上；在政府生产的肥料基础上，农业产量成倍增长；通过 100 万英亩的公共植树造林，田纳西流域生态系统的健康状态也得到了改善。田纳西河的电力也为第二次世界大战服务，为铝生产厂家和军工生产厂家提供电力，包括橡树岭原子裂变中心。同时它给农民带来了使用电力的令人惊讶的收益。20 世纪 30 年代早期，美国农民离电气化还很远，电力使用造成了社会分化的负面后果，仅有 10% 的农民实现了电气化。20 世纪 50 年代，主要因为水电装机容量大增，90% 的美国农民有了电力照明、冰箱、广播，

---

① Specter，68；Reisner，*Cadillac Desert*，167.

② Morison，963. 电价从每度 2. 4 美分下降到 1 美分。

获得了电力带来的其他好处。

第二次世界大战结束后，美国巨型大坝建设达到了巅峰，在全国范围内，数百个巨型大坝拔地而起。美国全部历史中大约建起过75 000座水坝[①]，这个数字大体相当于，从乔治·华盛顿担任美国总统开始，到乔治·布什担任美国总统为止其间的200年，每天竣工一座水坝。其中坝高超过15米的大型水坝的大部分和所有的巨型水坝[②]，建于胡佛大坝之后。在胡佛大坝落成75周年之际，垦务局列举了胡佛大坝累积的官方认定的成就：345座大坝，322座水库，合计投入市场500亿千万小时电力的49座水电站，174座抽水厂，15 000英里渠道，930英里管道，213英里隧道，超过15 000英里排水渠，灌溉910万英亩农田，给1 600万城市用户和工业用户供水。[③]远西部地区的农业不仅诞生了，而且繁荣起来，成为世界历史上全天候灌溉农业花园之一。1978年，西部地区的17个州合计拥有4 540万英亩可灌溉农田，占世界全部可灌溉农田的10%。[④]

从20世纪40年代开始，美国在一定程度上成为全球最先进的水利工程文明的代表。在过去的历史中，这种领军地位意味人口大幅增长和更大的淡水供应增长。1900—1975年，美国的全部用水量翻了10倍[⑤]，从每日400亿加仑，发展到每日3930亿加仑。同一时期，人口增加了三倍。在美国生活标准、国民经济生产和全球影响力迅速提高的背后，人均淡水使用量翻了三倍以上，成为重要指标和驱动因子。在战后几十年里，美国之所以成为世界上第一个实现完全电气化、工业生产率最高、城市化程度最高、运输效率最强、军事实力最强的国家，一个主要原因是，美国

---

① Specter，68.

② Peet，9；Sandra Postel，“Hydro Dynamics，” 62.

③ Worster，277.

④ Ibid.，276—277.

⑤ Ibid.，312. 1900年至1975年，水使用从每天400亿加仑，上升至3930亿加仑，同一时期的人口从7 600万，上升至2. 16亿。

在每一个人类用水传统类别上都拥有集约能力，美国占有了水利技术革新方面的领先优势。

在远西部地区，美国飙升的淡水供应，并不是全都来自创新性的水坝。从 20 世纪 40 年代中期开始，通过开发奥加拉拉丰富的地下水资源，使易于受到干旱侵扰的中西部高原逐步摆脱了地狱般的沙尘暴，变成了一个灌溉农业的粮仓。奥加拉拉的地下水资源规模巨大，处在人迹罕至的地区，埋藏不深，接近地表水的高程，不过是半干旱的景观覆盖其上而已。20 世纪 70 年代后期，从辽阔的奥加拉拉地下含水层里抽取出来的水，浇灌了美国可灌溉农田面积的大约五分之一。在丰年里，全球国际市场上出售的小麦中，有四分之三来自奥加拉拉。另外，美国 40% 的牧场使用奥加拉拉的水[①]饮牛，每吨畜牧饲料大体需要 1 000 吨水来浇灌。

内布拉斯加州、堪萨斯州西部、俄克拉荷马州的狭长地带、西北得克萨斯州、南达科他州的一小部分、怀俄明州的一小部分、科罗拉多州的一小部分和新墨西哥州的一小部分，是一个规模相当于休伦湖大小的辽阔地区，在这个地区的地表之下，蕴藏着巨大的地下淡水蜂巢以及六个封闭的地下淡水湖，其地下水总蕴藏量约为 33 亿亩英尺（40 704 亿立方米），相当于科罗拉多河 235 年的河水流量之和。这些地下水楔在石头之间，与沙石土混合在一起，这就是干旱高原的水秘密。这里地下水最深的部分在中西部高原的北部，内布拉斯加州地下水量占这里地下水总量的三分之二，而在堪萨斯州和得克萨斯州的地下水量分别只占这里地下水总量的 10%。奥加拉拉的“化石水”是史前冰河时期涓涓溪流积累起来的，是迄今为止我们所知道的最大地下蓄水层。在地球上，存储于地下的淡水比起在地表

① McNeill, Something New Under the Sun, 154; McGuire, “Water-Level Changes in the High Plains Aquifer, 1980—1999”; Pearce 59.

上自由流动和易于得到的淡水要多100倍。这种堪比化石的地下水，如同不可更新的、孤立存在的水库，与地球表面通过蒸发和降雨补充的连续、自然的水循环，隔离开来。它们的补充非常缓慢，在奥加拉拉，每年从地表渗入地下的水不过半英寸而已，[①] 所以，我们只能使用它们一次，没有了水的水库就像一个空汽油桶。

由于水很重，从地下把水抽出来受到技术和成本的限制，所以，整个20世纪30年代，高原的地下水财富实际上没有被挖掘出来。干旱地区没有流水，水车驱动的水泵没有用，使用蒸汽机需要煤，而煤的运输成本让人望而却步。风车的确能够提水，但是每分钟不过几加仑，如同蜻蜓在奥加拉拉深深的水库上点水而已。19世纪70年代和80年代，牧场主还在草原上放养牧牛，然而，19世纪90年代的干旱和炎热让牧场消失了；第一次世界大战后，干旱过去，有了粮食需要，农民们再次带着他们的牲畜和犁耙，跨越西经100°，冒险进入这片缺水的边疆。20世纪30年代，当长期干旱再次降临，与人类关系密切的环境灾害沙尘暴出现了。农民通过放牧清理他们的土地，放火焚烧麦收后剩下的麦茬，不经意中把脆弱的生态系统转变成了不稳定的生态系统。没有植被覆盖地表，返回的干旱、炎热和大风，掀起了令人恐惧的沙尘暴，摧毁了西部高原的农业。

炎热的气候、巨大的风，把干燥的土壤吹扬到天空中，形成了沙尘暴；随之而来的旋转的、夹带着细微颗粒物的云团越来越大，横扫整个开放的草场。沙尘暴最终形成巨大的云团，把沙尘带上1万英尺的高空，风速达到每小时60—100英里（100—160公里）。[②] 破坏是巨大的：农作物被毁，庄稼颗粒无收；建筑被掀翻，沙尘塞满了农业设备和水管；数百万吨经年累月形成的珍贵的肥沃表层土壤，被永久性地刮走。在1934年5

---

① Reisner，*Cadillac Desert*，438.

② Ibid.，452. See also Evans，*American Century*，232—233.

月9日开始的那场沙尘暴天气里，3.5亿吨表层土壤不翼而飞，天空如同白昼，把中西部高原的土壤刮到了芝加哥、布法罗、华盛顿特区、萨凡纳。在1935—1938年，平均每年会出现60次遮天蔽日的沙尘暴天气[①]。覆盖部分俄克拉荷马州、部分得克萨斯州、部分新墨西哥州、部分堪萨斯州和科罗拉多州东部，在这个长400英里（644公里）长、宽300英里（482公里）的沙尘暴核心区里，平均每英亩土地丧失408吨肥沃的表层土壤，留下贫瘠的沙土。1940年的研究显示，中西部地区丢失了3.5亿吨表层土壤[②]。约翰·斯坦贝克（John Steinbeck）的经典小说《愤怒的葡萄》（*The Grapes of Wrath*）记述了那段艰难困苦的岁月，许多人迁徙到西部，在加利福尼亚的农场里做农工。在沙尘暴肆虐的年代里，解脱中西部高原农民困境的是离心泵，他们用这种离心泵抽取那里的地下水。随着战后的恢复，有了来自得克萨斯和俄克拉荷马油田的便宜柴油，柴油离心泵和水井激增。这种每分钟能够抽出800加仑（3立方米）水的离心泵，第一次有可能灌溉高原的土地了[③]。人们还借鉴了石油开采技术，以便更快地抽取地下水。战后，有人发明了中心旋转灌溉系统，它与水井连接在一起，可以移动，以喷灌方式灌溉农田，[④]从此，用泵抽水灌溉农田蓬勃发展起来。在农作物生长期间，奥加拉拉大约有15万台水泵日夜不停地从地下抽取巨大体积的地下水，在1950—1980年，奥加拉拉的年度用水翻了两番，[⑤]可浇灌的土地面积达到1 400英亩（8 498万亩）。20世纪70年代后期，在现代石化肥料、杀虫剂、除草剂和慷慨的农业补贴的推动下，在美

① Evans，*American Century*，232. 1935年有40次，1936年有68次，1937年72次，1938年61次。

② Evans，*American Century*，234.

③ Reisner，*Cadillac Desert*，436.

④ Glennon，*Water Follies*，26.

⑤ McNeill，*Something New Under the Sun*，154；McGuire，“Water-Level Changes in the High Plains Aquifer，1980—1999.”

国6%的农田上耕作的美国1%的农民，生产出了美国15%的小麦、玉米、高粱和棉花；[①]而在40年前，这些农田曾经是荒凉的风沙侵蚀地区。

当然，这种繁荣不可持续。那时，奥加拉拉农民开采地下水的速度，高出地下水网补水速度10倍[②]。灌溉农民正处在寅吃卯粮的状态下。西得克萨斯和这一地下水源的南部其他地区，地下水超采最为严重。1970年的研究显示，堪萨斯一个地区地下水原本可以使用300年，但是到了1980年，人们发现那里的地下水仅够开采70年了。除非对这些地下水采取保护措施，或更有效率地去利用它，否则，积累千万年形成的地下水，仅灌溉一项，在不到一个世纪的时间里便会枯竭。[③]草场将会变成荒废的、贫瘠干涸的土地，富饶的农业地区成为新的风沙侵蚀区。

开采美国的地下水，向外国出口不可持续条件下生产出来的粮食，这种政策是短视的。20世纪70年代后期以来，由于石油价格不稳，开采地下水的成本明显增加；地下水开采分配协议减缓了地下水枯竭的速度；鼓励提高灌溉效率，即"让每一滴水，得到更大的农作物产量"的活动兴起。然而，到2000年，奥加拉拉地下水超采的规模大约达到2亿亩英尺，相当于14个科罗拉多河的河水，而且超采主要集中在地下水比较浅的南部区域。这样，在富水的内布拉斯加州实现可持续平衡时，得克萨斯和堪萨斯已经使用了这个地下水资源的30%，开采了它们那份地下水资源的六分之一，而且还在不计后果地超额开采地下水。聚集在一些草场上空若隐若现的暴风雨何时降临，取决于奥加拉拉地下水还能使用多久。有人估计，2020—2030年暴风雨就会降临到得克萨斯和堪萨斯的头上。

一些得克萨斯领导人认识到，依靠石油建造起来的得克萨斯的未来，取决于它是否拥有足够的淡水保障。为此，早在20世纪60年代得克萨

---

① Reisner, *Cadillac Desert*, 437, 448—449.

② McNeill, *Something New Under the Sun*, 154.

③ Ibid., *New York Times*, May 14, 2009.

斯就做出了从密西西比河引水的计划。但是，这个项目规模巨大、技术复杂、投资成本极高，其中包括依靠水泵让水越过西得克萨斯高原，所以没有实现。用一个大量使用水的生态系统，去补充另一个大量使用水的生态系统，并不能从根本上解决地下水资源枯竭的挑战。当然，这个计划预见了奥加拉拉地下水开采殆尽时的政治和资源竞争。

从加利福尼亚中央山谷的圣华金河谷，从凤凰城，到埃尔帕索和得克萨斯的休斯敦，许多干旱地区的地下水位下降，引起地面沉降，饮用水水质下降，农田盐碱化。尽管加利福尼亚大型调水项目暂停了，但是，中央山谷地区没有监管的地下水超采又重新加快，一些地方的地下水从 400 英尺（121 米）的深度上提上来，而土地本身下沉了 50 英尺（15 米）。甚至美国多雨的东部地区，河流、湖泊、湿地、浅层地下水和相互关联的水生态系统也承受着来自人口和工业增长的巨大压力。在美国南部的佛罗里达州，取直河道、筑坝、改道等水利工程，的确让这个区域的制糖业得到了很大的收益，但是，水利工程干扰了正在干燥和萎缩的脆弱的大沼泽湿地。在美国清洁、新鲜的地表水日趋减少的情况下，地下水资源正在普遍超采资源。1966—1996 年的 30 年中，美国地下水的全部使用量翻了一番，大约占美国全部用水量的四分之一。[①]

虽然美国是世界上最富水的国家之一——美国的可补充淡水占世界可补充淡水的 8%，而美国人口仅占世界人口的 4%；但是，新鲜、清洁的淡水的短缺正在影响着许多区域的增长，在曾经水资源富足的相邻区域之间，正在展开新的资源竞争政治。美国的问题并不是美国水的总量不足以满足需要。美国的问题是，对于水资源的挥霍性使用，最终将会耗尽它依靠巨型大坝时代的成功所带来的生产限度。便宜、大量的水的时代正在结束。我们需要新技术和对水资源的更有效的利用。贯穿整个水利史，一个

---

① Robert Glennon, “Bottling a Birthright,” in McDonald and Jehl, 17.

时代的成功，也孕育着下一个决定性的挑战。

20 世纪 70 年代，美国的大坝建设时代逐步结束。实际上，所有适合建造大坝的地方均建设完毕。美国几乎没有任何一条大型河流上没有大坝和大坝背后的水库。从胡佛大坝算起的最早一批大坝，以最低的补贴得到了最大的经济回报；原则上讲，后来建设的大坝的坝址相对差一些，得到了最大的补贴，却几乎没有提供净经济收益。但是，当大坝建设兴旺的时期结束时，日益增长的人口对淡水和电力的需要持续升级，从而增强了使用者之间在控制有限的且必不可少的水资源的份额上的政治斗争。

科罗拉多河给我们诉说了这样的故事。1964 年，科罗拉多河上共有 19 座水坝和水库，蓄水达到科罗拉多河年度流量的四倍，科罗拉多水系完全处于人的控制之下。[①] 这条河流不再汇集几乎一个世纪前约翰 · 威斯利 · 鲍威尔探索过的汹涌澎湃和不可预测的洪水。每一滴水都计量过，每一次放水都要计算，河流上的每一件事都由总经理的计划所掌控。[②] 科罗拉多河是美国西南部的生命线。当对科罗拉多河的河水需求增加时，它也成了世界上最易燃的河流。20 世纪 50 年代，南加利福尼亚不仅使用 1922 年分配给它的每年提水 440 万亩英尺（54 亿立方米）的份额，而且开始提走分配给其他州的没有用完的90万亩英尺（11亿立方米）河水[③]。1963年，由快速发展的亚利桑那策动的高等法院命令，对加利福尼亚超过配额使用水提起诉讼；当然，政治较量让这个诉讼 40 年里都未实际发生过。当亚利桑那和其他盆地州的水需要量增加到它们的配额时，必须做出让步。

墨西哥首先感受到在科罗拉多河河水供应方面受到了挤压。20 世纪

① 这条河上修建的最后一座水坝是格兰峡谷水坝和水电站，建成于 20 世纪 60 年代中期。

② Cohen，134.

③ Reisner，*Cadillac Desert*，260—261.

50 年代，科罗拉多河平均每年有 424 万亩英尺（52 亿立方米）河水进入墨西哥边界，墨西哥人使用这些水进行农业灌溉，或补充郁郁葱葱的科罗拉多河三角洲的几个潟湖。到了 20 世纪 60 年代，进入墨西哥边界的科罗拉多河河水平均每年仅剩 150 万亩英尺（18 亿立方米），这是 1944 年条约规定的最小配额，科罗拉多河几乎不再有河水流进大海了。河水和淤泥不足，使这个河流三角洲的生态系统萎缩，成为一个几乎没有生命的、盐碱化的荒地，仅剩一些带状的灌溉农田。墨西哥的噩梦还没完，它所得到的 150 万亩英尺（18 亿立方米）河水的盐分也太大，几乎不能用来灌溉。筑坝和大规模灌溉已经改变了科罗拉多河的构成以及径流量。泥沙被留在了大坝背后，所以，河流变得没有那么多淤泥。灌溉者通过大量使用人工肥料来补偿自然洪水带来的新鲜泥沙。然而，当灌溉用水再排入河流时，它从农田中夹带出来的高水平盐分，污染了科罗拉多河；1972 年，河流中段河水中的盐分，已经超出自然状态下河水盐分的 2.5 倍。在墨西哥边界处的下游地区，河水中积累的盐分最高。十多年里，美国一直拒绝墨西哥的诉求，没有按 1944 年条约的保证给墨西哥提供 150 万亩英尺（18 亿立方米）的高质量灌溉水。1973 年，美国人也许注意到墨西哥近海大油田的发现，最终同意给墨西哥提供盐度可接受的水。[①]

1922 年的科罗拉多河协定估计，科罗拉多河平均每年可以有 1 750 万亩英尺（215 亿立方米）径流量用来分配，随着对卡罗拉多河的竞争加剧，这条河的管理者们发现了一个很不利的情况，就是对科罗拉多河径流量的估计太乐观了。当时，用来做出这个径流量估计的 18 年径流量数据，恰恰覆盖了一个特殊的湿润时期；1965 年，垦务局认识到；科罗拉多河每年平均只有 1 400 万亩英尺（172 亿立方米）的径流量。除去供应墨西哥的 150 万亩英尺（18 亿立方米）河水、和将会蒸发掉的 150 万亩英尺（18 亿立方

① Worster，321—322.

米）河水，仅剩下1 100万亩英尺（135亿立方米）河水供各州分配，但是，这些州的灌溉、水力发电和城市生活用水，均是按照1 500万亩英尺（185亿立方米）径流量来设计的。科罗拉多河协定不过是画饼充饥而已。

20世纪70年代后期，出现了一个极端湿润的10年，米德水库和河流上的其他蓄水设施拦截的河水减少，于是科罗拉多河水短缺的日子推迟了。21世纪的第一个10年是一个长期干旱的时期，美国人开始感觉到对科罗拉多河水径流量过度分配的全部影响。亚利桑那州的李渡口是科罗拉多河协定规定的上游盆地州和下游盆地州的划分点，在这个干旱的10年里，那里的径流量降到1922年开始计算径流量以来的最低水平。米德湖的设计蓄水能力为2 800万亩英尺（345亿立方米），然而，在这个干旱的10年里，那里的库容不足50%，水务管理者们疾呼制定应急计划，做好米德水库蓄水继续下降至胡佛大坝死库容的准备。此外，树木年轮给长期气候变化观点提供的证据表明，20世纪可能是一个相对湿润的世纪。返回到正常气候模式可能会使美国的西南部地区更炎热和更干燥些；另外一个大旱不是没有可能性的，这种大旱可能与1000年前摧毁美洲当地农业文明的大旱一样巨大。无论是人为的还是自然的，直到21世纪头10年中期的30年间，美国远西部地区的温暖气候导致冬季山区的降雪减少，这些积雪所带来的春汛也减少，因此，科罗拉多河的径流量随之明显减少，与此同时，水库蓄水的蒸发量增加。科罗拉多河慢性的河水径流量短缺威胁到这个河流盆地3 000万居民的生活，引起经济下滑，给拉斯维加斯和凤凰城这些沙漠中的城市带来水危机，在科罗拉多河协定所及州之间，城市、工业和农业用水者之间，政治冲突随时可能发生。

科罗拉多河径流量短缺标志了远西部新的水时代的到来。这个新时代具有水资源供应有限、生态系统退化等特征，需要我们做出新的反应，包括新技术、保护、有管理地调配水资源等。西部地区干旱的农田得到了成功灌溉，然而留下大量问题；其中最大的问题之一是，政府给大型农业企业的巨额补贴，导致了极端的经济配置不当，大型农场消耗了科罗拉多河河水的三分之二，而大型农场的排水对生态系统造成了最大的损害。补贴最初的目标是刺激西部农业开发，但是很久以前，补贴已经失去了它的实际效果。在加利福尼亚，五分之四的农场的规模超出 1 000 英亩（6 070 亩），这个州全部农业产值的 75% 来自 10% 的农场。20 世纪后期，农业企业在获得水资源上享有特权，但是，它们几乎对这个区域稀缺的水资源并不支付什么；而拥有经济效益的和用水效率很高的产业和城市①，为了获得足够的水资源，必须以税收的方式，偿付高出 15—20 倍的高昂水费。竞争市场的有效配置机制基本上被破坏了，对经济增长、环境资源和基本公正造成不利影响。

20 世纪 70 年代，美国的大坝时代结束了，那时，环境保护主义者、城市、娱乐休闲产业游说集团，结成了联盟，提出新的大坝建设不能产生经济回报的观点，逐步抵消了灌溉和大坝利益集团在州和联邦政治中的巨大影响。20 世纪 60 年代后期，塞拉俱乐部——由博物学家约翰·缪尔（John Muir）和一些加利福尼亚人于 1892 年建立——联合各方政治力量，阻止了在自然奇观科罗拉多大峡谷建设大坝的计划，这是一件具有突破性的事件。从此，国家范围的争论日益转向了揭露大坝建设所产生的环境副作用，如让河流下游的三角洲和湿地干枯，过度依赖化肥、杀虫剂、除草剂，发展单一品种的种植业，可以更新土壤的泥沙被水库拦截，摧毁了河流里的野生生物，等等。例如，因为野生鲑鱼不能通过大坝回到它们产卵的地方，哥伦比亚河里的野生鲑鱼，已经由 1 500 万尾降至 200 万尾。20 世纪后期，有关大坝的讨论涉及大坝的退役和拆除，而实际上，到 2000

---

① 例如，用来生产半导体和其他高技术产品的 1 000 英亩英尺水，创造了 16 000 个工作岗位，而把同样的水量用到牧场，只不过产生八个工作岗位。拉斯维加斯和里诺使用内华达州 10% 的水资源，但是，它们产生了内华达州 95% 的经济产值，而消费水资源最多的是苜蓿草农场，它们一旦没有水资源补贴就无法生存。

年，美国退役的大坝超过了新建的大坝。[①]

美国的反大坝思潮得到了充满活力的草根环境保护主义运动的推助：人类正在不经意之间，用工业增长而产生的废料毒害着自己，环境保护主义思潮正是对此类证据所做出的反应。19世纪早期工业革命引发了大城市的集中，并产生了极端恶劣的公共环境卫生条件，威胁到大城市居民的生存，进而在公共环境卫生问题上引起了一场觉醒。与此类似，迅速的工业化促使工业和农业废弃物污染了公共水源、空气和土壤，而这三者正好成为现代环境思潮的助产士。过去几十年以来，河流和湖泊的表面淡水、海岸线，以及移动缓慢、不能直接观察到的地下水生态系统，已经日益受到污染。20世纪中叶，人们认识到，存在一种新现象，即压倒自然生态系统恢复能力的水污染，其规模和强度开始对公众健康、经济增长的长期环境可持续性构成直接的威胁。在第二次世界大战以前，压倒自然生态系统恢复能力的主要污染，源于烟囱技术集群，主要是指燃烧化石燃料生产钢铁等的重工业。第二次世界大战以后，数百种生产塑料、农用化肥和其他合成化学品的新行业，日益成为污染源头，它们中许多具有极端的毒性，很难依靠自然力量降解。

几十年中，化学公司把大量未经处理的有毒垃圾倒进了地方上的河流、水塘和溪流里，渗透进供生活使用的地下水源里；在若干年以后，导致无以计数的人们患上疾病，走向死亡。1980年，美国倾倒了超过五万起有毒垃圾。[②]地处纽约州尼亚加拉瀑布城一个有毒垃圾填埋场上的“爱河”街区，出现了非正常的癌症发病率，新生儿先天畸形。“爱河事件”是一个影响深远的污染事故。后来，这个地方被宣布为灾区，空置了起来。其

① Clarke and King，44. 如同经常发生的那样，美国国内观念的改变帮助国际机构形成各种意见。2000年，“联合国国际大坝委员会”的报告揭示，许多大型水坝项目的负面效应超出了其效益，以敦促各国探索其他方案，满足人们对水资源的需要。

② McNeill，*Something New Under the Sun*，29.

他国家也发生过类似的恶性环境事件，如1956年以后，日本水俣湾的儿童因为食用了受到汞污染的鱼而发生脑损伤，源于当地的一家工厂一直把汞直接排入水中，污染了那里的水体。在世界上最大的淡水湖，深度达1英里（1 600米）的贝加尔湖里，形成了长18英里、宽3英里的有毒垃圾岛。北美五大湖容纳了地球上20%的淡水资源，也受到周边重工业活动的污染；20世纪60年代早期，伊利湖因为承接了富营养污水和大量的垃圾，使湖里的藻类植物疯长，从而让大批鱼类窒息死亡。相类似，曾经富裕的波罗的海渔场，因为被重工业污水和使用化肥引起的污水所污染，尤其是波兰肮脏的维斯图拉河排出的污染物质，让那里成了生物性的死海。工业冶炼和化石燃料燃烧排放出来的二氧化硫引起了酸雨，跨国界地污染了淡水和食物链。从20世纪80年代后期开始的10年间，从安大略地区巨大的铜和镍冶炼厂排放出来的二氧化硫含量，估计超过了地球史上所有火山爆发所释放的全部火山灰中的二氧化硫含量。[①] 冷战时期，超级大国生产核武器所产生的放射性废弃物，也污染了美国和苏联的河流和湖泊。[②]

如果说现代环境保护思潮真有一个特定的诞生时刻的话，那么，1962年《寂静的春天》的发表，可以说就是这一诞生的时刻。作为美国政府的水生生物学家，瑞秋·卡森（Rachel Carson）在《寂静的春天》中，把国民的关注点聚集到了合成化学杀虫剂如DDT的潜在水污染效果上，引起人们注意人类正在给他们自己的栖息地带来什么样的巨大衍生后果。卡森写道，“进入我们水体的污染物有着许多来源：反应堆、实验室、医院

① Ponting，366.

② 核废料影响了美国哥伦比亚河和苏联西西伯利亚鄂毕河流域的上游地区，那里成为地球上受放射性物质影响最大的地方。苏联人曾经在恰伊湖填埋大量核废料，1967年，长期干旱使恰伊湖干枯，于是，核废料场被暴露出来，其辐射量比日本广岛原子弹爆炸后留下的核辐射量要高3 000倍，大风把那里的核废料刮到了中亚地区，那里居住着50万人；恰伊湖地区的强辐射持续了20年，只要有人在恰伊湖边逗留超过一小时，就面临辐射至死的危险。

丢弃的放射性垃圾；核爆炸留下的尘埃、城镇的家庭垃圾；工厂的化学垃圾”。[①]“除此之外，还有一种新出现的后果，用到农田、花园、森林和原野上的化学喷雾剂，我们的水几乎都被杀虫剂污染了”。[②]卡森是在匹兹堡附近的阿勒格尼河岸边长大的，她亲眼看到了烧煤电厂的工业污染如何影响到了河流生态系统，在她的这篇带有散文风格的著作中，卡森把各种科学研究综合为一个广阔的画面。“我们只有在相互联系中，才能认识到杀虫剂造成的水污染问题，水是作为整体环境的一个部分，所以，杀虫剂造成的水污染问题是对人类整个环境的污染”。

《寂静的春天》作者瑞秋·卡森

卡森观察到，20世纪的人类已经获得了足够大的力量，去实质性改变人类身边的自然界，人类的这种能力在地球发展史上还是第一次出现，所以，卡森担心，人类正在不计后果地以不可逆转的方式，污染着空气、污染着土地、污染着河流、污染着海洋，从而对人类文明本身构成威胁。卡森做出了这样的结论，“核战争的确有让人类灭绝的可能性，沿着这样一个思路，我们时代的核心问题就成为：这些具有潜在危害性的物质污染了人类的整个环境，它们在动植物的组织中积累下来，甚至渗透进细胞里，或改变了未

① Carson, 39, 41.
② Ibid., 39.

来发展所依赖的独特遗传物质”。[1]

《寂静的春天》的发表立即给关注环境的人们带来新的思路。一夜之间，现代环境保护思潮从对环境问题的初步认识成长为一种强有力的政治力量。大化学公司、美国农业部和其他一些既得利益集团，如同所有时代的既得利益者一样，怀着短视的心态对《寂静的春天》群起而攻之。卡森的科学态度、她的专业资历，甚至她的人品，统统受到抨击。但是，《寂静的春天》在美国多元民主的对立利益群体中得到了深入人心的共鸣。

在《寂静的春天》出版10周年之际，新的环境保护思潮已经势不可当。许多重大环境灾难进一步推助了这些行动。1969年6月22日，克里夫兰凯霍加河上烧起了五层楼高的大火，火起自倾倒在河里的无人管理的废弃物。[2] 这场灾难的影响相当巨大。几个月之内，综合的国家环境法律被制定出来，并授权美国环境保护局去实施。为了让美国的地表水和地下水免遭污染，国会于1972年通过了《清洁水法》、1974年通过了《安全饮用水法》。相关部门开始控制、处理湖泊和海岸线地区疯长的紧迫问题，保护濒危物种，禁止在美国国内使用DDT和其他有危害的化学杀虫剂。当然，美国依然把DDT等有危害的化学杀虫剂出口到第三世界国家。

1970年4月22日，第一次“地球日”活动在美国举行，聚集了2 000万人，支持保护一个环境健康的地球。20年以后，来自140个国家的2亿人参加了一年一度的“地球日”活动。20世纪80年代后期，环境保护主义走向了全球。1987年，联合国发布了《我们共同的未来》报告，即以挪威女主席的名字命名的“布伦特兰报告”，这个报告呼吁考察经济增

---

① Carson，8.

② Specter，69. 同一时期，类似的火还出现在印度的恒河和苏联的伏尔加河上，证明了这类环境问题的普遍性。

长和环境可持续性之间的关系，从此，联合国在环境问题上开始发挥领导作用。自1992年以来，联合国每10年召开一次各国首脑参加的“地球峰会”；[①] 从1988年开始，联合国一直都在支持进行一项有关气候变化的跨政府研究；1989年，联合国支持建立了一个很有影响的“环境可持续发展委员会”；2000年，联合国在新千年到来之际，开始了第一次耗时五年的“地球生态系统综合评估”，并在2005年完成。许多国家签署了国际环境条约，覆盖了从空气污染到全球变暖的各种环境问题。从21世纪早期开始，水生态系统得到了特别的重视。2003年，联合国发表了它的第一个“世界水发展报告”；2005年，联合国又启动了“生命之水（2005—2015）国际行动十年”活动。提供清洁的水和卫生的环境日益成为世界各国合法的标准量度；在苏联解体之前，骇人听闻的环境灾难进一步削弱了人们对苏联的政治信任。环境灾难也日益成为21世纪中国民众关心的重大问题。大型工业集团，如通用电器公司，也逐步制定了环境保护议程，努力修正它们的形象，开展生态友好活动。很遗憾，卡森没有活着看到她的杰作开花结果。1964年，卡森死于癌症，年仅56岁，《寂静的春天》刚刚发表不到2年。

环境保护思潮代表了水利史和世界史上的一个转折点。在此之前，对于全部人类历史的支配性观点是，地球上的淡水资源本质上是无限的，自然界本身可以净化地球上的淡水，人类可以从地球生态系统中不付代价地获取淡水资源，还不会留下人类能力造成的任何后果。在人类所处的环境中，一个新的认识正在出现：工业文明有着改变自然环境的巨大力量，为了让工业文明继续繁荣下去，必须在经济增长和经济增长须臾不可离开的

---

① “地球峰会”分别在里约热内卢（1992年）和约翰内斯堡（2002年）举行。“跨政府气候变化小组”每五年或六年发表相关报告（1990、1995、2001、2007）。联合国前秘书长安南倡议的“千年生态系统评估”在2005年发表。

水生态系统之间，建立起一种可持续的平衡。

全世界对美国的那些巨大而多功能的水坝不无羡慕，各地都在努力效仿。于是，在世界的每一条大河上都涌现了大坝建设的热潮。随之而来的物质生活改善，也帮助了共产主义制度国家，对战后西方自由民主霸权发起挑战。新近独立的贫穷国家，在历史上第一次登上了工业发展的台阶。工业化的繁荣在全球范围展开，改变了世界政治经济和实力的平衡。到20世纪结束时，工业化繁荣带来了一个多轴的、相互依赖的全球秩序，逐步取代长期以来一直存在的西欧和美国霸权的时代。

对于所有国家来讲，建设水坝是一副灵丹妙药，通过农田灌溉可以生产更多的粮食，提供工厂需要的动力，供给卫生的饮用水和生活用水，给城市提供公共照明，满足人们提高物质生活的愿望。水坝超越了政治的或经济的意识形态。无论采用何种社会制度，水坝都意味着繁荣、更稳定的社会和更大的政府合法性。美国总统赫伯特·胡佛曾经这样讲，“流向大海却没有给国家产生回报的每一点水，都是一种经济浪费”。前苏联主席约瑟夫·斯大林的格言是，“让水流进大海，是一种浪费”。[①]胡佛和斯大林的看法几乎是可以交换的。从美国的西奥多·罗斯福到中国的毛泽东，20世纪的每一位领导人都同意这种看法。1963年，在印度北部巨大的巴克拉水坝落成庆典上，令人敬畏的印度总理贾瓦哈拉尔·尼赫鲁自豪地把这个大坝项目比作“复兴印度的新圣殿”[②]，这是富兰克林·罗斯福总统在胡佛大坝落成典礼上那句精彩演讲的回声。埃及总统纳赛尔把埃及的阿斯旺大坝比作金字塔，尼赫鲁的情绪和比喻与此类似。对于每一位领导人来讲，水似乎是一种无限的、丰富的自然资源，唯一的限制不过是人类社会

① Herbert Hoover，quoted in *Water Follies*，13；Joseph Stalin，quoted in Peet，11.

② Jawaharlal Nehru，quoted in Specter，68.

从环境中提取这种资源的技术能力。

水利社会建设水坝的集中的方法，很适应于共产主义制度国家的计划模式。1937 年，斯大林使用古拉格劳改营不用付酬的劳工，开始在伏尔加河上修筑大坝，以后又在包括第聂伯河、顿河和德涅斯特河在内的其他大河上建设水坝。在苏联辽阔的国土上，按照苏联水利工程师和国家工业规划师的设计，苏联人让河流改道、让湖泊分流。从 1917 年布尔什维克革命胜利之后的 60 年里，因为修建了巨型大坝，苏联利用水的总量增加了八倍。[①] 苏联成为与美国抗衡的超级大国，水利是一个巨大的基础。

1949 年之后，积极在河流上建设水坝和实施水资源管理，成为毛泽东把中国社会引向共产主义的核心篇章。中国共产党人继承了国家兴建史诗般水利工程的中华文明传统，自然地、不失时机地在大大小小的河流上筑坝。到 20 世纪末，中国有 22 000 座大型水坝，接近世界大型水坝总数的一半，中国的大型水坝总数是美国大型水坝总数的三倍。从中国共产党 1949 年开始领导中国算起，中国的水利建设使中国可灌溉农田总面积翻了一番多。[②]2006 年，中国在长江三峡建成了水坝“巨人”——三峡大坝，这座中国的胡佛大坝在加速中国经济改革上所发挥的作用，类似于美国对它西部干旱地区的征战。

日本战后的经济奇迹在一定程度上建立在它对有限耕地和水电潜力大规模开发的基础上，那时，日本在山区河流上兴建了 2 700 座大型水坝。印度的大型水坝总数为 4 300 座[③]，位居世界第三，仅在中国和美国的大型水坝总数之后，为生产支撑印度战后人口剧增所需要的粮食，发挥了至关重要的作用。几乎每一个发展中国家都有它象征性的巨型水坝

① McNeill, *Something New Under the Sun*, 163.

② Ibid., 179, 278. See also Jim Yardley, “Under China’s Booming North, the Future Is Drying Up,” *New York Times*, September 28, 2007.

③ Peet, 9.

项目，成为那个社会政治和经济的重要一章。如同阿斯旺大坝改变了尼罗河乃至埃及一样，土耳其1990年在幼发拉底河上建成了阿塔图尔克大坝，这个大坝的基础是包括22座大坝和19座水电站在内的土耳其东南部安纳托利亚项目，而在幼发拉底河的下游，叙利亚和伊拉克的国家之梦都是建立在有足够的水来推动它们自己的巨型大坝的基础之上。在印度河上建设起来的塔贝拉大坝，是巴基斯坦的国家骄傲。1991年，在巴西和巴拉圭边境的巴拉那河建成了伊泰普大坝，南美充沛的水资源让这座大坝得到了"世界最大水力发电机"的称号，当然，当三峡水电站全部发电机组按设计运行之后，这个称号就归三峡水电站了。在苏联解体时，中亚的塔吉克斯坦继承了世界上最高的大坝——努列克大坝，这个大坝的高度为984英尺（299米）。

到20世纪末，人类已经建成了大约45 000座大型水坝；在20世纪60年代、70年代和80年代，世界水坝建设达到巅峰时期，平均每天有13座水坝落成[①]。在1960—2000年的40年间，世界水库容量翻了两番[②]，所以，人类把超出所有河流现有径流量三倍至六倍的水，储存在了大坝背后的水库里。世界水力发电总量翻了一倍[③]，粮食生产增长了2.5倍，整体经济生产增长了六倍。

这场世界的水坝繁荣承载了可灌溉农田的迅速扩大，可灌溉农田的迅速扩大是人类对地球最大规模的改造之一，水坝的影响远远超出自然的河床，常常剧烈地改变了森林和湿地。在1950年之后的半个世纪里，通过农业大规模机械化，可灌溉农田面积增加了三倍[④]，覆盖了世界农田面积

① Peet，9—10.

② Millennium Ecosystem Assessment，26.

③ Ibid.，5. 1960—2000年，世界人口从30亿发展到60亿，而经济产出增长了六倍。

④ Hans Schreier，"Mountain Wise and Water Smart，" in McDonald and Jehl，90.

的 17%，世界粮食产量的 40% 来自这一部分可灌溉农田。

加剧对水资源的使用是 20 世纪绿色革命引起世界变化的一个关键契机，在 20 世纪 60 年代和 70 年代，这场绿色革命从西方生产过剩的田野里，扩展到了发展中国家。这场绿色革命的基础是，培育如玉米、小麦和水稻等粮食作物的高产品种，这些作物对水和化肥的密集投入非常敏感。粮食品种改良的重大突破之一是美国的杂交玉米，这一项目开始于 20 世纪 30 年代。到 20 世纪 70 年代，美国种植的玉米全部是杂交玉米，产量比 20 世纪 20 年代标准玉米品种的产量高出三至四倍[①]。杂交小麦[②]首先在墨西哥掀起了绿色革命，这些品种小麦麦穗上的麦粒比一般品种要多很多，随后，在 20 世纪 60 年代，杂交小麦扩散到西南亚小麦种植带，从印度的旁遮普邦到古代新月沃土核心的土耳其。1974 年，印度采用了杂交小麦品种，实现了粮食自足，在此之前，印度常常出现大规模饥荒，非常依赖美国的粮食援助。20 世纪 60 年代后期，杂交矮株水稻占据了从孟加拉、爪哇到南韩的世界水稻生产带。1970—1991 年，发展中国家小麦和水稻杂交品种从 15% 上升到 75%，而产量增长了二至三倍。[③]绿色革命与其他改变世界的农业革命相似，这些改变世界的农业革命包括：11 世纪从越南把占城稻传入中国；欧洲人在发现新大陆的航行之后，把美洲玉米、马铃薯和木薯引入欧洲和亚洲；英国从 17 世纪到 20 世纪初所展开的“农业革命”。20 世纪，世界人口翻了两番，世界人均生活标准突破历史，翻了三倍。环绕世界的海洋联运集装箱运输，产生了一种新的现象，任何一个国家的需要都可以通过它边界之外的供应而很快得到满足。2000 年，46 000 艘巨型货船通过海洋航行，经过 3 000 个大型港口和十几个海峡和

① McNeill，Something New *Under the Sun*，220.

② 20 世纪 20 年代，矮小麦始于“农林 10”——日本开发的半矮秆小麦品种，美国也有。20 世纪 50 年代，墨西哥进一步开展了杂交，博洛格因此而获得 1970 年诺贝尔奖。

③ McNeill，*Something New Under the Sun*，222.

运河，完成了世界商业运输的90%。

但是，在走向20世纪末的时候，水坝时代开启的全球水资源开发逐渐接近它的极限，在美国，水资源的利用已经跨越了峰值。水生态系统枯竭的迹象，在更大范围上，在全球范围，正在暴露出来。2000年，世界所有比较大的河流系统的60%都有了水坝和人造建筑物。[1]世界上大部分最好的发电和灌溉大坝场地都已经使用过了。[2]地球上的大部分淡水，在20世纪里，都通过水坝、水库和渠道而被重新分配过。世界水资源专家彼特·格雷克（Peter Gleick）提出，水滴虽小，然而，当水旋转的时候，可以衡量地球摆动的变化。[3]如同科罗拉多河一样，黄河、尼罗河、印度河、恒河和幼发拉底河，都不再有多少河水流入大海了；或者给它们的三角洲和海岸生态系统，带去越来越少的用来恢复生态系统的水和泥沙。旷日持久的大规模灌溉和不适当排涝，通过盐碱化、水涝和泥沙侵蚀，造成了土壤的贫瘠化，其负面效应日趋明显。曾经给世界范围粮食增产做出贡献的灌溉农田正在退役，[4]其速度与开垦新灌溉农田的速度一样快，灌溉农田的历史性扩展结束了。传统的地表水资源越来越少，所以，越来越多的区域正在开采地下水，用来灌溉农田，开采地下水的速度远远快于自然界水循环能够恢复地下水的速度，从长远来看，世界10%的农业是不可持续的。[5]水位正在下降，荒漠化正在若干大陆蔓延开来。工业污水和农业排水正在污染着人们的淡水资源和沿海渔业资源，世界上许多地方的水资源问题因此变得复杂化。

淡水短缺，维持地球文明的水生态系统正在枯竭，当21世纪的曙光照耀着我们的时候，水的新挑战正在跃上前台，改变着世界文明、政治地

---

① Millennium Ecosystem Assessment，32.

② 这一判断不适用于非洲。绿色革命绕过了非洲大部分地区，那里还有很大的水电开发潜力。

③ Gleick，“Making Every Drop Count，”42.

④ Simmons，258.

⑤ Postel，“Growing More Food with Less Water，”46—47.

理、社会之间以及社会内部的管理结构。人类不能遏制的饥渴，已经开始明显超出地球生态系统可以提供的清洁、新鲜、流动的淡水的绝对供应量。这在人类历史上是第一次出现，造成这种不能遏制的饥渴的原因是，贪婪的工业需求、巨大的工程能力、人口总量和个人消费水平的纯增长，这就是正在发生的事情。以现在的淡水使用量倾向、使用方式和可以预见的技术为基础，地球表面通过蒸发和降雨而实现自然循环的淡水资源，是否足以维持必要的经济增长，让发展中国家数十亿人达到西方人正在享受的富裕和健康水平，我们对此表示怀疑。实际上，世界上相当比例的人口还没有足够的清洁用水，让他们健康、自然地生活。对稀缺水资源的爆炸性竞争一触即发。许多最干燥、人口最稠密和贫困的区域，现在就不能承受他们的人口，而且，在短期内，也不可能解决这个问题。甚至在那些水资源富足的地区，水资源的日益短缺也正在引起控制区域水资源的斗争；通过控制区域水资源，产生了新的政治和经济实力的组合。

淡水稀缺的新时代是一个典型的历史循环的副产品，而这一历史循环就是高强度开采资源、人口爆炸、资源枯竭和经济增长大幅波动。淡水稀缺的新时代会延续下去，除非有一天，我们可以获得新淡水资源，我们会更有效地使用现存的淡水资源。20 世纪人口倍增的基础，源于那个时代伟大水利革新所产生的一次性供水突破。然而，现在，供水繁荣正处在巅峰，而世界上许多地方的淡水资源已经不够满足那些落在后面的人们的物质需要和愿望。预计到 21 世纪中叶，世界人口还会增长 50%，所以，我们现在就可以肯定，更有效地使用现存的淡水资源是必然的选择。按照现在的管理方式，地球上可以获得的淡水资源，不够满足地球上许多最年轻的、难以驾驭的、正在成长的人类。总之，清洁的、须臾不可缺少的淡水，正在快速地成为一种日趋枯竭的自然资源，成为世界上政治经济问题中最重要的一环。

第四部分

淡水稀缺的时代

14. 淡水：新的石油

淡水稀缺和生态系统枯竭的挑战，正在迅速成为世界政治和人类文明的一个明确节点。一个新的时代正在越过那个始料未及的富水世纪，这个新时代的特征是，横跨地球上大部分人口稠密地区，淡水资源分布严重不均，长期淡水供应不足，环境可持续性正在恶化。在20世纪的历史中，石油冲突曾经发挥过中心作用；与此相似，控制日益稀缺的、可以使用的水资源的斗争，正在影响着21世纪的世界秩序和社会的命运。水正在取代石油，成为世界上最稀缺的关键自然资源。当然，水不只是新的石油。尽管不会没有痛苦，我们最终会用其他的燃料资源替代石油，或者，极端地讲，没有石油，我们照样可以生存；但是，我们对淡水的使用无所不在，没有任何其他物质可以替代淡水，淡水是我们须臾不可缺少的物质。

更长远的历史显示，使用一个时代所有的技术和组织方式，有效地控制水资源，是人类文明源远流长的基础。无论是古代美索不达米亚的灌溉水渠、中华帝国的京杭大运河、工业革命早期欧洲的水车和蒸汽机，还是20世纪那些多功能的巨型水坝，任何一个成为主流的社会，总会通过开采它们的水资源，去应对那个时代所面临的水挑战，而利用水资源的方式，总是比它们反应较慢的竞争对手更有效率，规模更大，供应更多。许多社会历史性衰退和坍塌的共同原因之一是，不能迎战水的挑战，不能维护水利工程设施，或者它们的水资源简单地被其他更有效率的水资源管理社会拿走。同样，当今发达社会的经济生产率和政治平衡，非常关键地依赖于巨型水坝、发电站、管渠、水库、水泵、供水管网、下水管网、污水处理设施、灌溉渠道、排水系统、防洪堤，以及水运工程，包括港口设施、疏浚设备、桥梁、隧道和海洋运输船队等，依赖它们可靠的、安全的、持续的创新发展。在这个正在展开的新千年中，水的使用和水基础设施建设还处在粮食问题、能源短缺、气候变化等影响人类文明命运的相互联系的挑战的核心。

现在，在21世纪刚刚开始的时刻，人类使用它巨大的工业力量，已经剧烈地、极端地改造了地球上发达地区几乎所有可以获得的淡水资源，以及战略性水上通道。世界人口继续上升，2050年，或将达到90亿，生活在发达工业国家的人口约为世界人口的五分之一，他们的消费水平和垃圾产生量正在成为许多第三世界居民追逐的方向，所以，对淡水的需求正在持续上升。目前还没有任何证据显示，新的革命性突破能够在大的尺度上使供水能够满足人类的需要。

过去200年以来，淡水使用量的增长速度比人口增长速度高二倍。我们正在使用流向人口稠密地区的可更新全球径流量的50%。[①] 做一个简单的计算，考虑到自然界的自然限度，我们会发现，过去的倾向不能再维持下去了。贯穿整个历史，人类从自然界获得更多淡水资源的能力，一直被人类自身的技术水平约束着。但是现在，可更新的淡水生态系统的衰退已经成为一个障碍，它不在人类技术水平可操控的范围内，它在人类之外，而所有人类文明最终是在这个淡水生态系统的基础上建立的，因此，淡水生态系统的衰退正在对人类产生临界制约。对水的新的利用正在出现——给集水区和相关的自然生态系统分配足够的水，以维持水文环境本身的活

① Millennium Ecosystem Assessment，106.

力，这是人类对水的四种传统利用之外的第五种利用。

因此，淡水稀缺的时代预示水和世界历史上一个里程碑式的转变开始的可能：这是一种从传统模式向新的有效率模式的转变。传统模式的基础是建设集中的、大规模的基础设施，从自然界获取水，经过处理，输送更大、更具刚性的供应；新的有效率模式的基础是比较分散的、量体裁衣的、环境和谐的多种解决方案，这些解决方案使业已存在的供应更有效率。在人口规模和有效水资源的旧方程上，这种新的模式转变正在全世界所有社会引发一种新政治。每一个社会，无论是贫水的社会还是富水的社会，最终都会通过效率和组织上的突破，或通过个人生活标准和整个人口数量水平的停滞，实现新的人口—资源平衡，非常有可能的前景是两方面兼有。历史告诉我们，这个新的人口—资源平衡过程将会是一个动荡的过程，重构社会秩序、国内经济体制、国际力量平衡和日常生活。一些区域会比另一些区域更好地面对这场转变。随着水需求继续超出人口增长，地球生态系统的负担已经超出了可持续水平，越来越多的水资源脆弱的国家已经被推到了危险的边缘。

最引人注目的将是，横跨 21 世纪政治、经济和社会的全球环境，淡水稀缺正在撕开富水者和贫水者之间爆炸性的淡水断裂带：从国际角度讲，这种断裂带处在相对富水的工业化国家居民和贫水的发展中国家居民之间；处在控制河流上游的居民和依赖从河流上游获得足够数量水的河流下游的居民之间；处在那些农业用水足够维持粮食自给的国家和那些依靠外国进口粮食来维持他们众多人口的国家之间。在国家内部，这种新的淡水断裂带正在引起利益集团和区域之间分裂的竞争，通过竞争，以分配到更多的国内有限水资源：这种断裂带处在获得大规模水补贴的农民和没有政府水资助的工业、城市使用者之间；处在那些比较富裕的靠近淡水资源的人和那些城乡比较贫穷的人之间，这些城乡穷人因为处在离开水源比较远的次级区位，忍受着因管网稀疏带来的不便，为了得到水，需要承担更大的开支。人与人之间也有淡水断裂带，这种断裂带处在那些能够为充足的、有益于健康的饮用水付出高价格的人和那些使用不洁水的穷人之间；处在公共卫生条件优越的人和公共卫生条件恶劣的人之间，前者居住的地方，污染得到有效控制，污水通过现代化设施处理，卫生设施完备，后者居住的地方情况正相反，他们生活在不洁净的、萌生疾病的水污染的环境中。跨越地理栖息地，这种淡水断裂带处在享有特权的少数人和人类的大多数人之间，这种淡水断裂带的两边恰似冰火两重天，前者的栖息地相对富水，气候温和，后者的栖息地水资源脆弱，土壤干燥，湿度过饱和，或者经常发生代价高昂的不可预测的极端降水事件，引起季节性洪水、泥石流和干旱。传统的经济国家主义者努力在国家边界内部管理各种事务，而日益成长起来的联盟，摆脱自我利益，从全球社会相互依赖的角度，从区域水生态系统退化引发地球环境危机的角度，考虑不稳定的溢出效应。富水者和贫水者之间的淡水断裂带正在这二者之间形成一个国际政策层面。

地球上的每一天，都有缺水大军，主要是妇女和儿童，用沉重的大塑料桶，赤脚走上 2—3 小时的路程，到离他们最近的清洁水源地，运回维持他们一贫如洗的家庭生存下去的淡水，一个四口之家，每天大约需要 200 磅水。这个人道主义鸿沟的黑暗一边大约包括了 11 亿人[①]，他们大约占地球上人口总数的五分之一，这些人至少缺乏每人每日 1 加仑（3.7 升）的安全饮用水量。大约 26 亿人，也就是地球上人类总数的五分之二，是卫生用水贫困者，他们缺乏简陋卫生设施和个人卫生用水，这个追加的用水量约为每人每日 5 加仑（18 升）。世界上没有多少人达到了每人每日 13 加仑（49 升）的基本卫生设施和个人卫生用水临界值，这份用水量包括了洗澡和炊事用水。此外，腹泻、痢疾、疟疾，登革热、血吸虫病、霍乱以及无数其他与水相联系的疾病，慢慢地折磨着最悲惨的贫水者，缩短着

① United Nations Millennium Project Task Force on Water and Sanitation，4.

他们的寿命，与水相联系的疾病是人类最为流行的灾难。在非洲、亚洲、拉丁美洲和加勒比地区的发展中世界，估计有50%的人口遭受着因淡水缺乏和卫生条件差所造成的疾病的折磨。这个人道主义鸿沟的黑暗一边大约包括了20亿人，大约每过10年，他们都会因为公共抗旱防洪基础设施不足而遭受一次几乎是灭顶之灾。[①] 对比而言，在这个人道主义鸿沟的另一边，或在水富足的世界里，工业化国家居民的日常生活用水量，超出发展中国家最贫水居民的日常生活用水量10—30倍以上。在富水的美国，包括个人用水和市政用水的人均日用水量为150加仑（560升，或0.56立方米），这里包括了奢侈的多抽水马桶和草坪浇灌。

印度古吉拉特邦居民艰难取水（路透社）

贫水社会正在普遍采用限水制度。因为淡水稀缺和价格昂贵而引起的自相残杀和暴力冲突也同样日益增加。不适当的淡水供应一般以粮食产量不足和能源短缺的形式表现出来，耗水产业的不健康发展是以牺牲农业优先为代价的，现代生产设施与大量用水紧密地联系在一起，如降温、发电等。慢性的水资源短缺削弱了政府的政治合法性，导致社会不稳定和失败

① Millennium Ecosystem Assessment，13；United Nations Millennium Project Task Force on Water and Sanitation，17.

的政府。以1999—2005年为例[1]，在巴基斯坦的卡拉奇、印度的古吉拉特、玻利维亚的科恰班巴、肯尼亚的部落间、索马里的村庄间，都发生过因为水资源引起暴乱、爆炸以及其他类型的暴力冲突，导致许多人死亡，在苏丹的达尔富尔地区发生了种族大屠杀。有这样一则最奇特的水暴力事件报道，一个肯尼亚村庄为了减缓旱情，购买了一些水罐，于是，大批绝望的灵长类动物——猴子蜂拥而至，战斗导致八只猴子死亡，10个肯尼亚村民受伤。在世界上一些最不稳定的区域里，越来越多的与国际流域相关的民族、国家之间的边界紧张和军事威胁，达到了一触即发的危险境地。21世纪水资源委员会的前主席，世界银行高级官员，埃及人伊斯梅尔·萨拉杰丁（Ismail Serageldin）曾经在1995年预言，“石油引起了20世纪的许多战争；然而，下一个世纪，水将引起许多战争”。现在，转译萨拉杰丁这段预言的政治家不在少数。[2]

20世纪90年代是人类对全球环境苏醒的10年，以1992年在里约热内卢召开的第一次地球峰会为标志，从那时起，在一些世界领导人中开始达成这样一个共识，按照现存的发展轨迹和技术，可使用的淡水资源不足以

---

① Peter H. Gleick，“Environment and Security：Water Conflict Chronology，” in Gleick，*World's Water*，*2006—2007*，207—212. 也门、约旦、纳米比亚，西西里岛和阿尔及利亚都是限量供水的地方。在美国和其他依法管理的国家，有关水权的诉讼十分正常。1999年至2005年间的年鉴提供了大量与水资源相关的国内暴力冲突案例。在玻利维亚的第三大城市——科恰班巴，30 000抗议者抵制政府私有化城市供水系统，在若干天的抵制中有一人去世，由于供水系统私有化，水价上涨了四分之一。因为长期干旱，巴基斯坦卡拉奇的示威者高呼“给我们水”，在此期间，发生了四起爆炸。邻国印度也发生了类似的示威和冲突，古吉拉的供水车多次不能定时供水，引起社会动乱。肯尼亚西北部的一个政客让河水改道，浇灌他家的农场，从而导致部落冲突，超过20人死亡。索马里连续三年大旱，中央政府失去对国家的控制力，据说，在索马里的“井战”中，有250人死亡。有人故意破坏达尔富尔地区的水井，作为种族战争的一种手段。

② Ismail Serageldin，quoted in “Of Water and Wars.”

满足长期全球经济增长的需要。这个共识帮助推动了 2001 年展开的第一次地球主要生态系统健康及其对人类福祉影响的综合评估。在联合国的主持下，在世界范围内数千名专家的参与下，2005 年，完成了一份标题为“千年生态系统评估”的报告，研究了 24 个地球生态系统，在这 24 份被研究的地球生态系统中，有 15 个系统正在退化或不可持续地被利用。尤其是淡水生态系统和捕鱼业，被认为是“现在的需求水平就已经超出了可持续下去的水平，更不用说未来可持续下去的水平”。[①] 在 20 世纪，为了获得更多的农业用地和农业用水，地球上 50% 的湿地已经消失了或者受到严重破坏。在人类历史上，灌溉农业在世界范围内的扩张第一次达到了顶峰。

在人口和发展的双重胁迫下，到 2025 年，人类使用的地球表面可更新的淡水资源将会达到 50%—70%。[②] 参与“千年生态系统评估”（MEA）的专家估计，由于一些水资源短缺区域严重超采和缓慢补充储备水资源，全球 25% 以上的淡水供应[③]，可能已经超出了可以获得和维持下去的水平。

在 21 世纪的第一个十年里，处在水资源非常紧张状态的国家增加了，以致它们不再生产它们的人民吃饭和穿衣所需要的全部农产品。种植业是一个惊人的耗水产业，人类世界范围用水量的 75% 是农业灌溉。实际上，食品本身主要是水。为了生产 1 磅（0.45 公斤）小麦，需要 0.5 吨水或接近 250 加仑（0.9 吨）水；生产 1 磅（0.45 公斤）大米，需要 250—650 加仑（0.9—2.4 吨）水。把食品链向上移至肉类食品和奶制品，用水强度也在增加，因为动物需要大量的谷物去饲养；例如，每生产一个汉堡包，大约需要 800 加仑或 3 吨水，每生产一杯牛奶大约需要 200 加仑或 0.7 吨水。[④]

---

① Millennium Ecosystem Assessment，6.

② Sterling，30.

③ Millennium Ecosystem Assessment，6，106—107. 灌溉农田所使用的 15%—35% 的水来自已经枯竭的水源。

④ Pearce，3—4.

合计起来，一个正常饮食的个人每天食用的食品，大体消耗 800—1000 加仑（3—3.78 吨）淡水。这个人身上穿的棉质短袖圆领汗衫大约需要 700 加仑（2.6 吨）水来生产[①]。

贫水国家在粮食生产上不能自给自足，因此，它们正在日益依赖从水资源富足的农业国家进口粮食和其他食品。到 2025 年，预计大约有 36 亿人生活在不能养活他们的国家里，包括中东、非洲和亚洲那些最干旱的国家，人口密度最高的国家和最贫穷的国家。[②] 由于水资源稀缺，日益增加的虚拟水的贸易[③] 正在重新定义国际贸易，正在成为一种改变全球秩序的特征，进口水生食物和鱼类食物，正作为对国内水资源稀缺所造成水产品短缺的补充。人为造成的水土流失和污染常常进一步导致贫水国家进口者和富水国家进口者之间日益增长的分化。随着便宜的水和食品时代的结束，专家已经就国家粮食价格轮番上涨的前景发出警告，如果没有新的绿色革命，也许还包括发展节水型的转基因农作物，那么，很有可能发生严重的后果。

通过蒸发—蒸腾和降水过程[④]，不断循环，落到地面上的地球 1% 总水量中的 4‰，一直维持着人类有史以来的每一种文明，这个有限净值始终未变。人类实际上最多可以获得这份可再生淡水资源量的三分之一，而剩下的三分之二很快以洪水和渗漏的形式消失了，它们重新进入地表水和地下水生态系统，最终回归大海。即使这样，人类实际可以获得的三分之一的再生淡水资源足够养活地球上的 60 亿人，[⑤] 当然，这是以这份水资源

① Sterling，31.

② Postel，*Last Oasis*，xvi.

③ 伦敦国王学院和伦敦大学东方与非洲研究学院教授阿兰（J. A. Allan）因在 20 世纪 90 年代提出“虚拟水”的理论而获得 2008 年“斯德哥尔摩水奖”。

④ 蒸腾是有机物质如植物和人类的水蒸汽排放过程。

⑤ McNeill，*Something New Under the Sun*，119；Postel，*Last Oasis*，28；Pearce，28.

是均匀分布为前提的。可是，事实并非如此。在亚马逊河流域、刚果河流域、奥里诺科河流域、横跨俄国西伯利亚直到北极广大地区的叶尼塞河和勒拿河流域，很大份额的降水并没有得到利用。[①] 所以，在一些区域，实际占有的可再生淡水资源常常不足人均 2 000 立方米的水充足临界指标，甚至远远低于这个指标。[②] 与世界人口不断上升成反比关系，这个指标急剧下降。

但是，这个事实还没有完全呈现我们所面临的水危机挑战，因为除开上述那些流域没有利用的降水外，剩下的再生淡水资源以不同的强度、按季节降落到巨大的人类社会里，其中一部分不能被人获得。例如，因为蒸发的原因，炎热气候条件下的地区比严寒、温和气候条件下的地区得到的可利用降水要少得多，在非洲，仅有五分之一的降水具有利用潜力。最困难的水文环境并不是极端干旱的环境或极端潮湿的环境，而是有效水资源随季节发生很大变化的水文环境，很容易发生不可预测的水灾难的水文环境，如洪水、滑坡、干旱，还有那些正常气候模式发生突然的和急剧变化的水文环境。季节性大大增加了水利工程的复杂性和成本，不可预测性甚至导致整个水利工程规划失败，常常造成惊人的倒退。历史上最贫穷社会常常具有最困难的水文环境，[③] 这并非巧合。

所以，根据环境、水资源的有效性和它所支撑的人口，每一个区域实际面临的水挑战可能非常不同。澳大利亚是最干旱的大陆，仅拥有世界降水总量的 5%。当然，澳大利亚必须承载最少的人口，不过 2 000 万人或不足世界人口的 3‰。亚洲是最大的大陆，获得最多的可再生水，大约为全球可再生水的三分之一。然而，因为亚洲必须满足五分之三的世界人口

---

① 亚马逊河流域的降雨量占世界降雨量的 15%，但亚马逊流域的人口仅占世界人口的 0.4%。

② Clarke，*Water：The International Crisis*，10.

③ Grey and Sadoff，545.

的需要，包括世界上最干旱的地区，亚洲有四分之三的降水落到了难以获取的地区，降水高度可变，集中在季节性季风时期，所以，亚洲是水最为紧张的大陆。降水最丰富的大陆是南美洲，世界可更新水资源的28%落到了南美洲，而那里的人口仅为世界人口的6%。就人均而言，南美洲人接受的降水比亚洲人多10倍，比非洲人多五倍。但是，南美洲的降水大部分流入丛林，没有得到利用，而南美洲的高原地区依然极为干燥。北美是富水区域，占有世界可更新水资源的18%，人口只占世界人口的8%。欧洲占有世界可更新水资源的7%，人口占世界人口的12%，当然，欧洲的北部和中部，在湿度上占有优势，因为那里一年四季都有降水，蒸发缓慢，降水进入易于捕获的和可以航行的小河中。

当然，就大陆来谈论水资源状况掩盖了地区和国家之间正在采用新的涉水方针政策上的所有重要差异。"千年生态系统评估"（MEA）的一个令人吃惊的标题是，地球的干旱土地上的地表径流和快速补给地下水层，仅占世界可更新淡水供应量的8%，而那里包括了三分之一的世界人口或20亿人。90%以上的干旱土地上的居民生活在发展中国家，[①] 造成了国际经济发展关键性挑战中的水饥荒困扰。没有什么值得惊讶的，从北非到中东，再到印度河流域，这个巨大的干旱地带也是世界上政治最动荡的区域。与此相对的另一端是超级富水国家，如巴西、俄罗斯、加拿大、巴拿马和尼加拉瓜，它们所拥有的水资源比所拥有人口的可使用水还多。美国和中国都是水资源很不平衡的国家，它们的西部和北部地区缺水；美国远西部地区的人感觉到迅速发展所受的限制，而中国肥沃的、人口过多的北部平原却是地球上最严重缺水和面临环境挑战的区域之一。另外，印度正在增长中的巨大人口数量正在越过印度非常没有效率的淡水资源管理能力，使得农业、工业、家庭非常迅速地和深层次地开采地下水，展开探底

---

① Millennium Ecosystem Assessment，13.

竞赛。西欧国家因为很有效率地使用它们有限的水资源，主要用于工业和城市，而相对少地用于农业，所以，它们成功地管理了它们的水资源。

因为水是如此之重，需要量又是如此巨大，所以，不可能通过长距离运输水而永久性地消除慢性的水资源短缺。世界上有261个跨国河流盆地，大约居住了地球上40%的人口，邻国对水资源的需要，进一步限制了解决水资源短缺的办法，因此，水资源短缺的挑战必须按照地方自然和政治条件，一个区域、一个区域地去应对和解决。水富足的最可靠的指标之一是每个国家已经设立的人均水资源储备量，利用这个水资源储备量来缓解自然灾害和管理国家的经济需要；公认的水资源储备领军国家几乎都是西方最富裕的国家，而最贫穷的国家依然处于大自然反复无常的水害之中。

尽管淡水资源日益短缺，水对生命须臾不可缺少，但是，人类管理最为不善的、分配最没有效率的、肆意挥霍的也是水，这是一个很具讽刺意味的事实。换句话说，社会对水资源的不佳管理是社会水资源危机的一个关键因素。不管在市场民主还是极权的国家，现代政府通常还是维持着对它们国家的水资源供应、价格和分配的垄断性管理；[①]一般来讲，水资源作为社会商品来分配。随着时间推移而叠加起来的结果是，水的完整的经济价值和环境价值都被大大低估了。这种低估传达了一个隐蔽的、虚幻的经济信号，水资源可以永远充足地供应下去，从而刺激了对水资源浪费性的使用，而生产回报很低。20世纪最令人惊叹的例子是，苏联不可挽回地摧毁了中亚的咸海[②]——苏联水的“切尔诺贝利核电站”，它成为苏联共产主义实验失败的象征。最开始的良好愿望是，经过几十年的努力，把干旱的中亚地区变成棉花生产带，让苏联嗜水的“白色金子”自给自足，

---

① 美国的水依然是国家垄断的，此前还包括对电力和通讯的垄断。

② *Something New Under the Sun*，163—164.

结果则是一个经验教训，错误指导下的生态系统改造工程造成了灾难性的负面后果，走到如此惨痛的境地。

20世纪50年代后期，苏联工程师开始努力从阿姆河和锡尔河分流，这两条河本来是给咸海补水的，当时，咸海是世界第四大淡水湖。分流后，河水开始明显减少。到21世纪第一个十年早期，咸海已经失去了它三分之二的湖泊面积，成为两个小湖泊，曾经繁荣的渔业已经凋敝。原先的湖床成了盐沙尘暴的发源地，把有害残留物刮进灌溉的棉花地里，削弱了棉花产量，腐蚀了关键的生产设施。糟糕的情况还在继续，这个湖泊的萎缩减少了它对地方小气候的调节能力，地方小气候越来越极端，夏天更热，冬天更冷。减少了水蒸发，进而减少了地方降雨，积雪也萎缩了。阿姆河和锡尔河的水量永久性地减少，产生了自我强化的土壤干燥和土壤肥力侵蚀模式。苏联规划师们最终还是固执地没有对环境信号做出反应，低估了水，进而导致丧失一切，棉花大幅减产，渔业凋敝，高效率社会严重超采环境资源，以致那里的宜居性大幅降低。

类似的命运也降临到了撒哈拉沙漠以南非洲的乍得湖地区，时间回溯到20世纪70年代，那时人们在没有协调的前提下，展开了拦河筑坝、灌溉分流、跨越数国的土地清理等项工程，导致流入乍得湖的河水枯竭，相关地区的湿地和地下水干枯。这种状况既加速和扩大了自然的气候循环，也使得95%的乍得湖[①]表面面积在不到二代人的时间里迅速消失，换来那个地区的大规模沙漠化，作为打乱地方水生态系统自然节奏的一个后果，许多相关的地方目前正处在尚不明显的小气候演变过程中。

到目前为止，人类对水资源最令人震惊的浪费，是由长期低价供应灌溉用水造成的。墨西哥、印度尼西亚和巴基斯坦进行农田灌溉的农民，仅仅需要偿付他们全部用水成本的10%。按照穆斯林的传统，水应该是免费

---

① Pearce，85.

的，所以，除开在那些最干燥的地方征收部分送水费之外，许多伊斯兰国家几乎不征收或完全不征收灌溉用水费。[①] 美国政府的水库用水补贴仅限于那些在西部干旱地区灌一季农田的少数农民。在许多贫水区域，甚至那些有条件选择喷灌和滴灌的地区，没有效率的漫灌还在得到补贴。这些补贴如此铺张，以致沙漠中间的农民去种植如苜蓿这类耗水、低价值的农作物，与此同时，那些生产力更高、增长更快的产业和市政，则付出高昂的价格以获得足够的用水。

低价的水资源也没有鼓励城市对水资源的保护。因为跑漏的城市给排水系统，干渴的墨西哥城每天都在漏掉大约全部供水量 40% 的水，[②] 这份漏掉的水足够满足罗马这样大的城市的全部用水需要。就在眼前的这些年里，单单解决给排水系统跑漏问题一项，世界就面临上万亿设施修缮赤字。

18 世纪，亚当 · 斯密就考虑到了经济社会特殊的对待水的问题。他在《国富论》中说道，"没有什么比水更有用了；但是水几乎换不来任何东西；我们几乎没有任何东西可以与水交换"。[③] 斯密寻求对"钻石—水悖论"的解释，经济学家对这个著名的悖论情有独钟，把它作为探索经济理论边界的一种方式：虽然水对生命是无价的，然而，水却如此便宜；尽管钻石相对没那么有用，但是，钻石却如此昂贵，为什么？斯密的回答是，水无处不在，获得水所需要的劳动相对容易，这些让水的价格低廉。19 世纪的主流经济学通过更精炼的解释，取代了斯密的理论。水价是滑动计算的，这种滑动计算以水对最小使用价值的有效性为基础，例如，浇草坪，给游泳池注水，给干渴的野生生物止渴，或当前出现的环境觉醒，提出恢复生态系统；当水对最珍贵的使用来讲都变得稀缺起来时，水价就会

---

① Postel, *Last Oasis*, 166—167.

② Gleick, "Making Every Drop Count," 43.

③ Smith, *Wealth of Nations*, 174.

上升，达到水价的峰值。在斯密之前半个世纪，本杰明·富兰克林（Benjamin Franklin）在他的《穷理查的年鉴》（*Poor Richard's Almanac*）中，应用他特有的实用主义，对这个水悖论的实质做了透彻的分析："当井里没水的时候，我们就知道水的价值了。"[①] 在我们这个淡水稀缺的时代，实际上，全球的水井正在开始枯竭。水的价值正在上升至水的最高边际效用值，上升至斯密最初"没有什么比水更有用"的判断上。

在人类历史上，第一次出现了通过市场力量来改变水管理的基本经济和政治规则。在稀缺的胁迫下，富兰克林描绘的铁的供需法则，正在把市场经济扩大和追逐利益的机制，用到占据水的领域中。绝佳收益机会的召唤已经在世界范围内掀起了一场控制水资源和基础设施的争夺战，试图把淡水资源商业化成像石油、小麦或木材那样的一般商品。到目前为止，瓶装水是世界上增长最快的饮料，瓶装水的全球销售额达到每年1 000亿美元，而且还以10%的年增长率发展，让雀巢、可口可乐和百事可乐这些巨型公司赚得盆满钵满；可口可乐和百事可乐公司在纽约的皇后区、堪萨斯的威奇塔出售经过高技术过滤和处理的一般自来水，其他地方出产的则以"达桑尼"和"阿夸菲纳"的商标出现，价格是一般自来水的1 700倍，[②] 比它们著名的加糖软饮料还要贵。给水设施的私人管理是另外一个巨大的全球部门，与污水处理部门相当，由跨国公司主导。总之，水资源是快速增长、高度零散、竞争的产业，每年的全球价值高达4 000亿美元。华尔街已经启动了专门的水资源投资基金。在安然公司2001年因为臭名昭著的作弊案而坍塌以前，它已经提出了一个模式，像在加利福尼亚交易能源一样交易水权。许多城市，如纽约，过去从未因为未付款而削减供水服务，现在也在考虑如何关闭阀门的方式，以收集

① Poor Richard's Almanac，1733，quoted in Pacific Institute，"Water Fact Sheet Looks at Threats，Trends，Solutions."

② Lavelle and Kurlantzick.

拖欠的几百万的水费。[1]

让水受到市场和有效投资的制约，的确具有提高效率和革新的巨大潜能。但是，水对人的生命来说太珍贵了，太具政治爆炸性了，因此，不能完全依靠毫无同情心的市场规则去单独运作。实际上，在印度、玻利维亚以及世界其他地方，通过水资源获取高收益所引发的冲突已经显示出来，跨国公司被迫关闭它们在上述这些地区经营的公司或对其成本做出调整。水的商品化最终导致失控的水价和分配制度，迫使贫水者在干渴的、不健康的生活和绝望之间做出选择，无论是前者还是后者，都取决于社会选择允许市场力量进入传统的公共水资源领域的条件。

水资源稀缺的时代对西方的自由民主具有特殊的挑战：自由民主是否可以人为地创造出新的、有效的机制，在市场经济创造财富的历史进程中，给可持续水资源和其他环境生态系统的经济成本制定出完整的价格来？亚当·斯密描述了市场那只“看不见的手”如何引起个人自私地、竞争性地追逐利益；同时，作为一个有道德的副产品，那只“看不见的手”又如何最大化全社会的财富创造。但是，这个市场显然并没有发展出任何一只相应的看不见的绿手，去自动地反映正在枯竭的自然资源和维持整个环境健康的成本，而一个有秩序的、蒸蒸日上的社会正有赖于此。在20世纪，西方民主国家两次通过国家干预，调整了灾难性的市场错误，一次是西奥多·罗斯福解散托拉斯和20世纪初的改良运动，一次是“罗斯福新政”，用福利国家应对20世纪30年代的大萧条。每一次干预都改变了

---

① Peter H. Gleick and Jason Morrison, “Water Risks That Face Business and Industry,” quoted in Gleick, *World's Water, 2006—2007*, 158—165. 两家法国公司和一家德国公司——威立雅环境，苏伊士 S. A. 和 RWE 泰晤士水——主导了供水设备的生产。在污水处理方面，GE 在 140 亿美元的投资中占 32 亿。水务业务很分散，很难综合估计这个产业的规模。每年大约有 850 亿美元花在私营工业的水处理上，以便给需要纯净水的产业供水，如半导体、制药、某些化学加工、纸浆和造纸、食品和石化产品。饮用水净化、海水淡化和配水基础设施是水务产业的另一大头。

控制私人领域和公共领域之间关系的规则。在每一种情况下，市场经济的生产力都被注入了新的活力，以帮助维持西方的全球主导地位。现在，需要对市场和政府之间心照不宣的自由民主契约做第三次适应性调整，以形成新的繁荣机制。

每一个社会，在这个水稀缺的时代，都面对这样一个核心问题：日益增加的淡水资源将来自何方？社会一直都在以四种一般方式做出回应，并常常同时使用这四种方式。第一种回应是，做不了什么，或干脆什么都不做，等待某种奇迹般的技术，可以让我们从大自然中获得更多的淡水资源，这种反应受到20世纪成功兴建多功能大坝的影响，常常表达出这样一些愿望，如海水淡化，或种植基因调整的不耗水的农作物。第二种反应是，通过法规和市场导向的方法改善现存用水效率，进而增加有效供应。这种反应主要来自水富足的工业化的第一世界国家。最后两种反应基本上是权宜之计，推迟对水资源的清算日期。或让整条河流和湖泊改道，从湿润的区域长距离地把水调到干旱的区域，这种方式在水资源区域分布严重不平衡的大国十分流行。相类似，许多地区开采地下水的速度远远大于自然补充地下水的速度，如果有条件，它们投入更多的资金和技术，开采更深层的地下水资源，那些地下水是地球上百万年储备的结果[①]，一旦使用，不可再生。

从富水到贫水的连续体可以划分出四种类型的社会。在人类最贫水的地区，聚集着大批一贫如洗的人，他们主要生活在撒哈拉大沙漠以南的地区和亚洲，他们没有有效的基础设施，去抵御反复无常的破坏性水冲击，没有可靠的途径获得适当的清洁的淡水，来满足他们最基本的生活和个人卫生需要。大约有40%的人口依然生活在中世纪的条件下，水在那里体现的是日复一日的生与死的斗争，而非一个经济发展机会。另一种社会是那些比较现代的社会，那里存在严重的水资源短缺或水荒，以致他们一般

① 即使使用现代钻探技术都不能得到大量的这类深层地下原水。

缺少足够的淡水来种植粮食，满足自己的需要，他们一天得不到人均 700 加仑（2.65 立方米）淡水，[①]或使用天然降水的 20%。这些陷入困境的国家，不能很好地管理他们自己的粮食和淡水需要，虽然他们一般可以养活自己，但是，许多国家正在发展成长期粮食进口国，以及面临其他水资源短缺的困难。每日有 1 400 加仑以上的人均淡水量，使用天然降水不足 10% 的那些国家，基本上是世界上的主要粮食出口国。他们的水资源短缺基本上是可以控制的，只要对目前的用水效率稍做调整，就可以解决水资源短缺问题。

但是，当世界人口飙升 50%，由于一些国家的生活标准从第三世界转变成第一世界，相应的资源需要的增加比人口增长还要快，[②]所以，从富水到贫水的连续体正在明显向贫水方向倾斜，从而增加了每一个人的压力。水荒正在让那些发生了淡水危机的国家雪上加霜，更多的国家，包括世界上一些最大的国家也正在加入这个行列中来。水资源稀缺要求我们对水资源的重要性重新做出综合评估，把水看成一种新的石油，一种珍贵的资源，必须有意识地对水资源实施保护，有效率地使用，适当考虑大大小小的人类活动的资产平衡表：从公共卫生、粮食和能源生产，到国家安全、外交政策和人类文明的环境可持续性。在这个水资源稀缺的时代，水总是至关重要的，水在世界历史上由通常不为人注意的角色，现在正在转到舞台的中心。

---

① Postel, *Last Oasis*, 28—29. 人均每日拥有的淡水量不足 1000 立方米（2 740 升），界定为水资源稀缺；人均每日拥有的淡水量在 1000—2000 立方米，界定为水资源有压力；人均每日拥有的淡水量超过 2000 立方米，界定为水资源充足。Clarke, *Water*, 12. 使用超过 20% 以上的径流量，被看作一种水资源稀缺的标志；使用 10%—20% 的径流量，被看作存在严重水资源问题；使用不足 5% 的径流量，被认为水资源富足。

② Diamond, *Collapse*, 495. 戴蒙德认为，居住在第三世界的 80% 的人口受到的影响更大一些，包括正在崛起的中国和印度，他们对水资源和其他资源的消耗逐渐上升，正在追赶西方工业国家高得惊人的消费水平。

15. 比血还稠：淡水饥渴的中东

世界淡水危机的前沿之一是历史上一直存在水脆弱的中东和北非地区，那里是阿拉伯伊斯兰文明的核心，古代水利灌溉文明的发祥地，一种在“新月沃土”的洪水河谷里兴起的古代文明。从阿尔及利亚、利比亚、埃及，通过整个阿拉伯半岛，进入以色列、约旦、叙利亚和伊拉克，以及它们的区域邻里，这个政治动荡的、人口稠密的、干旱的土地，充满着水紧张、冲突，麻烦不断，是打响一场全面水战的火药桶。

中东是现代世界历史上第一个用光了水的主要区域。每一个国家都缺少淡水来生产足够它的人民需要的粮食，缺少淡水来提供一个长期提高生活标准的基础；人均可更新淡水资源远远低于最低标准值。阿拉伯半岛的沙漠国家和利比亚，以及干旱的以色列和巴勒斯坦，在20世纪50年代，就不足以依靠自己内部的水资源生产自足的粮食。[1]20世纪60年代，约旦没有水了；20世纪70年代，埃及没有水了；最近这些年，其他一些区域也没有水了。“千年生态系统评估”提出了这样的判断，在“中东和北非，人类使用了120%的可更新的水资源供应”。[2]他们越来越多地通过进口粮食、虚拟水，来维持生存，在那些可能的地方，通过开采地下水来

---

① Allan，6.

② Millennium Ecosystem Assessment，33.

维持生存，开采地下水的速度高于自然补充地下水的速度。从 20 世纪 70 年代早期开始，不断飙升的石油收入勉强阻止着一场充分发展了的危机。石油财富偿付着翻了两番的中东小麦进口，[①] 达到 4 000 万吨，这个增长仅仅用了一代人的时间。在中东和北非历史上的大部分时间里，开采地下水一直主要限于开挖浅井和暗渠——一种水平的渠道，把山坡里的水引出来。[②] 石油打开了一个新的时代，使用大规模补贴安装现代水泵，抽取深层的地下水用于灌溉。

如果说石油建成了现代的中东社会，那么，水则是中东地区未来社会发展的关键。中东地区终归逃脱不了相同的水资源脆弱的地理缺陷和缺少河流的现实，这种自然条件塑造了中东地区的古代文明和伊斯兰文明，设定了中东地区当地的、可承受的人口规模上限，最终影响伊斯兰文明从 12 世纪的辉煌跌落下来。中东地区的现代地表水利工程是在 19 世纪展开的。灌溉和便宜的石油能量改变了每个社会传统的人口—资源平衡。从 1950 年到 2008 年，中东地区的人口翻了一番，达到 3.64 亿。但是，每一个国家都很快开始越过这个区域的水资源和水利工程能力的有效限制。预计到 2025 年，中东地区的人口还会上升 63%，达到 6 亿人，[③] 伊斯兰的中东地区正在成为一个人口火山。在水荒继续扩大的情况下，中东地区暴力、激进的宗教原教旨主义和恐怖主义的升级，有可能让我们预测到那里的前程会是什么样。

埃及是人口最多的阿拉伯国家，2006 年，埃及人口达到 7 500 万，[④]

---

① Allan，8.

② 伊朗大量的饮用水依然由暗渠供应。

③ Andrew Martin，“Mideast Facing Difficult Choice，Crops or Water，” *New York Times*，July 21，2008.

④ Economist staff，Pocket World in Figures，2009，16.

预计在一代人的时间里，埃及人口将会达到1亿。埃及正处在风暴的边缘。自从古代法老时代以来，尼罗河始终是控制埃及社会命运的基本因素。但是，自从1971年建成阿斯旺大坝以来，尼罗河已经完全改变了。这个巨大的、多功能的阿斯旺大坝完全（地图16和17：现代中东，以色列和西岸地区）改变了尼罗河的水文状态，使尼罗河从一种神奇的自然现象，变成了一个完全管理起来的灌溉渠道，给一个电力不足的国家提供了丰富的电力。阿斯旺大坝让埃及领导人绝对控制着尼罗河在埃及境内的河水，拥有让埃及人免遭极端干旱和洪水周期性袭击的力量，让埃及人实现了5 000年以来的梦想。[①] 但是，阿斯旺大坝一直都不能改变尼罗河的另外一个历史特征：埃及社会的福祉取决于消耗一个巨大得不成比例的尼罗河流域里的水，而几乎每一滴尼罗河水都是来自埃及之外的地方。除开上游的苏丹外，白尼罗河水来自赤道东非大湖高原。直到今天，埃及水的最大来源是埃塞俄比亚高原，青尼罗河、阿特巴拉河和索巴特河，给尼罗河提供了85%的河水和所有的淤泥，淤泥每年6月到达阿斯旺大坝。在整个历史上，贫困的埃塞俄比亚和白尼罗河流域的国家一直都仅仅获取了尼罗河河水的九牛一毛来发展它们自己的经济。为了消除赤贫状况，它们现在决定使用更多的尼罗河水。1989年，埃及外交部长和以后的联合国秘书长布特罗斯·布特罗斯·加利（Boutros Boutros-Ghali）在美国国会谈到了埃及的地缘政治矛盾："埃及的国家安全掌握在尼罗河流域其他八个非洲国家的手里"。[②]

---

① Elhance，6. 96%的埃及人在尼罗河沿岸生活，而尼罗河沿岸地区仅占埃及国土面积的4%。

② Boutros Boutros-Ghali，quoted in "Water Scarcity，Quality in Africa Aggravated by Augmented Population Growth，" *International Environmental Reporter*，October 1989，cited in Postel，*Last Oasis*，73.

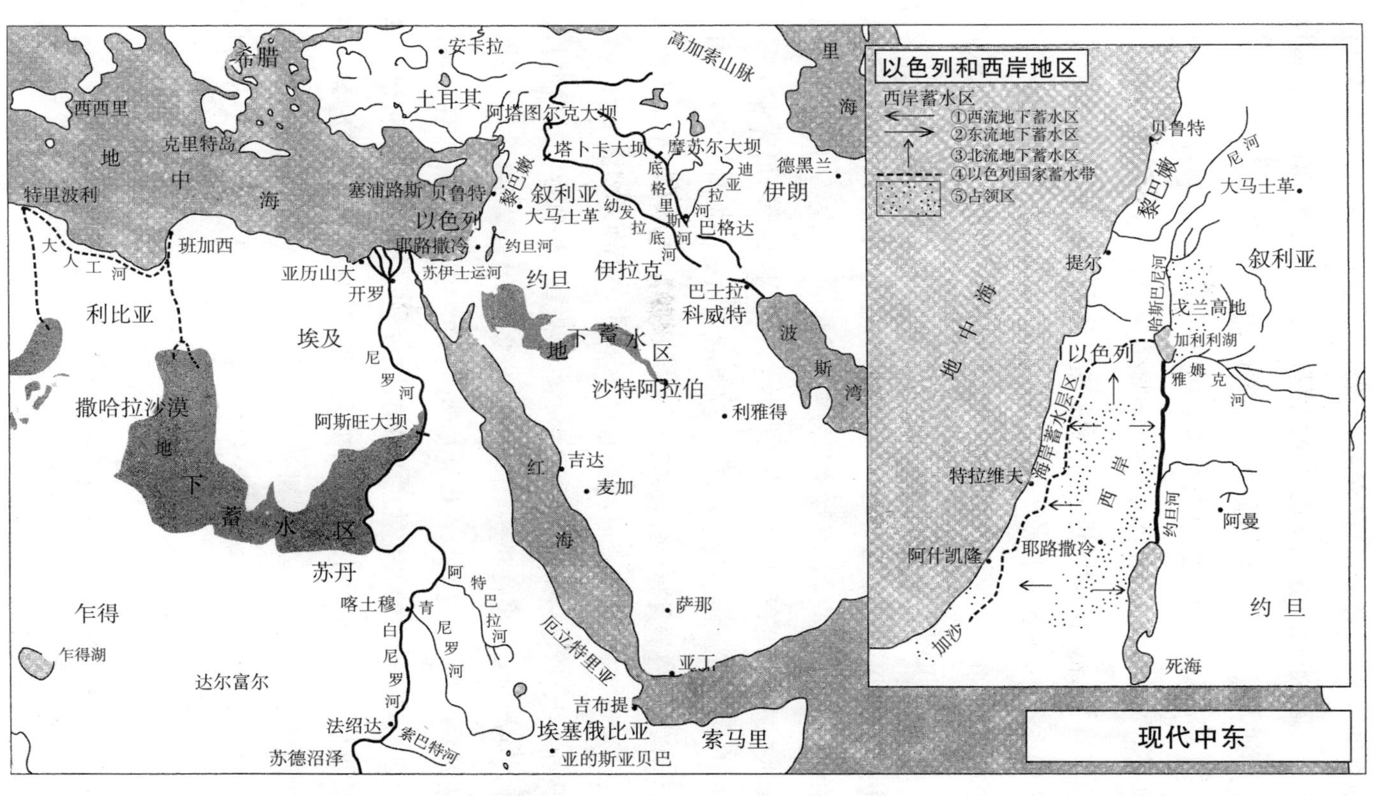

地图 16．现代中东

地图 17．以色列和西岸地区

多少个世纪以来，埃及一直都在担心尼罗河上游的国家，尤其是埃塞俄比亚，会卡断尼罗河水，这一担心深深地烙在埃及人的心里，有时会变得焦虑不安，例如，公元1200年，因为小洪水造成的大规模饥荒，让开罗死了三分之一的人口。威尔第在歌剧“阿依达”中安排了两个悲剧性的恋人，他们正好赶上了埃及和埃塞尔比亚之间的战争；在一定意义上，威尔第的故事变成了血腥的现实，1875—1876年，埃塞俄比亚在挫败了埃及人若干次帝国主义入侵之后，6万埃塞俄比亚军队最终消灭了侵入埃塞俄比亚的埃及军队。具有讽刺意味的是，阿斯旺大坝的伟大成就加大了埃及人对国家安全的担忧，阿斯旺大坝的建设刺激了尼罗河上游邻国，使它们有了修建自己的大坝、更多利用尼罗河水的愿望。这样，当全世界多数人通过苏伊士运河战争和阿拉伯半岛—以色列战争的角度来看待埃及的政策时，埃及领导人本身则英明地把重心放在压倒一切的国家安全目标上，即保障埃及对尼罗河水不成比例的使用，同时扩大尼罗河水在阿斯旺水库的总有效流量。1978年5月，就在埃及与以色列签署具有历史意义的和平协议和用望远镜盯住埃塞俄比亚之前，安瓦尔·萨达特（Anwar el Sadat）直率地宣布：“我们的生活100%地依赖于尼罗河，所以，如果任何人在任何时候想剥夺我们的生活，面对这样一个生与死的问题，我们将会毫不犹豫地去战斗。”[①]

从埃及文明露出曙光开始，作为自然的、单一作物的、季节性流域的农业系统，尼罗河沿岸的农业就一直没有改变过，这个农业系统可以支撑的最大人口数量大约在400万—500万。这个人口峰值在19世纪翻了一番，当时引入了拦河筑坝、全年耕作、多品种灌溉农业技术。1882年以后，在英国水文学家的技术帮助下，埃及人口再度飙升。就在阿斯旺大坝建成前夜，埃及人口达到了2 500万。[②]

① Anwar el-Sadat, quoted in Collins, 213.

② Smith, *Man and Water*, 205; Collins, 140.

阿斯旺大坝建设前的尼罗河泛滥（摄于 1900 年）

19 世纪 20 世纪之交英国人建设的阿斯旺低坝，允许泥沙在洪水季节通过这个低坝，进而维持了尼罗河流域自然的、自我维持的灌溉系统，同时，还第一次让埃及免遭大规模洪水泛滥。然而，这个阿斯旺低坝的水库太小了，不能储备足够的水资源来抵御那种延续数年的大旱灾。在随后的几十年里，英国水利工程师设想在赤道附近的东非高原湖泊和埃塞俄比亚的塔纳湖，修建大规模蓄水水库，因为那个地区的水蒸发速度比较低。英国水利工程师还设想修建一条长长的分水渠，让白尼罗河绕过当时英国控制的南苏丹滞水的巨大沼泽，在这片沼泽里，白尼罗河的河水蒸发掉了 50% 的水量。但是，第二次世界大战后，英国霸权时代让位于民族独立的时代，至此，英国人野心勃勃的尼罗河管道项目基本上还没有实施。随着英国殖民统治的结束，尼罗河流域被政治性地分成一个难以驾驭的贫穷流域国家的簇群，这些独立后的民族国家无法合作开发尼罗河。于是，通过水利工程的优化、非政治化让尼罗河最大程度地发挥潜力的理想，也随之化为灰烬。

阿斯旺大坝之父，埃及总统纳赛尔在1952年获得权力，当时，他有一个极其伟大的梦想，在阿斯旺建起一座巨型大坝，让埃及人从经济上控制尼罗河水，让埃及与尼罗河上游国家反复无常的和具有破坏性的政治阴谋隔绝开来，以保障食品安全和经济现代化，恢复埃及及其阿拉伯文明的独立、主权和辉煌。当美国国务卿杜勒斯撤销了他原先承诺的修建阿斯旺大坝的支持后，1956年，纳赛尔与苏联签署了协议，修建一座阿斯旺大坝。这个大坝很快成为埃及爱国主义热情和泛阿拉伯主义新政治的象征。虽然苏联希望让阿斯旺大坝的成功成为社会主义在全世界胜利的象征，但是，在阿斯旺大坝开始兴建后两年，1960年，似乎确认了杜勒斯的怀疑，苏联其实没有驾驭这个项目的技术能力。大坝建设落后于计划进度的安排，尽管埃及拥有大量低廉的劳动力，可是仅仅准备了不足10%的筑坝土石方。纳赛尔背弃了对苏联人的承诺，购买西方先进的工程设备，让这个项目走上了轨道。

1971年1月，纳赛尔在大坝竣工前五个月去世，没有活着看到阿斯旺大坝的建成。1975年，阿斯旺大坝全部运行，成为一个里程碑式的工程成就，是对埃及和新独立的第三世界国家产生重大影响的政治符号。阿斯旺大坝的高度达到109米，呈弧形的坝身长度超过2英里（3 830米），是世界上最高的填石水坝。如果阿斯旺大坝坍塌，整个下游地区都将变成《圣经》上描绘的泽国，摧毁现代埃及文明。阿斯旺大坝的建设形成了一个巨大的水库——纳赛尔水库，长344英里（553公里）、宽8英里（12公里），水库淹没了南埃及和苏丹努比亚地区的土地和历史古迹，移民人数达到10万，水库的库容是尼罗河平均年径流量二倍以上。比它所替代的阿斯旺低坝的库容要多30倍，在历史上第一次让埃及避免了极端的旱灾和水灾。当阿斯旺大坝开始运行时，12台发电机组生产了当时埃及50%的电力。因为有效控制尼罗河的河水，增加了20%的可耕灌溉农田，现存农田的耕作制度变成二季和三季。阿斯旺大坝的成功最终得到证明的是，从大坝建成到2005年为止，埃及人口翻了三倍，达到7 400万人。

凯旋式胜利的爱国主义情绪掩盖了对阿斯旺大坝建设的批判，这些批评者认为，阿斯旺大坝在技术上和环境上是一种倒退，因为阿斯旺大坝是在错误的地方建设的错误的大坝。例如，纳赛尔坚持认为，阿斯旺大坝的坝址一定要选在埃及酷热的沙漠里，这一选择导致纳赛尔水库的水大量蒸发，估计蒸发掉的水量为到达阿斯旺大坝的尼罗河平均径流量840亿立方米的12%。高坝还堵塞了肥沃的泥沙流往下游地区的通道，这样就把尼罗河流域自然的、自我维持的农业灌溉系统，改变成为一个完全由人工控制河流的、依赖化肥维持的农业系统，于是，那里的农田第一次易发盐碱化和内涝。由于阿斯旺大坝的建设，自然的尼罗河的历史在阿斯旺大坝建成后终结了。如同美国的卡罗拉多河一样，埃及的尼罗河成为一个名副其实的灌溉渠，每一点水都得到控制。当阿斯旺大坝在20世纪70年代一片赞扬的喧嚣中开始运行时，这些问题就已经存在了，但是，对这些问题的认识则是后来的事，它留给未来好几代人来解决。

纳赛尔在阿斯旺留下的伟大遗产似乎立即得到证明，在1979—1988年区域性大旱期间，阿斯旺大坝让埃及人免遭一劫，当时，尼罗河的径流量降至20世纪最低。在那期间，地处尼罗河上游的上百万埃塞俄比亚人和不计其数的苏丹人死于饥荒，而埃及经济却持续增长。在这个10年大旱中，到达阿斯旺大坝的尼罗河水低于正常年度平均水量40%。1988年7月，纳赛尔水库几乎接近死库容，大坝水轮机组就要停止运转，[①]所产生的电力不足埃及电力需求的20%，导致埃及更大程度地依赖石油。最令人忧虑的是，埃及仅剩最后七个月的灌溉用水储备了。1988年8月，大雨终于幸临埃塞尔比亚和苏丹。这场大旱以20世纪尼罗河最大的洪水而结束。此后的几年里，阿斯旺大坝背后的这个人造湖泊开始重新蓄水。埃及

---

① Collins，225—226.

得救了。

20世纪80年代尼罗河流域的这场大旱，给埃及南部邻国造成了人道主义灾难，凸显了埃及国家安全最优先考虑的，是保证埃及对尼罗河水近乎垄断的使用，保证阿斯旺大坝在供水上的关键作用。同时，大旱也暴露了阿斯旺大坝的军事软肋，如果巨大的阿斯旺大坝受到攻击，后果不堪设想。阿斯旺大坝的双刃地缘政治现实，对纳赛尔后继者的历史决策至关重要。安瓦尔·萨达特大胆地打破了阿拉伯人的禁忌，前往耶路撒冷，与阿拉伯人鄙视的敌人以色列建立了签署1979年和平条约的平台。在1948年、1956年、1967年和萨达特任总统的1973年，在与以色列发生的历次战争中，埃及一直都是阿拉伯世界的关键军事领导。尽管埃及取得过一些初期的军事胜利，但是，埃及人看到，在1973年的战争中，以色列人再次越过苏伊士运河，掌握了据说自1967年以来就有的空中优势，构成轰炸阿斯旺大坝的威胁。

萨达特与以色列人签订和平协议的战略决策的确激怒了他的阿拉伯兄弟们，但是，他的这个决策英明地保障了埃及人在尼罗河水问题上的基本国家安全。因此，埃及在国际社会获得了意外的外交收获，使埃及成为仅次于以色列的受到美国援助的国家，保证阿斯旺大坝、苏伊士运河和埃及领土不受以色列的攻击，让埃及把原本用于区域军事和外交的力量，用来开发尼罗河。在与以色列签署了和平协议的基础上，1979年，萨达特宣布其国家安全重心的改变，“可能让埃及人重新走向战争的只有水”。[①] 他甚至粗略地提出了修建一条和平管道系统把少量尼罗河水引到巴勒斯坦和以色列去的观点，努力消除巴勒斯坦人和以色列人之间在水问题上的紧张关系，以实现和平。

---

① Gleick, *World's Water*, *2006—2007*, 202. 埃及高级官员已经多次重复相同的观点，包括后来成为联合国秘书长的加利外长，1988年，他曾经说，“我们这个区域的下一场战争将是关于尼罗河的，而不是政治的”。

萨达特的外交部长加利，在他对这一时期的回忆中确认，“为埃及储备尼罗河水不仅仅是一个经济和水利问题，更是一个国家生存问题——尽管在埃及东部存在着以色列的军事力量，但是，我们的安全更大程度地取决于埃及的南部”。[①]

1974年，新生的共产党军事领导人门格斯图·海尔·马里亚姆（Mengistu Haile Mariam）获得了埃塞俄比亚政权，宣布要在青尼罗河的源头修筑水坝，这一想法也影响了萨达特把战略重心放在尼罗河上。[②]让萨达特不快的是，在整个20世纪70年代，以色列一直都给埃塞俄比亚提供军事支持，帮助埃塞俄比亚进行内外战争，埃塞俄比亚和以色列通过犹太教，在历史上一直走得很近，埃及对此疑虑重重。20世纪50年代后期，美国垦务局就开始调查埃塞俄比亚大量没有使用的水潜力，当时还在海尔·塞拉西（Haile Selassie）皇帝的领导下。依然因为纳赛尔在阿斯旺大坝建设上与前苏联联手，刺痛了美国，美国的冷战领导人乐于在埃塞俄比亚有所为。这个调查形成了美国垦务局的17卷报告，提出了20多个灌溉和水电站项目，尤其是预计可以产生三倍于阿斯旺大坝的水力发电潜力。[③]在寒冷的埃塞尔比亚高原上获得和储备青尼罗河及其支流的水，水蒸发量不足阿斯旺地区的三分之一，所以，美国垦务局的结论是，埃塞俄比亚项目能够大规模繁荣这个区域的水电生产，也能增加流到下游苏丹和埃及的径流量。从理论上看，这可能让所有国家处在共赢的局面中，但是，这样就会让埃塞俄比亚，而不是埃及，完全控制到达阿斯旺大坝的径

---

① Boutros-Ghali，322.

② Collins，214—215. 埃塞俄比亚人一直梦想在塔纳湖修建一座水坝。1974年，门格斯图推翻了海尔·塞拉西皇帝。1978年，门格斯图开始表达他要修建水库的愿望，以开发埃塞尔比亚自己的水资源。他重提埃塞俄比亚人对埃及-伊斯兰在非洲之角野心的历史担心，指责埃及通过支持索马里武装和厄立特里亚叛军在埃塞俄比亚后院闹事，从而加剧了与萨达特的紧张关系。

③ Collins，171.

流量，这无疑是埃及人几个世纪一直担心的噩梦。如果埃塞俄比亚完全制到达阿斯旺大坝的径流量，埃及就会什么水也没有。另外，贫穷的埃塞俄比亚人不能依靠自身的财力来完成这些野心勃勃的项目。埃及通过它在国际外交政治方面的优势，在埃塞俄比亚为水利开发谋取多边融资上，动用有效的否决权，阻止埃塞俄比亚获得资金。

埃及尼罗河水的五分之四的确来自埃塞俄比亚，但是，埃及宣称它拥有优先使用这条河里水资源的历史权利。在1956年宣布展开阿斯旺大坝建设的基础上，纳赛尔同时试图与它的南部邻国苏丹达成分享尼罗河水的协议，当时，苏丹刚刚独立，实际上，阿斯旺水库的一部分就在埃及与苏丹的边境上。1958年后期，纳赛尔在刚刚赢得苏丹权力的伊斯兰军事领导人中找到了一个可以进行协商的合作者。①

结果形成了“尼罗河水协议（1959）”。这个协议以惊人的勇气，在埃及和苏丹之间划分了全部的尼罗河水：埃及得到除去蒸发之后的尼罗河估计水量的四分之三，大约555亿立方米；苏丹得到剩下的四分之一，大约为185亿立方米，那时，这个水量远超出苏丹可以使用的水平，所以，埃及有效地使用了这笔财富。1959年协议完全排除了埃塞尔比亚和其他七个上游国家对尼罗河水的使用，实际上，这是穆斯林阿拉伯人迫不得已强加给撒哈拉南部尼罗河流域的方案。另外，埃及和苏丹联合起来反对上游敢于与它们挑战的国家。② 埃塞俄比亚一般使用尼罗河水的1%，它拒绝了这个协议。1956年和1957年，塞拉西已经从美国总统艾森豪威尔和副总统尼克松那里得到支持，埃塞俄比亚拥有使用尼罗河水的权利。实际上，埃塞俄比亚没有实力去阻止埃及对水的争夺。③ 在20世纪70年代后

---

① 一开始，纳赛尔尝试强迫苏丹领导人默认埃及人对领土的要求，但是没有成功。

② Erlich，6.

③ Collins，170. 美国支持阿斯旺大坝对尼罗河水的开发，条件是尼罗河周边国家的合作。

期，这些紧张关系引发了萨达特和塞拉西的共产主义继任人门格斯图之间的争论。萨达特赤裸裸地发出军事威胁，如果埃塞俄俄亚胆敢摸一下尼罗河水，埃及将对此进行报复。埃及的阿拉伯报纸迅速展开了反埃塞俄比亚的言论，包括先知穆罕默德要穆斯林们不要去理基督教的埃塞俄比亚，因为埃塞俄比亚的国王阿克苏姆曾经收留了先知穆罕默德早先的追随者，而他们在公元 615 年逃出了麦加。

埃塞俄比亚文明可以追溯到法老时代，古代埃塞俄比亚一直没有被占据或殖民化过。正是埃及女王哈特谢普苏特（Hatshepsut）在公元前 15 世纪，派遣著名的红海探险队到达埃塞俄比亚这个非洲之角的“朋特之地”，带回乳香、没药活树。埃塞俄比亚的君主告诉所罗门国王和西巴皇后的儿子，把“约柜”* 带到埃塞俄比亚北部的阿克苏姆王国保存，据说一直保存到今天。公元前 100 年，希腊水手在埃及和印度之间做海上贸易，于是，阿克苏姆王国成为一个与海洋贸易相联系的力量；在阿克苏姆王国的鼎盛时期，它的边界延伸到了埃及南部，跨越红海，到达阿拉伯半岛。与罗马君士坦丁皇帝同一时期，阿克苏姆王国皈依了基督教，直到 20 世纪中叶，埃塞俄比亚东正教会与亚历山大港的埃及基督教徒一直有着紧密联系。尽管出于穆罕默德的善意，但在七世纪以后，伊斯兰水手接管了越来越多通往印度和东方的贸易通道，埃塞俄比亚开始衰退。而从 12 世纪中期到 16 世纪，埃塞俄比亚经历过一个扩张和复苏的黄金时期，再次强调了它与耶路撒冷、所罗门国王的联系，是犹太人的合法继承人。但是，到了 20 世纪后期，埃塞俄比亚成了世界上最穷的国家，平均寿命仅为 53 岁。高原上的极端恶劣的水文条件是经济发展的最大障碍。雨是季节性的，变化多端，不可预测，泥泞的青尼罗河突然出现，在雨季，青尼罗河在峡谷地区倾泻

---

* “约柜”又称“法柜”，是古代以色列民族的圣物，“约”是上帝跟以色列人所订立的契约，而“约柜”就是放置了上帝与以色列人所立的契约的柜。

而下上百英尺的高度；而在旱季，青尼罗河里几乎无水，从而导致大坝管理、桥梁和其他水利工程兴建非常复杂，比起气候条件稳定温和、变化不大的富裕国家，在埃塞俄比亚展开相同项目的成本要昂贵数倍。①

1981年，穆斯林极端主义者暗杀了萨达特，在此之后，埃及和埃塞俄比亚之间的冲突缓和了下来。新的埃及总统穆巴拉克（Hosni Mubarak）采纳了埃及高级顾问加利倡导的比较温和的方式，主张联合、协调地开发尼罗河流域，以便发挥尼罗河整个蓄水潜力，减少河水的蒸发，开发水电，让更多的尼罗河水用于灌溉。

虽然埃及在外交上做了更大的努力，但是，埃及提出的所有关于尼罗河流域的计划、技术和资金帮助，都以"尼罗河水协议（1959）"② 对其他河流国家默认的用水量来预测，没有改变，让埃及在所有新的水供应上占有过于大的份额。政治和环境方面的障碍也给尼罗河流域的开发造成不利影响。1984年，完成开挖工程量70%的埃及—苏丹引水渠道因苏丹南部内战爆发而中断，这条引水渠的长度为224英里（360公里），旨在绕过南苏丹的沼泽，引水量接近白尼罗河流量的二倍，南苏丹的暴动者认为，这个引水工程是在剥夺他们的自然资源，让气候条件有利于苏丹北部的穆斯林以及他们的埃及盟友。③20世纪90年代早期，埃及阻止非洲开发银行给埃塞俄比亚提供贷款，担心埃塞尔俄亚的发展会消耗太多的水。④ 毫

---

① Grey and Sadoff，545—571. 世界银行的水务专家提出，水冲击频繁的国家一般是世界上最穷的国家，这样的国家常常面临困难的自然水文条件，在其经济腾飞的初期，要面对比工业化国家大得多的水资源困境。

② 埃及1981年制定的"水资源总体规划"同样忽视了这个区域的政治不稳定和开发水资源可能引起的环境副作用等问题。当然，该规划设想通过在上游建设新的水利工程，进一步开发尼罗河水的产出，实现再增加现有产出的25%这一目标。

③ 苏丹西部达尔富尔的种族灭绝行动，包括破坏大部分非穆斯林黑人的水资源，受到苏丹北部穆斯林政府的支持。

④ Alan Cowell，"Cairo Journal：Now，a Little Steam. Later，Maybe a Water War，" *New York Times*，February 7，1990.

不奇怪，加利的尼罗河外交没有产生什么重大突破。经过10年努力，一切如初。以色列的水文专家和水利工程师正在对埃塞俄比亚境内的许多大坝选址进行可行性研究，[①]一旦这类水坝修筑起来，将蓄积本来要到达阿斯旺大坝的50%的径流量，1989年11月，当加利了解到这一情况后，他在开罗的办公室里，召见了埃塞俄比亚的大使，警告埃塞俄比亚，除非埃及同意，否则，埃塞俄比亚在青尼罗河上建设的任何筑坝蓄水工程，都是战争行动。

20世纪90年代早期，另外一轮水资源外交斡旋幸运地展开了。埃及和梅莱斯（meles zenawi）领导的埃塞俄比亚新的民主政府原则上同意，埃塞尔比亚有资格公平占有尼罗河水，双方在尼罗河的开发上进行合作。1999年，尼罗河流域的国家提出了世界银行支持的"尼罗河流域倡议"，这是世界上许多国际流域采用的一种模式。但是，这个外交努力背后的真正动机是，埃及自己野心勃勃地计划通过扩大它的水浇地面积，解决狭窄、肥沃的尼罗河走廊因人口剧增而产生的压力。1997年，埃及就开始了一个有争议的历时20年的"新流域项目"，这是一个大规模调水项目，类似于20世纪20年代和30年代在美国加利福尼亚南部建设的那个调水工程，这个项目计划通过一条尼罗河的古运河，从纳赛尔湖调出50亿立方水，当时，埃及并没有这50亿立方规模的水量，[②]需要与上游国家合作才能得到。为了获取埃塞俄比亚的合作，埃及支持埃塞俄比亚修建水电站，在高原上开发梯田，从而改善农田用水状况，增加河水流量，减少到达阿斯旺大坝的泥沙，支持埃塞俄比亚的一些小规模灌溉项目。埃塞尔比亚的水浇地面积不足农田面积的1%，为扩大水浇地面积比例，帮助埃塞俄比亚增加蓄水能力的项目，埃及并没有真正展开过严肃的协商。

---

① Darwish；Ward，197.

② Allan，67—68，152—153. 这个"新流域项目"希望把阿斯旺东北部的沙漠变成农业和工业绿洲，从尼罗河沿岸拥挤的生活走廊转移出700万埃及人。

到2005年，八分之一的埃塞俄比亚人依然需要国际粮食援助为生，埃塞俄比亚总理梅莱斯愤怒地抗议，埃及在大规模使用尼罗河水灌溉农田上的霸权，威胁了埃塞尔比亚自身的利益，他们要分流一部分尼罗河水。“当埃及正在使用尼罗河水把撒哈拉沙漠改造成绿洲时，却拒绝我们埃塞俄比亚人有可能使用尼罗河水来养活我们自己，而85%的尼罗河水来自埃塞尔比亚。……埃及历届总统一直都在威胁对别国采取军事行动。……如果埃及真的计划阻止埃塞俄比亚人使用尼罗河水，那么，埃及必须占领埃塞俄比亚，迄今为止，地球上还没有哪个国家做到过这一点”。[1] 糟糕的是，梅莱斯继续说，“当前的制度不能继续下去了。这个制度之所以还在延续，是因为埃及的外交影响力。当东非和埃塞俄比亚人对这些外交辞令感到越来越绝望的时候，现在的确是改变这个制度的时候了。东非和埃塞俄比亚人打算开始行动”。

以尼罗河上游几千万人的普遍贫困、营养不良、人道主义危机来换取埃及对尼罗河水的历史霸权，是不现实的。在最近发生的最令人发指的大屠杀中，有两起就发生在尼罗河流域的卢旺达和苏丹。布隆迪，像埃塞俄比亚一样，是世界上三个最贫穷国家之一，这个非洲之角是国家失控引发战乱的废墟，是经常性发生大饥荒的地区。尼罗河也是这些国家可以开发的最大天然财富。例如，埃塞俄比亚到目前为止不过开发了尼罗河水利发

---

① Meles Zenawi, quoted in Mike Thomson, “Nile Restrictions Anger Ethiopia,” *BBC News*, February 3, 2005. http://news.bbc.co.uk/2/hi/africa/4232107.stm. 埃及领导人坚决否认，他们正在阻碍其他国家的水利灌溉项目得到国际金融机构的投资，他们提出，因为埃及缺少自然降雨，加之人口不断增长，需要分出一部分水去开发沙漠。2005年，一名埃及水资源和灌溉部高级官员告诉英国广播公司，“水不仅仅生产粮食，还涉及一代人的就业。我们40%的劳动力是农民，如果不给这些人机会和工作，他们会马上移居城市，我们将会看到已经拥挤不堪的埃及更加拥挤”。如果埃塞俄比亚和南苏丹地区掐断尼罗河水，埃及会怎么办？当问到这个问题时，加利的回答是，“我不相信任何国家会冒天下之大不韪掐断尼罗河水，因为……埃及的安全是建立在水的基础上，是建立在尼罗河的资源基础上”。

电潜力的3%。作为非洲未来的粮仓，尽管覆盖60%的尼罗河流域，苏丹的水浇地却不过是它农田面积的1%。在生活必需品的迫切压力下，埃及的邻国最终会找到更多利用尼罗河水的办法，无论埃及是否同意，这是历史的必然。在尼罗河下游肥沃的三角洲和洪水泛滥的尼罗河流域里出现的埃及文明，最终会看到政治实力向尼罗河上游转移，那里拥有控制尼罗河水的最佳战术性位置。

另外，在水源稀缺的时代，埃及的传统战略似乎不能与新的水资源政治相契合。历史上，一方面通过延续政治主导，另一方面通过实施针对灌溉和新城市的不切实际的工程方案，埃及就可以获得更多的尼罗河水的供应，这个历史时代的错觉成为埃及传统战略的基础。到了现代，埃及推动更有效地利用现有水资源的国内改革频频受阻，在水资源日益稀缺的时代，还在继续浪费水。尼罗河水继续被以很大的补贴提供给农民，这个补贴达到每年50亿—100亿美元的规模，鼓励了挥霍性的漫灌，破坏了上好的农田。[①] 尼罗河研究者柯林斯（Robert Collins）如是说，“在埃及文化中，人们相信，水像空气一样，是神给予的，是免费的。任何价格制度和使用控制都是完全不能接受的，几乎是亵渎神明的”。[②]

斗转星移，埃及人需要精打细算地使用水的日子不远了。埃及对外国粮食进口的依赖正在增长，粮食进口总量约达到埃及粮食总需求量的40%，[③] 从而掩盖了埃及的淡水赤字。同时，阿斯旺大坝所造成的长期环境影响正在以愈演愈烈的趋势表现出来。与大规模灌溉农田的命运相同，随着肥沃的泥沙淤积在水库里，埃及农田的肥力正在枯竭。土壤盐碱化和积

① “Of Water and Wars”；Elhance，60. 抽水和运水需要能源，因此，20世纪90年代后期，对能源的补贴又加了40亿—60亿美元。

② Collins，218.

③ Brown，“Grain Harvest Growth Slowing.”

涝正在侵蚀着整个尼罗河三角洲，降低着尼罗河流域的农业生产力。大约有 3 000 万埃及人生活在尼罗河三角洲，而 70% 的埃及农田面积也在这个肥沃的三角洲里，没有自然泥沙流入大海，地中海的海水向内陆倒灌了 30 英里（48 公里），[①] 所以，尼罗河三角洲正在萎缩。随着阿斯旺大坝的完成，到达地中海的年度水量从 320 亿立方米降至 20 亿立方米，[②] 因此，沿海岸线和沿海湿地水生物所需要的营养得不到保证，逐步摧毁了埃及曾经盛产的沙丁鱼和虾类渔业。依靠大量化学肥料，既消耗了阿斯旺大坝的电力，又污染了尼罗河和尼罗河三角洲的潟湖。由于富营养的污水排放，水葫芦堵塞了灌溉水渠，而蜗牛携带的血吸虫病，以及肝脏病和肠道病的侵扰，一直都在蔓延。

简而言之，纳赛尔在 20 世纪中叶所做的影响埃及命运的决定，现在到了计算成本的时候了，因为这个决定，世界历史上唯一一个自我维系的灌溉系统，尼罗河的独特标志，永远地淹没在金字塔式阿斯旺大坝的背后。埃及现在的人口已经达到 7500 万，而且，每年新增 100 万人，可以说，埃及人口超出了阿斯旺大坝和尼罗河目前的生产限度。2006 年，埃及、埃塞俄比亚和苏丹的人口总数达到 1.92 亿；到 2025 年，预计这个地区的人口还会增加 50%，[③] 人口总数将达到 2.75 亿人。尼罗河流域所有国家的合计人口将达到 5 亿左右，年轻人、贫困人口占压倒多数，他们将努力依靠尼罗河水生活下去。

2008 年年初，世界粮食价格达到了记录高位，因为世界人口还要增加 50%，中国和印度兴起的中产阶级正在对动物蛋白有了更大需求，美国继续追逐用玉米乙醇生物燃料去替代汽油，那么，在未来数年里，世界

---

① McNeill，Something New Under the Sun，170—171.

② Lester Brown，“The Effect of Emerging Water Shortages on the World’s Food,” in McDonald and Jehl，85；McNeill，Something New Under the Sun，170—171.

③ Economist staff，Pocket World in Figures，2009，16，17.

粮食价格还会继续攀升。处在粮食链底部的正是水资源贫困的人口，他们已经把大部分收入花在粮食上，因此，他们没有剩余的收入来承担更高的日常粮食成本。气候变化问题专家预测，如果气候问题出现，还将有可能增加大灾难的数量。随着降水和蒸发模式的改变，尼罗河水可能会衰减25%，[①] 而海平面上升可能淹没埃及尼罗河三角洲地区的大片农田。

因为粮食价格上涨，加上官场腐败，政府补贴的传统扁圆形大饼价格上涨了1美分。2008年初，因为这种饼的短缺，排队长了一些，于是有11个埃及人在与此事相关的暴力冲突中死去。这是对未来可能发生的问题的一个预演。考虑到面包暴乱可以颠覆政府，于是，穆巴拉克总统要求军队增加加工和分配这种扁圆形大饼。[②]

总之，埃及和尼罗河流域的邻国好像坐在人口增长与水短缺的火药桶上。与世界上许多面临水荒的国家一样，埃及似乎只有一个合理的政策反应：通过提高用水效率，扩大现有的水资源供应，与国际河流流域的其他邻国合作，最大化河流的径流量，围绕长期依赖全球一体化贸易系统，进口耗水的生活必须品如粮食，实行经济结构调整。期待有一天，创新性的突破让水资源和人口水平实现可持续的平衡。

如何估计埃及政治和文化挑战的规模都不过分。完全聚焦在尼罗河问题上的合作意味着，埃及要放弃几千年积淀下来的民族心理，放弃在尼罗河下游称霸的骄傲形象。埃及与上游邻国长期相互猜疑，偶尔会发生战争，而那些邻国国内局势不稳定、贫困，时常发生人道主义悲剧。作为一种思想实验，假定埃及人同意拆除阿斯旺大坝，把自己国家的命运与好声誉、政治可靠、上游邻国的经济增长联系起来，以此作为平等的象征，也许将迎来这一地区发展的曙光。但这并非任何国家的任何领导人都欢迎的

---

① Elhance，58.

② “Not by Bread Alone,” *Economist*，April 12，2008，55.

愿景。

但是，2005 年以后，政治经济形势开始不利于埃及。苏丹正在计划通过中国的援助，在尼罗河上建起一座新的水坝。埃塞俄比亚和苏丹都开始把有潜力的农田租赁给干渴、富裕的外国如沙特阿拉伯，种植粮食。尼罗河流域的另外一些国家正在开始单边项目。埃塞俄比亚和苏丹农民正在尼罗河的支流上，建起大量高度不过 10 英尺（3 米）的土坝，越来越多的尼罗河水到不了尼罗河的主流了，这个水量大体相当于 20 世纪 90 年代中期尼罗河径流量的 3%—4%。埃塞俄比亚发现了原先不了解的青尼罗河径流形成的地下含水层，可以通过水泵抽取地下水，用于灌溉，这样，埃塞俄比亚人的外交影响力正在增加，他们可以等待日益绝望的埃及人，以便在尼罗河问题上得到一个好的交易。在这个背景下，埃及、埃塞俄比亚、苏丹以及其他尼罗河流域的国家，开始了新一轮的磋商，试图在联合流域投资和开发上达成全面的一致。在整个世界上，共享河道的国家磋商都在致力形成流域合作倡议，应对水资源稀缺的挑战。“青尼罗河倡议”并不比其他此类协议先进多少，面临着更大的挑战，但是，它对所有国家提供了可能的回报。首先，埃及人正在表现出一个真正的、务实的愿望，使用国际监督和资金，严肃地对待在蒸发率很低的埃塞俄比亚高原蓄水的问题。这个流域的专家得出这样的计算结果，通过大坝控制而减少洪水流失，埃塞俄比亚实际上能够提供它自己规划的灌溉用水总量，产生更多的水电，同时，依然给下游苏丹和埃及释放比现在还要多的径流量。按照“尼罗河流域协定”，如果真的完成了长距离引水渠的建设，让尼罗河水绕过苏丹的沼泽，避免大量水蒸发，可以给尼罗河新增 100 亿立方米的径流量。贯穿整个尼罗河流域，灌溉的农田生产和水力发电可以大大增加，尼罗河的生态系统将得到更妥善的管理。当然，这有赖于真正落实以合作的方式克服区域困难，而不是成为竞争的敌人。鉴于埃及的任何政治动乱都有可能在整个水饥渴的、反复无常的中东和北非地区引起不稳定，所以，全世界都有巨大的兴趣去帮助埃及和它的邻国渡过难关。[1]

约旦河流域是古代“新月沃土”文明的摇篮，在这个古老文明中最小、最干旱的地区，水曾经点燃过一场真正的热战。以色列人、巴勒斯坦人、约旦人和叙利亚人，在一个世界政治热点地区，争夺控制和划分一个区域的稀缺的水资源，这个区域在很久以前就没有足够的淡水来满足每一个人的需要了。2000年，生活在这个流域核心区的人们拿走了320亿立方米的淡水，[2]超过了250亿立方米年度自然降雨重新补充的总水量。规模不到尼罗河规模4%的约旦河，在到达加利利湖以南地区时，已经减少成了涓涓细流，不能补充咸且正在萎缩的死海。大部分不足用水量通过开采地下水得到补充，这个区域的主要地下水系统共有四个，三个在西岸以色列占据的巴勒斯坦人的土地上，一个在以色列的海岸边。总之，约旦河流域有1 200万人，但是，他们仅有满足粮食自足所需淡水总量的三分之一；[3]所以，区域稳定依赖于以粮食进口形式出现的虚拟的水，不能中断。

在1948年创建以色列时，约旦河流域的所有人有足够的淡水。淡水短缺出现在20世纪50年代，当时，集体农场和个人农户把以色列干旱的土地改造成为水浇地，从而使淡水消耗翻了一番。在美国，为了提前消除因水而起的冲突，艾森豪威尔行政当局在20世纪50年代早期派出了一位特使——埃里克·约翰斯顿[4]（Eric Johnston），试图协商建立一个水分享

---

① Sadoff and Grey, “Beyond the River.” 他们提出了合作的四种潜力：（1）较好地管理支撑这个流域的生态系统；（2）河流产生的效益更大一些；（3）减少因竞争和紧张关系所引起的成本；（4）通过在河流问题上的合作，增加国家之间的贸易。

② Sher, 36. See also Allan, 74—77. 320亿立方米（260万英亩英尺）水包括以色列、巴勒斯坦和约旦，不包括这个流域边缘的叙利亚。

③ Allan, 76.

④ Allan, 78; Postel, “Sharing the River out of Eden,” 61.

协议，[1] 改善流域所有居民的经济、社会和环境状况。显然，约翰斯顿编制了一个所有水专业人士都同意的协议。但是，政治分化、1956 年苏伊士运河危机发生前夜燃起的阿拉伯民族主义，让这个里程碑式的水协议面临厄运，1955 年 10 月，阿拉伯的部长们一起拒绝了这个协议。

20 世纪 50 年代的水资源短缺酿成了 20 世纪 60 年代的暴力冲突。在 20 世纪 60 年代初，当以色列受到攻击时，以色列的外交部长戈尔达·梅厄（Golda Meir）给以色列的阿拉伯邻国发出通知，以色列将千方百计地对约旦河的北部支流实施分流。[2]1964 年，以色列在加利利湖附近建起了一个大型抽水站，开始把水送入以色列新的“全国给水系统”里，这个给水系统通向海边的特拉维夫和内盖夫沙漠以南的农场。阿拉伯国家的一次首脑会议决定阻止以色列的“全国给水系统”。阿拉伯方面的工程从在叙利亚建设水坝开始，水坝的建设费用来自沙特阿拉伯。以色列用他自己的分水方案作为回应。1965 年元旦那天，巴勒斯坦解放组织法塔赫游击战士攻击了这个“全国给水系统”。以色列动用坦克和飞机，跨越国家边界袭击了叙利亚的分水工程，结果，阿拉伯国家决定拆除雅姆克河上一处大坝。虽然避免了一场全面的水战，但是引起了不断加剧的暴力冲突链式反应，以色列当时的指挥官和后来的总理沙龙（Ariel Sharon）称这场冲突扣动了 1967 年战争的扳机：“实际上，‘六日战争’[3] 比以色列决定反对约旦河分水早了二年半。叙利亚与我们之间的边界冲突关系重大，但是，引水问题则是一个有关生与死的严酷问题。”

1967 年 5 月中旬，纳赛尔驱逐了联合国派驻苏伊士运河的危机缓冲

---

① Elhance，113. 约翰斯顿计划的基本原则是，应该通过合理接近自然重力浇灌水浇地的方式来分水，这个原则把有效需求置于土地的水权之上。虽然该计划没有实施，但是，在随后的半个世纪，对于共享水资源的协商，都以此原则为基础。

② Postel，“Sharing the River out of Eden，” 62.

③ Sharon，167.

部队，要求埃及堵住以色列通往红海和印度洋的唯一通道，1967 年战争从这里爆发。“六日战争”的结果令人震惊，它改变了中东地区的地缘政治。以色列的领土面积翻了两番。同样重要却不那么为公众注意的是，以色列与它的邻国之间实力的水文平衡也决定性地改变了。在“六日战争”之前，以色列控制着不到 10% 的约旦河流域。而在“六日战争”之后，以色列成为约旦河流域水资源的主导力量。完全受到以色列控制的是西岸的地下水，包括大规模的西部地下水，这个地下水源在“绿线”周边的丘陵地带南北流动，向西流到以色列和地中海，而补水基本上发生在以色列占领的巴勒斯坦领土上。21 世纪早期，西岸地区的地下水供应了以色列三分之一的淡水[①]。戈兰高地甚至具有更大的战略意义，1981 年，以色列吞并了戈兰高地，实际上拥有了水可更新的加利利湖的汇水区，这是以色列淡水资源的另外三分之一，戈兰高地很大程度地保护了约旦河上游的源头水资源以及雅姆克河畔。约旦河在约旦南部注入加利利湖，雅姆克河畔是重要的历史场地，636 年，穆斯林在这里包围了拜占庭军队，当时，拜占庭军队打开了黎凡特和埃及的洪水闸门，用水破坏伊斯兰的早期军事辎重。深信以色列人盗走了阿拉伯人的水，已成为引发阿拉伯—以色列紧张关系的另一个具有煽动情绪和导火索功能的因素。

以色列人利用它突然得到的水资源财富来推动它的经济增长和现代化。1982 年，以色列把西岸的水资源并入它的“全国给水系统”。同时，以色列把水资源作为国家政治工具来使用，以色列严格限制西岸巴勒斯坦人在他们的被占领土上开凿新井或加深水井，作为一种施舍，以色列向以

---

① Allan，82. 约旦河起源于巴尼亚斯、哈斯巴尼和丹三条支流，而这些支流都起源于戈兰高地的赫尔蒙山地下水滋养的泉水。以色列另外五分之一的水源供应来自循环用水，海水淡化工厂能够提供另外三分之一的水，替代枯竭的海岸含水层的地下水。以色列不失时机地开发呼勒河流域新的地下水源，来增加格兰高地水源的水量，为的是让更多的洪水流进加利利湖。

色列巴勒斯坦人提供少到不成比例的淡水。所以，在世界上富水和贫水分化最明显的地方，巴勒斯坦人仅有以色列定居点居民用水的四分之一。巴勒斯坦人在西岸地区的水浇地大规模萎缩，水浇地从占耕地面积的四分之一减少到二十分之一。以色列人喜欢种草坪和建游泳池，而巴勒斯坦人却只得减少洗澡频率，承受更高昂的价格买水罐车运来的水，以满足他们饮用、烹饪、个人卫生等最基本的生活用水需要。例如，在纳布卢斯的一个村庄里，有些家庭要偿付他们收入的 20%—40% 来满足基本的用水需要。① 在海岸地区，以色列在“瓦迪加沙”上修筑若干水坝，用已经超采的地下水源的水，给以色列农民供水，而这些干河谷地区是给巴勒斯坦人的加沙地带补充地下水的唯一天然水源。加沙地下水几近枯竭，② 所以，海水和污水很容易渗漏到所剩无几的地下水层，140 万加沙巴勒斯坦人饮用着受到污染的水，常常引起疾病，对健康构成威胁。水荒和对“盗窃”阿拉伯人水的愤怒，引起了巴勒斯坦人 1987 年的起义，这场起义首先在加沙爆发，而后蔓延到整个西岸地区。③

由于严重的水资源稀缺，以及以色列人和它的约旦河流域邻国之间水资源供应的明显不平等，水成为这个区域和平谈判的核心问题之一，这场谈判以巴勒斯坦解放组织领导人阿拉法特和以色列总理拉宾（Yitzhak Rabin）1993 年 9 月在白宫草坪上的那个著名握手为标志。在奥斯陆的以色列—巴勒斯坦和平谈判中，有五个核心问题，除领土边界、定居点、难民返回权利和耶路撒冷等问题外，水也是五个核心问题之一，水也是以色列最优先考虑的事情之一。1995 年 9 月的临时协议肯定了以 4 比 1 的比

---

① Pearce，160—161. 有关西岸巴勒斯坦水浇地的衰退，参见 Darwish。

② Postel，“Sharing the River out of Eden，” 63. 加沙地带的饮用水质量低于世界卫生组织的最低饮用水标准。国际社会在以色列同意的情况下，在加沙地带投资建设了一座现代化的污水处理厂，以缓解水质下降的问题。

③ Aaron T. Wolf，“‘Water Wars’and Other Tales of Hydromythology，” in McDonald and Jehl，116—117.

例分享山区地下水是不公平的现实。以色列正式承认巴勒斯坦人对西岸地下水所拥有的权利，包括少量增加供水，消除当前的淡水稀缺问题，承诺帮助巴勒斯坦人开发东部地区的地下水。事实上，多年以来，以色列人在东部地区开发水资源的行动均没有成功。当然，在比较公平的基础上共享西岸地下水的目标放在了最后阶段；2000 年，这个和平进程坍塌，这一目标也付之一炬。[①]

巴勒斯坦—以色列的和平对话，给约旦与以色列之间的 1994 年条约提供了一个政治封面。这个条约包括以色列向约旦每年优惠供应额外的 5 000 万立方米水，以满足处在水荒中的约旦人的最小淡水需求，承诺在联合水资源开发上的合作，合作解决区域淡水稀缺的挑战。实际上，自 20 世纪 50 年代埃里克·约翰斯顿使命崩溃以来，两国的水利专家一致都在秘密地交谈，他们有规律地在约旦河岸边举行“野餐会议”，交换信息，有时协调水资源的调度，具体实现和平条约的安排。[②]1969—1970 年，双方以实用的、口头的方式达成谅解，以色列同意，停止进一步破坏约旦的国家供水渠道，而约旦王国阻止巴勒斯坦解放组织跨过约旦河袭击以色列，在 1970 年的“黑九月”战斗中，约旦人驱逐了巴勒斯坦解放组织的游击队。相对比而言，叙利亚和以色列之间没有建立起类似的信任和实用主义谅解，所以，以色列与叙利亚就戈兰高地归还问题的谈判，磕磕绊绊，步履艰难，叙利亚坚持收复加利利湖的湖畔线，加利利湖是以色列的可更新水库，国家水安全的命脉。

2001—2002 年，一场水危机接近爆发。2000 年，以色列从它占领了

---

① Postel, *Last Oasis*, xxiv, xxv. 到 2000 年，以色列所获得的水量比阿拉伯人拒绝的“约翰斯顿计划”所设想的水量要多出 50%—75%。

② Elhance, 107, 113. 约旦严重依赖来自亚姆克—约旦河的水，因为约旦的另一个水源是地处靠近沙特阿拉伯东南边界处不可再生的 Qa Disi 地下水，沙特阿拉伯也在迅速消耗这个地下水源，每年大约开采 2. 5 亿立方米水。

18 年的黎巴嫩南部单方面撤军，黎巴嫩南部的什叶派民兵与叙利亚结盟，把握以色列撤军这个优势，立即开始建设一条管道，从戈兰高地边界处的瓦扎尼河引少量的水。瓦扎尼河给哈斯巴尼亚河供水，而哈斯巴尼亚河供应约旦河四分之一的径流量。[①] 黎巴嫩人的人均供水量是以色列的五倍，所以，水资源充分的黎巴嫩可以选择从其他水源引水，如利塔尼河，这条河完全在黎巴嫩的境内，而且通过比较短的距离，就可以给需要提供服务的相关村庄供水。以色列总理沙龙发出警告，认为瓦扎尼河引水是故意挑衅，有可能导致战争；2002 年秋，美国、联合国和欧盟展开了紧锣密鼓的外交斡旋，阻止了一场暴力冲突的发生。[②] 由非阿拉伯的伊斯兰国家土耳其出面安排的叙利亚和以色列之间重新开始的谈判，本来就戈兰高地和约旦水问题的磋商已非常接近突破，[③] 但是，由于没有得到美国的充分支持，2008—2009 年冬，以色列—巴勒斯坦人在加沙发生新的冲突，葬送了这场谈判。

以色列对它的水资源稀缺挑战所做出的反应，不同于这个区域的其他国家，十分独特。以色列的反应超出了简单地保证自己可以尽可能支配这个地区的地表水和地下水。以色列还积极地出台相关政策，推进更有效地利用现有的水资源，创造了多种水资源利用技术。例如，为了应对 1986

---

① 因为以色列当时的蓄水正处在历史最低点，所以紧张关系进一步加剧。

② “Israel Hardens Stance on Water,” *BBC News*, September 17, 2002, http://www. bbc. co. uk/ 2/hi/middle_east/22265139. stm ; Luft ; Stefan Deconinck, “Jordan River Basin: The Wazzani-Incident in the Summer of 2002—a Phony War?” Waternet（July 2006）, http : //www. waternet. be/jordan_river/wazzani. htm.

③ 以色列人相信土耳其总理埃尔多安，埃尔多安与叙利亚领导人的关系也不错，通过他从中做工作，在戈兰高地的水资源问题上，以色列和叙利亚基本上到了最后官方谈判的阶段。但是，据说布什行政当局否决了这个机会，拒绝给叙利亚领导人以安慰，因为叙利亚与伊朗、真主党和哈马斯靠近。2008 年末，以色列动用导弹袭击加沙地带，于是，解决水资源问题的任何机会都折戟沉沙了。

年大旱引起的水资源危机，以色列通过大幅度削减水资源补贴，更全面地反映出可持续供水和送水的全部成本，进而在六年中，把农业用水削减了三分之一；[①] 以色列的最终目标是，削减大约 60% 的农田灌溉用水。在 2008 年水紧急状态的压力下，大部分以色列农民原则上同意，向国家水公司偿付水的全部市场价格。[②] 以色列把农业节约下来的水提供给有高经济回报的工业和高技术部门、城市供水系统，以及低用水强度和高附加价值的农作物。与发达经济国家一样，农业在以色列的全部经济产出中仅占 2%，却消耗了国家全部水资源的五分之三。[③] 但比较有效地使用已有的水资源，让以色列能够挣得收益，进口所需要的粮食和其他以色列本身无力生产的水产品。以色列的经济调整，给埃及和中东其他水资源稀缺的国家，提供了一条可供选择的发展道路。

以色列还大量采用了先进的水利技术，在全球范围内树立起高效农业的形象。在这些先进技术中，值得注意的一类技术是处理、回收和再利用污水，通常用于农业和低水质要求的那些地方。例如，21 世纪以来，特拉维夫和其他城市四分之三的被处理的污水，都被送到内盖夫和其他区域，用于农作物生产。大量经过处理的污水用于高效的滴灌系统，这一技术是以色列工程师在 20 世纪 60 年代推出的。滴灌系统通过地下的穿孔管网，直接把水送到植物的根部；结合用计算机对土壤状况进行监控的现代技术，精准地给植物提供水，让农作物最优生长。通过滴灌技术，单位水投入的农作物产出常常翻一倍到三倍。相比较而言，传统漫灌仅有大约 50% 的水到达植物的根部，即使这样，大部分水还是蒸发掉了。到 21 世

---

① Allan，96—97；Elhance，96.

② “Don’t Make the Desert Bloom,” *Economist*，June 7，2008，60. 2008 年，农民实际偿付的水价依然是市场价格的 50%，而得到另外一半隐形补贴，当然，这个协议标志了事情的发展方向。

③ Postel，“Sharing the River out of Eden，” 64.

纪初，三分之二的以色列农业都采用了这种微灌溉方法；① 以色列专家把这种技术移植到了邻国约旦，约旦大约有50%的农田采用滴灌技术。通过滴灌和污水循环使用，以色列农民在20世纪最后30年的时间里，用水效率翻了五倍。②

对于中东这样的水荒区域，提高水的使用效率是必要的，但是，并非充分的。还是需要新的水资源。为了补充它的水源，以色列日益转向现代的、大规模的海水淡化工程。海水淡化在一些极端缺水的沿海地区存在很长时间了，那些地方别无选择，但是，因为海水淡化需要大量的能量来蒸发海水，或者更先进一些，使用反渗透技术，在高压条件下以非常细腻的膜来脱盐，因此，海水淡化成本高昂。直到最近，海水淡化的成本还是高于天然水源100倍。从20世纪90年代开始，反渗透工厂的海水淡化成本开始大幅下降，大约下降了三分之二。③ 到21世纪初，由于水资源稀缺和海水淡化成本下降，沿加沙以北的南地中海沿岸，以色列建设了五个大型海水淡化工厂。④ 第一座海水淡化工厂建在阿什凯隆⑤，2005年开始运行。这家工厂生产高质量淡水的成本大约为从加利利湖抽水送往特拉维夫的成本的二倍。2008年的干旱刺激了进一步的海水淡化需求，到2020年，以色列大约每年将生产7.5亿立方米的脱盐水，或大于从西岸抽取的地下水。⑥ 用传统市场条件衡量，无论海水淡化经济或不经济，海水淡化包含

---

① Postel, "Sharing the River out of Eden," 43, 64.

② Pearce, 300.

③ Ibid., 254; Economist staff, "Tapping the Oceans," Economist Technology Quarterly, June 7, 2008, 27. 主要改进是能量回收和膜技术。

④ 从20世纪70年代开始，以色列详细地研究了通过管道从地中海或红海把水调到死海的方案，利用海拔高度，利用调水产生大量的电力，以解决海水淡化的电力需求。

⑤ 这个海水淡化厂每立方米淡水的生产成本为55美分，而加利利海水淡化厂每立方米淡水的生产成本为30美分。

⑥ "Don't Make the Desert Bloom," 60; Postel, "Sharing the River out of Eden," 64.

了无价的政治收益，因为它让以色列有了淡水保障，成为与巴勒斯坦人保持和平相处的关键之一。

以色列为了进一步加强它的长期安全，开始从中东正在兴起的水资源超级大国土耳其那里，购买少量水资源，这是一种新的、非常昂贵的水资源，但是具有战略意义。21 世纪初，非阿拉伯的穆斯林土耳其日益成为一个重要的区域大国，这不仅因为土耳其处在西方和伊斯兰世界之间的前沿、控制着地中海和黑海之间的海上通道、是一个强大的军事大国，而且还因为土耳其作为中东最富水国家的影响力日益增加。土耳其许多山区河流给土耳其人提供的人均水量，至少比以色列的人均水量多 10 倍，[①] 比叙利亚的人均水量多三倍。特别具有战略意义的是，在土耳其冰雪覆盖的东南部高原，[②] 聚居着大部分的库尔德人那里，高原控制了古代美索不达米亚汹涌的两河源头，是现代叙利亚和伊拉克的淡水生命线。在通过叙利亚、伊拉克进入波斯湾之前，幼发拉底河河水的 98% 来自土耳其。几乎一半的底格里斯河的河水也来自土耳其，剩下的一半来自伊朗边远地区的支流。

在几乎所有的历史中，两河水的基本受益者一直都是干旱的下游区域，对应于现在的伊拉克，伊拉克肥沃的土壤决定了农业的繁荣。伊拉克 80% 的水来自境外。20 世纪 70 年代，叙利亚人斥巨资建设了巨大的多功能大坝，分流了很大一部分水，这样，叙利亚人利用地处幼发拉底河上游的位置，占有了传统优势。10 年以后，权力平衡继续向上游的土耳其转

---

① Sher，36.

② 土耳其之所以被纳入北约军事势力范围，是因为土耳其扼守地中海和黑海的咽喉。在冷战期间，土耳其在拒绝苏联海军轻易通行于地中海和黑海之间以及影响地中海、中东地区的问题上，发挥了重要作用，也延长了苏联对北约的供给线，增加了苏联的负担，导致其崩溃。现在，这个海峡依然为主要海洋航线的战略咽喉地带，包括来自中亚地区新油田的输油管道——给西方国家提供石油。

移，土耳其也开始规划它富裕的自然水资源。[①]

土耳其野心勃勃的水资源开发项目的关键是“东南安纳托利亚发展项目”或称 GAP，包括 22 个大坝、19 个水电站、多种灌溉方案。“东南安纳托利亚发展项目”的目标是改造贫穷的、政治上不稳定的区域，受益人口大体为 600 万人，让土耳其的水浇地和电力生产翻一番，[②]让土耳其从粮食进口国变成粮食出口国。“东南安纳托利亚发展项目”的核心是巨大的土石坝——阿塔图尔克大坝，土耳其的阿斯旺大坝，1990 年建成。阿塔图尔克水库的库容能够达到幼发拉底河年度径流量的五倍。[③]

土耳其领导人图尔古特·厄扎尔（Turgut Ozal）在这个高 600 英尺（182 米）、宽 1 英里（1609 米）的阿塔图尔克大坝落成典礼上说，“21 世纪会是土耳其的世纪”。[④]但是，恢复奥斯曼帝国的愿景，恰恰给土耳其下游的阿拉伯邻国发出了警报，而土耳其人则为之兴奋不已，土耳其成为这个区域水的霸主。在“东南安纳托利亚发展项目”全部完成后，叙利亚所占有的幼发拉底河河水的份额将会减少 50%，水质下降。伊拉克将仅得到它历史上曾经获得的水量的 10%。[⑤]另外，这个不协调的幼发拉底河大坝项目加上土耳其、叙利亚、伊拉克的灌溉项目，将消耗整条幼发拉底河几乎一半的水，上游的土耳其将会最终裁决，谁得到多少水，何时得到水——这是一个不可能的前景。[⑥]

按照对幼发拉底河水暴利的早期预测，土耳其领导人在 1987 年就已

---

① 从 20 世纪 70 年代早期到 2002 年，土耳其建设了 700 座水坝，还计划建设 500 座大坝。Douglas Jehl, “In Race to Tap the Euphrates, the Upper Hand Is Upstream,” *New York Times*, August 25, 2002.

② Elhance, 148—149.

③ “One-third of Paradise,” *Economist*, February 26, 2005, 78.

④ Turgut Ozal, quoted in Ward, 192.

⑤ Ward, 192.

⑥ Jehl, “不失时机地掌握幼发拉底河，上风在上游。”幼发拉底河的年径流量达到 350 亿立方米。

经打算，通过两条1 000英里（1 609公里）长的“和平管道”，把水卖到中东去。当时设想，一条管道向南调水，经过叙利亚和约旦峡谷，一条支线到达以色列和巴勒斯坦，主线到达沙特阿拉伯的麦地那和麦加圣城；第二条管道预计向东，通过伊拉克和科威特，到达波斯湾。[①] 通过这些大型管道系统的淡水价格只有海水淡化价格的三分之一。土耳其的想法是，它的水将会鼓励区域合作与和平，而土耳其手握战略和外交控制阀门。

但是，这个和平管道从来就没有从工程设计图上跳下来。中东干旱现实的水政治决定着和平管道的命运。1990年1月，土耳其开始在阿塔图尔克大坝里蓄水，三个星期后，幼发拉底河开始变成涓涓细流，叙利亚和伊拉克以战争叫嚣做出反应。[②] 为了显示叙利亚对此的不满，军事上处于劣势的叙利亚撕毁了1987年的一个非正式协议，开始并在整个20世纪90年代，向土耳其东南部的库尔德分离主义叛乱者，包括土耳其通缉的库尔德工人党领袖奥贾兰（Abdullah Ocalan），提供支持。[③] 伊拉克的独裁者萨达姆（Saddam Hussein）在外交上与叙利亚站在一起，喋喋不休地叫嚣要轰炸阿塔图尔克大坝。联合国成员评估了让幼发拉底河断流的价值，并作为反制措施，迫使萨达姆让第一次海湾战争中的伊拉克入侵部队撤退。[④] 虽然这个计划没有实施，但是，水成了海湾战争的一个战场：伊拉克的供水和公共卫生设施有可能成为攻击和摧毁的对象，而伊拉克则威胁要把科威特的海水淡化厂夷为平地。

利用两河流域的水作为外交和战争筹码，其实古代美索不达米亚就这样做过。20世纪70年代中期，当叙利亚人在幼发拉底河上修筑大坝，让

---

① Elhance，150—151；Sher，35—37. 第一条管道从很少利用的塞伊汉河和杰伊汉河引水，每年引水达12. 8亿立方米；第二条管道从底格里斯河引水，每年引水大约9亿立方米。

② Elhance，144.

③ Allan，73.

④ Gleick，The World's water，2006—2007，204.

水库开始蓄水时，伊拉克和叙利亚就曾陈兵边界，剑拔弩张，几乎发生战争；那时，萨达姆也威胁要轰炸叙利亚的大坝，而叙利亚不止一次在播种季节，企图减缓幼发拉底河的水流，以示对伊拉克政策的不满。[①]1985—2000年，第一次海湾战争之后，什叶派的兴起对萨达姆政权构成了威胁，于是，萨达姆开始有针对性地袭击巴士拉以北的两河流域下游地区。那些肥沃的、适合于鱼类生活的沼泽生态系统，在古老的苏美尔时期，被公认为是伊甸园所在地，现在，那里生活着25万人，大部分是什叶派穆斯林。经过一些破坏性手段，这个大沼泽的规模萎缩到了它历史规模的十分之一，人口也以同等比例下降。当萨达姆的第二次海湾战争落下帷幕，洪水泛滥也只能恢复这个沼泽地区40%的面积。[②]

1992年年中，有关两河流域水的争议再次提出。土耳其总理苏莱曼·德米雷尔（Suleyman Demirel）是一个水利工程师，他严厉地拒绝了叙利亚和伊拉克对土耳其灌溉和水力发电项目的反对意见，威胁以控制河流的水来报复："我们没有说我们分享他们的石油资源。他们也不能说他们分享我们的水资源。这是一个主权问题。我们有权做我们喜欢做的事。"[③]在20世纪90年代初的那几年，幼发拉底河流量的减少导致叙利亚塔卜卡大坝的10台发电机组关闭了七台，叙利亚出现电力能源危机。[④]1998年，叙利亚和土耳其部队的边境军演同时展开。经过第三方的外交斡旋，叙利亚把库尔德工人党领袖奥贾兰驱逐出大马士革，从而避免了这场战争。

---

① Elhance，142—143. Patrick Cockburn，"Iraqi Dam Burst Would Drown 500,000，" *Independent*，October 31，2007.

② Alwash，56—58；"One-third of Paradise，" 77—78；Edward Wong，"Marshes a Vengeful Hussein Drained Stir Again，" *New York Times*，February 21，2004；Marc Santora，"Marsh Arabs Cling to Memories of a Culture Nearly Crushed by Hussein，" *New York Times*，April 28，2003.

③ Süleyman Demirel，"The Euphrates Fracas：Damascus Woos（and）Warns Ankara，" *Mideast Mirror*，July 30，1992，quoted in Elhance，144.

④ Whitaker.

21 世纪初，虽然在共享水资源问题上有了一些外交进展，但是，幼发拉底河流域所有三个国家的人口都在迅速增长，叙利亚和伊拉克的土壤盐碱化、土壤污染和粮食短缺都在恶化，各个国家声称对幼发拉底河和底格里斯河河水的拥有量，超出了这两条河实际拥有的流量之和。两河流域既是美索不达米亚文明的摇篮，也是人类首个记录为水而发生战争的地方，现在，算总账的日子似乎正在临近。

在这个水资源稀缺的时代，土耳其被推到了中东政治问题的关键位置。伊拉克是否能够从第二次海湾战争中重建，很大程度上依赖于土耳其允许多少淡水流到下游以及时机如何。为了帮助缓解 2008 年的干旱，著名什叶派教士阿亚图拉 · 西斯塔尼（Ayatollah Ali al-Sistani）建议，伊拉克以优惠价把石油卖给土耳其，以此换回更多的水。土耳其总理厄多冈（Recep Tayyip Erdogen）随后访问了伊拉克，表示土耳其已经给伊拉克提供了很多的水，“水量超出了土耳其承诺的规模，土耳其也是很需要水的”。[①]

土耳其在多大程度上愿意开放叙利亚边界上的幼发拉底河闸门，也是一个意义重大的杠杆，在叙利亚与以色列的和谈中，它决定着叙利亚在多大程度上就戈兰高地上的水向以色列让步。水的贸易增强了土耳其与以色列在阿拉伯人主导区域的军事和外交合作，使穆斯林土耳其成为以色列与其阿拉伯邻国之间冲突的可以信赖的调节者，这一角色现在变得越来越明显。但是，土耳其实施水资源外交，增加了土耳其自身的国内风险，土耳其的库尔德人就生活在底格里斯河和幼发拉底河的发源地上，他们正在争取成立独立的库尔德人国家，而土耳其国内风险的增加有悖国际支持。居住在伊拉克北部底格里斯河流域的库尔德人，正在利用他们控制的伊拉克最大的水电站，争取在美军撤出之后的后萨达姆时代，获得更多的领地和

① Recep Tayyip Erdogen, quotec in Sally Buzbee, “Drought Threatens Iraq's Crops and Water Supply.”

自治权。[①]从更宽泛的角度看，土耳其的水资源显示了战略资源的重要性，总有一天，战略性水资源的短缺会抵消阿拉伯世界通过石油得到的经济和政治权力。阿拉伯世界正受到水资源短缺的困扰，而且阿拉伯世界的人口正在过度增长。

在这个干渴和政治上最不稳定的区域，为水一战的风险很高，当然，这并非意味着水而引起的战争不可避免。水资源稀缺所具有的威胁十分明显，所以，各方为了生存会显示合作的本能。在第二次巴勒斯坦人起义的最危急的时刻，愤怒的人们强烈谴责以色列对西岸地区水资源的霸权行径，巴勒斯坦官员和以色列官员则继续悄悄会面，同意双方都不要破坏对方与水有关的工程设施。[②]作为一种沙漠里的宗教，伊斯兰教对水有着特殊的敬畏，这种敬畏也支持合作。所有生活在干渴土地上的居民们都共享着一句古老的谚语："当一个人在喝水，而其他人只能看着的时候，世界末日就不远了。"[③]人们可能考虑到了双输的后果，所以避免在战后核时代里直接进行军事冲突，假使出现了不可多得的政治家，既使在非常绝望的情况下，中东水荒引起的也可能不是毁灭性的战争，而是缓和水危机的合作模式，而这种合作会促进区域和平。如果以色列先进的农业技术与阿拉伯的石油投资结合起来，如果这个被淡忘了的梦想重新复活的话，就很有可能缓解这个区域正在加剧的水危机，这可能有些好笑，但并非不可能。

现在，另一场水资源冲击正在撩动沙特阿拉伯酷热、辽阔的沙漠区域与国际力量的平衡。地质现象给沙特王国要弄了一个无情的把戏：沙特王国拥有世界上最大的油田，同时，沙特王国是地球上最贫水的地区之一。

---

① Daniel Williams，"Kurds Seize Iraq Land Past Borders in Blow to U. S. Pullout Plan，" March 5，2009，Bloomberg.

② Postel，"Sharing the River out of Eden，" 64.

③ Elhance，122.

所以，沙特王国的未来很大程度上依赖于如何把短期的石油富裕转变成为充分的、可持续的、长期的淡水供应。沙特王国既无湖泊，也无河流。多少个世纪以来，几乎所有的淡水都来自地下，一个浅层的地下水，很容易使用水井得到它；或者在一片绿洲里储备雨水，这种浅层地下水只能维持少量人口的基本生活。当然，在更深的地下层面里，大约在 0.25 英里（400 米）以下，还有更大规模的不可再生的原生地下水——这个地下水的规模大约相当于美国中西部奥加拉拉湖面积的六分之一，而这个地下水大约在那里存在 3 万年了，当时，那里的地表气候是湿润的。

20 世纪 70 年代的石油繁荣和采油技术使人们第一次可以获得阿拉伯的大规模原生地下水。沙特王室不是珍惜使用它的这笔新宝藏，而是像西方人挥霍石油那样挥霍水资源。他们尽其所能地快速抽取着这个原生地下水。节约的、干旱区的文化一夜之间荡涤殆尽，取而代之的是喷泉、现代水泵、奢侈的高尔夫球场。因为担心西方报复 1973 年的欧佩克石油禁运而限制粮食进口，沙特王室寻求通过免费提供原生地下水的方式去浇灌沙漠，以实现它的粮食自主。这是经济史上最疯狂的补贴之一，最没有希望的不符合经济原则的经营，沙特阿拉伯不仅仅实现了沙漠小麦的自给自足，而且，从 20 世纪 80 年代中期开始，成为了世界上的主要粮食出口国之一。当然，生产成本令人目瞪口呆，比国际市场粮食销售价格高出五倍。①

一种更大的惩罚性的成本是，不可再生的、珍贵的原生地下水迅速枯竭。20 世纪 80 年代的调查估计，沙特阿拉伯的原生地下水储备量大约为 4 亿亩英尺（4 933 亿立方米），大约相当于科罗拉多河 30 年的年度径流量。但是，沙特每年开采的地下水等于一个科罗拉多河的水量，比水的再生补充量高出八倍，到 2005 年，沙特阿拉伯已经消耗掉了它的可以开采

① Craig A. Smith, "Saudis Worry as They Waste Their Scarce Water," *New York Times*, January 26, 2003. Allan, 85.

的原生地下水量的 60%。[1] 水资源枯竭的步伐的确放慢了，但是，并没有停止，1992 年，沙特小麦生产达到峰值，而后，随着水补贴削减，小麦产量下降到峰值时期产量 70% 的水平。[2]

把沙特的石油转变成水的另外一种方式是海水淡化。但是，就算不计石油的成本，给阿拉伯半岛东海岸的海水淡化工厂提供电力，沙特生产的可再生的、淡化的水也只能替代 2 500 万人使用的天然原生地下水的一部分。21 世纪早期，原生地下水依然占沙特城市用水的 50%，农业消耗的原生地下水占农业用水的 70%。

沙特王国组建了水资源部，开始宣传水的利用效率，当然，已经为时晚矣。为了实现这个国家减少家庭用水 50% 的目标，沙特王国的实际统治者，阿卜杜拉王储把皇宫厕所 10 夸脱（11 升水）的马桶，换成 6 夸脱（6.6 升水）的。[3] 这当然太少了，太迟了。这场节水改革没有强有力的价格刺激或指令性的强制执行。沙特的农民曾经种植过耗水的苜蓿，它的耗水量是小麦的四倍，再用苜蓿去养牛，满足这个国家对奶制品的新食欲。在城市里，几乎没有循环用水。三分之二城市家庭的污水管道没有与污水处理厂连接，以致污水正在污染着浅层地下水，加剧了这个国家的水资源稀缺危机。实际上，沙特阿拉伯正在挥霍着它使用天然原生水的一次性机会，去改变它的使用水和管理水的模式。

如同许多其他贫水的国家一样，沙特的命运很大程度地依赖海水淡化或其他水利技术不可预测的突破。到 2025 年，阿拉伯的地下水可能就要见底了。[4] 从短期来看，沙特阿拉伯可以通过海水淡化减缓地下水枯竭

① Pearce，61.

② Brown，"Aquifer Depletion."

③ Smith，"Saudis Worry as They Waste Their Scarce Water." See also Pearce，61.

④ Patrick E. Tyler，"Libya's Vast Pipe Dream Taps into Desert's Ice Age Water," *New York Times*，March 2，2004.

的直接影响，而海水淡化依赖于石油的供应，把石油用到最不可替代的使用上，把石油收入的剩余用来进口粮食。实际上，沙特已经使用了它的一些石油收入，去买或租赁靠近逊尼派伊斯兰国家的农田，如苏丹和巴基斯坦、跨过红海的多种宗教的国家埃塞俄比亚，以保障未来的粮食资源。但是，进口粮食，尤其是从那些自己本身就缺水的不稳定国家进口粮食，是高度不确定的事，在石油的黄金时代行将结束时，进口粮食正在缓慢地消耗掉沙特王国的财政。沙特王国的石油储备最终将会枯竭，现代沙特可能不得不像他们的前辈一样，痛苦地承认，水，而不是石油，才是人类真正不可替代的资源。

干渴的阿拉伯半岛的东部和西部正在表现出可能的未来前景，那里的石油资源已经枯竭。地处波斯湾以东的阿布扎比酋长国已经很敏锐地用石油收入剩余投资建设了一个低耗水的国际金融和运输服务口岸，以便融入全球经济中，给自己带来不能种植的粮食。在西南方向的红海边是也门[①]高原，它是世界上最危险的失去控制的国家之一，急剧下降的水位引起了乡村暴力，人口大规模向已经拥挤不堪的城市转移，向激进的伊斯兰极端主义转移，甚至成为国际恐怖主义力量。

最大胆地把石油变成水的沙漠穆斯林领导人是利比亚的卡扎菲，他把利比亚的大笔石油财富以及政府的执法合法性，用到开发人类最大的地下水转移项目“大人工河”上。在南撒哈拉沙漠深处，开凿那里蕴藏的巨大的原生地下水，深度大体相当于倒立的帝国大厦，通过 2 000 英里（3 218 公里）长的隧道系统，从沙漠把水送到地中海边，85% 的利比亚人生活

---

① 也门是古代塞巴王朝的领地，曾经盛产珍贵的没药和乳香，现在成了失败的国家，宗教圣战者横行乡里，加之政治叛乱，社会呈现无政府状态，因为稀缺的淡水资源，社会冲突不断，时有伤亡发生。最近几年，也门城乡地下水位每年下降 6 英尺（乡村地区）—15 英尺（城市地区）；世界银行估计，也门的首都萨那可能在 2010 年断水，至今没有看到解决的迹象。也门人口为 2 200 万，大部分人口处在赤贫状态，在一代人期间，也门穷人的数目还会翻一番，成为区域和国际的不稳定因素。

在那里，这个送水隧道的规模相当于地铁隧道，在灼热的沙漠下 6 英尺（1.8 米）的位置上。[①] 没有水的利比亚首先发现，从海边出发，在骆驼行走 40 天的大漠深处，空空如也的大沙漠下，蕴藏着 500 亿亩英尺（61 万亿立方米）的淡水，这是迄今为止人类在地球上发现的最大的原生水储备，[②] 早在 20 世纪中叶，找油的西方勘探者就开始了大规模开发。大部分努比亚砂岩含水层中的原水起源于 2.5 万年到 7.5 万年以前的大雨期；而在第二次大雨期中，注入了更大量的水，时间大约发生在 4 500 年到 1 万年期间，然后，捕猎部落在这个稀树草原里猎杀丰富的野生动物，把它变成了今天的撒哈拉大沙漠。卡扎菲上校对他的富裕的利比亚远景着了迷，在 1969 年他掌握了利比亚权力以后，很快开始了他的“大人工河”项目，“西方石油”巨头哈默（Armand Hammer）支持这个项目。[③] 虽然利比亚与西方具有对抗性的政治关系，但是，其他美国公司，如“哈里伯顿”集团补贴的“布朗和如特”公司，帮助卡扎菲建设了卡扎菲的“新尼罗河”，1991 年，第一次把水送到了大海边。

但是，利比亚这条史诗般的调水工程的规模、复杂性和投入一直令人怀疑，它是否真能完成给利比亚送来水的希望。1999 年，管道破裂开始发生，水喷出的高度达到 100 英尺（30 米）；[④] 因为重型机械难以在沙漠上移动，维修受阻。即使这个项目完全实现，大人工河输送的水也只能

---

① Tyler, “Libya’s Vast Pipe Dream Taps into Desert’s Ice Age Water”; McNeill, *Something New Under the Sun*, 155. See also Pearce, 45—48. 如同沙特阿拉伯和也门。利比亚实际上是一个无淡水土地的国家，降雨很少，没有地表河流或湖泊，利比亚正在以超出地表可再生水供应七倍的速度开采淡水。

② 地球上最大的地下蓄水层有：撒哈拉的努比亚砂岩含水层，在利比亚、埃及、乍得和苏丹的地下，储备的水量为 500 亿英亩英尺；南美洲的瓜拉尼含水层，在巴西、阿根廷、巴拉圭和乌拉圭的地下，储备的水量约为 400 亿英亩英尺；美国的奥加拉拉地下水和中国北方平原的地下水。

③ McNeill, *Something New Under the Sun*, 155.

④ Tyler, “Libya’s Vast Pipe Dream Taps into Desert’s Ice Age Water.”

满足生产利比亚人口所需不足一半的粮食，利比亚人口不多，但增长迅速。[1]就是这样一个水量，也让埃及、乍得和苏丹对利比亚惊慌并发出警告，因为这些国家都有一部分努比亚砂岩含水层。埃及尤其担心地下水位下降可能导致尼罗河流域的地表水严重渗漏。就像骆驼可以嗅到沙漠里的水一样，利比亚的邻国们都在为了他们自己的国家，争夺着这份埋藏在撒哈拉沙漠里的水资源宝藏。

① Pearce，45—48.

16. 从有到无：亚洲巨人正在上升的水资源困境

如果说水资源奇缺让中东成为世界上最具爆炸性的贫水区域的话，那么，处在21世纪世界秩序变化支点上，却陷入水资源困境中的亚洲发展巨人中国和印度，可能会对全球尺度和深度的水资源危机造成重大影响。中国和印度的人口之和接近全球人口的40%，这两个正在上升的经济体明星，已经通过大型水坝和其他水利工程设施的建设，调动了可再生的淡水资源，把握住绿色革命的各种机会，从长期的饥饿状态转变成粮食充足的状态。中国、印度及其邻国巴基斯坦，对全球水浇地面积的迅速扩大做出了重大贡献。从1950年到2000年，世界粮食产量增加了三倍。然而，人口增长和经济增长所造成的压力，更加加剧了水危机的程度，人类对自然生态系统的过分开发和对环境造成的破坏，正在引发粮食产量逐渐降低。除非这些倾向得到扭转，否则，中国和印度可能会因缺少足够的淡水资源而难以维持其发展的需要。鉴于中国和印度都属于大国，两国国内对水资源挑战的反应，会对世界范围的经济、环境和政治状况产生强烈的影响。中国、印度和美国的粮食产量总和占世界粮食总量的50%，三国联合对世界粮食市场的影响，不亚于欧佩克集团对世界石油市场的影响。为此，中国和印度正成为主要粮食进口国的现状，将会对全球粮食价格产生重大影响，威胁到那些最贫困的国家和最缺水的国家，也许将给世界范围的人道主义悲剧和政治不稳定火上浇油。

拥有 13 亿人口的中国和 11 亿人口的印度，是世界上人口最多、经济增长最快的大国。在水资源问题上，中国和印度有着许多共同的特征。中国人口占世界人口的 20%，而中国的淡水资源仅占世界淡水资源的 7%，因此，中国的淡水资源可谓捉襟见肘。印度的情况大体与中国相同，印度人口占世界人口的 17%，但印度可以获得的淡水资源仅占世界淡水资源的 4%。中国和印度必须有效使用它们的淡水资源，才能满足各自正在增长的、大规模的人口需要。当然，同世界上大部分国家一样，中国和印度的水资源管理还充斥着许多浪费，还有不适当的基础设施，水资源分配效率不高，水资源使用在环境上存在一定的不可持续性。此外，中国和印度都有世界上一流的大坝建筑师，建有可以为之自豪的水利工程。两国也在日益依靠超采逐渐减少的地表水储备来满足灌溉农业的需要和大都市的供水。[①] 中国和印度正在把有限的自然水资源与人为造成的水土流失、严重的环境污染混合在一起，这种严重的环境污染不禁令人联想到环境觉醒和卫生觉醒之前的西方工业化国家。两国也没有找到应对水资源危机的长期的、持之以恒的可行性解决办法，都在期待政府实施调水工程。

2005 年，世界银行发出警告，印度处在“严重水资源短缺时代”[②] 的风口浪尖，需要立即改变政府对水资源的管理方式。到 2050 年，印度的淡水需求量将翻一番，这一需求量超出了印度可以供应的淡水总量。一系列环境事件和小麦、大米产量的降低，仿佛在提醒中国领导人，国内水资源稀缺的危机迫在眉睫。1999 年，时任副总理温家宝承认，正在迫近的水资源短缺威胁着“中华民族的生存”，[③]2005 年，温家宝总理提出了给

---

① 印度、巴基斯坦和中国约占全球地表水使用的 45%；美国是另一主要地表水使用国，但是，美国只有一小部分农业依靠地表水。

② Quoted in Somini Sengupta，“In Teeming India，Water Crisis Means Dry Pipes and Foul Sludge，” *New York Times*，September 29，2006.

③ 温家宝，引自“Drying Up，” *Economist*，May 19，2005，46.

“人民送去清洁的水”的诉求。

印度现代史的标志就是灌溉面积增加这一经典循环，农业灌溉面积的增加导致人口增长，而人口增长需要进一步扩大灌溉面积，进而保持生活标准继续上升，人口继续增长。殖民时代，英国人建设的灌溉工程提供了最初的推动力，1850—1900年的50年间，印度人口从1.75亿稳步增加到3亿，到2005年，印度人口几乎翻了四倍，达到11亿。印度独立之后，尼赫鲁总理及其女儿英迪拉·甘地在旁遮普邦和其他地方展开的绿色革命和水电站建设，让印度经济一度繁荣起来，从而摆脱了长期的饥荒，提高了人们的生活标准。然而，20世纪七八十年代，在膨胀的人口、无效率的政府管理和过度监管的私人部门等因素影响下，印度的经济繁荣逐渐衰落。政府管理的灌溉用水在时间和数量上日益不可靠，第二代政府大坝建设效率降低，从而使印度的农业生产率逐步下滑。印度成为水坝和大型水利设施数量不少，却不足以带动经济增长的全球典范。为此，印度的水坝和大型水利设施必须精心设计、有效管理。而印度人开始对他们的“印度增长率”表示不满。①

20世纪80年代，多元文化的印度民主对两个不期而遇的发展作出反应。草根抵制者成长起来，他们有效地抑制了国家主导的巨型水坝的建设。1989年，6万农民以及环境保护主义者、人权倡导者，在印度西部的纳尔默达河流域集会，反对一个大规模的政府灌溉项目。这个干扰地方社区的项目包括30座大型水坝，会使地方经济的收益大打折扣。在纳尔默达河上建设的巨型大坝和水库工程，导致了2 000万人迁徙，由于灌溉管理不善也导致了纳尔默达河流域大量农田土壤盐碱化和涝渍的现象。这些都是燃起纳尔默达河流域大规模反抗的原因。②

---

① Das，4.

② McNeill，Something New Under the Sun，161—162；Postel，*Last Oasis*，55—56；Specter，68.

在纳尔默达河流域大规模反抗发生不久，世界银行撤销了对纳尔默达河一个核心大坝建设的投资。世界银行、西方领导的国际环境保护和开发社团，对大型水坝保持了清醒的头脑。世界银行利用纳尔默达河事件，支持一个独立的“世界水坝委员会”，评估印度整个巨型水坝项目的功效。2000年末，“世界水坝委员会”对世界银行投资750亿美元的92个国家大型水坝项目，进行了开发成本—效益分析，并提出令人惊讶的严厉指责：大部分大型水坝的最终成本都大大超出了预算，而受益的灌溉农田面积却少于规划的数目，也没有产生预期的发电功率，同时城市供水量远低于规划的数量。另外，过分估计了这些大型水利建设所能产生的经济回报，忽略了与这些项目建设相关的世界范围内8 000万乡村移民的社会不公正问题，忽略了经济收益常常不成比分配的问题，忽略了项目导致疟疾在乡村贫困人口中流行的问题。这些大型水坝还严重影响了河流水域和水生态系统，常常导致这些系统的退化。“世界水坝委员会”的结论是，可以在不产生诸多消极后果的情况下，获得与建设大型水利工程相同的收益，办法即，把资金投入分散的、有效益的较小规模的水利工程上，包括恢复传统的、工业化以前的那些水利工程。[①]《世界水坝委员会报告》是一个令人瞩目的转折点：全球无节制建设巨型水坝的时代结束了。至此，世界银行对所投资项目的要求是，经过论证、多种利益攸关者受益的，而来自工业化国家的一些相关非政府组织开始游说，反对在发展中国家建设任何巨型水坝，无论这些项目是否具有长期利用的能力，推进拆除他们国家已经建设的水坝。实际上，这些非政府组织所在的工业化国家，巨型水坝的潜力早已被完全挖掘。

然而，印度迅速的经济转型相当不平衡。实际上，存在两个印度：在现代高技术服务私人企业，新兴的职员阶层大约占印度人口的四分之一；

① Pearce，134—135；Katherine Kao Cushing，“The World Commission on Dams Report：What Next？”in Gleick，*World's Water*，*2002—2003*，152.

另外四分之三的印度人依然处在绝望的贫困中，他们使用着破旧的给排水设施，政府管理十分弱小且没有工作效率，尤其是那些从事农业生产的乡村地区。事实上，印度最引人注目的畸形发展是，地表灌溉的粮食种植业，处在绝对低下的生产率状态。种植小麦的印度农民，每吨小麦消耗的水量比美国和中国多出两倍，也落后于埃及。政府管理的供水，既不应时也不可靠；粮食进入市场的物流水平低下；尽管印度的水坝非常多，蓄水能力却不大；政府腐败和不称职，上述因素都是导致印度发展不平衡的关键。此外，印度贫困的乡村农民面临双重困境：首先，他们远离基本水源地，而水资源被有钱有势的人占有。其次，由于送水费用不菲，他们是最后才能得到水的人。辛格总理曾经宣称，印度需要二次绿色革命，“这样才能让粮食短缺的幽灵再次消失”。为了达到这一目标，印度需要改造不稳定的水资源经济。

数千年来，季节性的暴风雨不时给人们带来好运，也不时给人们带来毁灭性的打击，二者不可预测地周而复始。这种季节性暴风雨把一年降雨量的 80% 集中在几个月里倾倒下来，印度人就在这样的气候条件下年复一年地生活着。姗姗来迟的、降水量小的雨季可能意味着悲剧性的饥荒，而提前的、降水量大的雨季可能诱发乡村爆发巨大的洪灾和泥石流，造成成百上千的人死亡，更多的气候移民流离失所。此外，一个平衡的正常雨季，能浇灌农作物，补充河流和地下水，甚至带来经济的适度繁荣。直到现在，没有任何一件事对印度经济的影响会超过雨季的降临，整个国家的政府办公室都在传递着雨季来临的消息。

为了应对反复无常的暴虐雨季，多少个世纪以来，印度人开发了小规模、中等规模的蓄水技术，以备旱季使用，其中包括简单的储水罐、精致的石头阶梯井，有些阶梯井深度达到好几层楼高，当水位降低时，人也可一个台阶一个台阶地取水，在整个旱季里使用也很方便。在英国殖民时期，工业时代的大规模储水方式替代了传统的方式，有些传统方式甚至被遗忘。但是，对印度极端不可预测的雨季来讲，工业时代的水利技术不可能完全解决印度的问题。阿斯旺大坝给埃及人储备了两年的用水，美国的科罗拉多河系和澳大利亚的墨林达令河系储备了2.5年的径流量，以克服干旱环境的不确定性，几乎有5亿印度人以恒河的水生活，但恒河水库储备的水不过两个月的径流量而已；[①]而纳尔默达河和克里希纳河段的水库储备了这两条河流4—6个月的径流量。因而，印度没有实现让其年度经济摆脱雨季困扰的长期目标，四分之三的人口依然遭受因水资源管理不可靠而造成的持续贫困，依然遭受着突如其来的水害的打击。

没有提供适当的蓄水、防洪和供应清洁淡水的设施，印度正在冒险开采着地下水储备。从20世纪80年代开始，政府不再对灌溉进行投资，私人企业继续扩大生活用水的供应。农民的粮食生产的确得到了可靠的灌溉用水，1968—1998年，谷物产出翻了一番。但是，可靠的灌溉用水是抽取印度的浅层水和正在枯竭的地下水而得以保障的，其抽取方式是猛烈的、无序的、最终不可持续的。政府对农业用电的补贴实际上让抽水达到了免费的程度，从而加大了对地下水的开采。1975年，在抽取地下水发生重大影响之前，印度大约有80万口水井，而这些水井大部分是浅层的，靠人工挖掘，使用传统的方式，依靠牛抽水。25年后，印度的水井估计达到2 200万口，大部分是小口径的管井，是通过动力钻井挖掘的，而打井的电力是政府补贴的。[②]印度的这类水井还在持续增加，估计速度是每年100万口。

每一口水井都会比原先的水井开凿得深一些，印度的地下水位在明显下降。印度的私营部门有效而无限制地开凿水井、抽取地下水，这样一来，地下水日趋穷尽。结果导致最深的井才有水，但这需要充足的资金作

---

① World Bank.

② Marcus Moench, "Groundwater : The Challenge of Monitoring and Management," in Gleick, *World's Water*, *2004—2005*, 88; Pearce, 36—37.

为后盾；那些承受得起打较浅井的人们，成为贫水者，只能得到一些滴漏，甚至是枯井。例如，作为印度粮仓的旁遮普邦和哈里亚纳邦，每年地下水位下降 3 英尺（0.9 米）；对古吉拉特邦水井的监控显示，30 年来，那里的地下水位下降了 50 英尺（15 米）到 1 300 英尺（396 米）不等。印度南部虽是一个分离的地理区域，但地下水资源已经枯竭。作为一个国家，在水资源方面，印度相当于在慢性自杀。

进入 21 世纪，印度超出 50% 的灌溉用水依靠地下水。[①] 世界上没有一个国家抽取地下水的数量可以与印度相比。据估计，印度抽水的速度比天然补水的速度高出两倍。[②] 依靠枯竭的地下水生产的粮食相当于不可持续的粮食泡沫，当水被抽干了，这个粮食泡沫也就破灭了。2006 年的警告可谓许多年来的第一次，印度被迫进口大量的小麦，作为粮食储备。随着地下水位探底，粮食生产、工业及日常用水之间的冲突暴露无遗。2003 年，位于印度南部的可口可乐和百事可乐工厂成了该地区地下水储备枯竭的替罪羊，其生产执照被吊销。[③] 而印度南部的其他地方，因水资源短缺和供水无法保障，纺织厂被迫关门，信息技术公司迁出了班加罗尔。

从地理优势上讲，印度拥有得天独厚的农田、阳光和足够满足其巨大人口需要的水资源。尽管目前陷入困境，印度依然有扩大灌溉农田、水电站、蓄水和粮食生产的巨大潜力。一个有着较强有力的体制、较有效的水资源管理的国家，即使没有新的绿色革命发生，也能维持许多年。毕竟印度占有如此之大的全球灌溉面积，哪怕一个微小的技术进步都将很大程度地改善世界粮食市场的状况。当然，还没有什么适合的政治蓝图来解决印

---

① 当然，在整个水资源利用中，巴基斯坦更多依靠地下水。

② Brown, "The Effect of Emerging Water Shortages on the World's Food," in McDonald and Jehl, 82.

③ Peter H. Gleick and Jason Morrison, "Water Risks That Face Business and Industry," in Gleick, *World's Water*, *2006—2007*, 146; Saritha Rai, "Protests in India Deplore Soda Makers' Water Use," *New York Times*, May 21, 2003.

度根深蒂固的低效、无效的官僚文化和扭曲的激励机制问题，也没有什么合适的政治蓝图能承担印度所需的许多公共水利工程。例如，如果政府终止农民的电力补贴，以应对对地下水无节制的超采的话，农业歉收将会立即导致成千上万的印度人陷入饥荒。

然而，政府的电力补贴已经与本意背道而驰，许多农民不再用打出来的淡水种植农作物。相反，他们用私人水罐把 3 000 加仑（11 立方米）水，送到印度那些缺水、不卫生的城市去，每天还往返多次，为的是得到一笔可观的收入。很大比例的城市居民甚至与政府年久失修的市政供水系统脱离，目前，因泄漏、浪废水以及偷水等因素，市政供水系统一般会丧失掉 40% 的自来水。对于那些与市政供水系统连接的用户而言，水龙头每天只有几个小时有水。在一份 2006 年的印度政府报告中发现，[①] 人口达到 1 500 万的新德里，居然有四分之一的家庭没有自来水管道，而在那些有自来水管道的家庭中，也有四分之一的家庭每天得到不足三个小时的自来水。接近 200 万个家庭没有厕所。上层社会的街区一般都与最好的公共服务连接在一起，而贫民窟则缺乏公共服务。因为市政用水的收费常常不到实际供水成本的十分之一，那些享受不到好的供水服务的人实际上补贴了与供水管连接很好的富人们。[②] 大部分城市供水没有安装水表，进而不能通过价格和实际使用水量这种有效、公平的方式去替代配给制；一些地方最近安装了水表，却因水压无法保持 24 小时不变，导致这些水表不能正常工作。[③]

印度城市居民——主要是妇女，为了得到日常用水，必须机智地抢劫。为了补充从公共水龙头得不到的水，城市居民必须从私人那里买水，

① Sengupta，“In Teeming India，Water Crisis Means Dry Pipes and Foul Sludge.”新德里有 5 600 英里的供水管线，估计漏水高达 25%—40%。

② Peet，8；Specter，63.

③ Gleick and Morrison，148.

合法或不合法地在公寓楼附近打井抽水。住在新德里中产阶级街区的一位中年妇女，每天都要想方设法给家里弄到足够的水：在市政供水不足的时候，她打电话要私人送水。在等待送水时，她从所居住庭院的井里得到一部分水，这口井是大家集资打的。[①] 不幸的是，这口井的水越来越咸，缘由是新德里的地下水正因超采而枯竭。在这一天里，只要可能，她循环使用所得的水，例如，用洗衣服的水去擦凉台。在普通的月份，她从市政管网得到 13 加仑（49 升）自来水，从私人那里买 243 加仑（910 升）水。

横跨整个印度，四分之三的家庭，也即大约 6.5 亿人，并不是以自来水作为他们的基本饮用水来源。印度的卫生状况很糟糕，[②] 大约三分之二的印度人口，也就是 7 亿人，缺少室内厕所。不足 10% 的城市污水得到了处理。肮脏的污水夹带着污染物质，直接排放到了印度那些神话般的河流，从恒河到阿格拉的亚穆纳河，这些都不足为怪。这些河流既是印度亿万人生活饮用水之来源，也是不可估量的疾病之源。另一个令人震惊的数据是，农业杀虫剂和化肥残留物、工业污水排放、城市污水排放，污染了印度三分之二可供使用的地表水和地下水。[③] 从 1984 年博帕尔联合碳化物公司农药厂臭名昭著的“毒气泄漏事件”到今天，整整过去 25 年了，未经处理的有毒物质依然在污染着那里的地下水，让第二代居民接着遭受毒害，这充分证明了公共官僚机构对污染清理的漠视。[④]

公众听不到、看不见正在下降的地下水位和快速融化的喜马拉雅山冰川，因而，印度水资源危机这颗定时炸弹更为隐蔽，而喜马拉雅山冰川是这些大河的最终水源。由于全球变暖，甘戈特里冰川正以每年 120 英尺

---

① Sengupta，“In Teeming India，Water Crisis Means Dry Pipes and Foul Sludge.”

② Gleick and Morrison，148.

③ Meena Palaniappan，Emily Lee，and Andrea Samulon，“Environmental Justice and Water，” in Gleick，*World's Water*，*2006—2007*，128.

④ Somini Sengupta，“Decades Later，Toxic Sludge Torments Bhopal，” *New York Times*，September 29，2006.

（36.5米）的速度萎缩，其融化速度比20世纪80年代快了两倍，而且甘戈特里冰川是神圣的、不可预测的和无规律的恒河水的重要来源，人造水库所蓄存的恒河水少到危险的地步。[①] 冰川和积雪是天然的山脉水库，寒冷的季节它们把水积累起来，而在温暖的季节，当冰川融化时，又释放大量的水到河流，同时补充地下水。但是全球变暖干扰了冰川形成和融化的循环，从而减少了有效水量，加剧了季节性的水的不当匹配：在潮湿的季节，出现较大的洪峰；而在旱季，却发生旱灾。

类似的快速萎缩正横跨西藏高原的喜马拉雅山冰川，威胁着亚洲大江大河的命运，印度河、雅鲁藏布江、恒河、湄公河、怒江，伊洛瓦底江、长江和黄河，沿这些大江大河，生活着15亿人，这些大江大河还给大部分亚洲人口提供了粮食和能源。大部分受到影响的国家，几乎没有意识到滋养这些江河的山区正发生着什么变化，甚至从未在一起讨论过这个问题，直到2006年，世界银行主办了在阿布扎比举行的有关这一问题的第一轮非正式对话。预计全球气候变化会较早、较严重地影响到炎热的印度，到2080年，印度农业产量会下降到现在的三分之一。[②]

冰川融化加速的影响正在逼近印度河，比恒河更依赖于融雪的印度河，让旁遮普省成为世界上农田灌溉强度最高的区域之一，也让旁遮普省成为一个不可替代的、稳定的粮食供应生命线，而这条生命线处在拥有核武器的印度与其穆斯林邻国巴基斯坦之间，巴基斯坦人口稠密，同样拥有核武器，也是印度的竞争对手。印度河源于喜马拉雅山脉的冰川，绵延1 800英里

---

① Emily Wax, "A Sacred River Endangered by Global Warming," *Washington Post*, June 17, 2007; "Melting Asia," *Economist*, June 7, 2008, 29. Similarly, the Kashmir valley's sole year-round water source, the Kolahoi glacier, had shrunk by half a mile in the twenty years since 1985. "How Green Was My Valley?" *Economist*, October 23, 2008.

② *Economist*, "Melting Asia," 29.

（2 896公里），汇集了来自印度和争议焦点地区克什米尔的支流，而印度与巴基斯坦之间发生过三次战争，其中两次是因克什米尔引起。在巴基斯坦，作为古代印度河流域文明的印度河，穿过旁遮普纵横交错的灌溉渠道，向南流入信德省，接着通过印度河三角洲，流向阿拉伯海。从流量上讲，印度河并非一条巨型河流，[①] 其径流量大约是尼罗河的1.5倍，但印度河对巴基斯坦的作用与尼罗河对埃及的作用同等重要。无独有偶，巴基斯坦的人口接近1.6亿，是埃及人口的两倍，而且巴基斯坦和埃及正遭遇相似的困境——水资源稀缺。实际上，巴基斯坦的人口负担上升得比埃及还要快，从1947年到现在，巴基斯坦的人口翻了四倍，跃居为世界上第六个人口大国。到2025年，预计巴基斯坦的人口将会达到2.25亿，届时，可能会面临全面爆发的水资源危机。

与尼罗河相似，为了与巴基斯坦粮食需求保持同步，印度河同样被严重透支。[②] 大量的水在上游就被截获，致使其下游最后80英里（128公里）完全没有清洁的水；[③] 由于阿拉伯海的倒灌，曾经盛产稻米、各种淡水鱼类和野生生物的三角洲已经变成了荒凉的湿地，那个遍布小溪的三角洲已然没有了踪影。尽管水资源日益稀缺，巴基斯坦的水资源管理却极其不善，大量的水资源用来生产耗水的农作物，以支撑地方棉纺业之类的工业企业和政治上给予优惠的区域，而水利设施本身无法满足巴基斯坦的需求。印度盆地的存储缓冲功能非常不稳定——只能维持庄稼免遭30天干旱灾害的能力。同时，水坝林立、灌溉农田广阔的旁遮普省面临世界上最严重的土壤盐碱化问题。从20世纪60年代开始，在美国自由金融的援助下，巴基斯坦着手建设成千上万的管井，用来抽水灌溉农田，导致地下水

---

① McNeill, *Something New Under the Sun*, 159.

② Erik Eckholm, "A River Diverted, the Sea Rushes In," *New York Times*, April 22, 2003.

③ World Bank.

位大大降低，土壤盐碱化威胁到农作物的根部。待到20世纪90年代金融援助用尽，土壤盐碱化开始大片大片摧毁旁遮普省的农田，[①]现在，那里迫切需要现代化的排水系统。

水资源稀缺也是导致巴基斯坦内部分裂的一大政治因素。随着水资源的不足，南部的信德人痛苦地抱怨，[②]旁遮普传统的政治和军事势力正为了维持那里的灌溉模式而不公平地抢劫稀缺的水资源。南部港口城市卡拉奇的水资源稀缺和污染也相当严重，那里的居民一般都饮用煮沸的水；[③]因水引起的骚乱和死亡司空见惯。当巴基斯坦可供应的淡水资源不能与中产阶级人口的需要保持同步，这个动荡的国家是否会开始分裂和失控，根本无法想象。实际上，2009年4月，塔利班武装分子冲出巴基斯坦西北山区，占领了战略要地布内尔区，那里距离印度河的巨型水坝塔贝拉大坝不过25英里（40公里），该大坝控制着巴基斯坦中部地区的电力供应和灌溉用水。[④]

随着巴基斯坦水资源短缺问题加剧，印度河再次成为其与印度发生冲突的导火索。信奉伊斯兰教的巴基斯坦和信奉印度教的印度在战后分离，其最初的国际边界线是按印度河流域划分的，忽视了印度河流域在水文环境上的有机统一。在欧洲殖民控制下，许多国家间的流域划分均有这类遗留问题。在印巴边界划分之后，印度河流域主要支流上的冲突立即爆发。1948年，印度的东旁遮普堵住了流经两个大型引水渠的水流，而这两个

① Moench, 88. 现在，抽取的地下水是这个国家严重依赖灌溉的农业不可或缺的资源；实际上，以人均来计算，中东之外没有任何一个国家像巴基斯坦这样依赖正在枯竭的地下水资源而生存。

② Eckholm, "River Diverted, the Sea Rushes In"; Erik Eckholm, "A Province Is Dying of Thirst, and Cries Robbery," *New York Times*, March 17, 2003.

③ Michael Wines, "For a Sickening Encounter, Just Turn On the Tap," *New York Times*, October 31, 2002.

④ Carlotta Gall and Eric Schmidt, "U.S. Questions Pakistan's Will to Stop Taliban," *New York Times*, April 24, 2009.

引水渠的水是巴基斯坦一侧农田的主要供水源，于是，两国争相证明对印度河的主权，进而上升到战争一触即发的状态。[①] 世界银行的持续外交斡旋，最终诞生了1960年的《印度河河水条约》，而且世界银行掌握着关键的国际资金。当然，这个条约是最低限度妥协的产物，印巴双方对三条印度河的支流享有优先水权，而印度河共有六条主要支流，该条约不是某种流域共同管理协议。这个条约已经延续了半个世纪，包括历次印巴战争，但是，1999年，条约处在千钧一发的时刻，当时爆发了克什米尔武装冲突。如今，印度河依然是一个很容易引起争议的问题。

到2050年，印度的人口预计会再增加三分之一，达到15亿，面对这样的状况，印度领导人深知，他们需要迅速采取行动，消除即将发生的水资源危机。两大政策路径引导着印度在经济增长和环境可持续之间摆动：第一条路径，印度努力改善对现存水资源的利用效率，前提是进行痛苦的政治改革，通过逐渐去除扭曲的水资源补贴，根除官僚腐败，引进新的激励机制，着手建设地方的小型蓄水设施和其他水利设施，以期慢慢会有收益。如果这种改革在政治上是困难的，抑或有太大的爆炸性，成功具有不确定性，那么，毫不意外，追逐巨型水利工程项目会吸引许多印度领导人，这就是第二条途径，而且这类巨型水利项目承诺能立竿见影地产生大量新的水源。一个备受青睐的计划是，建设国家范围的抽水网络，与印度的所有大河相衔接。从理论上讲，水利技术人员掌控几个阀门，就可以控制印度季节性、区域性的水资源不平衡，就可以控制印度旱涝等极端状况，合理解决各邦在供水问题上的法庭争议。环境保护主义者谴责了这种想法，认为该计划不过是又一个轻率的、庞大的工程技术性空头支票，低估了衰退的生态系统和对人类的影响，简直愚不可及。退一步讲，即使这个网络真能建成，如能如愿以偿地运转，也不过是延长了一个不确定的、

---

① Postel, *Last Oasis*, 85; Elhance, 167, 174—175.

延续更久的技术神话而已。

印度人梦想把河流连接成一个系统，而这个梦在其邻国——快速发展的中国——正在变成现实。2001年，中国实施了宏大的国家河流管道化计划的第一阶段，以应对中国面临的水资源短缺挑战。中国有世界五分之一的人口，面临着快速的经济现代化和环境可持续性之间的冲突，这一冲突也许是世界上最大的。在多种严重的环境退化下，淡水有效供应短缺正处在危险状态。到2030年，中国的若干关键区域可能会出现无淡水有效供应的局面，届时，中国水资源短缺总量，相当于2008年全国的总用水量。[①] 中国最高领导人日益认识到，水资源短缺是中国达到第一世界生活标准的基本瓶颈，在实现13亿中国人不断提高的期望值时，水资源短缺成为维持社会和政治秩序的一个基本威胁。

在最需要的地方或最需要的时候，中国人很难获得大部分的淡水资源，因此，可以说，中国的淡水匮乏，比中国总人口对水资源比例所意味的匮乏，更令人苦恼。在人均用水量上，中国排在世界第122位；中国人均用水量是世界平均用水量的三分之一。然而，这种平均算法掩盖了中国水资源在多雨的南方和干旱的北方之间的错位，在中国北方，人均用水量不足世界平均用水量的十分之一，他们面对着日益严重的水荒。另外，半个世纪的大规模工业化和城镇化，也正在降低全国范围内有效供应的水的质量，水污染相当严重。当中国的经济消费和垃圾水平向第一世界的水平攀升时，中国的水生态系统管理以及污水处理设施，依然停留在第三世界的水平。

1959—1961年饥荒时期，中国农业生产处于极低点，之后，农业

① John Pomfret, “A Long Wait at the Gate to Greatness,” *Washington Post*, July 27, 2008.

生产持续增长了几十年，到20世纪90年代，中国的粮食生产达到了峰值，[①]2005年，粮食生产下滑了10%，从而迫使中国进口了大量的谷物，以恢复国家粮食储备。如果没有更多清洁的淡水，不改良农田生产环境，中国将面临严重的粮食短缺，迫使它动用正在增长的财富去进口粮食。中国的水需求正在越来越多地用来推动新一代富裕的中国人从维持生存的、低水耗的、以蔬菜为主的饮食习惯，向高水耗的、多肉的饮食习惯转变，这样一来，问题更加糟糕。过去25年以来，中国人均肉类消费增加了2.5倍，[②]生产肉类食品的水消耗自然飙升。随着中国财富的继续扩大，中国的水需求也会大幅增加。

利用令世人惊叹的南水北调工程，让河水横跨中国巨大的国土，以缓解中国北方的水资源危机。实际上，南水北调工程是历史上京杭大运河的现代版本，不过，魄力更大：中国中世纪黄金时代建设的京杭大运河，在水文分割的南北方之间架起了一座桥梁，用船运输南方过剩的大米，维持被缺水困扰的北京和北方，这是虚的水；与此不同，21世纪的挑战是，满足高密度城市人口的需要，满足巨大工厂的需要，满足高强度灌溉农业的需要，是需要给北方直接送去不可替代的淡水。

像京杭大运河一样，南水北调工程是中国传统儒家思想的表达，希望利用和征服自然，为公共利益服务。战后，没有一个国家像中国那样持续不断地开展大规模水利工程。实际上，以毛泽东为首的第一代领导集体及其社会主义市场经济改革的继承者，在决定用那个时代强大的工业技术来塑造和利用自然的问题上，都与儒家思想相联系。在这几代中国领导人带领下，进行了不计其数的建设，这不由得让人想起历朝历代令人惊讶的建设爆发期。仅仅半个世纪，中国就建成了85 000座水坝，平均每天建成

① Brown，“Aquifer Depletion.” On famine numbers，see Mirsky，39.

② “Sin Aqua Non，” *Economist*，April 11，2009.

四座，其中四分之一是巨型水坝，用于灌溉、防洪、水力发电，这些大坝让中国拥有了原先几乎没有的季节性蓄水能力。

巨大的防洪堤把河流牢牢地锁住；仅治理黄河所用的水泥就足以建设 13 座万里长城。[①] 仅仅半个世纪，中国人的用水总量翻了四倍；[②] 城市供水翻了上百倍。农业灌溉增强，第一次延伸到许多靠雨水维持农业的贫穷区域。另外，沿河、湖泊建起了耗水型的大钢铁企业、石油化工厂、冶炼厂、造纸厂、煤矿和热电厂，进而扩大了工业用水规模。据中国官方估计，几十年来，因修建水库而迁移的人口大约在 2 300 万，当然，对此持反对意见的人认为，这个数字大约在 4 000 万—6 000 万，如果说这些年的水利建设所花费的人力成本不低的话，那么，这些年的水利建设也承载了中国举世瞩目的社会伟业，中国人口在这 50 年里翻了一倍多，尤其是自 1978 年展开市场导向的改革以来，成为世界历史上财富创造和生活标准提升迸发的重大时期之一。[③]

效仿中国的先祖大禹，毛主席提倡中国新的水利时代的精神，1952 年，毛主席第一次视察全国，当他登上黄河上的一座小型土坝时，开始思考如何让中国更好地利用大江大河来发展经济。在三年的时间里，这条诞生中华文明的母亲河，按照计划正发生着翻天覆地的变化，而这个计划包括建设一座梯级大坝和 46 个水力发电站。[④] 一尊 60 英尺高（18 米）的大禹雕像耸立在三门峡大坝附近，那里是古代中国的核心，三门峡大坝镌刻

---

① Ma, China's Water Crisis, ix, 39.

② Jim Yardley, "Under China's Booming North, the Future Is Drying Up," *New York Times*, September 28, 2007.

③ "China's Growing Pains," *Economist*, August 21, 2004, 11. See also Jim Yardley, "At China's Dams, Problems Rise with Water," *New York Times*, November 9, 2007. 在 1978 年以后的 25 年里，中国人均生活标准上升了 7 倍；4 亿人脱贫，大量的中等收入家庭出现。

④ Ma, 8—11, 39.

了中国一句古语："黄河安澜，国泰民安。"[①]

但是，这条充满泥沙、难以预测的黄河，一开始就没有打算交出"中国之殇"的名号，屈服于现代工程师和中央规划者的指令。代表了"人定胜天"精神的标志性工程是三门峡的"三门峡大坝"，由对黄河的泥沙问题了解不多的苏联专家设计，坝址选在黄河进入中国盛产小麦、小米的北方平原之前的最后咽喉——松软的黄土高原上。1960年，当"三门峡大坝"开始蓄水，这个大坝设计上的悲剧性缺陷就显现出来。在不到两年的时间里，三门峡水库以及库尾的黄河河道里，就淤积了巨大数量的泥沙，引发上游支流排洪不利，如果洪水漫坝，会导致下游发生一系列灾难。毛泽东担心下游人口众多的城市安全，因此，发出指示，如果没有其他办法解决泥沙淤积问题，就准备动用空中力量炸毁三门峡大坝。经过坚持不懈的重新设计和10年的艰苦改造，大坝最终得以保留。当然，三门峡大坝无法摆脱它最初设计的影子，一个水库的蓄水量仅仅是水库设计容量的5%，这就大大限制了三门峡水库的发电和灌溉能力。[②]

与此同时，中国在黄河上所做的大规模水利工程更加警惕新的环境副作用的显现。反复无常的黄河，因毁灭性的洪水和大规模改道而闻名，而经过水利治理的黄河开始枯竭断流。1972年夏天，人们第一次发现了这一现象，当时，在接近黄河入海口的水文站的工作人员看到，黄河河床干枯、开裂，不再有一滴水流进渤海湾。[③]20世纪70年代，断流的河床大约长80英里（120公里），1995年，断流的河床长达440英里（708公里），这是断流河床的峰值长度。1997年，黄河一连七个半月没有水入海，在接近古代开封府的内陆地区，大部分涓涓溪流也消失在河床的沙土里。

在农作物生长季，黄河水没有流经中国重要的沿海农业大省山东，导

① 引自Gifford，105。

② Ma，10.

③ Ma，11，12.

致这个区域小麦收成大受影响。此事惊动了中国最高领导层，他们决定，从今以后，黄河分水要合理，[1]得让一些黄河水流入渤海。如同美国的科罗拉多河和埃及的尼罗河，使用电子图、实时水文状态记录每一次取水的具体规模，黄河变成了一条完全依靠管理的河流。从1999年开始，黄河再也没有断流。但是，黄河的基本问题依然没有解决，仍然没有足够的水来服务于依赖水且相互争水的领域——农业、工业、城市和自然生态系统。2000年，因为对黄河水资源分配不满，山东上千农民非法从一些专供城市用水的水库取水，地方政府管理部门依法切断了农民架设的非法取水管，于是，执法者和非法取水者之间发生了小规模冲突。

为了弥补日益短缺的黄河水，中国人高强度开采埋藏在北部平原下的地下水资源，这是他们唯一可选择的现实方案。一种地下水接近地表，依靠降雨和季节性径流补充；另外一种地下水深藏在石缝和岩层下，由不可更新的、古代的原水构成，如撒哈拉沙漠和奥加拉拉的地下水。随着黄河流域水资源因过度使用而日趋萎缩，中国北方平原上干渴的人们开始穿过浅层地下水，开采越来越深处的原生地下水。从北京北部的山区开始，一直延伸到黄河中部的黄土高原，这个平坦的北部平原生产中国二分之一的小麦、三分之一的玉米，该地区对中国粮食安全至关重要，其重要性等同于美国爱荷华州和堪萨斯州的农业。虽然这个平原几乎没有可靠的降水，易于受高温、寒冷、干燥和大风等极端天气的影响，一旦这个平原的土地得到灌溉，它那肥沃的土壤就可以生产出富足的农产品。当地表溪流、沼泽和泉水丰富，补充迅速，地表下水的储存深度常常不过8英尺（2.4米）。中国北部平原生态系统的迅速退化，一方面缘于长期的气候变化，一方面因开采过度。与印度相同，过度抽取中国北部平原地区的地下水，正引起该平原地下水位的大幅下降。在这个北部平原地区，200英尺（60

① Pearce，108，112.

米）的深度才能取水，实属正常。因为城市、工业、采煤和农业污水已经污染了整个地区四分之三的地下水，所以，大都市区常常必须在比 200 英尺高三倍的深度上，才能开采到清洁的饮用水。[①]

在水资源短缺的北京，有些水井的深度已经超过 0.5 英里（804 米），进入了原生水层。1997 年，北京一座著名的水库被宣布已不适合饮用，[②]而北京南部的一个大型淡水湖，在 20 世纪 50 年代到 21 世纪期间，湖水面积萎缩了五分之二。北京水资源短缺非常惊人，其人口在战后几十年中翻了七倍，达到 1 400 万，显而易见，已超出了该地区不断扩大的供水系统的承载能力，有人幽默地提议，中国的首都最终必须迁往水资源充沛的中国南方。[③]

20 世纪下半叶，中国北部平原可以获得的、不可再生的地下水资源，已经大体开采过半。除非找到新的水源，或者做出重大调整，否则，到 2035年，北京的地下水资源将见底；[④]一些地区的水资源可能提前15年就枯竭。中国北方的小环境正变得极端干燥，这可能与黄河流域治理工程所产生的始料未及的副作用有关。由于筑坝和灌溉引水、为发展种植业的大规模湿地排水、采伐森林和退草还耕、20 世纪 90 年代以来露天煤矿的激增、对地下水的贪婪开采，加上自然恢复径流的能力降低，所有这些催生了一场严重的水土流失危机，这个问题虽然没有被普遍谈及，但水土流失本身将是 21 世纪与水相关联的最大环境挑战之一。

围绕青藏高原黄河源头的一半湖泊[⑤]和三分之一的草地已经消失。黄河中游严重的乱砍滥伐，致使黄土高原大约 70% 的肥沃土壤流失。沙漠化正在入侵中国的北方。日见围攻的沙堆已经替代了古代的野蛮部落，成

① Yardley，“Under China’s Booming North，the Future Is Drying Up？”.

② Marq De Villiers，“Three Rivers，” in McDonald and Jehl，47 .

③ Ma，136.

④ Yardley，“Under China’s Booming North，the Future Is Drying Up”；Ma，viii.

⑤ Pearce，109.

为中国长城周边的重要威胁。从20世纪90年代中期开始的10年间，这个区域潜在的新农田的15%消失了。[①] 水草茂盛的草原所环绕的成吉思汗的坟墓，现在孤独地耸立在戈壁滩上。[②] 巨大的沙尘暴，类似美国高原20世纪30年代刮起的那种沙尘暴，逐渐笼罩在北京的上空，使不少人患病，中国努力再造树木的"绿色长城"，以防护林来保障中国的首都免受沙城暴的侵袭。[③] 中国用来种植粮食作物的珍贵表层土壤正在被旋风带走。这些尘土常常与浓厚、污浊的空气团混在一起，漂移数百英里，下雨时，落到汽车的挡风玻璃上，留下斑斑黑迹。[④] 中国北方的干燥进一步加剧了区域的旱情。这种旱情的实际效果是，大大降低了整个黄河流域的湿度，从20世纪90年代后期起，粮食收成就从峰值状态滑落。

在大规模治理黄河的过程中，战后中国对于工业时代干扰整个生态系统的复杂机制和恢复良性状态的需求没有完全理解。所导致的较奇怪的自然变化之一就是，中国的母亲河是在几百英里的防洪堤内流过北部地区，而防洪堤内的河水比堤外高好几码（10码=9.1米），很像罗马人修的渡槽或铁路渡桥。由于河流夹带的泥沙沉积在堤内的河床上，河床每10年大约上升3英尺（0.9米），为此，堤防不断加高，避免河水流出堤坝。中国工程师与大自然展开了一场浮士德式的交易，为了避免较小的、有规律的洪水，得到的却是为避免突发洪水可能造成的灾难性溃堤而进行的高成本护理。

长江是中国的另一大河流，地处中国多雨的南方，然而，长江流域的历史问题不是缺水，而是水太多。基于长江生态系统正严重衰退，中央政府的规划师对长江也进行了大规模治理。同治理黄河一样，毛泽东也积极

---

① Diamond, *Collapse*, 364, 365.

② De Villiers, 49; Ma, 31.

③ *Collapse*, 368, 369.

④ Jim Yardley, "China's Path to Modernity, Mirrored in a Troubled River," *New York Times*, November 19, 2006.

推进这项工程，1953年，毛泽东巡视了长江，责成水利工程师对三峡水利工程进行技术论证和坝址勘察。最终的结论就是建设一座比黄河蓄水能力大13倍的水库——世界上最大的巨型水坝——三峡大坝。在三峡修建水坝曾经是现代中国奠基人孙中山百年以前的一个梦，为的是完全控制住长江的洪水。1956年，毛泽东在举国耳熟能详的诗词《游泳》中，这样描绘了他对三峡大坝的畅想："截断巫山云雨，高峡出平湖。"[①] 虽然有了毛泽东的支持，但三峡大坝的建设还是被推迟了，1984年的一项政府审议意见反对三峡工程上马，以致这项工程又被搁置下来。

1978年的改革并没有改变中国人对水资源管理的传统态度，2006年，三峡大坝正式完工，三峡工程全面展示了它对大自然非同一般的控制：三峡大坝的坝高为600英尺（182米）、坝长1.5英里（2 335米），拥有多个船闸，水库长达400英里（643公里）。140万人因此工程而搬迁，给中国社会带来的收益是，三峡工程承诺控制长江洪水，提高长江的航运能力，生产超越世界上任何一个大坝的电量，成为长江上游十几座大水力发电站的核心，而这些电站的建设将使中国的电力在2020年翻三倍，摆脱对不可再生的、特别脏的煤的极端依赖。

甚至在三峡大坝落成之前，中国工程师就已经预见到三峡工程令人烦恼的负面效应。森林砍伐、水土流失、上游河段泥沙淤积以及下游湿地蓄水功能枯竭，这些不利状况的结合，给长江带来了新型的洪水风险。严重的水污染、山体滑坡、河岸坍塌、大地震在地质环境脆弱的易发区、上游的防洪和航运问题，以及大量泥沙淤积水库削减水电站发电效率，这些都是三峡工程反对意见所涉及的令人忧虑的问题。中国政府也曾公开就三峡工程的环境问题发出警报，反映了中国领导人深深地担忧未来中国所要面对的环境危险的严重性。2007年年初，各大报刊头条新闻报道，地处京

---

① Mao Zedong（1956），quoted in Ma，57.

杭大运河一条分支、长江下游三角洲的太湖，突然爆发有毒的绿藻灾害，还散发着恶臭，一时间，200 万当地居民不能使用太湖水，然而，太湖是中国的第三大淡水湖，有着中国著名的美丽湖泊之称。太湖爆发的污染实际上是几十年农业灌溉和防洪工程造成的，也就是这些防洪工程阻碍了太湖清洁、含氧的淡水循环。20 世纪 80 年代以来，环绕太湖的运河边激增了 2 800 家化工厂，导致的结果就是湖泊给这些工厂提供了其加工所需要的大量用水，反过来也成为工厂排放污水的场所，运河还承载了工厂运送产品到地处下游的工业港口上海的任务。因为地方财政收入的五分之四来自地方税收，所以，地方官员一直鼓励沿太湖建设这类化工厂。在此后的六个月里，中央政府采取了防污染措施，承诺到 2030 年，把中国的若干重要湖泊恢复到没有被开发之前的状态。[①]

21 世纪初，污染在整个中国流行开来，严重加剧了中国天然水资源的短缺状况。中国大河、大湖中一半的淡水，三分之一的地下水，几乎不适合人类使用[②]。三分之二的大城市面临严重的水资源短缺。中国仅处理了五分之一的城市污水[③]，而第一世界国家的城乡污水处理率达到五分之四。水力发电厂有时因得不到适当的河水水量不得不削减发电量，[④]同样地，如石油化工厂、冶炼厂、造纸厂这类用水大户也得暂停生产。为了保证供水跟上需要，自 20 世纪 70 年代以来，对地下水的依赖已经翻了一倍，[⑤]大体占中国全部供水的五分之一。按照官方的统计，由于水土流失、盐碱化和沙漠化，中国三分之一农田的土壤发生较严重退化。

实际上，自 2000 年以来，中国的领导集体一直在努力把经济结构向

---

① Keith Bradsher, "China Offers Plan to Clean Up Its Polluted Lakes," *New York Times*, January 23, 2008.

② 数据来自中国水利部，引自 Gleick and Morrison, 147。

③ Diamond, *Collapse*, 364.

④ "Drying Up," *Economist*, May 19, 2005.

⑤ Yardley, "Under China's Booming North, the Future Is Drying Up."

环境可持续方向调整。2004年，胡锦涛主席提出，使用绿色GDP来计算每一个省环境衰退所造成的负增长成本，从而改变中国的强迫增长文化。按照绿色GDP的计算方法，环境破坏抵消了地方经济很大一部分成绩，加之中央要以绿色GDP来衡量地方领导的政绩，因此，绿色GDP的考核方式遇到了来自地方的政治阻力，但绿色GDP考核方式得到社会其方面的支持。据中国环境保护部副部长估计，中国的年度环境损失大体占GDP的8%—13%。

中国所面临的环境挑战让人联想到工业革命早期英国城市的环境状况，当然，现代先进的技术让环境具有挑战更大、强度更高、更集中，发展更迅速的特点。中国人所面临的困难是，承受不起可能严重限制中国经济增长的举措，这将挫伤13亿中国人不断上升的物质生活需求的愿望；但是，如果中国不能迅速扭转淡水资源整体开采过度的局面，其经济长期增长可能不可持续，可能会遭受突发的、不稳定的环境冲击。“先建设，后治理”的执政理念至今依然保留着。

同实现绿色GDP目标所呈现的困难一样，改变根深蒂固的政治经济文化并非易事，即使对于自汉代以来一直采用儒家大一统治国方略的中国，也不例外。除非处在非常时期，否则，中国领导人基本上坚持传统的儒教治国方略。虽然新增了污染防治法规和植树造林项目，然而，用水资源价格完整地反映了水资源成本，在鼓励较有效地使用现存水资源方面，中国人迈得步伐还不大，甚至在资源普遍短缺的地区，城市、工业和农业水价继续实施政策控制，还有很大的补贴。干旱地区的农民继续种植耗水型农作物，与城市和工厂争水，而中国城市和工厂在处理污水和使用中水方面远不如西方国家普遍。

与西方国家工业水耗相比，中国工业水耗一般高出3—10倍，[①] 一旦没

① Yardley，“Under China’s Booming North，the Future Is Drying Up.”

有水资源补贴，或者没有水资源，中国工业生产在全球市场上就会处于长期重大的竞争劣势中。清洁淡水资源的短缺也给中国耗水型高技术产业的未来竞争设置了上限，生物技术、半导体、制药业都属于耗水型的高技术产业。在水资源、能源和粮食之间的相互依赖关系上，中国还存在一些隐形的竞争劣势：中国化肥和纺织品生产严重依赖煤基合成氨的生产，例如，中国的煤基合成氨生产工艺，比西方较清洁的天然气基础上的合成氨生产工艺，多耗水42倍①。另外，没有效率的漫灌和化肥的大量使用，使土壤继续贫瘠化，污染负担持续增加，从而降低了中国长期粮食自给的能力。

中国领导人对三峡工程可能发生的环境灾害做了预警，但他们并未因噎废食，仍坚持以大型工程设施建设项目，利用和征服那些地处不利地质条件下的巨大水资源，进而展开中国的水利计划。

随着中国北方水荒的加剧，为了在2008年北京奥运会期间向全世界一展新中国的雄姿，2001年，中国领导人宣布了横跨中国的南水北调工程——从长江流域向中国华北和西北地区调水，设计的调水总量是科罗拉多河径流量的2.5—3倍，抑或是利比亚地下“大人工河”调水总量的25倍。南水北调工程包括东线、中线和西线三线调水，调水工程设计长度大约为2 200英里（3 540公里），引水渠将跨越山脉、峡谷、水道、铁路和其他自然的和人工的障碍，送长江丰盈的水到缺水的华北和西北地区。②

南水北调工程是继京杭大运河以来利用和征服大自然的最宏伟的水利工程。同京杭大运河一样，南水北调工程将翻开世界水利史上的新篇章，开启国家范围供水管网的新时代，把所有可供利用的地表水和地下水联合

① Diamond, *Collapse*, 362.

② ErikEckholm, “Chinese Will Move Waters to Quench Thirst of Cities,” *New York Times*, August 27, 2002; Ma, 136—137, 143—144; Kathy Chen, “China Approves Large Project to Divert Water to Dry North,” *Wall Street Journal*, November 26, 2002.

成一个供水系统，如果成功，可给其他水资源短缺的国家提供借鉴。美国和其他一些采用自由民主体制的工业化国家，越来越不青睐如此长距离、大规模的调水，把它看成一种环境魔咒，毕竟在得到收益的同时，在生态系统可持续方面也留下不少负面效应。批判此类调水工程的人士常常拿苏联对咸海的改造，以及对中亚区域气候变化为例。

人究竟应该服从自然秩序，与自然和谐相处呢，还是应该按照人的愿望去努力控制和利用自然？从某个层面上讲，现在有关水资源管理的世界争论，实际上是中国古代道家和儒家哲学争论的翻版。按照现代的说法，这场争论是开发软件还是硬件之争。开发软实力的倡导者，采用的是道家立场，强调改善现存的水资源供应，“量体裁衣”，找到因地制宜的解决办法，倾向于较小的、分散的工程和行政管理，与自然水运动模式相协调，以便实现系统的环境平衡。而开发硬件的倡导者，采用的是主导人类大部分历史的工程立场，在20世纪水坝建设时代，取得了登峰造极的成就，继续选用工程技术进步主导和集中的基础设施，在宏大尺度上，努力改变自然生态系统和水资源。

未来中国在很大程度上依赖于如何解决水资源和环境危机。中华文明的再度辉煌和大国身份的提高，也依赖于如何解决水资源和环境危机。无论中国在应对水资源挑战中成功与否，中国人的所作所为都具有国际影响，会在21世纪的人类历史中留下浓墨重彩的一笔。

水资源短缺和生态系统退化是快速增长而水资源紧张的中国巨人和印度巨人的软肋，与此同时，水资源短缺和生态系统退化，正给水资源相对富足的西方工业化国家，送去新的战略机遇。在淡水日益成为新的石油的稀缺时代，西方工业化国家正享用一个巨大的比较资源优势，但是，它们必须完全认识或利用这种巨大的比较资源优势。

17. 源于稀缺的机会：工业化国家新的水资源政治

富水的工业化国家正明显提高现存淡水资源使用效率，相对这种令人兴奋的、始料未及的倾向，因世界人口压力而出现贫水这种说法，恰恰忽视了提高现存淡水资源使用效率这一极端重要的方向。有关污染防治的诸项法规的完善，日益卷入的市场力量，推动了对水资源利用效率的新提升。而水资源利用效率的提升，提供了缓解水资源危机的另一种风向标式的途径。价格低廉且没有管理效率的水资源利用，已经导致了每一种社会用水的巨大浪费，因此，在水资源利用上的巨大浪费反倒创造出一个巨大的机会：通过更有效地使用现有的水资源，达到增加有效供水总量的目的。例如，每一个北美人用了高出世界平均水平2.5倍的可再生淡水，[①] 因此，通过采用已有的高效手段和技术，可以给生产性水资源使用者释放出比例惊人的新淡水供应。另外，开发这种有效的供应，可以付出比使用任何新的水资源要低一些的环境成本，任何新的水资源可能来自对自然的开采或河流流域中的再分配。

西方工业化发达国家有比其他贫水国家优越的水资源分布、恰当的管理机制和少量的人口负担，所以，有比较大的空间去探求解决水资源短缺的有效方式。这些国家中的大部分有可更新的水资源供应，可更新水资源

① “Sin Aqua Non,” *Economist*, April 11, 2009.

充沛，在可预测的基础上，可更新水资源全年有效，比较容易获得。农业普遍依靠自然降水，进而提供了一个可靠的自然粮食生产基础。美国对地下水的需求的确很大，有些重要区域还在继续增加对地下水的使用，但美国并非极端依赖地下水作灌溉用水养活人口，在这一点上，不同于印度、巴基斯坦、中国和中东国家。水利基础设施是综合性、功能性的，在多数情况下，它们早晚会过时，还伴有渗漏，需要进行大修。工业污染和城市污染受到管理和监控。虽然这些富水国家的整体相对人口规模正在萎缩，仅为世界人口的九分之一，但是，其相对的水利资源优势，又让它们具有了更多的优势，而这种优势可能会产生突破性的革新，满足这个时代的挑战，以环境可承受的、经济上具有弹性的方式，有效率地供应淡水资源。与历史上的其他水利突破一样，上述这种方式可有效地供应淡水资源，提高西方发达国家的财富和在全球新秩序中的影响。

事实上，美国人使用现有技术，重新积极分配当前的供应，不但继续保持其世界粮食主要出口国的地位，而且利用水资源来增加它的能源产品，加速工业生产，维持服务业和城市经济的强劲增长。在水资源方面，美国在受水资源稀缺约束的世界经济和政治秩序方面所占据的相对优势，可能类似于它在20世纪石油大发现和大规模生产方面所得到的相对优势。

发达工业国家不断提高水资源的利用效率，展示了绝对用水量、经济及人口增长之间相互关系的历史性突破。世界人口在300年间增加了两倍，[①] 在此之后，许多发达国家的人均绝对用水量在减少，而经济增长并没有减缓。美国的绝对用水量在1980年达到峰值，[②] 到2000年下降了10%，在这期间，美国人口增加了25%，经济继续保持增长趋势。在1900—1970年，美国每立方米水资源生产力保持相对不变，大约

① Millennium Ecosystem Assessment，107.

② U.S. Geological Survey，“Estimated Use of Water in the United States in 2000.”

6.5 美元 GDP；到 2000 年，美国每立方米水资源生产力飙升到 15 美元 GDP。[①]1965—1989 年，日本每一水单位水资源生产力增加了四倍[②]。欧洲大部分国家和澳大利亚的水资源生产力大体一致。

日益增长的水资源短缺，从 20 世纪 70 年代开始实施的水污染防治法规的逐步完善，以及环境保护运动，共同刺激了与水相关的经济发展，水资源生产力突然飙升正是其市场反应。环境保护的黄金规则是，当人类把水再排放到自然界时，也需以人类当初从自然界获取水资源时，水的相同状况进行。在热电厂、工业化和城市化带动下，水资源使用大户很快就发现，通过更有效的保护和循环使用技术，少使用水，就能节省下处理污水的资金。

第一代政府环境规则日渐被锤炼成较精细的软性效率方式，以协调维持生态系统的需要和服务。在西方工业化国家，政府官员、市场参与者和环境保护主义者常常作为有投票权的代表一起工作，找到适合于特殊使用者需求和条件的解决办法，包括适当的指标。在可能的情况下，小规模的、生态系统友好型的解决办法备受欢迎。例如，有关水政策的"欧盟架构指令"（2000）指出，当适合经济和环境的其他选择方案存在时，不鼓励建设新水坝；美国开始采用恢复湿地和植树造林等办法来拆除和替代水坝。在水资源供应出现争议的情况下，立法机构和司法机构第一次给生态系统授予可维持其存在的水资源的权利。人们也正在定义评价生态系统供应的创造性概念，以便环境法规可以在充分的市场导向下以弹性的方式去实施。人们聚焦于水资源供应方有效率的举措，如水耗，即基于其他目的的水利用和丧失，如灌溉用水，而不是比较简单的毛开采水量。开采水量没有计入用于多种目的的循环用水的生产率或处理后排放的水，这种经过处理而排放的水被下游地区再次使用。帮助水使用者出售他们的年度水权给其他使用者的调剂机制正被

---

① Gary H. Wolff and Peter H. Gleick, "The Soft Path for Water," in Gleick, *World's Water, 2002—2003*, 19. 所有数字以 1996 的美元比价计算。

② Specter, 70. 1960—1989 年，日本每 100 万美元产值的水使用量从 5 000 万升降至 1 300 万升。

制定，这样的用水效率大概更高，政府常常对此给予支持。

当水资源日趋稀缺和软性方式发生效率时，水资源服务的市场价格和市场即将出现。许多企业正开拓对用水印记的计算，与计算碳印记的方式一样，计算碳印记是为了帮助每一个实体减少对全球变暖的影响。商业企业对水做出重大投资，以占有市场份额并产生收益。长期以来一直没有形成一种人为的"看不见的绿手"机制，给用水和恢复水资源全面定价，争取具有历史性巨大力量的私人市场在维持环境可持续发展的前提下创造财富，当然，"看不见的绿手"的基本轮廓还不是很清晰，尚处在初期阶段。大规模的关键部门，特别明显的是农业部门，依然得到大量的水资源补贴，但对其产生污染的控制还不那么严格，还与市场力量绝缘。随着水资源需求的增加，"看不见的绿手"正在局部地、零星地发生。这种改变要面对方方面面根深蒂固的思想意识上的反对。采用硬性方式调动、储备、排放和清洁水资源依然在缓慢改变的水务管理机构构成主流。同时，传统的环境保护主义者依然怀疑把水当成一种经济商品的任何一种处理方式。传统的环境保护主义者担心，把水当作经济商品可能会导致水成为世俗商品，受到市场力量的支配，进而产生不公平的结果，忽略了 水对自然和人的生命的无价和神圣性。当然，在两个极端之间，有些新奇的事情正在发生。

美国西南部地区是值得一提的地方，在那里水资源短缺、生态系统保护和市场反应混合在一起，有力地推进了较有效利用现存淡水资源的进程。水利史上当一个新时代露出端倪时，社会总要面对一个经典的过渡问题，如何让水资源从旧的使用方式转变成较有效率的新使用方式[①]。到20世纪末，美

① 20世纪70年代中期，为应对石油危机，落基山研究所的艾默里·洛文斯最先提出了软方式概念。他认为，西方的主要反应应该是通过提高效率，降低供应需求，进而减少能源需求，打破增长和能量消费绝对水平之间的相互关系。对水资源而言的软方式具有类似的逻辑，太平洋研究所的彼得·格雷克对此进行了详细的阐述，承认他的思想受到洛文斯的影响。

国西南部地区享有特权的农业企业和现代西方动态城市及高技术产业，在用水效率上的差距变得越来越大，农业企业如同昔日，依然大量消耗来自政府水库的社会化灌溉用水。同样数量的水——每年 2.5 亿加仑（94 万方），可以支撑 10 个农业工人或 10 万个高技术工作岗位；① 加利福尼亚的农业企业消耗了加州 80% 的稀缺淡水资源，仅仅产生了 3% 的 GDP。农业内部亦如此，大量的水用于低附加值且耗水的农作物，如大米和苜蓿草；相反，人们因为缺水正砍掉高附加值的果树和干果树。这里存在的基本问题不是绝对水资源供应过分短缺以致无法维持经济增长，而是政府控制的水价极其低廉，还投给了效率相对低下的用户，进而阻碍了简单的市场价格激励机制，不然，市场价格激励机制会把水资源分配给用水效率更高的用户。

南加利福尼亚的帝国谷水区有 400 个农业企业，它们消耗了加利福尼亚从科罗拉多河分得的 440 万英亩英尺（54 亿立方米）耕地用水的 70%，这 400 个农业企业每英亩英尺（1233 立方米）用水价格为 15 美元，而南加利福尼亚沿海 1 700 万居民的水费比这个价格高 15—20 倍，以满足他们低得多的需要。另外，帝国谷过剩的水鼓励了挥霍性农耕方式，包括在沙漠地区种植耗水型的农作物，是加州其他地区农民水耗的两倍。②

得克萨斯石油大亨亿万富翁巴斯兄弟注意到南加利福尼亚农业用水价格和城市用水价格之间巨大的差别，注意到城市、工业和环境保护主义者形成的政治联盟——旨在抵消农民在加州水资源政治中的主导地位。③20

① Gleick, "Making Every Drop Count," 45.

② Peter H. Gleick, cited in Timothy Egan, "Near Vast Bodies of Water, the Land Still Thirsts," *New York Times*, August 12, 2001; "Pipe Dreams," *Economist*, January 9, 2003; Douglas Jehl, "Thirsty Cities of Southern California Covet the Full Glass Held by Farmers," *New York Times*, September 24, 2002.

③ Charles McCoy and G. Pascal Zachary, "A Bass Play in Water May Presage Big Shift in Its Distribution," *Wall Street Journal*, July 11, 1997; "Flowing Gold," *Economist*, October 10, 1998; Brian Alexander, "Between Two West Coast Cities, a Duel to the Last Drop," *New York Times*, December 8, 1998.

世纪 90 年代早期，巴斯兄弟从其 70 亿的财富中拿出 8 000 万，购买了帝国谷 4 万英亩农田，相应地，这些土地的水权转移到投资者手里。有一个著名的案例，20 世纪初，威廉・穆赫兰也曾为了有权使用欧文河水而购买河谷的土地，这就是臭名昭著的“洛杉矶抢水案”。与此相似，巴斯兄弟公开向农民宣称，他们购买这些土地不过是为了养牛，没有考虑水资源，此时农民没有意识到他们丧失了农田的水权。

帝国谷水区每年拥有 310 万英亩英尺的水权，巴斯兄弟设法说服他们与自己合作，合作的最大收益是，每年卖给圣迭戈都市区 20 万英亩英尺（2.46 亿立方米）的水，每英亩英尺水起价 233 美元——这个价格是水区补贴水价的 20 倍，75 年的累积收益超过 30 亿美元。另外，这个计划要求帝国谷水区拿出一点收益，用于改善用水效率，至少可以节约出卖给圣迭戈都市区的那份水资源，这样一来，帝国谷水区就不会丧失一滴珍贵的科罗拉多河水。虽然要价高得离谱，但圣迭戈都市区还是青睐这个交易，毕竟能提供一个独立的水源，而水价只有南加利福尼亚洛杉矶水务局价格的三分之二，还节省了三分之一的成本。

联邦政府、州政府、环境保护主义者和大部分非农业参与者很赞赏这项交易；然而，这个交易在加利福尼亚水务局和其他利益攸关者之间的角逐中陷入僵局。随着新千年的迫近，有关科罗拉多河的更大区域危机淹没了这个卖水计划：由于干旱，快速发展的亚利桑那和内华达拿走了全部水配额，加上这条河水实际上没有 1922 年协议上约定的年径流量，科罗拉多河流域实际的总水量无法满足现有的供水需求。米德水库的蓄水正降至死水位。如果没有大变化，胡佛大坝和其他卡罗拉多水利设施难以再维持 100 年。

1999 年年底，美国内务部在科罗拉多河流域其他州的支持下，向加利福尼亚发出了最后通牒，结束它几十年一贯的每年大体为 80 万英亩英尺的超采行为，把取水量限制在 440 万英亩英尺内。2002 年年底，加利福尼亚得到了一项在2016年结束超采科罗拉多河水量的计划。内务部坚持，这项计划包括从帝国谷转移给沿海城市的水资源，也包括保护现存水生态系统的水资源。内务部警告说，如果不制定一项可接受的计划，加州将面临即刻削减超采的那部分水量。

帝国谷的农业综合企业强烈抵制这个协议，因为它们预见到协议会使它们不再控制免费的灌溉用水，而这种免费的灌溉用水是当年纳税人为了帮助它们开垦荒漠提供的优惠。这些农业综合企业对分一些水来保护索尔顿湖生态系统的健康很不满，[①] 这是1905年科罗拉多河洪水泛滥时形成的内陆湖，仅仅通过帝国河谷82英里长的"全美洲大运河"和1 700英里长的灌溉渠排出的水来补给。

2002年12月31日，内务部在截止期限内没有收到加州新的用水计划，于是，意想不到的事情发生了：2003年新年第一天早上8点，新内务部部长盖尔·诺顿（Gale Norton）在民主党内阁前内务部长陪同下，关闭了从科罗拉多河里抽水的八台抽水机中的三台，这些抽出的水通过242英里长的水渠被送到南加利福尼亚。水龙头一关，帝国谷就丧失掉打算卖给沿海城市的那些水，还得不到任何赔偿。农民依然没有屈服。2003年8月，内务部垦务局通过公布一项研究来增加压力，这项研究得出的结论是，为了应对干旱，联邦政府可能会削减送到帝国河谷的水量，因为那里的农民浪费了大约30%的水。联邦政府唱"红脸"，加利福尼亚州政府就唱"白脸"，州政府最终提议，其将提供一定份额的水，并承担一部分基础设施成本，目的是保护索尔顿湖。

不到两个月的时间，即2003年10月，帝国谷的农业综合企业就屈服了。[②] 把科罗拉多河水提供给圣迭戈和其他城市，这个标志性协议的庆典

---

① Kelly, n.p.

② Dean E. Murphy, "In a First, U.S. Officials Put Limits on California's Thirst," *New York Times*, January 5, 2003.

仪式在胡佛大坝举行。按照协议，每年重新分配50万英亩英尺的水，相当于帝国谷水量的六分之一。估计在75年时间里，3 000万英亩英尺的水将从农业用水转变成城市用水，这大体相当于科罗拉多河两年的年径流量。[①]没有人怀疑，随着新西部的持续发展，还会进一步索求农业用水。

尽管帝国谷的农业综合企业通过出售纳税人补贴的水将得到数十亿美元的收益，但帝国谷的一些农民还是觉得被骗了。迈克·摩根抱怨说，“城市应该付800美元每英亩英尺的水，[②]而不是250美元”。然而，其他人则主张搁置不满，向前看，通过投资修缮跑漏的灌溉网络，采用新技术，如卫星遥感技术，监控农作物和土壤墒情，使用精准灌溉设备，从而提高现存的用水效率，补偿出售掉的那一份额水资源。事实上，在这个帝国谷水协议中真正的最大损失者是墨西哥农民，几十年来，墨西哥农民一直是抽取地下水灌溉农田，而这些地下水是其邻居美国人灌溉水渠里漏掉的水。现在，墨西哥农民突然发现，他们井里的水越来越少，原因是加利福尼亚人采用了更有效的灌溉方法。加州人总是很幸运，在索尔顿湖西南角，发现了一个大型地热源，[③]能极大地提高加利福尼亚可更新的电力生产，这是另一个潜在的宝藏。

打破科罗拉多河水的政治僵局，为2007年底达成有关帝国谷的另一个协议铺平了道路，因为科罗拉多河给下游流域的径流量下降到了7 500万英亩英尺的水量，所以，科罗拉多河流域协议州之间需要制定如何分配稀缺水资源的紧急计划。假设科罗拉多河的长期年均径流量降至1 400万英亩英尺，由于多年严重干旱，米德湖的蓄水量将只有50%，紧急状态就会

① San Diego County Water Authority, Water Mangement, “Quantification Settlement Agreement,” See in Imperial Irrigation District, November 10, 2003.

② Mike Morgan, quoted in Kelly.

③ “Something Smells a Bit Fishy,” *Economist*, April 10, 2008. 开发地热遇到的问题是，必须修改对索尔湖环境保护规划，这样才能从这个角落开采地热资源。

出现；另外，根据气候变化模型预测，与20世纪大部分时期相比，降水量将会下降20%，年度山区积雪将会萎缩，从而加剧夏季缺水，这种紧急情况似乎迫在眉睫，而非杞人忧天。对即将来临的危机达成共识，促进采取积极的、非同一般的应对措施，在危机临界值到来之前，改善对现有水资源的利用率。

2007年的紧急协议包括创新市场和生态系统管理安排，它刺激了州际水资源交易，允许用户在米德水库或含水层储备节约的水资源，以备后用，通过此举，减少水耗。例如，沙漠环绕的、快速发展的拉斯维加斯，提出偿付新的水资源储备设施，或在加州建设海水淡化工厂，[①]以交换加利福尼亚的科罗拉多河水分配比例中的额外水。拉斯维加斯已经是水资源得到最有效保护的城市之一，其下水道的每一滴水都得到了处理，并返回了米德水库，在对米德水库的水进一步净化后，返回到这个城市的自来水系统。拉斯维加斯的人口持续增长[②]，即使这样，由于采用了多种水资源保护办法，总的水使用量已经从2002年的峰值上滑下来，包括推广耗水少的抽水马桶，偿付居民换掉耗水型草坪而种植天然的沙漠植物，以及提高水价。在科罗拉多州的奥罗拉市，正在创新循环用水，比拉斯维加斯的方法更细致一些。奥罗拉市购买沿南佩雷特河下游的农业用地，因而它就可以获取用水，这部分水在沙质的河床经过天然过滤，进入河岸附近一系列相邻的井里，接着从井里抽出水，通过34英里（54公里）长的管道送到城市，在自来水厂净化，然后使用，之后进入污水处理厂处理，排入河中，再从那些水井里抽水，开始新一轮的循环。每一轮循环大体需要45—60天时间，每一滴水可以收回50%。

---

① Gertner.

② 拉斯维加斯在追逐传统的硬件基础设施，如充满争议的、花费数十亿的长距离引水管线，把从内华达东部中心地区抽出的地下水，送到拉斯维加斯，首先必须购买那些地区的土地，还要在米德湖建设较深的新进水闸门。

在连续干旱的刺激下，加利福尼亚州建立了州水资源银行，允许北加州的农民出售其休耕农田的季节性水权，让农民更有效地使用种植技术，并且种植附加价值高的农作物。加州中央山谷土地肥沃，自然干旱却很严重，地下水位下降，2009年，加州为这个地区的农田浇灌设定了价格，每英亩英尺的水500美元，[①]接近2008年水价的三倍，即使这样，还是低于自由市场的水价。南加州沿海地区已经把处理后的污水用来补充生活用水，由于那些地区有效的天然供水已经枯竭。科罗拉多河透支了。随着干旱和全球变暖，山区融雪和水库水位均在下降。中央谷把保护水资源放在首位，以改善圣华金河-萨克拉门托河三角洲河口和旧金山湾退化生态系统的鱼类和野生生物，法院和联邦政府对此都有指令[②]，因此，通过北加州管道长距离调送的淡水量也在减少。随着洛杉矶和圣迭戈人口的持续增长，大规模污水处理和水资源循环使用势在必行，过去，处理过的污水长期用于灌溉和浇灌草坪，现在，也用来增加城市生活用水的供应。

用"从厕所到自来水龙头"这类贬义的说法来描绘水资源循环使用，当然不恰当。人们不仅仅高强度地处理污水，让处理后的水达到比天然自来水还要纯净的程度，而且这种处理后的水也没有直接与自来水龙头连上。相反，这种处理过的水被回灌到地下，通过自然岩层过滤，再抽出进入生活用水管网。水资源循环使用几乎不是什么新奇概念。几十年里，美国城市通常把处理过的污水排放到河里，如科罗拉多河、密西西比河和波托马克河，经过稀释，成为下游城市的生活用水。在应对19世纪中叶"恶臭"事件，建设公共环境卫生制度时，伦敦遵循的是相同的原理。南加利福尼亚循环水工程也是使用缓慢流动的地下水，而不是地表河水，对

① "Dust to Dust," *Economist*, March 7, 2009, 39.

② 按照"中央河谷项目改善法"，野生生物和生态系统同样有长期灌溉的权利；与20世纪90年代相比，许多农民的水费已经上涨了10倍。

处理后的水再做天然过滤。2008 年 1 月，加利福尼亚奥兰治县建成了一套先进的污水处理设施，具有日处理 7 000 万加仑（26 万立方米）污水的能力。[①] 这套污水处理设施有着迷宫般的管道和水池系统，把处理过的茶褐色污水，通过高压反渗透方式，用微型过滤器除去污水中的微小残留物，然后再做过氧化处理和紫外灯照射。在进入市政供水管网之前，被注入地下岩层，进行天然过滤，实际上，注入地下岩层的水已经达到蒸馏水的纯净程度。水资源紧张的南佛罗里达、得克萨斯、加利福尼亚的圣何塞一直都在考虑相似的项目，以帮助满足未来的需求。世界上只有唯一一座大城市——非洲干旱的纳米比亚温得和克，把污水处理厂处理过的大规模水，直接送到市政供水管网。除了这种想法有些令人恶心外，从技术或成本效率上都不会妨碍我们相信，除非水资源稀缺达到难以承受的地步，这种真正闭路的、循环的基础设施不会太盛行。

水资源不足也正在推进南加利福尼亚在现代海水淡化技术上捷足先登，该技术在世界范围还是一个比较微小的领域。1990—2002 年，加利福尼亚的海水淡化成本已经从每立方米 1.6 美元下降到 0.63 美元，[②] 可以与以色列、塞浦路斯、新加坡这些因淡水资源贫乏而建立大型反渗透海水淡化工厂的国家并驾齐驱。2006 年，有关新的海水淡化工厂的项目建议书已经不少，其目标是成百倍地提高加州城市供水中淡化海水的份额，大体达到全州城市供水总量的 7%。[③]2009 年，加州决定在圣迭戈附近建设

---

① Randal C. Archibold, “From Sewage, Added Water for Drinking,” *New York Times*, November 27, 2007.

② Peter H. Gleick, Heather Cooley, and Gary H. Wolff, “With a Grain of Salt: An Update on Seawater Desalinization,” in Gleick, *World's Water, 2006—2007*, 68. 佛罗里达沿海地区的地下水已经严重超采，丰富的河口半咸水含盐量不大，净化为饮用水的成本相对低一些，加利福尼亚一直在海水淡化技术上居美国领先地位。得克萨斯州也在这项技术上领先一筹。

③ Ibid., 65. See also Felicity Barringer, “In California, Desalinization of Seawater as a Test Case,” *New York Times*, May 15, 2009.

一座反渗透海水淡化巨型工厂，预计在2011年达到日生产5 000万加仑（18万立方米）的淡化海水，以满足北圣迭戈地区10%的用水需求，这是对加州大规模海水淡化能力的第一次重大检验。加利福尼亚目前的海水淡化能力还非常小，然而，加州巨大的规模和特殊的引领水利潮流的身份，尤其是在加州能够用太阳能或风能替代不可再生的、造成污染的石油能量的情况下，其的确在海水淡化方面具有异军突起的发展潜力。[①]

半个世纪前，约翰·肯尼迪总统曾表达过人类海水淡化的旧梦。他深思到，“我们是否能以具有竞争性的方式——极便宜的价格把海水变成淡水，因为海水淡化是人类的长期追求，如果这一梦想真的实现，其他科学都会相形见绌”。自人类首次进入七大洋，水手就开始幻想海水淡化。在“发现的远航（地理大发现）”时期，远距离航行的欧洲海员就安装过原始的海水淡化应急设备。大规模海水淡化使用了19世纪中叶制糖业所用的蒸馏工艺技术。当然，是美国海军让现代海水淡化技术开花结果，第二次世界大战期间，美国海军使用海水淡化技术，给在南太平洋岛屿中作战的官兵提供淡化的海水。20世纪50年代，人们开发了以蒸汽压力引起蒸发为基础的热—脱盐工艺；虽然这种海水淡化生产十分昂贵，但沙特阿拉伯以及中东其他一些富油贫水的沿海国家，在相对较大的规模上使用了这种生产工艺。20世纪50年代，美国政府支持大学开展海水淡化研究，寻找较好的海水淡化工艺，在肯尼迪任职期间，反渗透工艺被发明，1965年，对此技术进行了小规模咸水试验。20世纪70年代末，随着膜技术的大规模进步，反渗透海水淡化工厂有可能运行。因为海水淡化需要巨大的能量投入，所以，与其他获得淡水的方式相比，海水淡化的成本很高，1980年，第一座大型城市海水淡水工厂首先在沙特阿拉伯的吉达投入运行，那里能源便宜，水却是无价之宝。

---

① John F. Kennedy，quoted in Economist staff，*Economist Technology Quarterly*，24.

沙特阿拉伯的海水淡化厂

从20世纪90年代开始，能量回收技术和膜技术有了重大进步，到2003年，海水淡化成本下降了三分之二，对于那些水资源短缺的沿海区域，通常采用不必要的远距离调水来保证市政供水，因此，海水淡化正成为这些地区多种供水方案中的一个可靠组成部分。例如，澳大利亚珀斯市政供水中有五分之一来自淡化的海水。以色列的淡化海水在市政供水中的份额迅速上升，这也给信奉伊斯兰教的中东和北非国家带来了希望。奥兰治县和新加坡的污水处理厂，都把海水淡化的反渗透膜工艺用到了污水处理上，新加坡污水处理厂排放的水补充了地方的水库。随着海水淡化的增加，大公司正积极进入海水淡化领域，期望占有一定的市场份额。[①] 截至2015年的10年市场预测，海水淡化投资在2005年40亿美元的基础上，增长了3—7倍。

① Peter H. Gleick and Jason Morrison, "Water Risks That Face Business and Industry," in Gleick, *World's Water*, *2006—2007*, 161.

当然，就最乐观的预测而言，海水淡化不能成为短期内解决世界淡水资源危机的万能技术。目前已建立的海水淡化能力太小，不过世界 1% 淡水使用量的 3‰。即使海水淡化成本大幅下降，我们还不能解决海水淡化带来的若干环境问题，如何处理海水淡化留下的废物；没有昂贵的抽水泵，并建设长距离的引水设施，内陆区域不可能获得淡化的海水。最有可能的、最好的情况是，海水淡化成为一系列淡水供应技术之一，这些技术一道帮助处在水资源短缺危机中的国家。

在雨量充沛、气候温和的美国东部地区，在长距离水资源储备和运输系统中，纽约市可谓城市领军者，也是解决水资源问题软性思潮的新先锋。该市最值得关注的实验之一是，利用林区天然的水净化功能，改善纽约市生活用水的质量，同时为这个区域的 900 万居民节约了数十亿美元。1842 年，纽约靠重力运行的克罗顿供水系统开始运行，从那时起，纽约一直把引水渠和水库向纽约州北部的卡茨基尔山脉延伸，上游河段甚至延伸到特拉华河，以获得清洁的淡水。20 世纪 90 年代，纽约市供水网由三个不同的水系组成，有 1.25 年用水量的蓄水能力，每天从 18 个汇水水库和纽约州北部的三个湖泊调 12 亿加仑（454 万立方米）水到纽约市。[①] 但是，水库周边未开发的乡村、森林覆盖的乡村随着现代开发和农业生产，水质下降等一系列问题一直在积累。这些水源区域内的奶牛场和 100 多个污水处理厂，排放含有有害物质磷和氮的废水，从而降低了水源水库的含氧水平，导致藻类植物疯长，如同中国的太湖，摧毁了具有净化水功能的生物，从而长期污染着纽约市一半的水库。20 世纪 80 年代后期，美国的饮用水标准严格起来，纽约市面对最后决策：或者建设一座现代化的水过滤工厂，建设成本相当惊人，费用在 60 亿—80 亿美元之间，还不包括以

① Galusha，265.

后巨大的维护这些过滤设施运行的开支；或者设计一个替代方案来保护纽约水源地，以达到国家饮用水标准要求的水质。[①]

纽约市的创新反应是，投资10亿美元改善水源保护地范围内的树林和土壤，从而以天然的方式，保护更多的水且过滤更多的污染物质；实际上，纽约市正在提高的是自然水域生态系统，给反污染服务确定市场价值，这个反污染服务替代了昂贵的、传统的人工水净化设施。纽约市和纽约州的官员、环境保护主义者以及乡村社区代表，就这一方案达成了政治上的新共识，进而推动了这个生态服务项目。利益攸关者经过数年的协商，最终形成了一份长达1 500页、三册的协议，并于1997年签署生效[②]。

这项计划的核心是，纽约市将投入2.6亿美元购买35.5万英亩（1436平方公里或215万市亩）的土地，接近纽约市辖区面积的两倍，这些土地均对水源敏感，是从自愿出售的业主那里购买的，旨在为水库起缓冲器的作用。[③]在纽约市新购买的土地中，有些会向公众开放，为休闲娱乐所用，如钓鱼、打猎、划船；租赁给私人从事环境友好型的商业活动，如种草、养蜂等。100多家清洁的现代化奶牛场大约需要开支3 500万美元，包括减少它们80%的牛奶生产水耗，帮助它们解决道路硬化而造成的污染与垃圾分类问题。纽约市这次历史性地使用了强制购买手段，以购买纽约水库的水源保护用地，为了安抚地方社区对此行为的不满，纽约市同意另外投资7 000万美元，用于维修当地的基础设施，并帮助他们做环境友好型的经济开发。有100年历史的纽约市水域警察新增加了环境分队；他们携

---

① Andrew C. Revkin, “A Billion-Dollar Planto Clean the City’s Water at Its Source,” *New York Times*, August 31, 1997.

② Galusha, 258—259.

③ Winnie Hu, “To Protect Water Supply, City Acts as a Land Baron,” *New York Times*, August 9, 2004; U.S. Environmental Protection Agency, Region 2, “Watershed Protection Programs,” U.S. Environmental Protection Agency，约2亿美元用于更新污水处理厂。

带化学品，在乡村地区巡逻，寻找泄漏的家庭化粪池和随意排放的污水，来保护水库。实际上，纽约市已为其水域所提供的生态系统服务建立了市场价格。10 年之后，纽约市通过与一家度假村房地产开发者协商复杂的土地交换方案，在生态系统可持续性和市场经济的结合上，又向前迈出了一步。这个交换方案是，纽约市购买水源保护区山腰处的房地产作为公园，允许开发商在不影响水源保护地的地方开发不大的度假项目。开发商还同意，不开发易发径流的斜坡，或不在高尔夫球场使用化肥。①

纽约市水源地实验的早期效果不错。2008 年，环境保护组织的监督者认为，纽约市的水质达到上好等级，在此之前的 2007 年，美国国家环保局豁免纽约市 10 年内无须建设水过滤工厂。从经济上讲，这不仅节约了纽约市 70 亿的建设资金，而且还扩大了纽约市财政在休闲业方面的收益，让纽约市的水资源供应有了长期的可持续性。随着这个项目的成功，纽约市为下一代城市水资源开发提供了可能的模式。事实上，一些美国其他城市和海外城市，如南非的开普敦、斯里兰卡的科伦坡，以及厄瓜多尔的基多，也采用了纽约方式的生态系统服务赋值，帮助它们解决地方所面临的挑战。

与纽约市和南加利福尼亚相呼应，佛罗里达州州长克里斯特（Charlie Crist）2008 年宣布了一项著名的湿地修复计划，以恢复正在退化的“大沼泽地”。几乎在 10 年内，佛罗里达的甘蔗种植大户一直拿联邦政府和州政府的联合计划一手，甘蔗农场是这个州的用水大户，享受价格补贴，排放磷肥残留污染物。由于失去了清洁的水资源，大沼泽地的 50% 已经干枯。克里斯特花了州政府 13.4 亿美元的储备，从美国糖业大亨那里购买了 18.1 万英亩（732 平方公里或 109 万市亩）土地，以此与其他农业企业交换土地，这些农业企业为更新通往大沼泽地的清洁水的渠道打开了大门，来自奥基乔比湖新鲜的清洁水，补给了大沼泽地。②

---

① “A Watershed Agreement,” editorial, *New York Times*, September 10, 2007.

② Damien Cave, “Everglades Deal Shrinks to Sale of Land, Not Assets,” *New York Times*, November 12, 2008.

除了加强纽约州北部水源地的保护以改善进入水库和渠道的水质，纽约市还在20世纪90年代早期开展了水资源保护的展示项目，旨在调整供水系统的整体需求，从而减少水资源的绝对开采量。首先，水价大幅向市场水平提升，鼓励节约用水。纽约市斥资2.5亿美元，在全市范围内实施更换节水马桶计划，让较贫困的家庭换掉5—6加仑的抽水马桶，换成每次冲水仅用1.5加仑水的新马桶。抽水马桶是家庭中最大的用水设备，差不多相当于家庭用水的三分之一，1992年，联邦政府要求在全国范围内逐步换为低用水量的抽水马桶。到1997年，更换抽水马桶、收取较高的水价，以及综合计表和跑漏监控等措施，帮助纽约市的人均日用水量大幅降至164加仑（620升或0.62立方米），而1988年的人均日用水量为204加仑，节约了20%，或每天节约了2.73亿加仑（103万立方米）供水量。纽约市官员预测，该市在未来50年不需要新增任何水资源供应，[①] 与此同时，也节约了以百万计的污水处理费和抽水费用。纽约市的水资源保护方法在许多城市得到了推广，这是美国自20世纪80年代以来用水效率大幅上升背后的关键推动力之一。

当然，纽约市还要面对另一个巨大挑战：老式的、破旧的、跑漏的和处于潜在故障状态的老化给排水基础设施。为何说是巨大挑战，因为要以低成本而达到用水效率提高的目的。最明显的跑漏出现在最初的引水渠下面，纽约州北部水库的水通过引水渠，通过哈得逊河，最终被送到纽约市郊的扬克斯储水水库。还有更大的危险，纽约的两条存在跑漏的城市分水隧道，分别建于1917年和1936年，它们分别把水从克斯水库送到整个城市，半个世纪以来，这两条隧道从未进行过检修，因此，人们都在担心有一天会发生重大故障，而事故会迫使纽约很大一部分地区的人员撤离。从1970年以来，隧道工人一直在开挖和建设纽约的第三条现代化引水隧道，这条隧道位于地下

---

① Galusha，229.

600英尺（182米），比地铁还要深15倍，一旦建成，两条老隧道才可能关闭检修。纽约市三号引水隧道耗资60亿美元，是纽约历史上最大的工程项目，也是继布鲁克林大桥和巴拿马运河之后的，当时市政工程项目的最大丰碑，当然，纽约市三号引水隧道看不见，也无人知晓。在引水隧道建成、投入使用之前，大约2012年，纽约市还将要与时间和这场可能的灾害赛跑。

任何社会的供水工程网络的状况，都是那个社会经济和文化发展的征兆和基础。美国和欧洲的许多工业化早期兴起的大都市，面临老城市给排水系统现代化的巨大挑战。虽然在利用水资源方面的创新总是这个时代的主旋律，但维护好供水基础设施，以支撑生活、经济、发电和运输等四大用水领域，也是工业化的西方全面利用它们所具有的淡水优势的必要条件。维护不好供水基础设施，无形中就削弱了效率和弹性，易于让社会受到震荡，如在2005年夏季的卡特里娜飓风中，新奥尔良所经历的溃堤和洪水。当然，这类维修工程的复杂性和不显眼的政绩，都是巨大的障碍。这类工程常常涉及困难的地下工程，涉及被不能关闭的强大气压和大量快速流动的水所包围的问题，涉及设计之初没有设想未来的更新问题。

根据“河流保护协会”的新发现，纽约市有关部门在2000年第一次公开承认，纽约市最大的引水渠“特拉华渠道”的一个分支已经严重跑漏了10年，而“河流保护协会”是一个私人的哈得逊河环境观察团体，是水源地保护项目的主要参与者。20世纪90年代早期，第一次检查出特拉华引水渠道在渗漏，每天有大约1 500万—2 000万加仑的渗水量；到21世纪初，特拉华引水渠道每天的渗水量上升到3 500万加仑。当特拉华引水渠道总送水量的4%跑漏时，就必须加以修缮，否则会导致这条渠道崩溃。1958年的最后一次检查是开着一辆改装的吉普车进行的，该隧道段的直径为13英尺（3.96米）。[①] 尽管如此，因为担心水压变化会损害这个

---

① Andrew C. Revkin, “What’s That Swimming in theWater Supply ? Robot Sub Inspects 45 Miles of a Leaky New York Aqueduct,” *New York Times*, June 7, 2003.

隧道段的结构，所以一直没有关闭这个隧道段。2003 年，纽约市采取了一个前所未有的行动，使用无人驾驶、远程遥控、鱼雷形状、带有鱼须似的钛合金探针的迷你潜水器，进入 45 英里长的漆黑隧道段，进行 16 小时的数据采集，而这个设备是伍兹霍尔海洋研究所的海洋专家设计的。[①] 在经过长达四年的研究后，纽约市决定进行综合维修的第一阶段，修缮费大约为 2.39 亿美元。2008 年冬天，一个深海修理潜水员团队乘坐一个密封的有压舱，进入地下 700 英尺（213 米）的位置，他们夜以继日地工作了一个月，检查和计算这段隧道的现状。

纽约市要解决已经渗漏 20 年的引水渠，的确面临一定程度的困难，亟须完成纽约市三号引水隧道。三号引水隧道项目可追溯到 1954 年，当时，纽约的工程师坐升降机下降到几百英尺深的一号引水隧道主控地，为拖延了很久的检查工作做准备，目的是切断水流，找到隧道破裂的地方，然后进行修理。但是，当他们试图拉开升降机底部旧旋转轮和铜长阀杆时，骤然间感到强大的压力，因为旧旋转轮和长阀杆控制着进入隧道直径 6 英尺的大门。他们担心手柄可能会断，更糟糕的是，隧道门或许永远被关上，再也打不开了，这样就阻断了流往下曼哈顿、布鲁克林中心区和布朗克斯的一部分水，因而他们决定罢手，回到地面。从那一天起，纽约人一直生活在无知的幸福之中，没有人能够修缮两个跑漏的、陈旧的分水隧道，它们一直给千家万户、医院、消防栓和 6 000 英里的下水管线送水，或者知道一个结构性弱点正在逐步接近临界点，当突然的灾难降临时，这个临界点会让隧道破裂、坍塌。有些人认为，向外的水压正在维持这个隧道的完整性。退休隧道工詹姆斯·赖恩说："看着，如果这两个隧道中的一个出了问题，这个城市就要完全停工。在某些地方，完全没有水。……

① New York City Department of Environmental Protection, "Preparation Underway to Fix Leak in Delaware Aqueduct," press release, August 4, 2008.

果真那样的话，‘9·11’事件就不算什么了。”[①]

作为一、二号引水隧道补救措施，纽约市花了16年时间才完成三号引水隧道的准备工作。三号引水隧道将是一个备份的、全市范围的供水网络，具有多个引水支线和一个现代化的控制中心。一旦运行，整个引水隧道每个段落的水流易于关闭，修缮也很方便。但其中的一个问题是长时间和大规模的投入。这个项目预计20世纪70年代开工，因为纽约市出现财政危机，项目开工推迟。另一个问题是，项目的挖掘深度与纽约摩天大楼一样高，因此，爆破和开挖岩石层的工程既艰巨又危险。工程由自成体系的专业化城市地下工程队承担。实际上，纽约隧道的建设，从地铁到升降机，都有地下工程队伍的身影；19世纪70年代，隧道工人在高压沉井里工作，挖掘布鲁克林大桥的桥基，他们是第一批出现胸疼、鼻子出血以及其他潜在病症的工人。在工程建设中有许多工人遇难。从1970年开工以来，有23位工人和一个小孩因纽约市三号引水隧道工程事故而遇难。因为地下工程危险，所以，隧道工人的薪酬不菲。从事地下工程的工人一般是子承父业；有许多是爱尔兰人和西印度人的后裔。

隧道工人知道他们正在与一、二号引水隧道的坍塌赛跑，但三号引水隧道的掘进工程比较艰难。他们一般每天向前推进25—40英尺（7.6—12米），凿眼、放炮、拉走不计其数的碎石。他们使用的方法，是古罗马人修建渡水槽、中国李冰父子沿岷江开凿隧道时利用火与水岩裂工艺的现代版。布隆伯格（Michael Bloomberg）市长加快了三号引水隧道工程的速度，他把改善全市范围内供水设施的工作排在前列，并追加了40亿美元的经费。因为使用了70英尺长的新钻孔机，整个掘进速度翻了一倍，人们把这种机器称之为鼹鼠，[②]它有27把旋转的钢刀，每一把钢刀重达

---

① James Ryan，Grann，91，96，102.

② Sewell Chan，“Tunnelers Hit Something Big：A Milestone，” *New York Times*，August 10，2006.

350 磅。2006 年 8 月，布隆伯格市长头戴安全帽进入隧道，坐在“鼹鼠”操作台前，开启了纽约市三号引水隧道工程第二阶段的开挖工程，整个工程包括四个阶段，第二阶段最为关键。可是工程并没有完成。至少还有六年的工作任务摆在前头——用水泥完成隧道内壁抹平，安装仪器，消毒灭菌，所有这些完成之后才能让隧道过水。到那时，三号引水隧道就与供水工程的太空时代连接起来——新的电子中控室里，在日本特制的 34 个精确的不锈钢控制阀引人注目，还装有 17 个巨大的井筒，重达 35 吨，纽约工程师已经在那里监制了两年。这个中心控制室在布朗克斯范科特兰公园地表以下 25 层楼的深度，一个有两个足球场长、三层楼高的地下建筑里。地面上别无一物，仅有一个小警卫楼和进入草坡里的大门，表明那里是进入纽约最重要基础设施之一的入口。①

在整个工业化的民主国家，城乡都面临着类似于纽约市的基础设施挑战，当然，基础设施的规模一般比纽约市要小。未来 20 年内，更新美国 70 万英里（112 万公里）老化的给排水管道、自来水厂以及其他核心给排水设施的费用估计需要 2 750 亿—1 万亿美元。② 全球供水基础设施更新的费用难以估量。③ 许多主要世界级城市的给排水管网都存在跑漏问题；在世界范围里，可能有一半的生活用水在进入城市前就漏掉了。

没有改善现存水资源利用效率的地区更易于受到水资源变化的影响，导致经济增长速度放缓，与邻居因水而发生政治冲突。例如，佐治亚州政府不愿意投资更新快速增长的亚特兰大给水系统，当 2007 年遭遇大旱时，这个城市水库里的水仅够维持四个月。当时唯一的解决方案就是实施应急预案，尽量从阿巴拉契科拉—查特胡奇—弗林特水系中得到更大份额的水，而下游阿拉巴马州和佛罗里达州到的水自然减少，这两个州正以这个

---

① Grann，97.

② Lavelle and Kurlantzick，24.

③ Pearce，304.

水量尽力维持各自的电厂和工厂的运转，维持海湾沿海的生态系统，以保障佛罗里达的渔业。乔治亚州在实施简单用水效率措施中发现，通过减少30% 的用水量，可以缓解水资源危机。

不间断的区域淡水需求、因全球变暖而造成的降雪减少，导致五大湖低于正常水位，从而增加了美国北部地区的航运成本。每丧失一英寸的水深度，就要求五大湖拥有 63 艘船的船队降低其年度载货吨位 8 000 吨，为的是避免船舶搁浅。实际上，落脚在大湖边的美国老化的钢铁和重型制造业带本来就面临全球竞争，由于航运费用增加，就会给它们平添另外的全球竞争负担，而当初之所以选址在此，看重的就是便宜的运输成本和水资源。现在，新一代海洋集装箱船巨大无比，有些船体长度相当于 70 层摩天大楼的高度，它们绕着半个地球航行，穿梭于港口之间，跟不上这些变化的海港就可能丧失掉其全球海运商务。随着与亚洲贸易的发展，纽约大规模港口改造帮助其恢复了在港口史上所创造的一些辉煌，事实上，20 世纪下半叶，由于美国南部和西部沿海新港口的兴起，纽约港曾经不断丢掉生意。与五大湖相关的州开始担心调水到美国干旱地区的计划，2008 年国会通过的管理湖水的新法律协议，就采用了严格的保护措施，禁止把湖水调出五大湖所在的流域。

保护五大湖的措施令得克萨斯州失望，多年以来，得克萨斯州一直把眼睛盯在五大湖的水资源上。石油让该州发展起来，但是，未来的前景——经济富裕、对美国政治的影响力，主要依赖于它是否能够合理使用水资源来维持其大城市和工业。得克萨斯没有采用效率和保护来提高水资源利用效率的综合项目，它似乎把赌注压在水资源争夺和投机上，重蹈了南加利福尼亚的历史覆辙。身价亿万的水资源投机者，包括石油大亨皮肯斯（T. Boone Pickens）和奎斯特电信的联合创始人安舒茨（Philip Anschutz），多年来，一直利用得克萨斯州的一项法律，通过购买土地获得不受限制的水权，游说政府官员实施他们野心勃勃的计划，抽取奥加拉拉地下蓄水层不可再生的水资源，通过数十亿美元建设的输水管道，把水出售给几百英里外的缺水城市，诸如达拉斯、圣安东尼奥以及艾尔帕索。每英亩英尺水（1 233 立方米）的价格是 1 000 美元，他们的收益潜力巨大，得克萨斯的好运还能延续一段，直至奥加拉拉的水源开采殆尽。由于大大小小的公司总是在竞争中寻找收益，总能找到短平快式的解决方案，甚至在一定区域已经衰退的情况下，在世界面临供水基础设施建设挑战时，工业化民主国家还占有巨大的优势。

城市正在学习如何更有效地使用现有的水资源，而工业始终是在水资源利用效率上具有最大影响的部门。很快，水成为整个工业行业一个主要的生产投入。雀巢、达能、联合利华、安海斯—布希和可口可乐，仅仅是世界上这五个最大的食品和饮料公司，它们一天消耗的水就足够满足全球每个人一天的用水。①

在全球经济中，超级水资源利用效率是西方工业竞争的优势之一，有助于抵消较贫穷国家以廉价劳动力和不严格的工业环境标准而获得的优势。美国公司开始把水作为经济商品来看待，水不仅有市场买价，在排放之前还有处理成本，以回应联邦政府在 20 世纪 70 年代颁布的污染控制法律。无论何时，在运行规则清晰且可预测的情况下，营利性企业总会寻求在水的利用上多做文章，它们会创新生产工艺，以便减少用水。结果则预示着保护水资源巨大的、未开发的生产潜力。

热电厂是工业部门中第一用水大户。美国主要从河流和其他水源中获取水，其中的五分之二被用作冷却水；当然，水的消耗很少，因为若干分钟后，这些冷却水又返回了水源。美国联邦法规规定，工业企业排放的水应当与它们所取的水保持相同的水质和温度，为此，热电厂增加了水循环次数，提高一次性冷却用水系统向更有效率的冷却系统转变的技术。到

---

① "Running Dry," *Economist*, August 23, 2008, 53.

2000年时，美国60%的热电能力是使用现代热电生产技术生产的；每千瓦时所需的水量从1950年的63加仑（0.23立方米）下降到2000年的21加仑（0.079立方米）。[①]

制造业对水污染法规的反应同样强烈。化工和制药公司、主要金属和石油生产商、汽车制造商、造纸厂、纺织企业、食品加工商、罐头制造商、啤酒制造商及其他用水大户，都增加了循环用水，并采用了节水工艺。1985—2000年的15年间，美国工业总用水量降低了25%。第二次世界大战前，美国钢厂冶炼每吨钢的水耗为60—100吨；而到世纪之交时，现代钢厂生产每吨钢的水耗仅为6吨。[②] 与此相类似，1997—2003年，用水大户半导体硅片生产商减少了75%的极端纯净水用量，这类工厂排放的水被用于农业灌溉。1995—2005年的10年间，陶氏化工把其生产每吨化工商品的用水量削减了三分之一。从1997—2006年，欧洲雀巢的生产量翻了一番，但水耗下降了29%。纽约市标志性的生态系统服务计划让我们想到一件事，瓶装矿泉水生产商佩里威尔特在农业强度很高的水源地投资植树造林，并为农民提供资金，让其使用先进的种植技术，以达到保护矿泉水源质量的目的。[③]

多年来，水几乎上不了公司重大预算项目表，抑或很少得到顶级规划执行官的关注。在这个水资源稀缺的时代，越来越多有水意识的公司正把水看作同石油一样的关键性战略经济投入，并对水资源做出清晰的计算报告和未来目标。最有远见的全球公司分析了全球关键供应方所面临的水资源风险，通过帮助他们采用保护和生态可持续的生产方式，协助他们规避水资源风险。[④] 例如，在联合利华的技术和经济支援下，巴西的番茄种植

① U.S. Geological Survey，“Estimated Use of Water in the United States in 2000.”

② Gleick，“Making Every Drop Count，” 44.

③ “Are You Being Served？” *Economist*，April 23，2005，77.

④ Gleick and Morrison，154—155.

农户采用滴灌方式浇灌农作物，从而削减了30%的灌溉用水，减少了造成水污染的农药和杀菌剂的使用。① 啤酒制造商安海思—布希在经历了美国太平洋西北部干旱灾害后，敏锐地意识到水供应链的重要性。农作物水资源短缺推动了啤酒生产关键原料大麦的涨价，而减少大坝放水又提高了水电价格，电价的提高，伴随着啤酒罐的生产成本提高。环境保护主义者也协作得很融洽，例如，自然保护机构一直在制定计划，嘉奖用水有效率的公司。

改善工业用水效率不仅直接提高了竞争力，而且通过少用水、为其他生产性使用者降低成本而获得经济收益。然而，改善工业用水效率而产生收益的潜在规模，完全无法与农业同日而语，农业是社会中用水效率低下、获得补贴最多且对水污染最大的领域。农业至今依然是淡水的最大用户，常常占全社会总水耗的四分之三。无效率的漫灌技术，致使50%的灌溉用水漏掉，并没有到达植物根部。削减四分之一的灌溉用水基本上就可以给该区域所有其他生产活动提供翻一倍的水资源，包括工业、电力生产、城市用水或补充地下水和湿地。② 另外，成倍提高农业用水效率的成熟技术已经出现。微灌溉系统，如滴灌和微喷灌、农田的激光整平，都能让水更均匀地分布，一般可以减少水耗30%—70%，增加农田产出20%—90%，以色列、印度、约旦、西班牙和美国在这方面都积累了成功经验。从长远看，这些灌溉技术以及其他一些方法是应对全球日益增长的粮食短缺的必要因素。农业用水效率问题的底线是政治的，如何推动农业用水效率迅速提高，如何提高接受灌溉技术补贴的农田面积，目标只有一个，那就是让最能干的农民得到他们应得的市场回报。

美国灌溉农业综合企业，以水资源不足的加利福尼亚为先导，正在缓

---

① Gleick and Morrison，149.

② Wolff and Gleick，“Soft Path for Water,” 这个计算是以该地区使用80%的农业用水为基础。

慢地投资，从大田漫灌向喷灌和微灌溉系统过渡。[1]但是，通过补贴政策、关税以及豁免本需要完全清理的农业污水排放，避免了让农业成为完全市场成本的部门，因此，农业本身根深蒂固的政治性让农业综合企业缺少快速进步的动力。通过有效分配水资源，本可以推动整个经济增长和经济竞争，但目前农业的灌溉用水状况，不只是让美国丧失掉了这种机会，而且还增加了负面经济成本、增加了环境代价、增加了社会的不公平。不可避免地，美国的农业灌溉者正越来越依赖开采地下水，而开采速率超出了补充速率，以此来维持美国的种植业。2000年，美国灌溉用水的五分之二来自地下水，这是20世纪50年代的两倍。

灌溉农田、农田流出的夹带化肥和农药的径流，正损害着至关重要的水生态系统。因为这种农田污染是面源污染，很难找到点状的污染源，因此，美国的农业污染至今也没有得到适当的监管。[2]渗入缓慢流动的地下水、湿地和河流的化肥、农药污染物正污染着饮用水、沿海渔场和更远的地方。密西西比河携带了来自化肥污染径流中的许多富氮营养物，以致相当于马萨诸塞州那么大的地区成为没有鱼类生物的死亡区，现在，这个死亡区正在向墨西哥湾延伸。[3]自20世纪60年代以来，世界范围内类似的死亡区在规模上已经翻了一倍，对海洋渔业造成了重大影响。这是缺乏管理的典型的公地悲剧，环境问题的制造者不承担由此产生的成本，也没有纠正这种行为的任何动机，在水资源稀缺的时代，这也是富水和贫水之间日益扩大的、隐蔽的不平等之一。

改善农业用水效率最引人注目的模式，在美国之外水资源稀缺的一些

---

① McGuire, "Water-Level Changes in the High Plains Aquifer, Predevelopment to 2002, 1980 to 2002, and 2001 to 2002."

② 欧洲农业污染法规较有力度。

③ Bina Venkataraman, "Rapid Growth Found in Oxygen-Starved Ocean 'Dead Zones,'" *New York Times*, August 15, 2008.

国家展开，如以色列和澳大利亚，这些水资源稀缺的地方必然再次成为创新的摇篮。澳大利亚面临的是工业化国家中最恶劣的水文环境：这个大陆国家正遭受严重干旱，降雨反复无常，极端贫瘠的远古土壤，在广袤的土地上没有长距离水路交通路径。[①] 因此，澳大利亚 2 000 万人集中在东南方向的墨累—达令流域，土地面积相当于美国 48 个州的土地面积，澳大利亚 85% 的灌溉都在这个地区，其粮食总量的五分之二在这里生产。

澳大利亚按照类似于美国西部的经济模式发展，拦河筑坝、补贴灌溉，农民用水挥霍。20 世纪 90 年代早期，河流生态损害达到了无法容忍的程度。人类活动使用了墨累—达令流域年均流量的四分之三。如同其他超采过度的河流一样，入海口被淤积。下游河段的水含盐很重，甚至污染了阿德莱德的市政用水。养分过度的径流让长达 625 英里的达令河充满了致命的藻类。

澳大利亚联邦政府对墨累—达令流域生态系统危机的反应是，从根本上改革水资源政策，强调市场定价和交易以及生态可持续性。[②] 新治理原则结束了灌溉补贴，要求农民偿付维护水坝和水渠的费用，更重要的是，确定了科学精确的基线——河里保持多少水才能保证河流生态系统的健康。为了实施独立的水资源交易[③]，水权与私人物权明确分离。新成立的流域委员会管理流域的治理。

在大约 10 年中，农民之间、农民与城市之间，以及跨越州界的水资源交易出现了。两个计算机化的水资源交易所诞生；农民甚至用手机就可以实现交易。类似于美国温室气体排放总量控制和其交易方式，这种类似模式得以让农民从森林业主那里购买“蒸腾存款”，[④] 农民把盐分加入土壤和河

① Diamond，*Collapse*，379—380，384，387，409.

② “The Big Dry,” *Economist*，April 28，2007，81.

③ Peet，13—14.

④ Diamond，*Collapse*，379—380，384，387，409.

流流域里，而森林业主的树木则通过植物根系吸收水，清除了水中的盐分。

正像类似模式的设计者所期待的那样，澳大利亚的水务改革推进了灌溉用水从盐渍土区域到土壤更肥沃的区域的转移，灌溉用水从低价值的农作物转变到高价值的农作物，从无多大效率的用水方式转变为较有效率的用水方式。土壤盐渍化程度一直在明显下降。河流的鱼类总量在恢复。整体用水效率逐渐上升。澳大利亚实施水务改革恰逢其时。21 世纪初，澳洲大陆遭受了百年来最大的旱灾，州与州之间、利益集团与利益集团之间的政治对立卷土重来，如果没有较好的预案，这种冲突会瓦解国家的政体。为了补充墨累—达令流域的水量，政府正着手购买干旱内陆地区的羊养殖场，以便保存动物曾经消耗的那一部分水资源。澳大利亚政府还严格配给水资源，以最高的价格购买充足的水来维持湿地，保障生态系统其他成分的健康。气候变化也笼罩着澳大利亚淡水资源的政治斗争，科学家预测，未来几十年，墨累—达令流域的径流量会减少 5%—15%。[①]

如美国人眷念自己昔日定居的边疆一样，澳大利亚人怀念过去的家庭农庄、成群的牛羊和羊站，对它们衰退的前景深感不安，有时甚至感到绝望，但仅牧羊场一项，就消耗了澳洲农业用水的一半。水资源稀缺的现实要求现代社会做出艰难的新抉择——如何最有效率地分配珍贵的资源。铁的事实是，不足 1% 的澳大利亚农田生产了澳洲农业收益的 80%，剩下的绝大部分农业企业都是消耗农业补贴的边际企业。[②] 实际上，它们是文化遗产，基于社会和政治理由，也许值得保存，然而，在 21 世纪全球经济竞争中，它们占用了澳大利亚的一些竞争优势。

美国和其他一些主要工业大国至今还没有完全意识到，这个时代确定无疑的水资源挑战、水资源稀缺和生态系统衰退正改写它们在世界秩序中

---

① “Big Dry,” 84.

② Diamond, *Collapse*, 413.

的战略优势。强调改善现存水资源利用效率的软性方式已经建立了一些基础，但是，实施改善现存水资源利用效率的软性方式还都是断断续续的。尚没有连贯的国家政策把这种软性方式培育成自动的“看不见的绿手”机制，这只“看不见的绿手”不仅有可能调度水资源的完全催化效力，还有可能提供转型式的时代突破。

惯性和根深蒂固的体制力量是历史上任何一个时期革新难以应对的障碍。强大的水务行政管理毫无想象力地墨守成规，例如，美国陆军工程兵团还在制定科罗拉多河和密西西比河跨河流域的巨型调水计划。农业补贴和保护性关税在政治生态中依然根深蒂固，国会始终聚焦于如何把农业补贴和保护性关税扩大到如玉米、乙醇这样的生物燃料，这样做，当然会分掉部分粮食生产用水，并且增加温室气体排放，造成全球变暖。《清洁水法》颁布 35 年来已经在改善水质、刺激私人企业大规模提高用水效率方面取得成功，但是，布什政府的环境保护局搞乱了水管理，[①]重新向特殊的利益游说敞开大门。按照 1972 年的《清洁水法》，应该对季节性或边远地区的湿地与河流实施保护，但是，最高法院 2006 年的一项决定搅乱了这些规定，此后，400 项反对非法工业排放的案子被搁置下来。与之相类似，大部分环保团体依然钟情通过颁布自上而下的政府禁令来管理环境，对任何市场导向、软性方式的革新高度质疑。总之，我们无从知晓，水资源富足的工业化国家是否完全把握了领导机会，在水问题上，完成可能引发市场经济国家另一轮创造性破坏的突破，或者水资源富足的工业化国家改善用水效率的倾向是否将变成温和的方式，减少对水资源的挥霍，却没有严肃应对那些在政治上根深蒂固的过时做法。

水利史上的重大创新会渗透到社会的许多层面，催化技术、体制和思想观念上的连锁反应，它们有时结合起来，足以引发社会和文明发展轨迹

---

① “Clearer Rules, Cleaner Waters,” editorial, *New York Times*, August 18, 2008.

与命运的转变，在此之后，重大创新才会显露。例如，新生的工厂制度，运河热潮，采煤和铸铁业的繁荣，英国日益扩大的帝国势力范围，国家新的资本积累和友好的企业式政治经济氛围，都与瓦特蒸汽机形成相互推动的关系，在助力启动工业革命上，这些相互推动超出了那个时代的预期。当然，有时至少可能预测到，水的突破有可能通过一些渠道出现。

在当今世界，水与粮食短缺、能源短缺和气候变化等三个全球挑战的相互作用，就是这样一个看得见的渠道，水、粮食、能源和气候可能共同深刻影响着文明应对这个重大挑战的结果，学会如何可持续地管理地球环境，就是文明所面临的重大挑战。水、粮食、能源和气候如此紧密地相互依赖，以致任何一个因素的根本变化都会改变其他因素的基本条件和前景。[1] 例如，灌溉不仅依赖孕育农作物的水，也依赖巨大的能量把水从地下抽出，水再翻山越岭，送到所需要的地方，推动喷灌器和其他设备，把水运送到植物的根系。化肥是大规模灌溉农业的支柱，它的生产也需要使用巨大的能量，化肥从农田流出，严重影响了水质以及与水有关的生态系统。为了发展农业生产，清除草地、雨林和湿地的行为，至少从两方面加剧了全球变暖，一是直接通过烧荒和耕地增加了对大气层的温室气体排放，二是通过清除吸收碳排放的大自然海绵而增加了对大气层的温室气体排放。在发展如玉米、乙醇这样的生物燃料的决策中存在着一个零和的复杂难题——我们是用水生长燃料，还是用水种植粮食。日益发达的运输业缓解了眼前的粮荒，但烧掉了昂贵的石油燃料，让超级集装箱船队在世界航行。在这个生产链的末端，食品加工和灌装生产都是极端耗水、耗能的生产过程。

自水轮时代开始，水和能在发电方面始终形影不离。现在，水和能在水力、火力发电上以巨大规模联姻；实际上，增加更多火力发电厂的主要

---

① Elizabeth Rosenthal, “Biofuels Deemed a Greenhouse Threat,” *New York Times*, February 8, 2008.

约束之一，是没有足够的河水来给它们降温。给城市生产和输送自来水也会消耗巨大的能源。我们以南加州为例来说明水和能的关系，加州仅仅涉及水的基础设施就用去了 20% 的电力和 30% 的天然气。[①]

能源危机常常转化成水危机，反之亦然。美国大东北部地区 2003 年 8 月发生电力事故[②]，克里夫兰市长坎贝尔（Jane Campbell）很快发现，她遇到了比黑暗更大的危机，惊慌的白宫要她向公众说明，这只是局部电网事故，不是国际恐怖主义袭击，当时，四个抽水站停机，克里夫兰的饮用水即将遭到下水道污染的威胁；为了避免公共卫生灾害，她必须启动第二个紧急预案，要求市民一定要煮沸饮用水，市民这样做了二天，直到电力恢复。危机传递的因果关系也常常逆转，干旱引起电力短缺，从而减少了生活用水，削减了灌溉、工业运行和运输。2003 年，意大利严重干旱，波河水位比正常水位低 24 英尺（7 米），由于没有足够的水来冷却，火电厂停机，家庭和工厂限电。[③]2007 年，美国东南部地区大旱，田纳西河水减少到历史最低点，致使水电生产量下降 50%，航运也相应减少。

高昂的能源成本限制了许多解决水资源稀缺的途径。能源成本构成海水淡化成本的三分之一至二分之一，主要是化石燃料。实际上，大规模海水淡化取决于在可更新能源成本上实现突破。从地下把水抽出，通过管道跨流域长距离调水，如中国的南水北调工程，在很大程度上受到抽水所需能源成本的制约。

以化石燃料产生能量，当然加剧了全球变暖危机。当瓦特在 18 世纪末发明蒸汽机时，大气层中二氧化碳含量还不到 280ppm；两百年的工业

---

① Wilshire, Nielson, and Hazlett, 252 Data is from a 2005 California Energy Commission report. See also Meena Palaniappan, Emily Lee, and Andrea Samulon, "Environmental Justice and Water," in Gleick, *World's Water*：*2006—2007*, 151.

② Jane Campbell, interview with author, March 17, 2008.

③ "Emergency Threat in Dry Italy" *BBC News*, July 14, 2003；"The Parched Country", *Economist*, October 26, 2007.

革命后，大气层中二氧化碳含量上升了三分之一，超过380ppm，这是42万年以来的最高值，并且在迅速接近科学家计算的400—500ppm的灾难性临界值，一旦达到这个临界值，南极或格陵兰的冰盖都将融化。[①]

事实上，全球变暖引起气候变化的主要反馈环也与水有关，科学家称之为“极端降水事件”增加：干旱和蒸发延长的时间更长，而在雨季，洪水和泥石流灾害更严重；更强烈的暴风雨；需要最低气温才能形成的飓风；极地冰帽融化；海平面上升；以及所有人都感受到的季节性降水模式发生根本性变化。由于全球变暖使春季降水更多以降雨的形式而不是降雪的形式，进而造成高强度的春汛和河流泥沙、夏季山区的融雪减少，而这些融雪到达的正常时间恰恰是需要补充干燥农田的时间。由于世界水坝和蓄水设施一直是按照传统降水模式设计的，气候变化日渐导致这些供水设施的“规模不对”，水库不再能够捕获、蓄积所有的春季降水径流，而夏季的灌溉、水力发电用水都因融雪减少而不断下降。粮食和能源产出会影响脆弱的水文条件，引发水荒。我们最起码需要大规模改造水利设施，以适应气候变化。

具有一流水利工程经验的荷兰，是这方面的先锋。荷兰地势低洼、易发洪灾，基于这样的自然环境条件，它不断致力于大范围的水资源管理和土地整理。在1916年巨大洪水之后，荷兰完成了20世纪上半叶的伟大工程之一。荷兰人使用巨大的闸门，从北海封闭了须德海的入海口，他们创建了规模相当于洛杉矶面积的人工淡水湖，成为靠近阿姆斯特丹的新水源地，这就是众所周知的艾瑟尔湖。最近，荷兰水利工程师把水泵和树木生长这一自然现象（每棵树每天大体可以吸收80加仑水）非常精湛地结合，

---

① Kolbert，201—203. In 2007，the U.N.'s Intergovernmental Panel on Climate Change concluded that with almost total certainty planetary warming was man-made. Andrew Revkin，"On Climate Issue，Industry Ignored Its Scientists，" *New York Times*，April 24，2009.

以帮助整理出低地的排水。但是，随着早期气候变暖导致的降雨和海平面上升，荷兰在可持续管理水生态系统方面先行了一步，政府购买整理出的土地，让这些土地承载洪水，从而让城市和其他无价的社会设施免遭洪灾。[①] 美国许多州的领导人都在了解荷兰经验，尤其是低地很多的路易斯安那州，直到现在，它还在努力从卡特里娜飓风造成的洪水灾难中恢复过来。

对于缺少利用现代水利设施来抵御水灾的贫水、季风性气候、粮食仅够糊口的国家而言，灾害的致命性足以说明气候变化对其造成的影响：传统的、人工垒砌的土坝常常在长期的干旱中得不到珍贵的季节性径流，致使庄稼不收，牲畜死亡。至今还有数百万人生活在这种绝望、贫困的条件下。更糟糕的事情还在后面等待：气候模拟预测全球变暖最严酷的后果是，那些水资源稀缺区域会遭遇更严重的干旱；大部分富水国家都处在温带，会遭受不那么严酷的初始影响。但最终没有谁能逃脱全球变暖这一巨大灾难。有些模型预测，极地冰帽惊人的融化速度会使海平面上升 15—35 英尺（4.5—10.66 米），以致淹没海岸线，最终改变北大西洋的盐度和温度，从而阻止大洋之间的流动，最终结束在地球不寻常的 12 000 年间稳定、温暖条件下人类创造的文明。

比较乐观地讲，反过来，任何缓解水资源稀缺的重要革新，都有可能让水资源的积极收益倍增，帮助社会应对粮食、能源和气候变化方面的挑战。种植基因改良的低水耗农作物，或扩大微灌溉、遥感系统的突破性成果，可能有助于让即将出现的 90 亿人吃饱，节省现在用抽取的地下水灌溉农田所消耗的化石燃料。海水淡化技术的突破，或许能帮助沿海地区解决农业和城市所需的水。独立的小水轮机是另一种很有前途的革新，它可以在世界范围内那些快速流动的溪流、河流，利用可更新的水来发电，生产便宜的地方电力，促进人们拆除那些伤害生态系统的水坝，从而给地方

---

① Smith, *Man and Water*, 28—33; Kolbert, 123—127.

社区提供一个清晰的选择，有可能扩大它们在财富产生方式上的自主性，并利用这种自主性扩大它们在社会上发出的民主的声音。能从水中获取氢且产生水蒸气的燃料电池，有可能提供清洁的可更新能源，以便腾出能源用于粮食、水和生态系统的恢复。当然，较有效地利用现存水利设施，增加小规模、分散化的技术手段，去捕获、储存现存的降水，较聪明地利用自然界自身的清洁功能和生态更新循环，这些在人类已利用水资源基础上逐步积累低技术和组织化方面取得的进步，至少与任何一种非同一般的新技术一样不可忽视。有人估计，在加州范围内应用现存的有效率的技术，能减少加州整个市政水消费的三分之一，相当于降低了能源成本。[1] 在水资源浪费的农业上实施节水，效果会更显著。

目前我们还没有可与20世纪巨型大坝和绿色革命相比的技术，每一个地区和国家都在寻找适合它们特定条件的解决方案，因此，对世界水资源危机的正确反应最有可能出现在多种技术、多种尺度和组织模式的实验中。现在，应对世界水资源危机的清晰的技术倾向还没有出现，可以用不确定性、多样性和流动性等特征，来描绘我们目前对世界水资源危机的反应。

当然，历史也见证了这样的事实，在关键时刻，一些领导人常常卓有成效地调动起西方的水资源优势。19世纪和20世纪之交，泰迪·罗斯福总统通过启动新的联邦机制来刺激灌溉，通过建设巴拿马运河，富有远见地开发了远西部地区的发展潜力。与之相类似，在经济大萧条时期，富兰克林·罗斯福总统动用政府财政，在美国兴建多功能的巨型水坝，让胡佛大坝的收益倍增。在美国早期历史上，纽约州长暨参议员克林顿利用纽约州的财政，支持开发伊利运河，实现了美国建国之父打通阿巴拉契亚山脉、连通密西西比河流域的愿景。在每一种情况下，通过建立具有清晰目标和可靠规则的凝聚性大环境，这些领导人让个人和私人机构确信，他们

---

① Wilshire，Nielson，and Hazlett，252.

的参与对实现其目标是必要的。新的历史时期的这种具有激励性、富有远见的领导者和可靠的基本承诺，至今尚未出现。尽管如此，当今世界，抵制社会和经济改变的意识和手段常常压制这种大胆的、改变社会的项目，以致实现这类项目相对困难些。

没有任何即刻解决全球水资源稀缺危机的办法，同20世纪后期的石油冲击一样，富水国家可能会遭受外国水资源困境的冲击。在那些人口众多而水资源极端稀缺的地区，如中东，外交有可能陷入困境、出现与水资源相关的暴力冲突，甚至出现战争。世界粮食价格的攀升、饥荒、环境负面效应都威胁到那些依赖进口的贫穷国家。2008年春季，在谷物价格下挫时，世界银行行长罗伯特·佐利克（Robert Zoellick）警告说，如果没有新的绿色革命，33个国家将面临社会动乱。

因水而结成的同盟可能会重组并影响外交政策，20世纪在石油问题上就出现过这种情况。沙特阿拉伯租赁友好邻国的农田；韩国最终没有成功得到马达加斯加的农田；中国给资源富足的非洲国家提供工作人员、水坝、桥梁和其他供水设施；这一切可能预示在较大的世界秩序中，形成水及其他资源的新保障和外交阵营，而这个较大的世界秩序目前处在西方提供的保护伞下。实际上，以水资源为基础的联盟可能作为冷战后世界秩序的一种新国际范式而出现。需要一种新的、非传统的外交政策思维。例如，在世界许多地方，一国与其他区域有水国家结成战略同盟，可以产生多种四两拨千斤效应的途径。土耳其已经以中东水资源超级大国的身份，在叙利亚和以色列的和平谈判中发挥它的影响。流到富油的阿拉伯土地上五分之四的河水来自非阿拉伯国家。随着水资源日益稀缺，在更令人担忧、多极化的政治条件下，我们可以做个实践上不太可能出现的思想实验，假定处在尼罗河源头的埃塞尔比亚、底格里斯河—幼发拉底河源头的土耳其和控制微小的约旦河的以色列，形成一个水阵营，作为一种外交反制措施，中东石油供应国应该会变得极端，努力利用它们不成比例的石油权力优势。类似的假想也能用到中亚地区，功能失调的塔吉克斯坦控制着中亚地区 40% 的水资源，通过一个巨型大坝的建设，塔吉克斯坦可以给周边的阿富汗和巴基斯坦提供它们需要的电力。

我们这个水资源贫乏的可怜世界可能会带来无尽的外交麻烦，粗略计算，五分之一的人口尚没有得到足够的洁净水，来满足他们最基本的生活所需——饮用、做饭和个人卫生用水；五分之二的人口没有享有适当的卫生设施，包括一个简单的便池，每过 10 年，就有 20 多亿人因洪水、滑坡和干旱受到重创。[①] 他们大部分生活在亚洲、非洲那些衰退的国家和贫穷的国家，常常生活在发展中国家的乡村。对于他们来讲，衡量进步与否的还不是利用水资源来提高社会生产力，而是在未被管理的水资源造成的自然灾害中获得生存。随着世界人口的飙升，从印度到非洲，成千上万的气候移民已经踏上了征程，皆因水而产生的灾难、缺水和水利基础设施问题。没有任何理由指望他们为了那份能够生存下去的水，会彬彬有礼地驻足于国界或区域界线上。

水所推动的发展，可能需要富有想象力的、灵活和有条件的方案，要超出 20 世纪那种大规模的、国家政府及其部门指导的项目，恢复传统的小型水利管理实践活动，它们有可能是殖民地时代曾使用过的。例如，在印度和中亚地区的乡村，英国殖民者没有使用集中的现代水利技术，仍然沿用传统的方式和地方治理机制。印度村庄建设、管理的水池是小型的、地方的、小规模的，但很有效地应对了国家大规模水资源储备短缺的困境。在阿富汗和伊朗东部的乡村，每年地方果农和农民选举高度受人尊重的水官，由水官负责按照设定的程序和水量，共享水资源，解决争议，这样上游或掌握水源头的人不会比其他人多用水。水官制度让人想到荷兰的

① United Nations Millennium Project Task Force on Water and Sanitation，13，17.

水议会，而水议会成为荷兰共和民主制度的基础，以及建立地方民主体制的基础，如瓦伦西亚的公共水资源法庭。

自20世纪70年代以来，世界最贫困国家的水资源危机一直出现在国际议程之中，它也是许多严肃思考问题的人在多次高层会议上讨论的主题，各国领导人2000年在约翰内斯堡举行的第二次地球峰会上签署的“联合国千年发展目标”，就包括了一个特殊的目标，即到2015年，让没有享受清洁水和基本卫生设施的人数减少一半。而铁的事实是，世界上被剥夺了水的人数在继续膨胀。[①] 在清洁用水和卫生用水方面进行的多方努力，却得到了一个有悖常情而非故意的后果，即对粮食生产基础设施的投资在减少，实际上，这方面也是很需要投资的。由于没有引起各国领导的严肃关注，因此，富裕国家没有承诺提供足够的财政支持，甚至许多正陷入缺水困境的国家领导人，也没有对水资源问题表达足够的政治愿望。在一个不断变化的全球秩序中，没有一个主要世界大国建立这类计划，这项任务主要由弱小的多边机构和多种非政府实体所领导的国际进程来承担。哪怕多年争论、研究的一小部分转化成实际行动，水资源危机可能也已解决了好多次了。

若干前景看好的原则已被确切地阐明，其中包括“3E”之间的协调：以环境可持续的方式使用水；让世界上的贫水者公平地满足他们的基本水需要，让社区公平分享地方水资源所产生的效益；有效率地使用现有资源，包括承认水作为一种经济商品的价值。当然，在如何实实在在地实现这些或其他原则上，迄今并没有达成共识。那些以水为主题的会议参会者，坐着飞机飞来飞去，聚集在一起无休止地讨论，发表带有良好愿望的

① 作为“国际饮用水供应和卫生设施十年”（1991—1990）的一个部分，联合国提出，让人人获得安全、清洁的水和卫生设施。1990年，这个雄心勃勃的目标没有实现。2005年，联合国重新开展了涉及水的新国际行动十年，“生命之水”（2005—2015）这个十年的目标已经降低。

宣言，然而，在实现这些愿望的具体实施途径上，基本没有达成一致意见。2003 年，在日本京都举行的三年一度的“世界水论坛”就反映了这种状况，当时，参加论坛的人数达到了 24 000 人。由国际货币基金组织前总裁康德苏（Michel Camdessus）牵头的委员会向大会提供了一份引起与会者轰动的报告，这个报告提出，通过使用专门的财政手段，来实现有关水的千年发展目标。这个报告还提出，每年全球水利基础设施需要的投资总量约为 1 800 亿美元，而工业化国家对此的承诺是微不足道的，因此，康德苏报告强调的是私人部门的参与；报告提出了一个有争议的建议，把如大坝之类的大规模、集中的供水工程项目作为私人融资的潜在对象。对在世界大坝委员会反对私人资本介入的人来讲，私人融资是可恶的想法。[①] 抵制者打断了宣读康德苏报告的那个会议。愤怒的反私人市场的水问题活动者、非政府组织的代表以及工会成员游行通过这个会场，他们打着的横幅上写着“水是给人用的，不是用来赚钱的”。

联合国宣布的国际行动十年“生命之水（2005—2015）”可能在没有实现千年目标的情况下到期，不仅如此，全球有水和缺水的天平正在向大规模干旱方向倾斜，继续加深水资源稀缺的程度。不堪重负的水生态系统可能进一步退化，愈来愈不能维持它们所承载的社会。水资源充足和水资源缺乏人群之间的差别成为不满、不公平和冲突之源，在有关人类最不可缺少的资源方面，稀缺政治正越来越成为改变历史和 21 世纪环境命运的关键支柱。

---

① Nicholas L. Cain, “3rd World Water Forum in Kyoto Disappointment and Possibility,” in Gleick, *World's Water 2004—2005*, 189—196.

跋

回首往昔，世界上许多历史转折点与水的突破性利用密不可分。经过几千年的试验和发展，在距今 5 500—5 000 年的那段时期，在中东“新月沃土”和印度河流域干旱、洪水泛滥的河谷，沿着黄河松软的黄土地，大规模的灌溉农业为现代人类文明的兴起奠定了技术和社会组织基础。同一时期，人类开始在河流、沿海用自造的芦苇筏、木筏运送货物，而这些芦苇筏、木筏最终发展成有转向舵的船只。接下来，航行孕育了国际海上贸易和中东文明的兴起，中东地区的农业条件相对贫乏些。文明缓慢地向靠雨水浇灌的耕地延伸，在距今 4 000 年前，农耕农业铺开，通过使用畜力，农田面积大幅扩大，耕作强度大大增加。

距今 3 000 年前，人们利用淬火工艺，锻造出铁制的武器和工具，进而有可能建造坎儿井和水渠，相对可靠地输送足够的淡水，以维持每一种文明生根的大城市的兴起。2 500 年前，中国通过人工开凿的运河，把天然河流连接起来，漕运创新促进了文明在内陆地区的扩展，还被复制到世界的许多地方，从 17 世纪法国南部建造的米迪运河，到 19 世纪美国的伊利运河，产生了跨世纪的影响。大约在 500 年前，欧洲人对跨越大洋的重大发现，克服了全球在距离上的障碍；从 19 世纪中叶开始，通过开凿海洋运河，大大缩短了新型快速蒸汽动力船和军舰的跨洋航行时间，而这些新型海洋船只影响了殖民时代的世界秩序。

2 000年前，即公元纪元开始之前不久，水车的开创性发明，使人类懂得了如何利用水的动能来推动磨面机；在随后的1 000年里，人们逐步利用较复杂的传动装置，把水动力应用于各个方面，250年前，人们最终使用水动力推动了第一批工厂的出现。18世纪末，蒸汽机打破了水动力障碍，19世纪后期的水电动力和20世纪一整套水力发电发明，再次超越了蒸汽机，可以说，蒸汽机堪称过去1 000年中最伟大的发明，推进了界定工业革命的成套发明创新。环境卫生革命开启了人类健康、人口和清洁饮用水的转变，承载了大规模现代工业城市的兴起。在最初的古代大坝建成5 000年之后，在距今不到100年的时间里，历史上第一批多功能巨型水坝，利用地球上的大江大河，生产电力、蓄积和传送灌溉用水、控制洪水，这些巨型大坝的规模使世界范围的绿色革命得以展开，正是这场绿色革命抚养了人类激增的人口，当然，这些大坝的规模也暗含因不可控的灾难性事件而改写山河地貌的风险。现代技术允许人类像采油一样从很深的地下水库取水，允许人类利用水渠、使用水泵，翻山越岭地把水送到遥远的地方。20世纪末，海洋集装箱运输成为一体化的全球经济新的运输支柱，通过实时全球电子网络得到信息，然后按照客户要求，从海外工厂出发，跨越地球，将商品运送到目的地的市场。

伴随着每一次重大突破，人类文明把一个关键水障碍，转变成一种更大的经济实力和政治控制的资源，从而对水资源再做开发；因此，人类可以获得的水资源，已经得到了较大的利用，在水的绝对供应量上有所增加。每个时代都在重写世界秩序，允许采用新形式去利用水的社会，会走得更远、飞得更高，而那些不采用新形式去利用水的社会，只能落伍，甚至走向衰退。现在，人类走到了新时代的转折点上。人类的技术能力已经达到了可以改变地球尺度的自然资源的水平，因为人口膨胀和个人消费水平的提高，迫切要求人类使用其技术能力，获得尽可能多的水资源。令人忧虑的先期后果已经显露，正在加剧维持地球生命的水生态系统的衰退。

到目前为止，与水有关的全部历史突破，可以归纳为对水的四种利用：生活需要、经济生产、产生动力和运输或取得战略优势。21世纪初，人类文明面临对水的第五种利用，它确定了这个时代新的水资源挑战：如何创新治理组织和技术应用，以环境可承受的方式，给人类提供充足的淡水，满足人类的基本需要，减缓日益干渴的地球上的水资源稀缺。我们现在还没有或者在不久的将来也不会有从自然界中获取更多可再生水资源的技术。有些社会可能超采地下水资源，或者把淡水从一个流域调到另一个流域，直至水资源枯竭。资源对人类清算的日子已经到来。正如我们所知的那样，对于地球上的每一个人来讲，人类文明的命运与对水资源稀缺所做出的反应紧密相关。历史将表明，那些做出重大突破的社会，最高效率地使用可再生的水资源，并在实践和应用上实现转折的社会，将会提高经济财富和国际实力。

我们手头用来缓解水资源危机最明显的、环境可承受的方式，其实就是对我们现在所拥有的这份淡水资源更有效率地使用。当然，更有效地使用现有的淡水资源谈何容易。对于着手这样做的地方来讲，需要对水资源的政治、经济实施重大体制改革。水资源的真正矛盾是，尽管它稀缺，但几乎每一个地方的水资源，都是在管理上最没有远见、最缺乏治理的关键资源。改革可以从两个途径之一展开：通过富有远见的、有效的、自上而下的政治领导展开，但政治领导要以犁庭扫穴的方式清理旧制度，合理地选择治理技术和方法，取而代之；或者在适当控制的范围内，较少干预经过批准的重新组织起来的市场力量，让市场力量来调配水资源，从低效率使用者那里转移水资源到高效率使用者那里。

当然，我们可以想象，在世界范围内，总会产生几个非凡的英雄，他们从政府内部实施必要的改革。从历史上看，似乎从未在几个大陆同时出现这类英雄。因此，现实一些且较务实的办法是，在一定程度上依靠市场来组织被利益驱动的个人，以价格机制为基础，毕竟水的价值既反映维持水的生态系统的全部成本，也反映社会公正，保证每一个人接受得了满足他们基本生活需要所支付的成本。对于以不公平的、根深蒂固的特权和功劳来聚敛财富，不考虑任何有关更公平地分配财富的方式，自由市场曾经是最具颠覆性的、无情的敌人之一。无须讳言，市场制度的确有产生财富分配不平等模式的历史。

缓解水资源危机的第二个障碍是，无论是以市场为基础的制度创新，还是政府强制推行的制度创新，任何有效率的制度创新的前提是，要有适当的供水基础设施，因为它们控制着基本的传送、防灾、排水和用量。在世界大部分地区，这一前提条件处在令人震惊的赤字状态。例如，每人每日至少 13 加仑或 50 升水，是普遍寻求的生活和卫生用水的最基本目标，不能实现这一目标的主要原因恰恰是，缺乏这类基础设施。每人每日 50 升水其实是极小的水量，相当于低水量抽水马桶运行 8 次，即使那些最贫水的社会，也有这个量级的水资源。任何一个合法政府都会努力做到这一点。另外，许多非政府组织和官方的国际组织一直在帮助一些国家做到这一点，也帮助他们达到其他方面最基本的水需求。杰出的水资源专家正争取把这个数量的水作为基本人权确定下来。然而，五分之二的人在日常生活中得不到这个份额水的重要而简单的原因是，没有足够的基础设施和胜任的治理体制来实现这一目标。

最后，没有解决全球水资源危机的放之四海而皆准的办法。如同政治、经济和社会条件一样，每一个社会所面对的水资源现实和挑战都是举世无双的。有些社会必须应对季风气候，而另外一些社会常年雨量充沛或几乎完全无雨。有些区域，如非洲，整体上几乎没有开发它们的水电和可能的蓄水潜力；而美国和欧洲，强加给大自然的巨型水坝几乎都产生了对环境的消极影响，削减了经济回报。在许多贫穷的发展中国家，在历史上从来就没有过什么大型水利设施，因此，一个新水利项目的成功，对他们可谓一个很大的挑战；而对那些具有相应治理体制的发达工业国家来讲，却不存在这类问题。有些国家最紧迫的需要是，重新启用和扩大传统的小规模、低技术的方法，来蓄水和营造梯级灌溉；而另一些国家最紧迫的需要是，尽可能迅速地大规模运用现代水利科学技术。为此，我们需要的是因地制宜，而不是通用性或教条：人们明显夸大了巨型水利工程所产生的物质收益，实际上，巨型水利工程具有社会、经济和环境负面效应，来自这样背景下的富水国家的行动主义者和官员，使用他们的国际影响，本能地反对在贫水国家做类似的开发，坦率地讲，不从实际出发本身就是虚伪的，甚至是不道德的。简而言之，世界水资源危机是一个多方位的危机。应对危机要求从每一个层面、按照不同情况，做出相对应的反应，对此时此地适用的东西，通过实践检验，再用到彼时彼地；应对危机要求在基础设施上做出巨大的投资；应对危机需要用因地制宜的才智和实事求是的指导原则来掌控艰巨的工作；应对危机没有先在的模式或体制框架，每一件事情都必须在摸索中进行。

在这个稀缺时代，每一个社会都面对各自特殊的水资源挑战。在水资源作用越来越重大的世纪，每一个社会如何应对挑战，哪个社会产生了最具动力的突破，将在一定程度上决定谁是这个世纪的胜者和败者。富水社会是否有可能把握时机，以新的方式开发它的水资源优势；或者相反，具有相对宽松水资源条件的富水社会成为洋洋自得的旁观者，而那些贫水国家为了生存而奋力革新，有了突破性进展，开发出水尚未被利用的属性，进而把水资源稀缺的障碍转变成财富和成为全球领袖的推动力，历史对此还不得而知。无论是西方自由的议会民主，中国统一的国家调控的市场体制，还是恢复古代水利社会或苏联那样的计划经济国家，抑或被证明最适宜产生突破性反应的新国家体制，都会影响治理模式的类型，这种治理模式将主导政治经济体之间从未停止过的这一轮历史较量。

纵观历史，水这个物质始终是大的统一者和大的划分者，是障碍也是载体，而且，水总是人类文明的变革者。水无疑是人最关键的自然资源，渗透到人类社会的方方面面，对于未来向 90 亿人口迈进的人类社会来讲，对于追赶发达世界物质生活标准的国家来讲，对粮食、能源、气候变化及其他因素产生重大影响的水，还表现为一种先期检验，人类文明是否学会了如何可持续地管理整个地球环境。地理学家戴蒙德（Jared Diamond）曾经严肃地做出这样的结论，按照目前的趋势，地球环境资源，包括淡水，根本就不够，[①] 更不用说几十亿人继续追赶发达工业国家的消费和消耗。同先前出现过的情况一样，人口和有效环境资源将再次出现巨大失衡。饥荒、屠杀、战争、疾病、大规模移民、生态灾难和无尽的痛苦，是历史上无情的再平衡机制。最终，只要还存在，所有国家会因水资源危机的多种反馈机制而受到冲击。未来究竟有多大的动荡和痛苦，取决于人类社会如何管理全球水资源危机。展望更远的未来，这个给予人生命、影响人类文明命运的非同一般的独特物质，也会是人类走出地球，征服太空必不可少的台阶。

研究水在历史中的作用时，还有一个不得不提及的特殊因素：水与我们的基本人性之间有着不可分离的关系：水不仅与人的生命同在，还与一个有尊严的人的生命同在。2004 年夏天我曾访问肯尼亚，那次经历让我了解了缺少基本生活用水会怎样失去人性、在经济上陷入绝境。这次访问让我又回到令人厌恶的不平等上，人类中的大多数依然使用着过时的，甚至古老的水技术，从大自然中获取微薄的物质盈余。在肯尼亚东南部，非

---

① Diamond, *Collapse*, 487—494, 495. 按戴蒙德的估计，与低环境影响的第三世界的人相比，西方人对资源的消耗要高出 32 倍以上，就采用高环境影响生活方式下的每一个人而言，人均增加世界资源消费 20 倍，按照目前我们掌握的技术来讲，这是对地球资源不能承受的环境压力。戴蒙德概括了 21 世纪人类文明必须解决的 12 大问题，包括森林砍伐、渔业崩溃、丧失生物多样性、水土流失、能源短缺、光合生产能力、有毒化学污染、外来物种入侵、气候变化、整个人口水平、较好的消费影响水平、几十亿人的垃圾，上述每一个问题都与水相关，水对它们都构成了很大影响。

洲大裂谷边上的半干旱乡村凯乌鲁山丘，聚集着充满活力的、文化发达的社区，他们赤贫的基本原因是淡水不足。

我的人性在那里受到了震撼。当时，我看到一群男女使用手工工具，如镐、铲和麻袋，从事繁重的体力劳动，他们一周复一周地挖掘和转运红土，加固19年前建起的一座土坝，确切地讲，他们建那座土坝的方式与古人如出一辙，用它蓄积雨季的降雨，留到旱季使用，以保证他们的牛可以活下来。当时，他们和我都知道，一台简易推土机一天的工作量够这群人干多少天的，水泥搅拌机干几天的工作可以减轻他们多少年的工作任务。在附近的马查克斯山，低技术梯田已经改善了水资源的管理和农业生产，肯尼亚的农民每天踩数小时水车，用塑料管子把水送上梯田，然后靠人工浇灌他们的庄稼，这与几个世纪前中国农民用竹水桶提水，现代西方人在健身房里使用健身器，没有什么不同。

更令人震撼的是，随处可见大量的妇女和儿童，每天在尘土飞扬的路上步行2—3小时，甚至更长的时间，头顶、肩挑，或用自行车、驴子驮载黄色塑料"简易"水罐，这些水罐里装的是从水井或其他水源获取的净水。四口之家每天需要运送200磅水，来满足最少的饮用、烹饪和清洁需要。为了得到这份水量，母亲和孩子每天去一趟水井实属正常。为了基本生存而运水，占用了孩子上学的时间，沉重的负担压在父母身上，以摆脱他们的物资匮乏。运水工作一般由妇女承担。一小群美国人道主义志愿者捐款铺设了2英里长的水管，把从井里抽出的水，引到一个村庄的塑料储水罐里，当地人欣喜若狂，对西方人来讲，这笔援助微乎其微。

一些人的权利被剥夺了，进而产生了我们所认为的那种不公正，我不会忘记那种感觉。我们在肯尼亚遇到过一位有想法的年轻人，因为贫穷他只能每晚独自在家学习，准备参加高中同等学力考试，他家没有电灯也交不起高中200美元的学费。如果能通过考试，他就能得到一份奖学金，在内罗毕大学学习。如果我们能够早几年赞助修建水管，让他们有效率地使用水资源，用引力来灌溉农田，以及解决饮用水和卫生用水问题，这个年轻人可能已经得到他本应该有的工作机会，从而有足够的生活用水，在电灯下看书。这些对我的几个女儿们来讲，都好像是天经地义的。2008 年夏天，我妻子（中学老师）去埃塞俄比亚旅行，那里的情况与肯尼亚大同小异，甚至更贫困一些。当她到达青尼罗河源头偏僻美丽的山区时，我的妻子仿佛回到了中世纪，她看见农民仍沿袭牛拉木犁的耕作方式维持其微薄的生计。

大约在 20 世纪 50 年代，也就是第二次世界大战结束初期，我岳母住在法国的布列塔尼，那时，她还在河里洗衣服，把水桶放在楼上接雨水，既用这些雨水给孩子洗澡，也用雨水做饭。这进一步说明了水的历史在每一个地方都是分层的历史：古代的、中世纪的、现代的方法总是并存；当然，至关紧要的是，水的历史是不均衡地分层的历史，富水者占有了巨大的优势，而世界上那些贫水者则陷入困境，首先是营养不良、健康不佳造成了生活上的困难，其次是每日为水奔波从而丧失了受教育的机会。对水的需要高于个人的原则、社会关系和意识形态，水是必不可少的。历史告诉我们，极度缺水是引起世界上饥荒、大屠杀、疾病和国家失败的根本原因。我倾向于认为，如果真有一种物质的东西对人权具有意义的话，那么首当其冲的是满足最低水平的干净的淡水。

最后，世界大家庭的每一个成员应对全球淡水危机的基本行动，不仅仅事关经济和政治史的问题，也是对我们人性的考验，对人类文明最终命运的考验。正像一位科学家言简意赅表达的那样，“归根结底，我们是水。”

致　谢

许多一流的思想家和学者基于他们所处的时代，曾经从各自学科的角度出发，深刻地讨论过水这个主题，因此，我很荣幸能够站在他们的肩膀上，来撰写有关水的历史。我向这些一流思想家和学者致敬，向这项积累了人类认知的文明事业喝彩，期待这一历史可以帮助人类社会更好地认识和管理我们共同的家园。

我的写作得到了许多人特别的帮助。格瑞（David Grey）是世界银行水专题组的负责人，我从他那里了解了大量的情况。格瑞不仅对当今的水问题有着深刻、广泛的认识，而且他把热情、能量、智慧和对水历史的百科全书式的知识带到了工作中。在我撰写本书伊始，美国能源部、温洛克国际清洁能源集团的高级顾问霍夫曼（Allan Hoffman）博士，给我讲述了水、能源和气候变化问题之间不可分离的联系，给我留下了深刻印象，霍夫曼博士还给予我若干富有成效的指导。太平洋研究所格雷克（Peter H. Gleick）所长、伦敦国王学院东方和亚洲研究学院的“托尼”阿兰（J. A.“Tony” Allan）教授，与我一起进行过带有启发性的谈话，这些谈话内容形成了我的许多基本思路。太平洋研究所是非政府研究机构，在水问题研究方面富有特长，“托尼”阿兰教授把粮食看作“虚拟的水”，进而让我们把世界的水和粮食问题联系起来对待。

劳伦斯伯克利国家实验室的麦克马洪（Jim McMahon）、劳伦斯里弗莫尔实验室的达菲（Philip Duffy）和汤姆森（Andy Thompson）、多途径外交研究所的麦克唐纳（John McDonald）大使，都慷慨地与我分享了他们的时间和思想。他们给我提供了理解能源、气候变化、水文、全球水资源外交的知识基础。与林纳（Katherine Wentworth Rinne）在弗吉尼亚大学讨论罗马的水是令人兴奋的经历，这是一个互动可视的视图项目，被称为“水乌尔碧斯罗马”，追溯了永恒之城罗马的水发展，旨在探索使用网络技术研究历史的新边界。南缅因大学的艾舍（Peter Aicher）教授热情与我分享了他有关罗马水渠和水管理的大量知识。资深记者凯利（Bill Kelly）是一个名副其实的维吉尔，他带我浏览了加利福尼亚和科罗拉多河复杂的水资源政治，回答了我后来不断提出的问题。我还要感谢在博尔德城联邦垦务局任职的瓦什（Bob Walsh），博尔德城靠近胡佛大坝，他热情接待了我这个不速之客，给我很大的启发。

我父母露丝·所罗门和李·所罗门（Ruth and Lee Solomon）真的有资格得到我由衷的感谢，无论我何时遇到困难，他们始终不渝地鼓励并安慰我。在每一章初稿完成后，父亲都提出很有见地的批评，这些批评为本书的最后完善提供了无价的反馈。我一直很庆幸自己有这样一位最好的朋友、思想伴侣和父亲。

阿查伽（Jean Michel Arechaga）和梅斯（Nicole Macé）不知疲倦地与我一起在法国西北部地区考察水磨坊、运河水闸和堰塘，他们对现场勘察很有一套。我每两周去一次妇女民主俱乐部的午餐会。摩根作家小组甘当绿叶，帮助我测试故事和有关水的一些想法，我真的感到遗憾，摩根（John Monagan）没有等到本书的出版就去世了。我长期参加华盛顿特区林格勒峡谷公园协会环境保护主义者和社区积极分子的活动，这种参与加深了我对水与城市生态系统、基础设施相互作用基本方式的认识。克服根深蒂固、条件反射式的政治反对的难点，就是在所有目标分析均针对现状而提出别样选择时，让环境可以承受，经济上花费很少，更加民主平等。

诺拉（Nola Solomon）在编制尾注、参考文献和校正文字方面做了大量工作。至于本书地图的制作，可以说沃森（Brittany Watson）融汇了他的艺术家的创造性、灵活性以及锲而不舍的精神。感谢莫里斯（Stephanie Morris）对本书插图艺术提出的慷慨建议。科迪莉娅（Cordelia Solomon）为本书的市场调查提供了很有价值的帮助，在我撰写本书的初始阶段，科迪莉娅与沃森帮助我组织了研究资料。奥里莉娅（Aurelia Solomon）所做的出版调研很有意义，她推动我对水环境问题展开讨论。

哈珀柯林斯出版公司的编辑杜根（Tim Duggan）一直是编辑的楷模：耐心、善于鼓励、体贴、胸怀全局、胸有成竹、知道何时以何种程度对作者施加压力。伦岑（Allison Lorentzen）和杜根富有远见，做事有效率，拥有积极向上的精神，自始至终给予我非常大的帮助。

我的代理人杰克逊（Melanie Jackson）在所有方面、所有阶段都很优秀，我俩协作得很默契。

我对神经外科医生亨德森（Fraser Henderson）、感染病专家阿布鲁奇兹（Mark Abbruzzese），以及劳厄曼（William Lauerman）医生、麦克克拉尔（Kevin McGrail）医生、艾斯纳（Gil Eisner）医生、雷米（James Ramey）医生，还有乔治敦医院集中看护单元优秀的护士团队感激不尽。没有他们及时的帮助和高超的医术，本书也不能完成。

当然，我要特别感谢克劳迪·梅斯（Claudine Macé），在过去 30 年充满激情的人生冒险中，她始终陪伴我，游历五洲四海，经历各种困苦条件。梅斯在华盛顿特区的一所中学任教，是一名诲人不倦的教师。几年前，她组织了一次援助旅行，到地处非洲裂谷的肯尼亚乡村为没有水的村庄安装水管，这次旅行改变了所有参与活动者的思想，他们发现了水对生命超越一切的重要性。我期待完成梅斯始终不渝的希望，未来一定是美好的。

最后，我要感谢这里没有提到的成千上万的人们，他们日复一日地为了水而辛勤地劳作，以减缓乃至最终解决我们所有人面临的地方和全球的水资源挑战。

参考文献精选

这个精选的参考文献反映了我在研究中所碰到的两种迥异的挑战。首先，专门讨论水资源对历史影响的书非常罕见，不同领域的诸多历史学家和学者，在他们的主要著作中讨论过水在方方面面的影响。为此，我试图通过这份参考文献，把这些观点收集到一起，形成统一的框架和叙述方式。其次，当今世界的水资源危机，正在产生一个涉及当前水问题的文献爆炸，范围非常广，也十分具体，因此，很难收集到这个文献一览中。遗憾的是，我必须在这个参考文献中排除掉所有的新闻和大部分期刊文章；我把许多引述基本事实的资料来源放在注释里。我采用了《纽约时报》、《经济学人》、《华尔街邮报》、BBC、《金融时报》、《华尔街杂志》和其他一些杂志上报道的当前事件。我在参考文献中省略的期刊和研究论文，可以在列举出来的简编中找到；同样，我在注释中引述了一些文献。还有浩繁的网上资讯，官方的、学术的、报告性的和零散的，它们构成了本书丰富的背景，当然，我的这份参考文献或注释就不一一列举了。

Allan, J. A. *The Middle East Water Question: Hydropolitics and the Global Economy.* London: I. B. Tauris, 2002.

Alley, Richard B. *The Two-Mile Time Machine: Ice Cores, Abrupt Climate Change, and Our Future.* Princeton, N.J.: Princeton University Press, 2000.

Alwash, Azzam. "Water at War." *Natural History,* November 2007.

Amery, Hussein A., and Aaron T. Wolf. *Water in the Middle East: A Geography of Peace.* Austin: University of Texas Press, 2000.

Appiah, Kwame Anthony. "How Muslims Made Europe." *New York Review of Books* 55,

no. 17 (November 6, 2008).
Ball, Philip. *Life's Matrix.* New York: Farrar, Straus & Giroux, 1999.
Barlow, Maude, and Tony Clarke. *Blue Gold: The Fight to Stop the Corporate Theft of the World's Water.* New York: New Press, 2002.
Barnes, Julian. "The Odd Couple." *New York Review of Books* 54, no. 5 (March 29, 2007).
Barry, John M. *Rising Tide: The Great Mississippi Flood of 1927 and How It Changed America.* New York: Touchstone, 1998.
Beasley, W. G. *The Modern History of Japan.* 7th ed. New York: Praeger, 1970.
Belt, Don, ed. "The World of Islam." *National Geographic.* Supplement, 2001.
Bernstein, Peter L. *The Power of Gold: The History of an Obsession.* New York: John Wiley, 2000.
———. *Wedding of the Waters: The Erie Canal and the Making of a Great Nation.* New York: W. W. Norton, 2005.
Biddle, Wayne. *A Field Guide to Germs.* New York: Henry Holt, 1995.
Billington, David P., Donald C. Jackson, and Martin V. Melosi. *The History of Large Federal Dams: Planning, Design, and Construction in the Era of Big Dams.* Denver: U.S. Department of the Interior, Bureau of Reclamation, 2005.
Billington, Ray Allen. *American Frontier Heritage.* Reprint, New York: Holt, Rinehart and Winston, 1968.
Bleier, Ronald. "Will Nile Water Go to Israel?: North Sinai Pipelines and the Politics of Scarcity." *Middle East Policy,* 5, no. 3 (September 1997), 113–124; http://desip.igc.org/willnile1.html.
Boorstin, Daniel J. *The Discoverers: A History of Man's Search to Know His World and Himself.* New York: Random House, 1985.
Boutros-Ghali, Boutros. *Egypt's Road to Jerusalem.* New York: Random House, 1997.
Braudel, Fernand. *Afterthoughts on Material Civilization and Capitalism.* 3rd ed. Translated by Patricia Ranum. Baltimore: Johns Hopkins University Press, 1985.
———. *A History of Civilizations.* Translated by Richard Mayne. New York: Penguin, 1995.
———. *Memory and the Mediterranean.* Translated by Siân Reynolds. New York: Alfred A. Knopf, 2001.
———. *The Perspective of the World.* Vol. 3 of *Civilization and Capitalism, 15th–18th Century.* Translated by Siân Reynolds. New York: Harper & Row, 1984.
———. *The Structures of Everyday Life.* Vol. 1 of *Civilization and Capitalism, 15th–18th Century.* Translated by Siân Reynolds. New York: Harper & Row, 1981.
———. *The Wheels of Commerce.* Vol. 2 of *Civilization and Capitalism, 15th–18th Century.* Translated by Siân Reynolds. New York: Harper & Row, 1982.
Brewer, John. "The Return of the Imperial Hero." *New York Review of Books* 52, no. 17 (November 3, 2005).
Brindley, James. *Power through the Ages.* London: Blackie, 2002.
Bronowski, Jacob. *The Ascent of Man.* Boston: Little, Brown, 1973.
Bronowski, Jacob, and Bruce Mazlish. *The Western Intellectual Tradition: From Leon-*

ardo to Hegel. New York: Harper & Row, 1975.

Brown, Lester. "Aquifer Depletion." *Encyclopedia of Earth.* http://www.eoearth.org/article/Aquifer_depletion (revised February 12, 2007).

———. "Grain Harvest Growth Slowing." Earth Policy Institute. 2002. http://www.earth-policy.org/Indicators/indicator6.htm.

———. "Water Scarcity Spreading." Earth Policy Institute. 2002. http://www.earth-policy.org/Indicator7_print.htm.

Bulloch, John, and Adel Darwish. *Water Wars: Coming Conflicts in the Middle East.* London: Victor Gollancz, 1993.

Butzer, K. W. *Early Hydraulic Civilization in Egypt.* Chicago: University of Chicago Press, 1976.

Byatt, Andrew, Alastair Fothergill, and Martha Homes. *The Blue Planet: Seas of Life.* Foreword by Sir David Attenborough. London: BBC Worldwide Limited, 2001.

Cameron, Rondo. *A Concise Economic History of the World: From Paleolithic Times to the Present.* 2nd ed. New York: Oxford University Press, 1993.

Campbell, Joseph. *The Hero's Journey.* 3rd ed. Novato, Calif.: New World Library, 2003.

Campbell-Green, Tim. "Outline the Nature of Irrigation and Water Management in Southern Mesopotamia in the 3rd Millennium." *Bulletin of Sumerian Agriculture* 5 (1990). Irrigation and Cultivation, pt. 2, Cambridge. www.art.man.ac.uk/ARTHIST/EStates/Campbell.htm.

Cantor, Norman F. *Antiquity: From the Birth of Sumerian Civilization to the Fall of the Roman Empire.* New York: HarperCollins, 2003.

———. *The Civilization of the Middle Ages.* Rev. ed. New York, HarperCollins, 1994.

Carson, Rachel. *Silent Spring.* New York: Houghton Mifflin, 2002.

Cary, M., and E. H. Warmington. *The Ancient Explorers.* Baltimore: Penguin, 1963.

Casson, Lionel. *The Ancient Mariners: Seafarers and Sea Fighters of the Mediterranean in Ancient Times.* 2nd ed. Princeton, N.J.: Princeton University Press, 1991.

Chamberlain, John. *The Enterprising Americans: A Business History of the United States.* Rev. ed. New York: Harper & Row, 1974.

Churchill, Winston S. *A History of the English-Speaking Peoples: The Age of Revolution.* New York: Dodd, Mead, 1957.

Clarke, Robin. *Water: The International Crisis.* Cambridge, Mass.: MIT Press, 1993.

Clarke, Robin, and Jannet King. *The Water Atlas: A Unique Analysis of the World's Most Critical Resource.* New York: New Press, 2004.

Clough, Shepard B. *The Rise and Fall of Civilization: An Inquiry into the Relationship between Economic Development and Civilization.* 2nd ed. New York: Columbia University Press, 1957.

Cockburn, Andrew. "Lines in the Sand: Deadly Time in the West Bank and Gaza." *National Geographic* 202, no. 2 (October 2002).

Collins, Robert O. *The Nile.* New Haven, Conn.: Yale University Press, 2002.

Curtis, John. *Ancient Persia.* 2nd ed. London: British Museum Press, 2000.
Darwish, Adel. "Water Wars." http://www.mideastnews.com/WaterWars.htm. June 1994.
Das, Gurcharan. "The India Model." *Foreign Affairs* 85 (July–August 2006).
Davidson, Basil. *The Lost Cities of Africa.* Rev. ed. Boston: Little, Brown, 1970.
Davies, Norman. *Europe: A History.* New York: HarperPerennial, 1998.
Davis, David Brion. "He Changed the New World." *New York Review of Books* 44, no. 9 (May 31, 2007).
Davis, Paul K. *100 Decisive Battles from Ancient Times to the Present: The World's Major Battles and How They Shaped History.* New York: Oxford University Press, 2001.
De Villiers, Marq. *Water: The Fate of Our Most Precious Resource.* New York: Houghton Mifflin, 2001.
Diamond, Jared. *Collapse: How Societies Choose to Fail or Succeed.* New York: Penguin, 2005.
———. *Guns, Germs, and Steel: The Fates of Human Societies.* New York: W. W. Norton, 1999.
Durant, Will, and Ariel Durant. *The Lessons of History.* New York: Simon & Schuster, 1968.
Economist staff. "An Affair to Remember." Special Report: The Suez Crisis, *Economist,* July 29, 2006.
———. "A Ravenous Dragon." Special report on China's quest for resources, *Economist,* March 5, 2007.
———. "The Story of Wheat." Ears of Plenty: A Special Report, *Economist,* December 24, 2005.
———. "Tapping the Oceans." *Economist Technology Quarterly,* June 7, 2008.
———. *The Economist Pocket World in Figures 2009.* London: Profile Books, 2008.
Edwards, Mike. "Han." *National Geographic* 205, no. 2 (February 2004), 2–29.
Elhance, Arun P. *Hydropolitics in the Third World: Conflict and Cooperation in International River Basins.* Washington, D.C.: United States Institute of Peace Press, 1999.
Elvin, Mark. *The Pattern of the Chinese Past.* Stanford, Calif.: Stanford University Press, 1973.
Erlich, Haggai. *The Cross and the River.* Boulder, Colo.: L. Rienner, 2002.
Evans, Harold. *The American Century.* London: Jonathan Cape/Pimlico, 1998.
Evans, Harry B. *Water Distribution in Ancient Rome: "The Evidence of Frontinus."* Ann Arbor: University of Michigan Press, 1997.
Fairbank, John King, and Merle Goldman. *China: A New History.* 9th ed. Cambridge, Mass.: Belknap Press of Harvard University Press, 2001.
Ferguson, Niall. *Empire: How Britain Made the Modern World.* London: Penguin, 2003.
Fernández-Armesto, Felipe. *Civilizations: Culture, Ambition, and the Transformation of Nature.* New York: Touchstone, 2002.
Fineman, Herman. *Dulles over Suez.* Chicago: Quadrangle, 1964.
Foreman, Laura. *Alexander the Conqueror: The Epic Story of the Warrior King.* Foreword

by Professor Eugene N. Borza. Cambridge, Mass.: Da Capo, 2004.

Freely, John. *Istanbul: The Imperial City.* London: Penguin, 1998.

Frontinus, Julius. *De Acqaeductu Urbis Romae* (On the Water-Management of the City of Rome). Translated by R. H. Rodgers. 2003. University of Vermont. http://www.uvm.edu/~rrodgers/Frontinus.html.

———. *De Acqaeductu Urbis Romae.* Edited, introduction, and commentary by R. H. Rodgers. Cambridge, U.K.: Cambridge University Press, 2004.

Fulton, Robert. "Letter from Robert Fulton to President George Washington," London, February 5, 1797. In "History of the Erie Canal," Department of History, University of Rochester. http://www.history.rochester.edu/canal/fulton/feb1797.htm.

———. "Mr. Fulton's Communication." Submitted to Albert Gallatin, Esq., Secretary of the Treasury, Washington, D.C., December 8, 1807. Included in Report of the Secretary of the Treasury, on the Subject of Public Roads and Canals (1808): 100–116. Contributed by Howard B. Winkler. In *Towpath Topics* (Middlesex Canal Association) (September 1994; March 2000). http://www.middlesexcanal.org/towpath/fulton.htm.

Galusha, Diane. *Liquid Assets: A History of New York City's Water System.* Fleischmanns, N.Y.: Purple Mountain Press, 2002.

Ganguly, Sumit. "Will Kashmir Stop India's Rise?" *Foreign Affairs* 85 (July–August 2006).

Gertner, Joe. "The Future Is Drying Up." *New York Times Magazine,* October 21, 2007.

Gibbon, Edward. *The Decline and Fall of the Roman Empire.* Abridgement by D. M. Low. New York: Harcourt, Brace, 1960.

Gies, Frances, and Joseph Gies. *Cathedral, Forge, and Waterwheel: Technology and Invention in the Middle Ages.* New York: HarperCollins Publishers, 1995.

Gifford, Rob. "Yellow River Blues." *Asia Literary Review* 8 (2008).

Gimpel, Jean. *The Medieval Machine.* New York, London: Penguin Group, 1976.

Gleick, Peter H. "Making Every Drop Count." *Scientific American,* February 2001.

———. *The World's Water, 1998–1999: The Biennial Report on Freshwater Resources.* Washington, D.C.: Island Press, 1998.

———. *The World's Water, 2000–2001: The Biennial Report on Freshwater Resources.* Washington, D.C.: Island Press, 2000.

Gleick, Peter H., with William C. G. Burns, Elizabeth L. Chalecki, Michael Cohen, Katherine Kao Cushing, Amar S. Mann, Rachel Reyes, Gary H. Wolff, and Arlene K. Wong. *The World's Water, 2002–2003: The Biennial Report on Freshwater Resources.* Washington, D.C.: Island Press, 2002.

Gleick, Peter H., with Nicholas L. Cain, Dana Haasz, Christine Henges-Jeck, Catherine Hunt, Michael Kiparsky, Marcus Moench, Meena Palaniappan, Veena Srinivasan, and Gary H. Wolff. *The World's Water, 2004–2005: The Biennial Report on Freshwater Resources.* Washington, D.C.: Island Press, 2004.

Gleick, Peter H., with Heather Cooley, David Katz, Emily Lee, Jason Morrison, Meena Palaniappan, Andrea Samulon, and Gary H. Wolff. *The World's Water, 2006–*

2007: The Biennial Report on Freshwater Resources.* Washington, D.C.: Island Press, 2006.

Glennon, Robert. *Water Follies: Groundwater Pumping and the Fate of America's Fresh Waters.* Washington, D.C.: Island Press, 2002.

Goldschmidt, Arthur, Jr. *A Concise History of the Middle East.* 7th ed. Boulder, Colo.: Westview, 2002.

Gordon, John Steele. *A Thread across the Ocean: The Heroic Story of the Transatlantic Cable.* New York: HarperCollins, Perennial, 2003.

Gore, Rick. "Who Were the Phoenicians? Men of the Sea: A Lost History." *National Geographic* 206, no. 4 (October 2004).

Grann, David. "City of Water." *New Yorker*, September 1, 2003.

Grey, David, and Claudia W. Sadoff. "Sink or Swim? Water Security for Growth and Development." *Water Policy* 9 (2007): 545–571.

Grimal, Nicolas. *A History of Ancient Egypt.* Translated by Ian Shaw. Reprint, Oxford, U.K.: Blackwell, 1992.

Groner, Alex. *The American Heritage History of American Business and Industry.* New York: American Heritage Publishing, 1972.

Guardian (U.K.) staff. "The World's Water." Special section, *Guardian* (U.K.), August 23, 2003.

Gunter, Ann C., ed. *Caravan Kingdoms: Yemen and the Ancient Incense Trade.* Washington, D.C.: Freer Gallery of Art and Arthur M. Sackler Gallery, Smithsonian Institution, 2005.

Halliday, Stephen. *The Great Stink of London: Sir Joseph Bazalgette and the Cleansing of the Victorian Capital.* Foreword by Adam Hart-Davis. Phoenix Mill, U.K.: Sutton Publishing, 2000.

Hammurabi. *The Code of Hammurabi.* Translated by L. W. King (1910). Edited by Richard Hooker (June 6, 1999). In "World Civilizations," Washington State University. http://www.wsu.edu/~dee/MESO/CODE.HTM.

Hansen, Jim. "The Threat to the Planet." *New York Review of Books* 53, no. 12 (July 13, 2006).

Harris, Marvin. *Cannibals and Kings: The Origins of Cultures.* New York: Random House, 1977.

Heilbroner, Robert L. *The Making of Economic Society.* Englewood Cliffs, N.J.: Prentice-Hall, 1980.

———. *The Nature and Logic of Capitalism.* New York: W. W. Norton, 1985.

———. *Visions of the Future: The Distant Past, Yesterday, Today, and Tomorrow.* New York: New York Public Library; Oxford University Press, 1995.

———. *The Worldly Philosophers: The Lives, Times, and Ideas of the Great Economic Thinkers.* 7th ed. New York: Simon & Schuster, 1999.

Heilbroner, Robert L., and Aaron Singer. *The Economic Transformation of America: 1600 to the Present.* 2nd ed. New York: Harcourt Brace Jovanovich, 1984.

Herodotus. *The Histories.* Translated by Aubrey de Selincourt. 1954. Revised translation by John Marincola. Reprint, New York: Penguin, 1972.

———. *The Persian Wars.* Translated by George Rawlinson. Introduction by Francis R. B. Godolphin. New York: Modern Library, 1942.

Hibbert, Christopher. *Rome: The Biography of a City.* London: Penguin, 1985.

Hobsbawm, Eric. *The Age of Extremes: A History of the World, 1914–1991.* New York: Vintage, 1996.

Hollister, C. Warren. *Roots of the Western Tradition: A Short History of the Ancient World.* New York: John Wiley & Sons, 1966.

Hone, Philip, *The Diary of Philip Hone, 1828–1851.* Pt. 2. Edited by Bayard Tuckerman. New York: Dodd, Mead, 1910. Internet Archive. http://www.archive.org/stream/diaryofphiliphon00hone.

Hooke, S. H. *Middle Eastern Mythology: From the Assyrians to the Hebrews.* Reprint, Middlesex, U.K.: Penguin, 1985.

Hosack, David, ed. *Memoir of De Witt Clinton.* Commissioned by New York Literary and Philosophical Society, 1829. Transcribed from original text and html prepared by Bill Carr, updated 7/5/99. In "History of the Erie Canal," Department of History, University of Rochester. http://www.history.rochester.edu/canal/bib/hosack/Contents.html. "Claims of Joshua Forman." http://www.history.rochester.edu/canal/bib/hosack/APP0U.html. "Views of General Washington Relative to the Inland Navigation of the United States." http://www.history.rochester.edu/canal/bib/hosack/APP0P.html.

Hourani, Albert. *A History of the Arab Peoples.* New York: Warner, 1992.

Howarth, David. *Famous Sea Battles.* Boston: Little, Brown, 1981.

Hvistendahl, Mara. "China's Three Gorges Dam: An Environmental Catastrophe?" *Scientific American,* March 25, 2008.

Ibn Battutah. *The Travels of Ibn Battutah.* Edited by Tim Mackitosh-Smith. London: Picador Pan Macmillan, 2002.

Jacobs, Els M. *In Pursuit of Pepper and Tea: The Story of the Dutch East India Company.* 3rd ed. Amsterdam: Netherlands Maritime Museum, 1991.

Johnson, Paul. *A History of the Jews.* New York: Harper & Row, 1987.

Joinville[Jean of], and [Geoffrey of] Villehardouin. *Chronicles of the Crusades.* Translated with an introduction by M. R. B. Shaw. Baltimore: Penguin, 1963.

Jones, W. T. *A History of Western Philosophy.* New York: Harcourt, Brace & World, 1952.

Karlen, Arno. *Man and Microbes: Disease and Plagues in History and Modern Times.* New York: Touchstone, 1996.

Karmon, David. "Restoring the Ancient Water Supply System in Renaissance Rome: The Popes, the Civic Administration, and the Acqua Vergine." *Waters of Rome* 3 (August 2005). http://www.iath.virginia.edu/waters/Journal3KarmonNew.pdf.

Karsh, Efraim, and Inari Karsh. *Empires of the Sand: The Struggle for Mastery in the Middle East, 1789–1923.* Cambridge, Mass.: Harvard University Press, 2001.

Keay, John. *India: A History.* New York: Grove Press, 2000.

Kelly, Bill "Greed Runs through It." *L.A. Weekly,* March 16, 2006. http://www.

laweekly.com/2006–03–16/news/greed-runs-through-it/1.

Kennedy, Paul. "The Eagle Has Landed." *Financial Times,* FT Weekend, February 2–3, 2002.

———. "Has the U.S. Lost Its Way?" *Guardian* (U.K.)/*Observer,* March 3, 2002. http://guardian.co.uk/world/2002/mar/03/usa.georgebush/print.

———. *The Rise and Fall of the Great Powers.* New York: Random House, 1989.

Koeppel, Gerard T. *Water for Gotham: A History.* 3rd ed. Princeton, N.J.: Princeton University Press, 2001.

Kolbert, Elizabeth. *Field Notes from a Catastrophe: Man, Nature, and Climate Change.* New York: Bloomsbury, 2006.

Kurlansky, Mark. *Salt: A World History.* New York: Walker, 2002.

Lambert, Andrew. *War at Sea in the Age of Sail, 1650–1850.* London: Cassell, 2000.

Lavelle, Marianne, and Joshua Kurlantzick. "The Coming Water Crisis." *U.S. News & World Report,* August 12, 2002.

Lear, Linda. *Rachel Carson: Witness for Nature.* Boston: Houghton Mifflin Harcourt (Mariner Books), 2009.

Levy, Matthys, and Richard Panchyk. *Engineering the City: How Infrastructure Works.* Chicago: Chicago Review Press, 2000.

Lewis, Bernard. *The Muslim Discovery of Europe.* New York: W. W. Norton, 2001.

———. *What Went Wrong?* Oxford, U.K.: Oxford University Press, 2002.

Lira, Carl T. *Biography of James Watt: A Summary.* 2001. College of Engineering, Michigan State University. http://www.egr.msu.edu/~lira/supp/steam/wattbio.html.

Lopez, Robert S. *The Commercial Revolution of the Middle Ages, 950–1350.* New York: Cambridge University Press, 1976.

Love, Robert W., Jr. *History of the U.S. Navy.* Vol 1, *1775–1941.* Vol. 2, *1945–1991.* Harrisburg, Pa.: Stackpole, 1992.

Luft, Gal. "The Wazzani Water Dispute." *PeaceWatch* (Washington Institute for Near East Policy) 397 (September 20, 2002).

Ma, Jun. *China's Water Crisis.* Translated by Nancy Yang Liu and Lawrence R. Sullivan. Norwalk, Conn.: EastBridge, 2004.

Mahan, A. T. *The Influence of Sea Power upon History, 1660–1783.* 5th ed. Mineola, N.Y.: Dover, 1987.

Markham, Adam. *A Brief History of Pollution.* New York: St. Martin's, 1994.

Matthews, John P. C. "John Foster Dulles and the Suez Crisis of 1956: A Fifty Year Perspective." September 14, 2006. American Diplomacy, University of North Carolina. http://www.unc.edu/depts/diplomat/item/2006/0709/matt/matthews_suez.html.

McAleavy, Henry. *The Modern History of China.* 4th ed. New York: Praeger, 1969.

McCullough, David. *The Path between the Seas: The Creation of the Panama Canal, 1870–1914.* New York: Simon & Schuster, 1977.

McDonald, Bernadette, and Douglas Jehl, eds. *Whose Water Is It? The Unquenchable Thirst of a Water-Hungry World.* Washington, D.C.: National Geographic Society, 2004.

McGuire, V. L. "Water-Level Changes in the High Plains Aquifer, Predevelopment to 2002, 1980 to 2002, and 2001 to 2002." U.S. Geological Survey. http://pubs.usgs.gov/fs/2004/3026/pdf/fs04–3026.pdf.

———. "Water-Level Changes in the High Plains Aquifer, 1980–1999," U.S. Geological Survey http//pubs.usg.sgove/fs/2001–029–01.

McKenzie, A. E. E. *The Major Achievements of Science: The Development of Science from Ancient Times to the Present.* New York: Touchstone, 1973.

McKibben, Bill. *The End of Nature.* New York: Random House, 2006.

———. "Our Thirsty Future." *New York Review of Books* 50, no. 14 (September 25, 2003).

McNeill, J. R. *Something New Under the Sun: An Environmental History of the Twentieth-Century World.* New York: W. W. Norton, 2001.

McNeill, J. R., and William H. McNeill. *The Human Web: A Bird's-Eye View of World History.* New York: W. W. Norton, 2003.

McNeill, William H. *The Global Condition: Conquerors, Catastrophes, and Community.* Princeton, N.J.: Princeton University Press, 1992.

———. *Plagues and Peoples.* New York: Anchor Books, 1989.

———. *The Pursuit of Power: Technology, Armed Force, and Society since A.D. 1000.* Chicago: University of Chicago Press, 1982.

———. *The Rise of the West: A History of Human Community.* Chicago: University of Chicago Press, 1963.

———. *A World History.* 4th ed. New York: Oxford University Press, 1999.

Millennium Ecosystem Assessment. *Ecosystems and Human Well-Being: Synthesis.* Washington, D.C.: Island Press, 2005.

Mirsky, Jonathan. "The China We Don't Know." *New York Review of Books* 56, no. 3 (February 26, 2009).

Mitchell, John G. "Down the Drain? The Incredible Shrinking Great Lakes." *National Geographic* 202, no. 3 (September 2002).

Mohan, C. Raja. "India and the Balance of Power." *Foreign Affairs* 85 (July–August 2006): 17–32.

Montaigne, Fen. "Water Pressure: Challenges for Humanity." *National Geographic* 202, no. 3 (September 2002).

Moorehead, Alan. *The White Nile.* Rev. ed. Middlesex, U.K.: Penguin, 1973.

Morison, Samuel Eliot. *The Oxford History of the American People.* New York: Oxford University Press, 1965.

Mumford, Lewis. *The City in History: Its Origins, Its Transformations, and Its Prospects.* New York: Harcourt, Brace & World, 1961.

Natural History staff. "Water, the Wellspring of Life." Special issue, *Natural History,* November 2007.

Needham, Joseph. *Science and Civilisation in China.* Vol. 4, *Physics and Physical Technologies,* pt. 3, *Civil Engineering and Nautics.* In collaboration with Wang Ling and Lu Gwei-Djen. Cambridge, U.K.: Cambridge University Press, 1971.

New York Times staff. "Managing Planet Earth." Special issue, "Science Times," *New York Times,* August 20, 2002.

Norwich, John Julius. *A History of Venice.* New York: Vintage, 1989.

———. *The Middle Sea: A History of the Mediterranean.* New York: Doubleday, 2006.

———. *A Short History of Byzantium.* New York: Random House, Vintage, 1999.

"Of Water and Wars: Interview with Dr. Ismail Serageldin." *Frontline* (India) 16, no. 9 (April 24–May 7, 1999), http://www.hindu.com/fline/fl1609/16090890.htm.

Outwater, Alice. *Water: A Natural History.* New York: Basic Books, 1996.

Pacey, Arnold. *Technology in World Civilization.* Cambridge, Mass.: MIT Press, 1991.

Pearce, Fred. *When the Rivers Run Dry: Water—the Defining Crisis of the Twenty-First Century.* Boston: Beacon Press, 2006.

Peet, John. "Priceless: A Survey of Water." *Economist,* July 19, 2003.

Pepys, Samuel. *Diary of Samuel Pepys.* http://www.pepysdiary.com/archive/. Original Source from Project Gutenberg: http://www.gutenberg.org/etext/4125.

Perlin, John. *A Forest Journey: The Role of Wood in the Development of Civilization.* New York: W. W. Norton, 1989.

Pielou, E. C. *Fresh Water.* Chicago: University of Chicago Press, 1998.

Polo, Marco. *The Travels of Marco Polo.* Translated by Ronald Latham. Middlesex, U.K.: Penguin, 1958.

Ponting, Clive. *A Green History of the World: The Environment and the Collapse of Great Civilizations.* New York: Penguin, 1993.

Postel, Sandra. "Growing More Food with Less Water." *Scientific American,* February 2001.

———. "Hydro Dynamics." *Natural History,* May 2003.

———. *Last Oasis: Facing Water Scarcity.* New York: W. W. Norton, 1997.

———. "Sharing the River Out of Eden." *Natural History,* November 2007.

Postel, Sandra, and Aaron Wolf. "Dehydrating Conflict." *Foreign Policy* (September–October 2001): 60–67.

Postel, Sandra, and Brian Richter. *Rivers for Life: Managing Water for People and Nature.* Washington, D.C.: Island Press, 2003.

Potts, Timothy. "Buried between the Rivers." *New York Review* 5, no.14 (September 25, 2003).

Procopius of Caesarea. *The Gothic War.* Bks. 5 and 6, *History of the Wars.* Translated by H. B. Dewey. London: William Heineman, 1919. Project Gutenberg, 2007. http://www.gutenberg.org/files/20298/20298-h/20298-h.htm.

Reade, Julian. *Mesopotamia.* 2nd ed. London: British Museum Press, 2000.

Reinhold, Meyer. *Marcus Agrippa.* Geneva, N.Y.: W. F. Humphrey Press, 1933.

Reisner, Marc. *Cadillac Desert: The American West and Its Disappearing Water.* Rev. ed. New York: Penguin, 1993.

———. "The Age of Dams and Its Legacy." *EARTHmatters* (Earth Institute at Columbia University) (Winter 1999–2000). Columbia Earthscape. http://www.earthscape.org/p2/em/em_win00/win18.html.

Roberts, J. M. *The Penguin History of Europe.* London: Penguin, 1997.
———. *The Penguin History of the World.* 3rd ed. London: Penguin, 1995.
Roesdahl, Else. *The Vikings.* 2nd ed. Translated by Susan M. Margeson and Kirsten Williams. London: Penguin, 1998.
Roosevelt, Theodore. *An Autobiography.* New York: Charles Scribner's Sons, 1913.
———. "Charter Day Address, Berkeley Cal., March 23, 1911." *University of California Chronicle,* April 1911, 139. Cited in "Panama Canal—Roosevelt and." In *Theodore Roosevelt Cyclopedia,* edited by Albert Bushnell Hart and Herbert Ronald Ferleger. Rev. 2nd ed. Theodore Roosevelt Association. http://www.theodoreroosevelt.org/TR%20Web%20Book/Index.html.
———. "State of the Union Message," December 3, 1901." Theodore Roosevelt: Speeches, Quotes, Addresses, and Messages. http://www.theodore-roosevelt.com/sotu1.html. American Presidency Project, Department of Political Science, University of California, Santa Barbara. http://www.polsci.ucsb.edu/projects/presproject/idgrant/site/state.html.
Rothfeder, Jeffrey. *Every Drop for Sale.* New York: Penguin Putnam, 2001.
Sadoff, Claudia W., and David Grey. "Beyond the River: The Benefits of Cooperation on International Rivers." *Water Policy* 4 (2002): 389–403.
———."Cooperation on International Rivers: A Continuum for Securing and Sharing Benefits." *Water International* 30, no. 4 (December 2005): 420–427.
"Secrets of Lost Empires: Roman Bath." *NOVA,* PBS, February 22, 1990. Transcript. PBS. http://www.pbs.org/wgbh/nova/transcripts/27rbroman.html.
Service, Alastair. *Lost Worlds.* New York: Arco, 1981.
Sharon, Ariel with David Chanoff. *Warrior: The Autobiography of Ariel Sharon.* New York: Simon & Schuster, 2001.
Shaw, Ian, ed. *The Oxford History of Ancient Egypt.* Oxford, U.K.: Oxford University Press, 2003.
Sher, Hanan. "Source of Peace." *Jerusalem Report,* March 13, 2000.
Shiklomanov, I. A., and John C. Rodda, eds. *World Water Resources at the Beginning of the Twenty-first Century.* Cambridge, U.K.: Cambridge University Press, 2004.
Shinn, David. "Preventing a Water War in the Nile Basin." *Diplomatic Courier.* http://www.diplomaticcourier.org.
Shipley, Frederick W. "Agrippa's Building Activities in Rome." *Washington University Studies—New Series* (St. Louis) 4 (1933): 20–25.
Shlaim, Avi. *War and Peace in the Middle East: A Concise History.* Rev. ed. New York: Penguin, 1995.
Simmons, I. G. *Changing the Face of the Earth: Culture, Environment, History.* Oxford, U.K.: Basil Blackwell, 1989.
Simon, Paul, Dr. *Tapped Out: The Coming World Crisis in Water and What We Can Do About It.* New York: Welcome Rain, 2001.
Smith, Adam. *The Wealth of Nations.* 1776. In *The Essential Adam Smith,* edited by Robert L. Heilbroner. New York: W. W. Norton, 1986.

Smith, Henry Nash. *Virgin Land: The American West as Symbol and Myth.* Rev. ed. New York: Vintage, 1970.

Smith, Norman. *A History of Dams.* Secaucus, N.J.: Citadel Press, 1972.

———. *Man and Water.* Great Britain: Charles Scribner's Sons, 1975.

Specter, Michael. "The Last Drop." *New Yorker,* October 23, 2006.

Staccioli, Romolo A. *Acquedotti, Fontane e Terme di Roma Antica: I Grandi Monumenti che Celebrarono il 'Trionfo dell'Acqua' nella Città Più Potente dell'Antichità.* Rome: Newton & Compton Editori, 2002.

Sterling, Eleanor. "Blue Planet Blues." Special issue: Water: The Wellspring of Life. *Natural History,* November 2007.

Suetonius. *The Lives of the Twelve Caesars.* Edited by Joseph Gavose. New York: Modern Library, 1931.

Swanson, Peter. *Water: The Drop of Life.* Foreword by Mikhail Gorbachev. Minnetonka, Minn.: NorthWord Press, 2001.

"Talking Point: Ask Boutros Boutros Ghali." Transcript. *BBC News,* June 10, 2003. http://news.bbc.co.uk/2/hi/talking_point/2951028.stm.

Tann, Jennifer, Dr. ed. *The Selected Papers of Boulton and Watt.* Vol 1, *The Engine Partnership, 1775–1825.* Cambridge, Mass.: MIT Press, 1981.

Temple, Robert. *The Genius of China: 3,000 Years of Science, Discovery and Invention.* Introduction by Joseph Needham. New York: Touchstone, 1989.

Thomas, Hugh. *A History of the World.* New York: Harper & Row, 1979.

Tindall, George Brown. *America: A Narrative History.* Vol. 1. 3rd ed. With David E. Shi. New York: W. W. Norton, 1984.

Toynbee, Arnold J. *A Study of History: Abridgement of Volumes I–VI.* Abridgement by D. C. Somervell. London: Oxford University Press, 1974.

———. *Civilization on Trial* and *The World and the West.* New York: World Publishing, 1971.

Trevelyan, George Macaulay. *A Shortened History of England.* New York: Longmans, Green, 1942.

Turner, Frederick Jackson. *The Frontier in American History.* New York: Harry Holt, 1921.

United Nations Millennium Project Task Force on Water and Sanitation. *Health, Dignity, and Development: What Will It Take?* Final report, abr. ed. Coordinated by Roberto Lenton and Wright Albert. New York: United Nations Millennium Project, 2005. http://unmillenniumproject.org/documents/what–will–it–take.pdf.

Urquhart, Brian. "Disaster: From Suez to Iraq." *New York Review of Books* 54, no. 5 (March 29, 2007).

U.S. Army Corps of Engineers. *The History of the U.S. Army Corps of Engineers.* Alexandria, Va.: U.S. Army Corps of Engineers, 1998. http://140.194.76.129/publications/eng-pamphlets/ep870–1–45/entire.pdf.

U.S. Department of Energy. "World Transit Chokepoints." Report, April 2004. Energy Information Administration. www.eia.doe.gov/emeu/cabs/choke.html.

U.S. Department of the Interior, Bureau of Reclamation, Lower Colorado Region.

"Hoover Dam." *Reclamation: Managing Water in the West* (January 2006).

U.S. Geological Survey. "Estimated Use of Water in the United States in 2000: Trends in Water Use, 1950–2000." U.S. Geological Survey. http://pubs.usgs.gov/circ/2004/circ1268/htdocs/text-trends.html.

———. "Water Resources of the United States." U.S. Geological Survey. http://water.usgs.gov/.

Usher, Abbott Payson. *A History of Mechanical Inventions.* Boston: Beacon Press, 1959.

Van De Mieroop, Marc. *A History of the Ancient Near East, Ca. 3000–323 BC.* 2nd ed. Malden, Mass.: Blackwell, 2007.

Ward, Diane Raines. *Water Wars: Drought, Flood, Folly, and the Politics of Thirst.* New York: Riverhead, 2003.

Waterbury, John. *Hydropolitics of the Nile Valley.* Syracuse, N.Y.: Syracuse University Press, 1979.

Waterbury, John, and Dale Whittington. "Playing Chicken on the Nile? The Implications of Microdam Development in the Ethiopian Highlands and Egypt's New Valley Project." *Transformations of Middle Eastern Natural Environments: Legacies and Lessons,* Yale School of Forestry and Environmental Studies Bulletin Series, no. 103 (1998): 150–167. http://environment.research.yale.edu/documents/downloads/0–9/103waterbury.pdf.

Webb, Walter Prescott. *The Great Plains.* Lincoln: University of Nebraska Press, 1981.

Weightman, Gavin. *The Frozen-Water Trade.* New York: Hyperion, 2003.

Weiss, Harvey, and Raymond S. Bradley. "What Drives Societal Collapse?" *Science* 291 (January 26, 2001).

Wells, H. G. *The Outline of History.* Revised by Raymond Postgate and G. P. Wells. Garden City, N.Y.: Doubleday, 1971.

Whitaker, Brian. "One River's Journey through Troubled Times." *Guardian* (U.K.), August 23, 2003.

White, Lynn, Jr. *Medieval Technology and Social Change.* London: Oxford University Press, 1964.

White, Richard. *The Organic Machine: The Remaking of the Columbia River.* New York: Hill & Wang, 1996.

Williams, Trevor I. *A History of Invention: From Stone Axes to Silicon Chips.* Rev. ed. London: Little, Brown, 1999.

Wilshire, Howard G., Jane E. Nielson and Richard W. Hazlett. *The Ameican West at Risk.* New York: Oxford University Press, 2008.

Wilson, Edward O. *The Future of Life.* New York: Alfred A. Knopf, 2002.

Wittfogel, Karl A. *Oriental Despotism: A Comparative Study of Total Power.* New York: Vintage, 1981.

Wolf, Aaron T. "Conflict and Cooperation along International Waterways." *Water Policy* 1, no. 2 (1998): 251–265.

Wood, Gordon S. "The Making of a Disaster." *New York Review of Books* 52, no. 7 (April 28, 2005).

World Bank. "Better Management of Indus Basin Waters." January 2006. http://siteresources.worldbank.org/INTPAKISTAN/Data%20and%20Reference/20805819/Brief-Indus-Basin-Water.pdf.

World Economic Forum in partnership with Cambridge Energy Research Associates. *Thirsty Energy: Water and Energy in the 21st Century*. Geneva, Switzerland: World Economic Forum, 2008.

Worster, Donald. *Rivers of Empire: Water, Aridity, and the Growth of the American West*. New York: Oxford University Press, 1992.

Wright, Rupert. *Take Me to the Source: In Search of Water*. London: Harvill Secker, 2008.

Yergin, Daniel. "Ensuring Energy Security." *Foreign Affairs* 85 (March–April 2006): 69–82.

———. *The Prize: The Epic Quest for Oil, Money, and Power*. New York: Simon & Schuster, 1992.

图书在版编目(CIP)数据

水:财富、权力和文明的史诗/(美)斯蒂芬·所罗门著;叶齐茂,倪晓晖译.—北京:商务印书馆,2018
ISBN 978-7-100-16144-2

Ⅰ.①水… Ⅱ.①斯… ②叶… ③倪… Ⅲ.①水利史—研究—世界 Ⅳ.①TV-091

中国版本图书馆 CIP 数据核字(2018)第 109249 号

水

财富、权力和文明的史诗

〔美〕斯蒂芬·所罗门 著

叶齐茂 倪晓晖 译

商 务 印 书 馆 出 版
(北京王府井大街36号 邮政编码100710)
商 务 印 书 馆 发 行
北 京 冠 中 印 刷 厂 印 刷
ISBN 978-7-100-16144-2

2018 年 10 月第 1 版　　开本 787×960 1/16
2018 年 10 月北京第 1 次印刷　　印张 33¾

定价:96.00 元